Maximilian Schochow

Die Ordnung der Hermaphroditen-Geschlechter

Eine Genealogie des Geschlechtsbegriffs

Maximilian Schochow

Die Ordnung der Hermaphroditen-Geschlechter

Eine Genealogie des Geschlechtsbegriffs

Akademie Verlag

Bibliografische Information der Deutschen Nationalbibliothek
Die Deutsche Nationalbibliothek verzeichnet diese Publikation in der Deutschen Nationalbibliografie; detaillierte bibliografische Daten sind im Internet über http://dnb.d-nb.de abrufbar.

ISBN 978-3-05-004630-3

Das eingesetzte Papier ist alterungsbeständig nach DIN/ISO 9706.

Lektorat: Mischka Dammaschke
Einbandgestaltung: Ingo Scheffler, Berlin
Abbildung auf dem Einband: Nicolai Venette: Tableau der Zwitter, in: ders.: Abhandlung von Erzeugung der Menschen. Mit Königl. / Pohln. und Churfürstl. Sächs. Allergnadigsten Privilegio, Verlegts Christoph Gottfried Eckart, Königsberg und Leipzig, 1738.
Satz: Frank Hermenau, Kassel
Druck: MB Medienhaus Berlin
Bindung: BUCHConcept, Calbe

Printed in the Federal Republic of Germany

Inhalt

Meiner Großmutter
Ella Henriette Hanf

Danksagung

Ein Buch, das aus einem dreijährigen Dissertationsprojekt hervorgegangen ist und sich mit etwas beschäftigt, das sowohl in zeitlicher als auch in gegenständlicher Hinsicht sehr weit ausholt, verdankt vielen Menschen vieles.

Mein besonderer Dank gilt meinem Betreuer und Erstgutachter Wolfgang Fach (Univ. Leipzig), der die Arbeit befürwortet, auf vielfache Weise unterstützt und gefördert hat. Ohne seine Zusprache und die besondere Atmosphäre an seinem Lehrstuhl hätte ich dieses Buch in dieser Form nicht schreiben können. Für die Unterstützung meiner Arbeit über die Fachgrenzen hinaus und seine Begutachtung danke ich meinem Zweitgutachter Günther Heeg (Univ. Leipzig). Darüber hinaus danke ich meiner externen Drittgutachterin Petra Gehring (TU Darmstadt) für ihr Gutachten, ihre Anregungen zum Weiterdenken und ihre hilfreichen Fragen.

Die Arbeit konnte in dieser Form auch entstehen, da ich im Anschluss an mein Studium erst als Mitarbeiter von Christian Fenner (Univ. Leipzig) und später in dem von Petra Overath (Centre Marc Bloch, Berlin) geleiteten BMBF-Projekt „Die vergangene Zukunft Europas. Kulturwissenschaftliche Analysen von demografischen Prognosen und Wissensordnungen im 20. und 21. Jahrhundert" die Möglichkeit hatte, mich in unterschiedliche Themengebiete einzuarbeiten und verschiedene Probleme zu diskutieren. Ihnen möchte ich sehr herzlich danken.

Den vielen Bibliotheken, die mir einerseits ihre Quellen zur Verfügung gestellt (Bibliothèque Nationale de France Paris, British Library London, Marienbibliothek Halle, Staatsbibliothek zu Berlin, Universitätsbibliothek Greifswald, Universitätsbibliothek Leipzig, Sächsische Landesbibliothek – Staats- und Universitätsbibliothek Dresden, Universitäts- und Landesbibliothek Sachsen-Anhalt) und andererseits die Publikation von Abbildungen aus ihren Beständen genehmigt haben (Bayerische Staatsbibliothek München, Herzog August Bibliothek Wolfenbüttel, Niedersächsische Staats- und Universitätsbibliothek Göttingen, Staatsbibliothek zu Berlin, Universitätsbibliothek Erlangen-Nürnberg, Universitätsbibliothek Leipzig, Universitäts- und Landesbibliothek Sachsen-Anhalt, Zentralbibliothek Zürich), gilt mein Dank.

Für die vielfältige Unterstützung, insbesondere die Diskussion meiner Thesen, die Anregungen zum Weiterlesen, die wiederholten Anmerkungen zu einzelnen Kapiteln sowie für das Kommentieren und Lesen der Arbeit danke ich innig und umfassend meinen FreundInnen und KollegInnen – Veronika Darian, Bettina Effner, Monika Eigmüller, Stefanie Leinert, Rebecca Pates, Daniel Schmidt, Kristin Schulz, Anne Seitz und Joachim Wiese –, sowie Gesine Schochow-Mierke.

Schließlich möchte ich mich bei allen Genannten und besonders bei meiner Mutter Ilse Schochow für das Interesse an meinem Projekt, das Verständnis für die Arbeit und die geduldige Begleitung bedanken.

Prolog

Abb. 1: Hermaphrodit aus dem „Buch der Heiligen Dreifaltigkeit“ (Anonym 1471)

„Aber / als dann selten geschieht / so mercken / daß sich begibt die Geburt Hermaphroditorum, die Fraw vnd Mann sind. Aber das ist ihr vrsachen / das da ein gleiche vberwindung ist ihrer beyder Samen / also das kein parthey die ander in der eigenschafft vberstreitet / als dann wirt Hermaphroditus. Aber noch so ist die vnterscheid da / das ein Hermaphrodit: wiewol er beyde gestalt hat / aber beyder eigenschafft nit / sondern getheilt / das er entwederm gleich ist / weder der Frawen vollkommen / noch dem Mann vollkommen: Vnd also ein Mißgewechs auß der irung der Natur“.[1]

„Also wissen hie / daß viel Menschen geboren werden / die mit ihnen Monstrosische Zeichen auff die Welt bringen. Als ihr sehen / einer hat ein Finger zuuil / der ander einen zu wenig. Dargegen hat einer ein Zehen an Füssen zuuil oder zu wenig: Oder sind ihm alle Finger oder Zehen zusamen gewachsen in Mutter Leib: Ein anderer bringt ein krumen Fuß / krumen Arm / krumen Halß / etc. mit auff die Welt: Aber ein anderer ein Hofer/Buckel. Also werden auch offt geboren Hermaphroditæ vnd Androgyni, dz sind Menschen / die da haben zwey heymliche Zeichen / Männlich vnn Weiblich / oder gar keines / wie ich dann dergleichen vil Mostrosische Zeichen gesehen / beyde an Manns vnd Weibspersonen /

1 Paracelsus (1589): Erster Theil. Der Bücher und Schrifften / des Edlen / Hochgelehrten vnd Bewehrten PHILOSOPHI vnd MEDICI, PHILIPPI THEOPHRASTI Bombast von Hohenheim / PARACELSI genannt: Jetzt auffs new auß den Originalien / vnd Theophrasti eigner Handschrifft / soviel derselben zu bekommen gewesen / auffs trewlichst vnd fleissigst an tag gegeben: Durch IOHANNEM HVSERUM BRISGOIVM [...]. Getruckt zu Basel, durch Conrad Waldkirch, S. 262.

deren ich noch vil mehr wüste zu erzehlen / daß alles Monstrosische Zeichen sind der heymlichen bösen Ascendenten.“[2]

Rund einhundert Jahre nach Veröffentlichung von Paracelsus' allgemeiner Bestimmung der hermaphroditischen Leiber (vgl. Abb. 1) berichtet Johann Scultet vom Zwitter oder Hermaphroditen Martha Lechna.[3] „Diese kam am 11. Julius 1671. zu mir, und bate auch mich, wegen grosser Dürftigkeit ihrer Eltern, um ein Almosen. Da ich nun aus dem von dem Richter des Dorfes ihr mitgetheilten schriftlichen Zeugniß sahe, daß sie ein Zwitter oder sogenannter Hermaphrodit seyn sollte: So, verlangte ich von ihr, sie sollte mir die Wahrheit dieser Sache mit meinen eigenen Augen erforschen lassen. Ehe sie aber dieses thate, gabe sie mir folgenden Bericht: Es seye ihr nemlich in der Tauffe, weil man sie schon damals für einen Zwitter hielte, wegen der dem Ansehen nach grösseren Vollkommenheit der männlichen Zeugungsglieder, der Name Caspar beygelegt worden: Als sich aber bey zunehmenden Jahren der lange Spalt von dem weiblichen Geburtsglied deutlicher gezeiget; so hätten ihre Eltern ihr im zehnden Jahr ihres Alters, den Namen Martha, den sie in der Taufe zugleich nebst dem andern erhalten hatte, um alle Ungewissheit in Ansehung ihres Geschlechts zu vermeiden gegeben. Man habe sie daher nach der Bayerischen Aussprache Marthel genennet“ (Scultet 1756: 339).

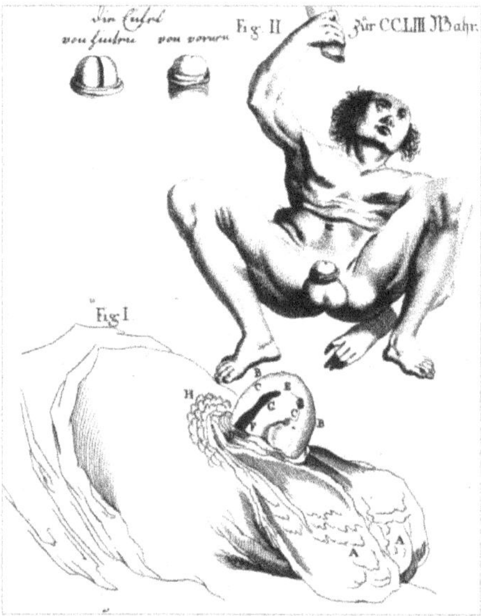

Abb. 2: Martha/Caspar Lechna (Scultet 1756)

2 Paracelsus (1590): Sechster Theil. Der Bücher und Schrifften / des Edlen / Hochgelehrten vnd Bewehrten PHILOSOPHI vnd MEDICI, PHILIPPI THEOPHRASTI Bombast von Hohenheim / PARACELSI genannt: Jetzt auffs new auß den Originalien / vnd Theophrasti eigner Handschrifft / soviel derselben zu bekommen gewesen / auffs trewlichst vnd fleissigst an tag gegeben: Durch IOHANNEM HVSERUM BRISGOIVM [...]. Getruckt zu Basel, durch Conrad Waldkirch, S. 331f.

3 Sculteti, Johannis (1684): Cap. IV. Andria. Sive mulier Hermaphroditcia, in: Boneti, Theophili: MEDICINA SEPTENTRIONALIS COLLATITIA SIVE REI MEDICÆ, NVPERIS annis à Medicis Anglis, Germanis & Danis emiffæ, SYLLOGE & SYNTAXIS. EXHIBENS OBSERVATIONES Medicas, IN QVIBVS NOVA, ABDITA, ADMIRABILIA ET Monstrosa exempla adducuntur [...]. GENEVÆ, Sumptibus Leonardi Chovët & Socij, S. 859-860. Im Weiteren wird die deutschsprachige Übersetzung verwendet: Scultet, Johann (1756): CCLIII Wahrnehmung. Von einem Zwitter oder Hermaphroditen, in: Der Römisch Kaiserlichen Akademie der Naturforscher auserlesene Medicinisch ~ Chirurgisch ~ Anatomisch ~ Chymisch ~ und Botanische Abhandlungen, zweyter Theil, aus dem Lateinischen in das Deutsche übersetzt, mit Kupfern, Nürnberg: Verlegt von W. W. Endterischen Consorten und W. Engelbrechts, S. 339-341, S. 339.

„Bey unternommener Besichtigung fande ich die in dem Hodensak eingeschlossenen Hoden A.A. in gehöriger Gestalt und Grösse. Uber diesen zeigte sich die männliche Ruthe mit ihrer Vorhaut B.B.; sie waren aber beyde kürzer, als sonsten bey Mannspersonen gewöhnlich ist, indem die Vorhaut nicht die ganze Eichel C.C.; sondern nur einen Theil derselben bedekte [...]. Dieser wichtige Unterschied äusserte sich aber hiebey, daß sie nicht, wie man sonsten bey Mannspersonen wahrnimmt, an ihrem äussersten Theile eine Oeffnung hatte; sondern an dem obern Theil des mannlichen Gliedes mit einem ziemlich langen und tiefen Spalt E.E. versehen ware, der sich unter der Vorhaut hin bey einem halben Zoll in die Länge erstreckte. Wann man diesen Spalt von einander zoge; so kamen die weiblichen Schamlippen, nebst zweyen Löchern F.G. zu Gesicht" (Scultet 1756: 339f.; vgl. Abb. 2). Der Bericht schließt mit einer Distanzierung gegenüber jenen, die Martha als Mannsperson ansahen: Sie „richteten ihr Absehen auf nichts, als auf das die Länge und Magerkeit des Leibes; auf die männliche Stimme und Kräfte; auf die langen Haare; auf die kleinen Brüste" (Scultet 1756: 341).

Zwischen diesen beiden Berichten öffnet sich ein fundamentaler Bruch innerhalb des Wissens. Paracelsus führt seine allgemeine Bestimmung der Hermaphroditen in seinem Kapitel von der Erzeugung der Menschengeschlechter ein. Drei Felder werden hier eröffnet, die sich einerseits um die Bestimmung des Monströsen im Allgemeinen und andererseits der Hermaphroditen im Speziellen drehen. Zum einen sagt er, dass die Hermaphroditen dadurch gekennzeichnet sind, dass sich ihre Leiber aus einer Frauen- und Männer-Gestalt zusammensetzen. Dies ist bei Paracelsus die erste Bestimmung der Hermaphroditen und des Monströsen – eine Verbindung aus zweien, die nicht zusammengehören. Zum anderen taucht bei Paracelsus das Problem der Zeichen auf. Die Hermaphroditen erkennt man nicht nur am Vorhandensein zweier unterschiedlicher Gestalten in einem Leib, sondern an ihren Zeichen. Diese können am gesamten Leib entdeckt werden. Einerseits benennt er *heimliche* Zeichen der Frau und *heimliche* des Mannes, die jedoch nicht immer vorhanden wären. Andererseits existierten die monströsen Zeichen in so großer Zahl, dass Paracelsus sie nicht alle benennen will. Schließlich kommt er auf einen Widerspruch zu sprechen. Die Hermaphroditen würden sich dadurch auszeichnen, dass sie die beiden Gestalten haben, die der Frau und die des Mannes, und die diesen entsprechenden *Eigenschaften*. Keine der beiden Parteien könne jedoch ihre *Eigenschaften* vollständig durchsetzen oder zumindest die Überhand über die jeweils andere gewinnen. Die *Eigenschaften* der Frau und des Mannes sind in gleichem Maße vorhanden, aber jeweils geteilt. Sie sind nur zur Hälfte in den Hermaphroditen vorhanden, sodass sie weder vollkommene Frauen, noch vollkommene Männer sein können. Es existiert eine Verbindung zwischen den Gestalten, den Zeichen und den *Eigenschaften*, die von der Natur vorgegeben ist, doch weil die Gestalt und die Zeichen nicht eindeutig auf die einen oder anderen *Eigenschaften* verweisen, sind die Hermaphroditen monströs.

Scultet spricht hingegen nicht von zwei Gestalten des einen Leibs, wenn er Martha/ Caspar Lechna als einen Hermaphroditen bestimmt. Lechna sei ein Hermaphrodit, da ihr Körper männliche *Zeugungs-* und weibliche *Geburtsglieder* vereinigen würde. Er macht während seiner Besichtigung einen *Hodensack* mit *Hoden*, eine *Rute* mit *Vorhaut* oder aber eine *Eichel* aus. Diese männlichen *Zeugungsglieder* trennt er von den weiblichen *Geburtsgliedern*, beispielsweise einem *Spalt*, der von den *Schamlippen* gebildet wird. Dies wäre der erste Unterschied zwischen beiden Beschreibungen: Die Alten, wie Scultet sagt, besichtigen die Gestalt und lesen natürliche oder monströse Zeichen – Haare, Stimme oder Konstitution der Leiber. Scultet seinerseits besichtigt und betastet *Ruten, Hodensäcke* oder *Lefftzen*. Der zweite Unterschied korrespondiert mit der ersten Differenz. Hingegen Paracelsus mit der Gestalt und den Zeichen *Eigenschaften* verbindet, sucht Scultet nach der *Wahrheit* des Geschlechts. Zwischen all den bestimmten *Zeugungs-* und *Geburtsgliedern*, der „sexuellen Klinik"[4] von Martha/Caspar Lechna, lauert die *Wahrheit* des Geschlechts. Der Austragungsort ist hier nicht der eine Leib, der aus zwei Gestalten zusammengesetzt ist und *Eigenschaften* trägt, sondern die Klinik des Geschlechts. Alles dreht sich um den einen Ort, der von unterschiedlichen Gliedern geprägt wird, dessen ineinander verwobene Geflechte für Unruhe sorgen. Die dritte Differenz zwischen Paracelsus und Scultet besteht darin, dass Paracelsus die Hermaphroditen innerhalb seiner Beschreibung der Erzeugung der Menschengeschlechter einführt, nach der Natur der Menschen fragt, welchen Kampf die unterschiedlichen Parteien ausfechten und welche Zeichen von der Gegen-Natur des Monsters und welche von den *Eigenschaften* zeugen. Scultet hingegen beschreibt einen konkreten Fall, den von Martha/Caspar Lechna. Es wird aber nicht nur die gesamte Körper- sondern auch die Lebensgeschichte aufgerissen. Lechna sei ein Hermaphrodit aus einem bayrischen Dorf, die Tochter respektive der Sohn von Tagelöhnern. Diese biografische Erzählung mündet in der Frage nach der Rechtmäßigkeit des Personenstands. Wer darf den Personenstand dieses Hermaphroditen festlegen? Der Pfarrer bei der Taufe, die Eltern mit dem zehnten Lebensjahr beziehungsweise der Hermaphrodit selbst mit dem achtzehnten Lebensjahr oder aber die Rechtsgelehrten beziehungsweise die Ärzte?

Das eine Mal eine allgemeine Beschreibung der Hermaphroditen, das andere Mal ein konkreter Fall, der von Martha/Caspar Lechna. Das eine Mal zwei unterschiedliche Gestalten in einem Leib, das andere Mal eine spezifische Region des Körpers, die aus weiblichen *Geburts-* und männlichen *Zeugungsgliedern* besteht. Und schließlich die Bestimmung von Zeichen und *Eigenschaften* einerseits und die Suche nach der *Wahrheit* des Geschlechts beziehungsweise nach dem rechtmäßigen Personenstand andererseits. Diese beiden Quellen sind durch nichts miteinander verbunden, nicht einmal durch ihren zentralen Gegenstand, den Hermaphroditen. Doch sie stehen jeweils für eine spezifische Erzählung von den Dingen, von den Techniken, die die Dinge anordnen, und den Effekten, die die Ordnungen der Dinge hervorbringen. Zwischen beiden Quellen liegen kaum einhundert Jahre und doch hat sich innerhalb dieses Zeitraumes das abendländische Wissen fundamental gewandelt.[5] Unter den zahlreichen Diskontinuitäten dieser Zeitspanne sollen im Weiteren drei Problemfelder analysiert werden: die Erfindung des Sexus beziehungsweise des Geschlechts, die Techniken, die diese Erfindung hervorgebracht haben, und die Effekte, die hieraus resultieren.

4 Foucault, Michel (2003): Vorlesung vom 22. Januar 1975, in: ders.: Die Anormalen. Vorlesungen am Collège de France (1974–1975), Frankfurt/Main: Suhrkamp, S. 76-107, S. 96.

5 Vgl. Foucault, Michel (OD 1999): Die Ordnung der Dinge. Eine Archäologie der Humanwissenschaften, Frankfurt/Main: Suhrkamp.

Den HistorikerInnen ist seit einigen Jahren „das Fehlen des spezifisch genitalen Sexus“[6] in den Diskursen, die bis zum Ende des sechzehnten Jahrhunderts wuchern, bekannt. Diese Abwesenheit wird unter anderem damit erklärt, dass „vor dem 17. Jahrhundert [...] der Sexus noch eine soziologische und keine ontologische Kategorie [war].“ (Laqueur 1996: 21) Bis zu diesem Zeitpunkt, so die Argumentation, sei das, „was wir als Sexus (sex) und Genus (gender) bezeichnen, [...] in einem Kreis von Bedeutungen zusammengebunden“ (Laqueur 1996: 20) gewesen. Erst mit dem siebzehnten und achtzehnten Jahrhundert wären zwei inkommensurable Geschlechter hervorgebracht worden, „um den sozialen [Geschlechtern] eine neue Grundlage zu geben.“ (Laqueur 1996: 173) Gleichwohl Laqueur ausdrücklich betont, dass dem Wissen vor dem siebzehnten Jahrhundert der Sexus fehlt, hält er, wenn nicht an zwei, so zumindest an einem Geschlecht fest: Von der Antike bis zur Hervorbringung der zwei inkommensurablen Geschlechter, dem modernen „Zwei-Geschlecht-Modell“, habe im abendländischen Denken die Vorstellung existiert, dass Männer und Frauen über den gleichen Satz an Genitalien verfügen, so dass „man sich die Vagina als inneren Penis, die Schamlippen als Vorhaut, den Uterus als Hodensack und die Eierstöcke als Hoden“ (Laqueur 1996: 17) vorstellte. Diese Auffassung, die von Laqueur als „Ein-Geschlecht-Modell“ bezeichnet wird, sei durch die Sprache gekennzeichnet. „Über zwei Jahrtausende hin“, so die Argumentation weiter, „gab es für den Eierstock – ein Organ, das seit dem frühen 19. Jahrhundert zum pars pro toto für die Frau wurde – nicht einmal einen eigenen Begriff. [...] Genausowenig gibt es im Lateinischen oder Griechischen oder in einer der europäischen Umgangssprachen bis um 1700 einen Fachausdruck für die Vagina“ (Laqueur 1996: 17). Die Begriffe, die im Denken vor dem siebzehnten Jahrhundert existierten, würden nur männliche Glieder und Organe bezeichnen, weshalb der männliche Körper, so Laqueur, eine Art Standard gewesen sei.

Wie aber ist es möglich, dass einerseits das Fehlen des Sexus für die Zeit vor dem siebzehnten Jahrhundert diagnostiziert wird und gleichzeitig aus den antiken Traktaten so etwas wie das „Ein-Geschlecht-Modell“ herausgelesen werden kann? Der Sexus erscheint bei Laqueur als eine transhistorische Kategorie, die in den antiken Quellen wiederentdeckt und wiedererkannt wird, obgleich sie doch eigentlich erst durch die Diskurse des siebzehnten und achtzehnten Jahrhunderts produziert wird.[7] Sicher, die Anordnung der Geschlechtsorgane und -teile wird bei Laqueur einmal als identisch und einmal als different dargestellt. An der transhistorischen Verwendung der Kategorie Sexus und dem steten Suchen und Wiederentdecken des Sexus ändert diese Unterscheidung jedoch wenig.[8] Dieser transhistorischen Vorgehensweise widerspricht Foucault,

6 Laqueur, Thomas W. (1996): Auf den Leib geschrieben. Die Inszenierung der Geschlechter von der Antike bis Freud, München: Deutscher Taschenbuch Verlag, S. 51.

7 Gegen die transhistorische Verwendung der Kategorie (sex) spricht sich unter anderem Barbara Duden aus. Vgl. hierzu: Duden, Barbara (1991): Geschlecht, Biologie, Körpergeschichte. Bemerkungen zu neuer Literatur in der Körpergeschichte, in: Feministische Studien, Jg. 9, Heft 2, S. 105-122, S. 116ff.

8 Ian Hacking formuliert dies wie folgt: „Die von Laqueur geschilderten Wissenssysteme gehen alle davon aus, daß das biologische Geschlecht physiologisch bedingt ist, etwas Gegebenes, das dem

wenn er sagt: „Die ‚wirkliche' Historie stützt sich im Gegensatz zu der der Historiker auf keine Konstanz: nichts am Menschen – auch nicht sein Leib – ist so fest, um auch die anderen Menschen verstehen und sich in ihnen wiedererkennen zu können. [...] Das tröstliche Spiel der Wiedererkennungen ist zu sprengen. Wissen bedeutet auch im historischen Bereich nicht ‚wiederfinden', und vor allem nicht ‚uns wiederfinden'. Die Historie wird ‚wirklich' in dem Maße sein, in dem sie das Diskontinuierliche in unser eigenes Sein einführen wird."[9]

Vor diesem Hintergrund wird im Folgenden die Frage der Diskontinuität am Begriff Geschlecht untersucht. Dieser bezeichnet bis zum Ende des sechzehnten Jahrhunderts im abendländischen Denken beispielsweise eine Form der vielfältigen signaturengesättigten Leiber. (Vgl. Paracelsus 1589) Geschlecht bedeutet in diesem Sinne nicht, ein Geschlecht zu haben – beispielsweise weibliche *Geburts-* oder männliche *Zeugungsglieder* (vgl. Scultet 1756) –, sondern einem der mannigfaltigen Geschlechter anzugehören, beispielsweise den vielgestaltigen Menschengeschlechtern. (Vgl. Paracelsus 1589) Mit anderen Worten: Hingegen der Begriff der Geschlechter bis zum siebzehnten Jahrhundert auf eine Vielfalt verweist, beschreibt der Geschlechtsbegriff mit der Einlegung des Sexus' nunmehr nur zwei Geschlechter, die Binarität des weiblichen und männlichen Geschlechts. Dieser Bedeutungswandel kann über die Analyse seiner Herkunft rekonstruiert werden, denn sie führt „zu den unzähligen Ereignissen zurück, durch die (dank denen und gegen die) sich ein Begriff oder ein Charakter gebildet haben." (Foucault 2000: 73) Mithilfe der genealogischen Methode geht es aber „nicht in die Vergangenheit zurück, um eine große Kontinuität jenseits der Zerstreuung des Vergessenen zu errichten." (Foucault 2000: 74) Vielmehr soll dem komplexen Faden der Herkunft nachgegangen werden, um „festzuhalten, was sich in ihrer Zerstreuung ereignet hat: die Zwischenfälle, die winzigen Abweichungen oder auch die totalen Umschwünge" (Foucault 2000: 73f.). Wie ist das hervorgebracht worden, was wir heute als Geschlecht verstehen? Wie wurde das Geschlecht im siebzehnten Jahrhundert erfunden? Und welche Ereignisse haben die Aussagen über das Geschlecht ermöglicht?[10]

menschlichen Denken vorausliegt. Die Wissenssysteme vertreten unterschiedliche Meinungen über das Gegebene." Hacking, Ian (2002): Was heißt „soziale Konstruktion"? Zur Konjunktur einer Kampfvokabel in den Wissenschaften, Frankfurt/Main: Fischer, S. 23. Vgl. zur Diskussion und Kritik der Thesen Laqueurs u. a.: Bennewitz, Ingrid/Kasten Ingrid [Hg.] (2002): Genderdiskurse und Körperbilder im Mittelalter. Eine Bilanzierung nach Butler und Laqueur, Münster [u. a.]: Lit, sowie die drei Artikel, die im Juni 2003 in der ISIS unter der Überschrift „Critiques and Contentions" erschienen sind: Stolberg, Michael (2003): A Woman Down to Her Bones. The Anatomy of Sexual Difference in the Sixteenth and Early Seventeenth Centuries, in: ISIS, AN INTERNATIONAL REVIEW DEVOTED TO THE HISTORY OF SCIENCE AND ITS CULTURAL INFLUENCES, Volume 94, Number 2, Published by The University of Chicago Press for The History of Science Society, S. 274-299; Laqueur, Thomas W. (2003): Sex in the Flesh, in: ISIS, Volume 94, Number 2, S. 300-306; Schiebinger, Londa (2003): Skelettestreit, in: ISIS, Volume 94, Number 2, S. 307-313.

9 Foucault, Michel (2000): Nietzsche, die Genealogie, die Historie, in: ders.: Von der Subversion des Wissens, Frankfurt/Main: Suhrkamp, S. 69-90, S. 79f.

10 In einer der berühmtesten Vorlesungen von Foucault, „La gouvernementalité", bestimmt die Frage nach der Herkunft, die genealogische Methode, seine gesamte Argumentation. Foucault zeigt, wie

Am Ende des sechzehnten und beginnenden siebzehnten Jahrhunderts kam es zu einem Wandel innerhalb der Hermaphroditen-Diskurse – so die HistorikerInnen. Es werde in den medizinhistorischen Traktaten nicht mehr von den Hermaphroditen im Allgemeinen gesprochen, sondern zunehmend von „particular cases involving identifiable individuals".[11] Die Mediziner des siebzehnten Jahrhunderts würden in den Traktaten unterschiedliche Zeugungstheorien, die die Entstehung von Hermaphroditen begründen, diskutieren. Einige Ärzte seien Anhänger der Aristotelischen Theorie. Andere wiederum würden die Entstehung der Hermaphroditen mit der Galenisch-Hippokratischen Zeugungstheorie erklären. Weil sich die Mediziner teilweise auf denselben Einzelfall bezogen hätten, so die Argumentation, käme es am Ende des sechzehnten und beginnenden siebzehnten Jahrhunderts zu einer Kollision der unterschiedlichen Zeugungstheorien und einem Kampf der Ärzte um die Deutungshoheit. „On the one hand, it involved issues of professional authority and prestige." (Park 1997: 181) Andererseits ereigne sich ein grundsätzlicher Wandel innerhalb der medizinischen Tradition: „a general shift from the Aristotelian complexion view of sexuality, in which men and women occupy respectively the two poles of hot and cold, perfect and imperfect, to a Hippocratic-Galenic view based upon the proportions of male and female seed present at conception."[12] (Vgl. Park 1997: 181)

Obgleich nicht bestritten werden kann, dass sich einige Mediziner in den Hermaphroditen-Traktaten des beginnenden siebzehnten Jahrhunderts auf Aristoteles und andere auf Galen sowie Hippokrates berufen haben, soll auf ein Problem hingewiesen werden, das beispielsweise von Daston/Park vollkommen übersehen wird: In den Hermaphroditen-Diskursen des beginnenden siebzehnten Jahrhunderts taucht eine radikale Änderung innerhalb der Techniken auf. Die Mediziner lesen nicht mehr signaturengesättigte ganzheitliche Leiber oder fragen nach deren *Eigenschaften*. (Vgl. Paracelsus 1589) Vielmehr observieren, betasten oder vermessen sie nun ganz spezifische Regionen des Körpers. (Vgl. Scultet 1756) Zwar wissen die HistorikerInnen, dass die Ärzte seit dem siebzehnten Jahrhundert den Körper betasten, begreifen und observieren, doch diese Techniken werden von ihnen nicht als Praktiken der Individualisierung erkannt. Foucault zufolge haben sich seit dem siebzehnten Jahrhundert unter anderem in der Medizin

der Begriff „Ökonomie" seine Bedeutung vom sechzehnten bis zum neunzehnten Jahrhundert verändert. „Der Ausdruck ‚Ökonomie' bezeichnete im 16. Jahrhundert eine Regierungsform; im 18. Jahrhundert wird er ein Realitätsniveau, ein Interventionsfeld, bezeichnen und dabei eine Reihe komplexer und, wie ich glaube, für unsere Geschichte absolut entscheidender Prozesse durchlaufen." Foucault, Michel (Gou 2000): Die „Gouvernementalität", in: Bröckling, Ulrich/Krasmann Susanne/ Lemke, Thomas [Hg.]: Gouvernementalität der Gegenwart. Studien zur Ökonomisierung des Sozialen. Frankfurt/Main: Suhrkamp, S. 41-67, S. 50.

11 Park, Katharine (1997): The Rediscovery of the Clitoris. French Medicine and the Tribade, 1570 – 1620, in: Hillmann, David/Mazzio, Clara [Hg.]: The Body in Parts. Fantasies of Corporeality in Early Modern Europe, New York [u. a.]: Routledge, S. 170-193, S. 179.

12 Daston, Lorraine/Park, Katharine (1985): Hermaphrodites in Renaissance France, in: Critical Matrix, Volume 1, Number 5, S. 1-19, S. 4.

spezifische Praktiken durchgesetzt, die eine „minutiöse Beobachtung des Details"[13] beinhalten. Diese bringen „eine Reihe von Techniken, ein Korpus von Verfahren und Wissen von Beschreibungen, Rezepten und Daten mit sich." (ÜS 1994: 181) Es erscheinen in den medizinischen Diskursen Dokumentationstechniken, die aus jedem Observierten ein Individuum, einen Fall machen. Dieser „ist das Individuum, wie man es beschreiben, abschätzen, messen, mit anderen vergleichen kann" (ÜS 1994: 246). Es geht um das, „was man die ‚klinischen' Wissenschaften nennen könnte; das Problem des Eintritts des Individuums (nicht mehr der Spezies) in das Feld des Wissens; das Problem der Einführung der Einzelbeschreibung, der Vernehmung, der Anamnese, des ‚Dossiers' in den allgemeinen Betrieb des wissenschaftlichen Diskurses." (ÜS 1994: 246) Ein Effekt dieser neuen Praktiken, darauf hat Foucault bereits hingewiesen, besteht in der Individualisierung – die medizinischen Verfahren und Techniken des siebzehnten und achtzehnten Jahrhunderts individualisieren die Körper. Die von den Medizinern verwendeten Techniken produzieren die ‚sexuellen Kliniken' von Hermaphroditen. Ein zweiter Effekt der neuen Praktiken besteht in der Herstellung dessen, was Geschlecht genannt wird. Zwischen den Auflistungen der individuellen Glieder taucht in den Hermaphroditen-Diskursen das Geschlecht auf. Dieses ist, so die These, ein Produkt spezifischer Techniken und Methoden, die im siebzehnten Jahrhundert an sogenannten hermaphroditischen Körpern praktiziert werden und den Körper visuell zergliedern oder haptisch vermessen. Sie sind untrennbar von jenem Diskurs, der um die *Wahrheit* des Geschlechts kreist.

Ende der 1970er Jahre veröffentlicht Foucault das Dossier zum Fall des Hermaphroditen Herculine Barbin.[14] Im Vorwort skizziert er die Geschichte der Hermaphroditen und stellt einige grundlegende Thesen auf. Unter anderem jene, dass Hermaphroditen bis zum Ende des achtzehnten Jahrhunderts die freie Wahl des Geschlechts und damit des Personenstandes hatten. Die Reaktionen auf die Veröffentlichung des Materials fallen unterschiedlich aus. Einige HistorikerInnen kritisieren seine Thesen: „The free choice fantasized by Foucault existed only for the ‚perfect' or ‚true' hermaphrodite, functional in both sexes – a quasi – mythical being thought to be either nonexistent or, at best, extremely rare." (Park 1997: 183)[15] Andere hingegen arbeiten mit den Thesen Foucaults weiter und analysieren bis dahin unentdeckte Hermaphroditen-Dossiers des neunzehn-

13 Foucault, Michel (ÜS 1994): Überwachen und Strafen. Die Geburt des Gefängnisses, Frankfurt/Main: Suhrkamp, S. 181.

14 Foucault, Michel (1978): Herculine Barbin dite Alexine B, Paris: Editions Gallimard. Hier wird die deutschsprachige Übersetzung verwendet. Foucault, Michel (ÜHerm 1998): Über Hermaphroditismus. Der Fall Barbin, Frankfurt/Main: Suhrkamp.

15 Vgl. hierzu auch: Daston, Lorraine/Park, Katharine (1995): The Hermaphrodites and the Orders of Nature. Sexual Ambiguity in Early Modern France, in: GLQ: A Journal of Lesbian and Gay Studies, Volume 1, Number 4, S. 419-438. In seiner direktesten Form findet sich der Vorwurf bereits in einer Veröffentlichung aus dem Jahr 1985: „It is simply not true, as Michel Foucault, the noted French historian, claims, that prior to the eighteenth century sex was a juridical rather than a medical category and depend upon the free choice of the hermaphrodite rather than on the expert opinion of a doctor." (Daston/Park 1985: 3)

ten und zwanzigsten Jahrhunderts.[16] In den Gender Studies wiederum bildet Foucaults Dossier den Auftakt für eine Reihe von Nachfolgestudien.[17] Ausgangspunkt der Analysen sind die Diskurse des neunzehnten und zwanzigsten Jahrhunderts. Die Untersuchungen zeigen, dass es in den medizinischen, gerichtsmedizinischen oder aber biologischen Diskursen einerseits um die „Festschreibung einer eindeutigen Geschlechtszugehörigkeit anhand anatomischer Kriterien" (Mehlmann 2007: 84) geht. Andererseits verdeutlichen die Analysen, wie in den „biologischen Diskursen eine Vielzahl hermaphroditischer Mischformen hervorgebracht und als naturgesetzliche Abweichungen von Naturgesetzen in die ‚natürliche' Ordnung integriert [werden]." (Mehlmann 2007: 85)

Diese Analysen der modernen Geschlechterdiskurse werden hier nicht infrage gestellt – im Gegenteil. Doch spätestens seit Foucaults „Ordnung der Dinge" kann behauptet werden, dass die Biologie vor dem neunzehnten Jahrhundert nicht denkbar war, dass sie nicht mit den naturgeschichtlichen Diskursen des siebzehnten und achtzehnten Jahrhunderts in Deckung liegt, dass die Naturgeschichte nicht in der Biologie aufgeht. Zwar entwickelt sich aus dem Wissensgebiet der Naturgeschichte im Zeitalter der Modernität die Biologie. Aber sie bildet sich nicht anstelle ihrer, sondern dort, wo dieses Wissensgebiet nicht existierte, in dem Raum, den das Wissensraster des siebzehnten und achtzehnten Jahrhunderts weiß ließ. (Vgl. OD 1999: 259) In „Die Ordnung der Dinge" rekonstruiert Foucault „das allgemeine Denksystem [...], dessen Raster in seiner Positi-

16 Vgl. hierzu u. a.: Hartmann, Andreas (1995): Im falschen Geschlecht. Männliche Scheinzwitter um 1900, in: Hagner, Michael [Hg.]: Der falsche Körper. Beiträge zu einer Geschichte der Monstrositäten, Göttingen: Wallstein, S. 187-220; Spörri, Myriam (2003): N.O. Body, Magnus Hirschfeld und die Diagnose des Geschlechts. Hermaphroditismus um 1900, in: L'Homme. Europäische Zeitschrift für Feministische Geschichtswissenschaft, Jg. 14, Heft 2, Wien [u. a.]: Böhlau, S. 244-261.

17 Schäffner, Wolfgang/Vogl, Joseph (1998): Nachwort, in: Foucault, Michel: Über Hermaphroditismus. Der Fall Barbin, Frankfurt/Main: Suhrkamp, S. 215-246; Dreger, Alice Domurat (1998): Hermaphrodites and the medical invention of sex. Cambridge, Mass. [u. a.]: Harvard University Press; Klöppel, Ulrike (2002): XX0XY ungelöst. Störungsszenarien in der Dramaturgie der zweigeschlechtlichen Ordnung, in: polymorph [Hg.]: (K)ein Geschlecht oder viele? Transgender in politischer Perspektive, Berlin: Blau, S. 153-181; Klöppel, Ulrike (2002a): „Störfall" Hermaphroditismus und Trans-Formationen der Kategorie „Geschlecht". Überlegungen zur Analyse der medizinischen Diskussionen über Hermaphroditismus um 1900, in: Transformationen: Wissen, Mensch, Geschlecht, Potsdamer Studien zur Frauen- und Geschlechterforschung, Jg. 6, Heft 2, S. 137-150; Klöppel, Ulrike (2005): „Strenge Objektivität und extremste Subjektivität konkurrieren". Hermaphroditismusbehandlung in der Nachkriegszeit und die Durchsetzung von gender by design, in: 1-0-1 [one 'o one] intersex. Das Zwei-Geschlechter-System als Menschenrechtsverletzung, hrsg. von der Neuen Gesellschaft für Bildende Kunst, Berlin: Vice-Versa, S. 168-185; Lang, Claudia (2006): Intersexualität. Menschen zwischen den Geschlechtern, Frankfurt/Main [u. a.]: Campus; Long, Kathleen Perry (2006): Hermaphrodites in Renaissance Europe. Aldershot [u. a.]: Ashgate; Mehlmann, Sabine (2007): Unzuverlässige Körper. Zur Diskursgeschichte des Konzepts geschlechtlicher Identität, Königstein/Taunus: Helmer; Klöppel, Ulrike (2007): Problematische Körper? Überlegungen zur Historiographie von Problematisierungsweisen im Anschluss an Foucault, in: Junge, Torsten/Schmicke, Imke [Hg.]: Marginalisierte Körper. Zur Soziologie und Geschichte des anderen Körpers. Münster, Unrast-Verlag, S. 45-62.

vität ein Spiel gleichzeitiger und offensichtlich kontradiktorischer Meinungen möglich macht. Dieser Raster definiert die Bedingungen der Möglichkeit für eine Auseinandersetzung oder für ein Problem, er selbst ist der Träger der Historizität des Wissens.“ (OD 1999: 111) Oder anders gewendet: Foucault bestimmt „die Gesamtheit der Beziehungen, die in einer gegebenen Zeit die diskursiven Praktiken vereinigen können, durch die die epistemologischen Figuren, Wissenschaften und vielleicht formalisierten Systeme ermöglicht werden.“[18] Diese Gesamtheit bezieht sich auf die diskursiven Regelmäßigkeiten, die in einer gegebenen Zeit innerhalb der Wissenschaften entdeckt werden können. (Vgl. AW 1994: 273) Diese Analyse erlaubt es Foucault, die Aussagen der Naturgeschichte von jenen der Biologie zu trennen, da beide Wissenschaften über jeweils divergierende Regelmäßigkeiten errichtet sind. Foucault zeigt, „warum er [der Diskurs, Anm. M. S.] nicht anders sein konnte als er war, worin er gegenüber jedem anderen exklusiv ist“ (AW 1994: 43).

Dieses ‚Warum‘ beantwortet Foucault unter anderem in der „Ordnung des Diskurses“ anhand der internen und externen Prozeduren, deren Aufgabe es ist, Gefahren des Diskurses zu bändigen, einzuschränken und zu kontrollieren.[19] Diese Reglementierungen richten sich gegen das chaotische Wuchern des Diskurses und produzieren spezifische Regelmäßigkeiten innerhalb der Wissensformationen und Wissensgebiete. Der „Kommentar“ oder die „Disziplin“ fungieren als interne Selbstkontrolle des Diskurses. Ersterer „erlaubt zwar, etwas anderes als den Text selbst zu sagen, aber nur unter der Voraussetzung, dass der Text selbst gesagt und in gewisser Weise vollendet wird. Das Neue ist nicht in dem, was gesagt wird, sondern im Ereignis seiner Wiederkehr.“ (ODis 2003: 20) Er muss die Konstruktion von endlos neuen Diskursen ermöglichen, um schließlich das zu sagen, was im Primärtext schon verschwiegen gesagt war. Dabei gehorcht er dem Paradoxon, zum ersten Mal zu sagen, „was doch schon gesagt worden ist“, beziehungsweise unablässig das zu wiederholen, „was eigentlich niemals gesagt worden ist.“ (ODis 2003: 19) Die ‚Disziplin‘ wiederum ist ein Korpus von als wahr angesehenen Sätzen, ein Spiel von Regeln und Definitionen, von Techniken und Instrumenten. In ihr wird kein Sinn vorausgesetzt, der wieder entdeckt werden muss, und auch keine Identität, sondern sie ist das, was zur Konstruktion neuer Aussagen erforderlich ist – die Möglichkeit, endlos neue Sätze zu formulieren, die sich auf eine bestimmte Gegenstandsebene beziehen und bestimmte begriffliche oder technische Instrumente verwenden, die einem vorher genau definierten Typ angehören, wodurch sie sich in einen bestimmten theoretischen Horizont einfügen lassen. (Vgl. ODis 2003: 24)

Vor diesem Hintergrund wird hier behauptet, dass Gender Studies, die die Diskurse des neunzehnten und zwanzigsten Jahrhunderts untersuchen, nur das analysieren, was die Biologie und die Gerichtsmedizin des neunzehnten Jahrhunderts hervorbringt. Sie analysieren das, was als das biologische Geschlecht bezeichnet wird, das Geschlecht, das nur auf Grundlage der Biologie errichtet werden konnte. Doch angesichts der ‚sexuellen Klinik‘, die Scultet von Martha/Caspar Lechna bestimmt, stellt sich die Frage, ob diese

18 Foucault, Michel (AW 1994): Die Archäologie des Wissens, Frankfurt/Main: Suhrkamp, S. 272f.

19 Vgl. Foucault, Michel (ODis 2003): Die Ordnung des Diskurses, Frankfurt/Main: Fischer.

Klinik, die aus *Geburts-* und *Zeugungsgliedern* besteht, in den modernen gerichtsmedizinischen und biologischen Geschlechtskriterien aufgeht. In Anlehnung an Foucaults archäologische Studien, aber auch an seine Bestimmungen der internen und externen Prozeduren des Diskurses, wird hier die These aufgestellt, dass jede Wissensformation und jedes hiermit korrespondierende Wissensgebiet einen spezifischen Geschlechtsbegriff hervorgebracht hat. Anders formuliert: Obgleich dem Begriff Geschlecht seit dem siebzehnten Jahrhundert der Sexus eingelegt ist, lässt sich daraus keine Kontinuität dieses Geschlechtsbegriffs bis in die Moderne ableiten. Zum einen, da der Geschlechtsbegriff, der im siebzehnten und achtzehnten Jahrhundert erscheint, nur durch die Diskurse der Naturgeschichte hervorgebracht wird. In diesem Wissen bezeichnet Geschlecht ausschließlich die weiblichen *Geburts-* und männlichen *Zeugungsglieder*. (Vgl. Scultet 1756) Zum anderen, da diese Glieder sich radikal vom modernen Geschlechtsbegriff, dem biologischen Geschlecht unterscheiden, das erst auf dem Feld der Biologie errichtet wird und von inneren Geschlechtsorganen, den Keimdrüsen spricht.

Aus der Diskontinuität des Geschlechtsbegriffs ergeben sich weitere Konsequenzen. Die bisher benannten Studien zum Thema Intersexualität haben die Diskurse um das moderne biologische Geschlecht analysiert und die Wirkungen dieses spezifischen Geschlechtsdiskurses rekonstruiert. Sie schreiben fort, was Foucault in seinem Dossier zum Fall der Herculine Barbin angedacht hat: einerseits die Verfestigung des modernen Sexualitätsdispositivs und andererseits den medizinisch-juristischen Normierungszwang.[20] Sie rekonstruieren in Anlehnung an Foucault die Stabilisierung des Sexualitätsdispositivs im Kontext moderner Intersexualitätsdiskurse. (Vgl. Dreger 1998; Schäffner/Vogl 1998; Spörri 2003; Klöppel 2002; Klöppel 2005; Lang 2006)

Im Zusammenhang mit den Fragen nach dem Personenstand, der Heiratsfähigkeit oder den Begehrensformen, die in den Hermaphroditen-Traktaten des siebzehnten und achtzehnten Jahrhunderts auftauchen, geht es im Weiteren weniger um die Wirkungen des Sexualitäts-, als vielmehr um jene, die das Allianzdispositiv hervorbringt.[21] Dieses Dispositiv, das dem Sexualitätsdispositiv zeitlich vorgelagert ist, unterscheidet sich in seinen Wirkungen fundamental von dem der modernen Vorkehrungen. Es reguliert einerseits das eheliche Zusammensein, bildet andererseits die Grundlagen der heterosexuellen Vergemeinschaftung und produziert darüber hinaus die Grundlagen für das Sexualitätsdispositiv des neunzehnten und zwanzigsten Jahrhunderts.[22] Foucault lokalisiert es

20 Vgl. zum Sexualitätsdispositiv u. a.: Foucault, Michel (WzW 1998): Der Wille zum Wissen. Sexualität und Wahrheit, Bd. I, Frankfurt/Main: Suhrkamp; Foucault, Michel (1978a): Dispositive der Macht. Über Sexualität, Wissen und Wahrheit, Berlin: Merve; Bergengruen, Maximilian/Lehmann, Johannes F./Thüring, Hubert [Hg.] (2005): Sexualität – Recht – Leben. Die Entstehung eines Dispositivs um 1800, Paderborn: Fink.

21 Vgl. zum Allianzdispositiv u. a.: Bachorski, Hans-Jürgen [Hg.] (1991): Ordnung und Lust. Bilder von Liebe, Ehe und Sexualität in Spätmittelalter und Früher Neuzeit, Trier: Wissenschaftlicher Verlag Trier; WzW 1998.

22 Das Allianzdispositiv wurde zunächst langsam aber stetig vom Dispositiv der Sexualität kolonialisiert und am Ende des Zeitalters der Klassik von ihm abgelöst. Das Sexualitätsdispositiv knüpfte an die Tradition der christlichen Moraltheologie an. Es hat „mit der Technologie des ‚Fleisches‘ im

in drei Bereichen: dem kanonischen Recht, der christlichen Pastoraltechnologie und dem Zivilrecht. Sie strukturieren die „eheliche Pflicht und das Vermögen, sie zu erfüllen, die Art ihr Folge zu leisten, die Ansprüche und Gewalttätigkeiten, von denen sie begleitet wurde, [...] ihre Fruchtbarkeit beziehungsweise die Verhütung der Fruchtbarkeit, die Augenblicke, in denen man diese Pflicht einforderte (gefährliche Perioden der Schwangerschaft und der Stillzeit, verbotene Zeiten des Fastens oder der Enthaltsamkeit) ihrer Häufigkeit oder Seltenheit" (WzW 1998: 51). Jene Vorkehrungen sorgen innerhalb des gesellschaftlichen Gefüges für die Ordnung der Vermehrung und sollen das Fortleben sichern.

Hingegen die Wirkungen und Effekte des Sexualitätsdispositivs theoretisch beschrieben sowie in vielfältiger Form untersucht und analysiert worden sind, existieren bisher nur einige generelle Aussagen zu dem, was unter den Allianzvorkehrungen zu verstehen sei. Das theoretische Angebot von Foucault, den Ursprung des modernen Sexualitätsdispositivs in den rechtlichen Vorkehrungen des siebzehnten und achtzehnten Jahrhunderts zu suchen, soll hier aufgegriffen werden. Dies geschieht vor dem Hintergrund jener Hermaphroditen-Diskurse, die im siebzehnten und achtzehnten Jahrhundert wuchern. Einerseits werden Regelungen für die eheliche Verbindung von Hermaphroditen und andererseits die Mechanismen rund um die (Re-)Vitalisierung von Sodomieverboten analysiert. Die hier zugrunde liegende Annahme besagt, dass die Errichtung der Allianzvorkehrungen über jene Auseinandersetzungen verläuft, die in ‚Skandalen' um verheiratete Hermaphroditen oder den Fragen des Begehrens ausgetragen werden. In den Hermaphroditen-Traktaten des siebzehnten und achtzehnten Jahrhunderts überkreuzen sich juristische, theologische und medizinische Diskurse. Sie kreisen um Ehe- beziehungsweise Scheidungsordnungen und fragen nach Formen des Begehrens. Anhand von Hermaphroditen-Abhandlungen kann gezeigt werden, wie sich das Allianzdispositiv innerhalb der Wissensbestände der Theologie, des Rechts und der Medizin gestaltet, wie medizinische Fragen schrittweise die Allianzvorkehrungen bestimmen und welche Wirkungen und Effekte hieraus resultieren. Dabei steht die These im Vordergrund, dass erst über den Ausschluss von Begehrensformen – sowohl in Ehe- als auch in Sodomiefragen – die heteronormative Paarbindung und deren Funktion, die Pflicht zur Vermehrung der Art, festgeschrieben werden.

Seit einigen Jahren wird in den Gender Studies nicht nur die Konstruktion von Intersexualität oder Transsexualität[23] analysiert, sondern auch die Frage der chirurgischen

klassischen Christentum auf dem Boden der Allianzsysteme und ihrer Regeln das Licht der Welt erblickt" (WzW 1998: 137). Es kam also im klassischen Zeitalter zu einer ‚Verhäkelung', einer Verbindung von Allianz- und Sexualitätsdispositiv, und beide liefen parallel, bis sich das Sexualitätsdispositiv die Felder der Allianz einverleibte und eigenständig fortführte.

23 Vgl. zur Konstruktion der Transsexualität u. a.: Hirschauer, Stefan (1993): Die soziale Konstruktion der Transsexualität. Über die Medizin und den Geschlechtswechsel, Frankfurt/Main: Suhrkamp, S. 72; Lindemann, Gesa (1993): Das paradoxe Geschlecht. Transsexualität im Spannungsfeld von Körper, Leib und Gefühl, Frankfurt/Main: Fischer; Herrn, Rainer (2005): Schnittmuster des Geschlechts. Transvestitismus und Transsexualität in der frühen Sexualwissenschaft, Gießen: Psychosozial-Verlag.

Interventionen im Sinne der Geschlechtsnormierung diskutiert.[24] Im Zusammenhang mit der Kategorie der Transsexualität würden, so die Argumentation, chirurgische Interventionen als Praktiken der doppelten Affirmation auftauchen. Einerseits, da diejenigen, die mit der Kategorie Transsexualität angerufen[25] werden, ‚freiwillig' eine chirurgische Geschlechtsumwandlung durchführen lassen würden. Andererseits, da jene Subjekte mithilfe des chirurgischen Eingriffs die Binarität der modernen Geschlechterordnung nicht unterlaufen, sondern stabilisieren würden – die Intervention zielt entweder auf die Herstellung weiblicher oder männlicher Geschlechter/Körper. (Vgl. Hirschauer 1993; Frewer/Säfken 2005) Zwar kann mit Butler behauptet werden, dass jene Subjekte weniger ‚freiwillig' als vielmehr unter den normierenden Wirkungen der „heterosexuellen Matrix" agieren und die scheinbar ‚freiwillige' Geschlechtsumwandlung nichts als ein Effekt der modernen Geschlechtsdiskurse sei.[26] Dennoch wird der Vorwurf der doppelten Affirmation aufrechterhalten.

Dagegen werden die chirurgischen Interventionen, die bei intersexuellen Körpern Anwendung finden, als Gewaltexzesse in doppelter Form interpretiert. Einerseits als eine „Genitalverstümmelung" (vgl. Hulverscheidt 2002), die eine Anpassung an die moderne Geschlechterdichotomie, bei gleichzeitiger „Tilgung der Abweichung" (Klöppel 2002: 155) zufolge hätte. Andererseits, da die chirurgischen Eingriffe meist in der frühkindlichen Phase – zweites bis drittes Lebensjahr – durchgeführt werden und demnach ein Widersetzen seitens derjenigen, die mit der Kategorie intersexuell angerufen werden, ausgeschlossen sei. (Vgl. Klöppel 2002: 169; Klöppel 2005: 172)

Herrn beschreibt, wie sich seit den 1920er Jahren der „Wunsch nach Geschlechtsumwandlung bei ‚extremen' Transvestiten" in den medizinischen Archiven artikuliert. (Herrn 2005: 184) Und er rekonstruiert, dass anhand unterschiedlicher „Techniken der Geschlechtsumwandlung" die „vollständigere Umwandlung, das heißt die Ausformung

24 Vgl. zu den chirurgischen Interventionen u. a.: Hirschauer 1993; Hulverscheidt, Marion (2002): Weibliche Genitalverstümmelung. Diskussion und Praxis in der Medizin während des 19. Jahrhunderts im deutschsprachigen Raum, Frankfurt/Main: Mabuse; Klöppel 2002; Frewer, Andreas/ Säfken, Christian (2005): Identität, Intersexualität, Transsexualität – Medizinische und ethisch-rechtliche Aspekte der Geschlechtsumwandlung, in: Stahnisch, Frank/Steger, Florian [Hg.]: Medizin, Geschichte und Geschlecht. Körperhistorische Rekonstruktionen von Identität und Differenzen, Wiesbaden: Steiner, S. 137-156; Herrn 2005; Klöppel 2005; Klöppel, Ulrike (2006): Die Formierung von gender am „Naturexperiment" Intersexualität in der zweiten Hälfte des 20. Jahrhunderts, in: NTM, Zeitschrift für Geschichte der Wissenschaften, Technik und Medizin, Volume 14, Number 4, S. 231-240.

25 Der Begriff der Anrufung wird hier im Sinne Butlers verwendet, die diesen im Zusammenhang mit der Beschreibung von Subjektivierungspraktiken gebraucht. Das Subjekt entsteht, so Butler, im Moment der Anrufung, des Ansprechens oder der Benennung. Diese performativen Sprechakte, die eine normative Wirkkraft durch sprachliche Zuschreibungen realisieren, produzieren das Subjekt. „Das Benennen setzt zugleich eine Grenze und wiederholt einschärfend eine Norm". Butler, Judith (1997): Körper von Gewicht. Die diskursiven Grenzen des Geschlechts, Frankfurt/Main: Suhrkamp, S. 29. Vgl. hierzu auch: Butler, Judith (1998): Haß spricht. Zur Politik des Performativen, Berlin: Berlin-Verlag.

26 Vgl. hierzu: Butler, Judith (2004): Undoing gender, New York [u. a.]: Routledge, S. 4f.

der Organe des anderen Geschlechts, [...] Ende der 20er Jahre sexualchirurgisch umgesetzt [wird]." (Herrn 2005: 184) Am intersexuellen Körper werde, so Klöppel, seit Mitte des zwanzigsten Jahrhunderts interveniert: „Erst in den fünfziger Jahren wurde, vornehmlich durch die Anstrengungen des amerikanischen Psychologen John Money, ein Behandlungskonzept bei ‚Intersexualität' aufgestellt, untermauert von wissenschaftlichen Kategorien, Untersuchungen und Modellen." (Klöppel 2002: 156) „Am John Hopkins Hospital wurden systematisch Kleinkinder mit Medikamenten und chirurgischen ‚Genitalkorrekturen' behandelt. Im Unterschied zu früheren vereinzelten ärztlichen Eingriffen, die vornehmlich auf Wunsch erwachsener KlientInnen erfolgten, wurde hier ein Behandlungsplan verfolgt, der schon bei Neugeborenen einsetzt." (Klöppel 2002: 169) Hulverscheidt wiederum analysiert jenen Zeitraum, da nicht planmäßig oder systematisch chirurgisch eingegriffen, sondern die Verstümmelungen der Genitalien an weiblichen aber auch hermaphroditischen Körpern fallabhängig durchgeführt wurden.

Zweifellos ist seit dem zwanzigsten Jahrhundert eine explosionsartige Zunahme von Operationen an transsexuellen oder intersexuellen Körpern zu verzeichnen, deren Effekte unter anderem in der Stabilisierung der biologischen Zweigeschlechtlichkeit bestehen.[27] Im Folgenden geht es jedoch nicht um die Frage von genitalen Verstümmelungen oder um die Tatsache, dass über die chirurgischen Interventionen der moderne Geschlechtsdiskurs stabilisiert wird. Vielmehr soll zum einen gezeigt werden, dass chirurgische Interventionen an hermaphroditischen Körpern bereits am Ende des achtzehnten Jahrhunderts praktiziert werden – diese historische Tatsache allein scheint interessant. Doch darüber hinaus wird hier die These aufgestellt, dass über die Interventionspraktiken das produziert wird, was als moderne Geschlechtsvorstellung bezeichnet werden kann. Unter dem einschneidenden Messer des intervenierenden Chirurgen entstehen jene zwei Geschlechter, die in der Moderne als Norm errichtet werden. Genau in dem Moment, da die *Geburts-* und *Zeugungsglieder* chirurgischen Verfahren unterworfen werden, betreten als Effekt dieser Prozeduren die inneren Organe das Spielfeld um die *Wahrheit* des Geschlechts. Erst der Einschnitt in den hermaphroditischen Körper ermöglicht ein Sprechen über das, was unter dem Begriff des biologischen Geschlechts verstanden wird.

Bruch, Diskontinuität, Transformation – drei unterschiedliche Begriffe, die im methodologischen Werkzeugkasten Foucaults stetig auftauchen. Grundsätzlich stehen sie und die hiermit korrespondierenden methodologischen Annahmen konträr zu einer Geschichtsauffassung, die Kausalbeziehungen herstellt. Foucault negiert explizit einen „Evolutionsmythos als tragendes Gerüst der Geschichte".[28] „Man muss sich", so Foucault, „vor einer simplifizierenden linearen Geschichtskonzeption hüten." (Foucault 2000a: 13) Gegen diese Geschichtsauffassung bringt er unter anderem das „historisch-philosophische Vorgehen"[29] ins Spiel. Dieses ist durch folgende Grundsätze gekennzeichnet: „Bruch, Diskontinuität, Singularität, reine Beschreibung, unbewegliches Tableau, keine Erklä-

27 Vgl. hierzu u. a.: Groneberg, Michael/Zehnder, Kathrin [Hg.] (2008): „Intersex". Geschlechtsanpassung zum Wohle des Kindes? Erfahrungen und Analysen, Fribourg: Academic Press Fribourg.

28 Foucault, Michel (2000a): Paolo Caruso: Gespräch mit Michel Foucault, in: ders.: Von der Subversion des Wissens, Frankfurt/Main: Fischer, S. 7-27, S. 13.

29 Foucault, Michel (WiK 1992): Was ist Kritik? Berlin: Merve, S. 36.

rung, kein Übergang" (WiK 1992: 36). Anders gewendet: Geschichte wird in dem Moment eine ‚wirkliche' sein, da sie das Diskontinuierliche ins Zentrum des Denkens rückt. (Vgl. Foucault 2000) Doch geht es Foucault um eine einfache Ersetzung des Kontinuierlichen durch das Diskontinuierliche, um den Austausch eines Evolutionsmythos durch die systematische Bestimmung von Brüchen?

An die Stelle von uniformen Vereinfachungen durch Kausalitätsbeziehungen setzt Foucault zwar ein Spiel von Abhängigkeiten, doch geht es ihm nicht darum, einen allgemeinen Begriff wie Kontinuität durch den nicht weniger abstrakten Begriff der Diskontinuität zu ersetzen. Vielmehr liegt ihm daran „zu zeigen, dass die Diskontinuität nicht eine monotone undenkbare Leere zwischen den Ereignissen darstellt, die man eilends durch die trübe Fülle der Ursache oder durch die behende Bewegung des Geistes (zwei völlig symmetrische Lösungen) auffüllen müsste; sondern dass sie ein Spiel spezifischer, voneinander unterschiedlicher Transformationen darstellt (von denen jede ihre eigenen Bedingungen, eigenen Regeln und ihr eigenes Niveau besitzt), untereinander gemäß den Schemata der Abhängigkeit verknüpft sind. Die Geschichte besteht in der deskriptiven Analyse und in der Theorie dieser Transformationen."[30] Bruch, Diskontinuität und Transformation fallen demnach bei Foucault zusammen und bilden insofern eine Einheit, als dass Brüche innerhalb der Geschichte nicht inhaltslos, sondern von spezifischen Transformationen bestimmt sind.

Diese Transformationen sind in jenem Moment lokalisierbar, da die Diskurse als Ereignis in die Geschichte eintreten. „Man muss", so Foucault, „sich bereithalten, jeden Augenblick des Diskurses in seinem ereignishaften Hereinbrechen aufzunehmen" (AW 1994: 39). Es finden sich jedoch weitere Hinweise bei Foucault, wie ein Bruch innerhalb des Wissens lokalisierbar sei – in seiner archäologischen Studie „Die Ordnung der Dinge". Ordnung, so Foucault, ist das, „was sich in den Dingen als ihr inneres Gesetz, als ihr geheimes Netz ausgibt, nach dem sie sich in gewisser Weise alle betrachten, und das, was nur durch den Raster eines Blicks, einer Aufmerksamkeit, einer Sprache existiert. Und nur in den weißen Feldern dieses Rasters manifestiert es sich in der Tiefe, als bereits vorhanden, als schweigend auf den Moment seiner Aussage Wartendes." (OD 1999: 22) Die einzelnen Wissensformationen, die Foucault in „Die Ordnung der Dinge" rekonstruiert, sind durch spezifische Ordnungsraster bestimmt, deren sich kreuzende Erkenntnislinien ‚weiße Felder' auslassen, die für das Denken der jeweiligen Epoche nicht beschreibbar sind. Diese ‚weißen Felder' werden erst von den folgenden Erkenntnisrastern erfasst und bilden dann den zentralen Gegenstand der neuen Wissensformation. Der Augenblick, da die ‚weißen Felder' beschrieben werden, bezeichnet den Moment der Transformation. Und genau in dieser Situation tauchen in „Die Ordnung der Dinge", in der Foucault hinter das Aufzeigen und Betonen von Brüchen innerhalb des Wissens nicht zurückgeht und die Negation von Übergängen vehement aufrechterhält, drei sehr spezifische Figuren auf, die die Brüche signalisieren: Cervantes' Don Quichotte sowie de Sades Justine und Juliette. Sie offenbaren jenen Augenblick, da die ‚weißen Felder'

30 Foucault, Michel (2001): Antwort auf eine Frage, in: ders.: Schriften in vier Bänden. Dits et Ecrits, Bd. I, 1954-1969, Frankfurt/Main: Suhrkamp, S. 859-886, S. 868.

durch ein neues Ordnungssystem erfasst und beschrieben werden. Sie sind Zeugen der Transformationen, da sie genau zwischen den Epochen und ihren spezifischen Wissensformationen in Erscheinung treten und lassen in ihrem Auftreten den Bruch näher bestimmen.

So erhielt sich die Wissensformation der Renaissance bis zum Ende des sechzehnten Jahrhunderts und trug als Merkmal die Analogie. Anfang des siebzehnten Jahrhunderts hörte das Denken auf, sich in Ähnlichkeiten zu bewegen und die analogische Ordnung wurde in der Klassik durch die kritische Arbeit der Analyse und der Klassifizierung ersetzt – auf diesem Boden entstanden die allgemeinen Wissenschaften. (Vgl. OD 1999) Die Bestimmung dieses Umbruchs leitet Foucault mit Cervantes' Romanfigur Don Quichotte ein. Seine Abenteuer bezeichnen „die Grenze: in ihnen enden die alten Spiele der Ähnlichkeit und der Zeichen, knüpfen sich bereits neue Beziehungen." (OD 1999: 78) Don Quichotte offenbart das Zerbrechen der alten Verwandtschaft von den Wörtern und den Dingen. Er, der die Welt zu lesen sucht, um die Wahrhaftigkeit seiner Ritterromane zu beweisen, stößt auf eine Nicht-Übereinstimmung von Zeichen und Dingen, ein völliges Missverständnis, durch das seine Utopie ins Straucheln gerät. Zwar beharrt „der Heros des Gleichen" (OD 1999: 78) darauf, durch seine überholten Ähnlichkeitsraster die Welt zu entschlüsseln, doch kann er nur das Problem der Analogien entdecken. Die grundlegende epistemologische Transformation, die sich zwischen den Wörtern und den Dingen vollzieht und der inadäquate Charakter seiner Wissensform, die dem sechzehnten Jahrhundert zugehört, verwirren ihn. „Die Wörter irren im Abenteuer umher, inhaltslos, ohne Ähnlichkeit, die sie füllen könnte. Sie bezeichnen die Dinge nicht mehr" (OD 1999: 80).

Im zweiten Teil des Romans dringt er schließlich in die Welt der reinen Repräsentation ein und wird selbst ein arbiträres Zeichen. Somit ist Cervantes' Roman das „erste der modernen Werke, da man darin die grausame Vernunft der Identitäten und Differenzen bis ins Unendliche mit den Zeichen und den Ähnlichkeiten spielen sieht." (OD 1999: 81) Hingegen Don Quichotte im ersten Teil der Erzählung „in den Beziehungen der Welt und der Sprache liest", wie man es im sechzehnten Jahrhundert tat, wird er im zweiten Teil „zur reinen und einfachen Gestalt in der Künstlichkeit einer Repräsentation" (OD 1999: 262). Kurz gesagt: In Don Quichotte manifestiert sich jene Transformation des Wissens, die sich zwischen dem Zeitalter der Ähnlichkeiten und dem der Repräsentation ereignet – seine Position liegt „zwischen der Renaissance und der Klassik" (OD 1999: 262).

Am Ende des achtzehnten Jahrhunderts erfolgt erneut eine Umwälzung des Wissens. Die Epoche der Moderne, der Humanwissenschaften, errichtete ihr Objekt auf einem Feld, dessen Bestandteile sich der Beobachtung entziehen. (Vgl. OD 1999: 307) Als diesem Ereignis vorgelagert, benennt Foucault das Werk de Sades. Es „offenbart das schwankende Gleichgewicht zwischen dem Gesetz ohne Gesetz des Verlangens und dem metikulösen Anordnen einer diskursiven Repräsentation." Danach beginnt „das Zeitalter der Sexualität" (OD 1999: 262). De Sades Figuren Justine und Juliette sind bei der Entstehung der modernen Kultur in der gleichen Position wie Don Quichotte – sie stehen zwischen den Wissensformationen. Doch diese offenbaren nicht mehr den ironischen „Triumph der Repräsentation über die Ähnlichkeit," sondern „die dunkle, wiederholte Gewalt des Verlangens," die „an die Grenzen der Repräsentation schlägt." (OD 1999: 263)

In Justine, die dem zweiten Teil des Don Quichotte entspricht, „kommunizieren das Verlangen und die Repräsentation nur durch die Präsenz eines *Anderen*, der sich die Heldin als Gegenstand des Verlangens vorstellt, während sie selbst nur die leichte, ferne, äußerliche und eisige Form des Verlangens der Repräsentation kennt." (OD 1999: 263) Im Gegensatz hierzu Juliette: Zwar ist auch sie nicht mehr als die Gestalt aller möglichen Wünsche und Begierden. Doch „diese Lüste werden ohne Rückstand in die Repräsentation aufgenommen, die sie vernünftig in *Diskurs* bringt und sie aus freien Stücken in *Szenen* verwandelt." (OD 1999: 263) In diesen Momenten der Veränderung entzieht sie sich den Wirkungen der Repräsentation, schwächt die „Mächtigkeit der Repräsentierten" und deutet „alle Möglichkeiten des Verlangens" an. (OD 1999: 263) Demnach stehen De Sades Figuren einerseits für das Ende des klassischen Diskurses und andererseits für seine Befreiung aus der Funktion des Benennens. Von de Sade an werden „Gewalt, Leben und Tod, Verlangen, Sexualität unterhalb der Repräsentation eine immense, schattige Schicht ausbreiten, die wir jetzt so, wie wir können, wieder in unseren Diskurs, in unsere Freiheit, in unser Denken aufzunehmen versuchen." (OD 1999: 264)

Diese Figuren, die Foucault in „Die Ordnung der Dinge" benennt, weisen drei spezifische Eigentümlichkeiten auf. Erstens zeugen sie von einer Krise: Die alten Regelmäßigkeiten im Denken, die diskursiven Formationen – im Falle von Don Quichotte die Analogien – lassen sich nicht mehr entdecken, beziehungsweise zerfallen unter den Augen des taumelnd Suchenden. Ähnliches gilt für Justine, deren Gewalt des Verlangens die Grenzen des Wissens, der Repräsentation offenbart. Zweitens bezeugen sie aber nicht nur eine Krise, den Zusammenbruch der bisherigen Wissensformation, sondern künden gleichzeitig von jenen Phänomenen, die in der darauf folgenden Epoche, die in der künftigen Wissensformation analysiert und in eine allgemeine Theorie eingebunden werden: Don Quichotte sucht in einer Welt, in der die Wörter die Dinge nicht mehr bezeichnen – er stößt überall auf die Welt der Repräsentation und wird selbst zu einem arbiträren Zeichen. Juliette wiederum schlägt nicht nur an die Grenzen der Repräsentation, wie Justine, sondern schwächt in ihrem Verlangen die Wirkungen der Repräsentation und nimmt hierüber das Zeitalter der Sexualität vorweg. Diese Figuren stehen also genau zwischen den jeweiligen Wissensformationen. Drittens offenbaren sie jeweils für sich genommen die spezifischen Regeln der Transformation: Don Quichotte dokumentiert die Diskontinuität der Zeichen – wie werden aus natürlichen Signaturen arbiträre Zeichen. Anhand der Figuren von de Sade zeigt sich, wie aus Justine und Juliette, die im Modus der Repräsentation einzig Objekte von Verlangen beziehungsweise Imaginationen Dritter darstellen, zumindest im Fall der Juliette, ein handelndes Subjekt aller erdenklichen Begehrensformen wird. Anders gewendet: Wie wird aus der reinen Repräsentation (Objekt des Verlangens) die moderne Binarität – Objekt des Begehrens der Anderen einerseits und sich frei in Szene setzendes Subjekt andererseits?

Die Hinweise Foucaults, dass ein Bruch genau in dem Moment erscheint, da die ‚weißen Felder' der einen Wissensformation von der darauf folgenden Wissensformation beschrieben werden, und dass diesen Moment Figuren signalisieren, die die benannten Eigentümlichkeiten aufweisen, sollen im Weiteren aufgenommen und erweitert werden. Es werden jene diskursiven Ereignisse als Krisenfiguren bezeichnet, die sowohl den Zerfall einer Wissensordnung bezeugen, als auch von der Errichtung neuer diskursiver Regelmäßigkeiten künden, die sowohl vollkommen andere Praktiken als auch neue Methoden und Techniken erscheinen lassen. Diese Ereignisse signalisieren einerseits die Brüche innerhalb des Wissens, machen andererseits in ihrem Auftreten die Diskontinuitäten lokalisierbar und beschreiben darüber hinaus die spezifischen Mechanismen oder Regeln der jeweiligen Transformation.

Das vorliegende Buch hat seine Entstehung den eingangs zitierten Texten von Paracelsus und Scultet zu verdanken. Die Verstörung, die bei der Lektüre von Paracelsus' Hermaphroditen-Beschreibung eintritt, die die Vertrautheit unseres Wissens über Hermaphroditen erschüttert, wird durch das Fehlen der modernen, der wohlbekannten Verbindung von Hermaphrodit und Geschlecht, der Definition von Intersexualität über die doppelte Anzahl der Geschlechtsorgane, ausgelöst. Dieses Fehlen sollte jedoch nicht zu dem Schluss führen, Paracelsus sei ein Mystiker, der im Zusammenhang mit den Hermaphroditen von alchemistischen Fragen spricht.[31] Im Gegenteil: Nur der Bruch mit der Kontinuitätsannahme von Geschlecht ermöglicht es, die Frage nach dem Begriff Geschlecht an Paracelsus und jene Episteme, in deren Bahnen Paracelsus' Denken erscheint, zu stellen. Nicht die Mystik kabalistischer Diskurse oder die alchemistischen Einflüsse im Werk von Paracelsus stehen hier zur Disposition, sondern die schlichte Tatsache, dass es Paracelsus möglich ist, Hermaphroditen ohne Geschlecht zu denken. Sicher, Begriffe wie Frau oder Mann stehen auch bei Paracelsus im Vordergrund, wenn er seine Hermaphroditen beschreibt. Doch Frau und Mann werden über Gestalt, Zeichen und *Eigenschaften* des Leibes bestimmt, eine Verfasstheit, die darauf verweist, dass sie nicht auf Grundlage von Geschlecht innerhalb des Welttheaters gedacht und angeordnet werden, sondern in einem Spielfeld von Zeichen und *Eigenschaften* ihren Platz innerhalb der kosmologischen Ordnung erhalten.

Aus dieser Perspektive wiederum wirkt der Bericht und die dazugehörige Kupfertafel von Scultet verstörend, da dort der ganzheitliche Leib, die Gestalt, die Paracelsus besichtigt, in den Hintergrund der Darstellung tritt und die herausgetrennten *Zeugungs-* und *Geburtsglieder* sowohl den Bericht als auch die Darstellung dominieren. (Vgl. Abb. 2) Die ‚sexuelle Klinik' von Martha/Caspar Lechna, die Scultets gesamte Argumentation einnimmt und im Zentrum seiner Kupfertafel steht, bestimmt seine Fragen nach der *Wahrheit* des Geschlechts oder der Personenstandsbestimmung. Darüber hinaus rüttelt der Scultetsche Observationsbericht unser heutiges Denken auf, da dem naturgeschichtlichen Geschlechtsbegriff von Scultet zwar der Sexus eingelegt ist, doch dessen *Zeugungs-* und *Geburtsglieder* etwas vollkommen anderes repräsentieren als das, was der

31 Vgl. zu den Deutungen des Hermaphroditen im Kontext der Alchemie u. a.: Aurnhammer, Achim (1986): Zum Hermaphroditen in der Sinnbildkunst der Alchemisten, in: Meinel, Christoph [Hg.]: Die Alchemie in der europäischen Kultur- und Wissenschaftsgeschichte. Wolfenbüttel (= Wolfenbütteler Forschungen, Heft 32), S. 179-200; Schütt, Hans-Werner (2002): Der alchemische Hermaphrodit zu Beginn der europäischen Neuzeit, in: Schmiederer, Katja [Hg.]: Hamburg – Mainz – Marburg: Stationen eines Wissenschaftshistorikers. Festakt anlässlich der Pensionierung von Prof. Dr. Fritz Krafft, Stuttgart: Wissenschaftliche Verlagsgesellschaft, S. 41-61.

moderne biologische Geschlechtsbegriff – das vitale Organsystem – bezeichnet. Die Diskurse, die diese differenten Aussagefelder erzeugen, gilt es im Weiteren zu analysieren und deren Wirkungen und Effekte aufzuzeigen, um die Genealogie des diskursiven Ereignisses Geschlecht zu rekonstruieren.

I. Exegese der Leiber

1. Von den Geschlechtern und ihren Eigenschaften

> „Alles was die Natur gebiert / das formiert sie nach dem Wesen der Tugendt so im selbigen ist / vnd seindt also zuverstehen. Wie das gemüt / die Eigenschafft / die Natur desselbigen Menschen ist / demselbigen nach gibt sie ihm auch den Leib / mit seiner Figur: also das die Figur / der Leib / die Tugendt gleich in Einer Concordantz seindt / vnd ein jedlichs zeigt dz ander an: Als die Tugendt zeigt an die Form / Figur / Corpus vnd Substantz: Also zeigen auch an dieselbigen das Wesen im selbigen."[1]

Wenn es stimmt, dass bis zum Ende des sechzehnten Jahrhunderts kein Geschlecht im Sinne der Beschreibung Scultets – der Dichotomie von weiblichen und männlichen *Geburts-* und *Zeugungsgliedern* – existiert, dann stellt sich die Frage: Wie lässt sich eine Geschichte erzählen, deren Gegenstand nicht vorkommt? Wie können Aussagen über ein Element getroffen werden, das dem Diskurs des sechzehnten Jahrhunderts vollkommen fremd ist? Und wenn es richtig ist, dass dieses Geschlecht, das Scultet beschreibt, bis zum Anfang des siebzehnten Jahrhunderts nicht denkbar ist, wie sind dann die zahlreichen Geschlechter, die in den Folianten des sechzehnten Jahrhunderts auftauchen, zu fassen? Anders gewendet: Geschlechterbegriffe sind dem sechzehnten Jahrhundert nicht fremd, es sind sogar unendlich viele Geschlechter bis zu diesem Zeitpunkt im Umlauf, nur eben jenes Geschlecht, von dem Scultet berichtet, existiert nicht.

Vielleicht ist ein Perspektivwechsel der Schlüssel zu den Archiven, in denen die Geschlechter des sechzehnten Jahrhunderts wispern? Möglich, dass die Frage nach den Geschlechterdiskursen des sechzehnten Jahrhunderts den modernen Blick auf das Geschlecht – jenes, von dem Scultet spricht – neu ausrichtet? In einem ersten Schritt wäre also zu fragen, welche Geschlechter bis zum Ende des sechzehnten Jahrhunderts in den Archiven flüstern. Welche Ordnungen und welche Differenzen lassen sich in den Geschlechterdiskursen des sechzehnten Jahrhunderts lokalisieren?

1 Paracelsus (1591): Zehender Theil. Der Bücher und Schrifften / des Edlen / Hochgelehrten vnd Bewehrten PHILOSOPHI vnd MEDICI, PHILIPPI THEOPHRASTI Bombast von Hohenheim / PARACELSI genannt: Jetzt auffs new auß den Originalien / vnd Theophrasti eigner Handschrifft / soviel derselben zu bekommen gewesen / auffs trewlichst vnd fleissigst an Tag gegeben: Durch IOHANNEM HVSERUM BRISGOIVM [...]. Getruckt zu Basel, durch Conrad Waldkirch, S. 152.

Es existieren beispielsweise, so Ryff, die Geschlechter der Krankheiten, die der „Feber vnd Leybliche gebrechen".[2] Paracelsus beschreibt seinerseits vier Krankheiten, die die Vernunft rauben: „Ein geschlecht die da Lunatici heissen / vnd Eins / die da Insani heissen / vnd Eins die Vesani heissen / vnd Eins die do Melancholici heissen."[3] Jenseits davon gibt es die „Geschlecht[er] der Brunnen",[4] unter anderem jene zu Zürich. Mair wiederum berichtet in seinem „Geschlechter-Buch"[5] von den unzähligen Geschlechtern – der Päpste, Kaiser, Könige oder Fürsten –, die sich in Chroniken beziehungsweise „Geschlechter-Register[n]"[6] tummeln und in Form von Genealogien und Stammbäumen aufgelistet werden. In den Lüften ziehen die ‚geshlecht[er] der federspile'[7] ihre Bahnen und repräsentieren einen Teil der Geschlechter der Tiere. Auf der Erde wimmelt es von den „Geschlecht[ern] der Kräuter",[8] die sich aus dem dunklen Erdreich empor strecken und dem Lauf der Sonne und anderer Planeten folgen. Und es existieren die Geschlechter der Menschen: „Gott der Himlische Vatter [hat] / den Menschen anfäncklich / an leib vnd seel / schön / gerecht vnd volkömlich on allen fehl vnnd gebrechen erschaffen / vnd das menschliche geschlecht ordentlicher weiß außgebraittet

2 Ryff, Walther Hermann (1551): Ursach oder Ursprung, Ware Erkantnuss und eigentliche vnderschidung aller zufaelliger eusserlicher und innerlicher Kranckheyten allerhand Art, Manier vnd Geschlecht der Feber, vnnd Leybliche gebrechen [...] / Beschrieben durch D. Guualtherum H. Rivium, Medicum & Chirurgum. Gedruckt zu Wyrtzburg: durch Johan Myller.

3 Paracelsus (1589): Vierdter Theil. Der Bücher und Schrifften / des Edlen / Hochgelehrten vnd Bewehrten PHILOSOPHI vnd MEDICI, PHILIPPI THEOPHRASTI Bombast von Hohenheim / PARACELSI genannt: Jetzt auffs new auß den Originalien / vnd Theophrasti eigner Handschrifft / soviel derselben zu bekommen gewesen / auffs trewlichst vnd fleissigst an tag gegeben: Durch IOHANNEM HVSERUM BRISGOIVM [...]. Getruckt zu Basel, durch Conrad Waldkirch, S. 49.

4 Frisius, Johannes Jakob (1599): Vom Geschlecht der Brunen zu Zürich, sonderlich von dem Ersten Burgermeister der Statt Zürich / ein history sehr lustig unnd nutzlich zulesen, an den edlen ehrenvesten Paulum Brunen zu Nürenberg. Zürych: Wyssenbach.

5 Mair, Paul Hector (1580): Geschlechter-Buch: Darinn der loblichen Kaiserliche Reichs Statt Augspurg so vor Fünffhundert und mehr Jaren hero, daselbst gewonet, und biß auff acht abgestorben [...] / sampt aines jeden Geschlechts Wapen, Zeichen und Schilt und Helm auch Ankunfft herkommen alles mit künstlichen Figuren angezeigt / jetz widerumb an Tag gegeben, Franckfort am Mayn: Feyerabend.

6 Hildebrandt, Andreas (1631): Genealogia oder Stamm- und Geschlecht-Register der Königen in Schweden, vom Jahr 1250 biß auff jetzige Zeit, Stetin.

7 Magnus, Albertus (1962a): Von Falken Hunden und Pferden. Deutsche Albertus-Magnus-Übersetzungen aus der ersten Hälfte des 15. Jahrhunderts, Teil II, Berlin: Walter de Gruyter, S. 12. Die im Folgenden verwendeten deutschsprachigen Traktate sind im Wesentlichen Übersetzungen der Abschnitte über Beizvögel, Hunde und Pferde aus dem Liber de animalibus des Albertus Magnus. Heinrich Münsinger übersetzt sie im fünfzehnten Jahrhundert ins Deutsche und gibt sie – mehr oder weniger – als eigenständige Ausgabe unter dem Titel: BUCH VON DEN FALCKEN, HEBCHEN, SPERBERN, PFERDEN VND HUNDEN, heraus. Vgl. zur Genealogie der Übersetzungen ausführlicher: Magnus, Albertus (1962): Von Falken, Hunden und Pferden. Deutsche Albertus-Magnus-Übersetzungen aus der ersten Hälfte des 15. Jahrhunderts, Teil I, Berlin: Walter de Gruyter, S. 9-125.

8 Croll, Oswald (1996): De signaturis internis rerum. Die lateinische editio princeps (1609) und die deutsche Erstübersetzung (1623), Stuttgart: Steiner, S. 177.

vnnd erweitert".[9] Über all diesen Geschlechtern folgen die „geschlecht[er] der Cometen"[10] ihren Bahnen, welche jederzeit erscheinen können, um die Ereignisse in der Zukunft anzukündigen.

Es gibt noch viele weitere Geschlechter, die im Denken des sechzehnten Jahrhunderts eine Rolle spielen. Für den hier zu befragenden Zusammenhang soll es genügen, die drei wichtigsten Formen von Geschlechtern, die bis zu jenem Zeitpunkt existieren, zu nennen und zu analysieren: die Geschlechter der Tiere, die Geschlechter der Pflanzen und die Geschlechter der Menschen. Diese drei Geschlechter sollen im Folgenden näher beschrieben werden, bevor sie sich ab dem siebzehnten Jahrhundert zumindest teilweise auflösen und verschwinden. Wie werden diese Geschlechter, die es noch zu Beginn des siebzehnten Jahrhunderts gegeben hat, gedacht? Nach welcher Ordnung werden sie im großen Welttheater verteilt? Und wenn es zutrifft, dass es im Denken des sechzehnten Jahrhunderts keine *Zeugungs-* und *Geburtsglieder* und folglich keine Dichotomie der Geschlechtsteile gegeben hat, die die Dinge in weiblich und männlich teilt, wie werden die Tier-, die Pflanzen- und Menschengeschlechter organisiert?

Zunächst zu den Geschlechtern der Tiere. „Die lebendigen Creaturen werden dreyerley vnderscheiden / Nemlich die ersten / so auff der Erden allein gehen und kriechen. Die andern / so in der Lufft schweben oder fliegen / als das Gevögel. Die dritten / so in dem Wasser ir leben und wesen haben / als da seyn allerley Geschlecht der Fische."[11] Jede der drei Gruppen von Kreaturen bewohnt jeweils einen Ort – die Erde, die Luft und das Wasser – und setzt sich aus allerlei unterschiedlichen Geschlechtern zusammen. Zu den Geschlechtern auf der Erde gehören unter anderem das „Schaff" und der „Ohrochs" oder das „Einhorn" und der „Elefant". Jene Geschlechter, die sich in die Lüfte erheben und dort im Kreis schweben, sind beispielsweise der „Habicht" und die „Weihe" oder der „Kuckuck" und die „Amsel". Die Geschlechter, die das Wasser bewohnen, sind etwa der „Stockfisch" und der „Krebs" sowie der „Seefalcke" und die „Wasserpferde". (Vgl. Lonicerum 1593)

9 Goltwurm Athesinus, Caspar (1557): Wunderwerck vnd Wunderzeichen Buch. Darinne alle fürnemste Göttliche / Geistliche / Himlische / Elementische / irdische vnd Teuflische wunderwerck / so sich in solchem allem von anfang der Welt Schöpfung biß auff vnser jetzige zeit / zugetragen vnd begeben haben [...]. Getruckt zu Franckfurt am Mayn, bey Martin Lechler, in verlegung Sigmund Feierabends vnd Simon Hüters, ohne Seitenangaben.

10 Meyne, Matthiam (1578): Von aller geschlecht der Cometen, jeder zeit, wan die erscheinen zugebrauchen, und von dessen wirkungen, der uns zu Dantzigk den 12. Novembris dieses 1577. Jar erschienen ist. Dantzigk: Rhode.

11 Lonicerum, Adamum (1593): Kreuterbuch, künstliche Conterfeytunge der Bäume / Stauden / Hecken / Kreuter / Getreyde / Gewürtze. Mit eygentlicher Beschreibung derselben Namen / in sechserley Spraachen / Nemlich / Griechisch / Lateinisch / Italianisch / Frantzösich / Teutsch vnd Hispanisch / vnd derselben Gestalt / natürlicher Krafft vnd Wirkung. Sampt künstlichem vnd artlichem Bericht deß Distillierens. Item von fürnembsten Gethieren der Erden / Vögeln / vnd Fischen. Deßgleichen von Metallen / Ertze / Edelsteinen / Gummi / vnd gestandenen Säfften [...]. Zu Franckfurt bey Christian Egenolffs selbigen Erben, S. CCCX.

Die Kreaturen unterscheiden sich aber nicht nur durch den Ort, den sie bewohnen, sondern auch durch ihre *Komplexionen.*[12] Vier verschiedene *Komplexionen* machen die Geschlechter der Tiere aus: warm und feucht, kalt und trocken, kalt und feucht sowie warm und trocken. Die *Komplexion* der Kreaturen auf dem Land, „sey warmer Natur / doch eins mehr dann das ander / etliches ist feuchter / vnd etliches truckner Natur / nach dem es jung oder alt / zam oder wild ist." (Lonicerum 1593: CCCXI) Den Vögeln entspricht eher eine feuchte und warme *Komplexion.* Die Fische „sind von Natur kalt vnd feucht / doch ist vnderscheidt vnder ihnen / dann einer ist besser denn der ander / nach art vnd eigenschafft." (Lonicerum 1593: CCCL) Soviel zur allgemeinen Anordnung der Kreaturen und ihren *Komplexionen.* Doch Lonicerum bleibt recht vage in seinen Beschreibungen, wenn er beispielsweise sagt, dass die Kreaturen an Land generell warm seien – die einen mehr als die anderen. Oder die Fische, die je nach Art und *Eigenschaft* eine kalte und feuchte *Komplexion* haben. Die *Komplexionen* geben einen ersten, allgemeinen Hinweis für die Ordnung der Tiergeschlechter. Diese größtmögliche Offenheit, so deutet es Lonicerum an, wird durch weitere Ordnung stiftende Felder näher bestimmt.

Wodurch genau gibt die Natur *Komplexionen* – warm und feucht, kalt und trocken, kalt und feucht oder warm und trocken – zu erkennen und welche *Eigenschaften* machen ein jedes Tiergeschlecht aus? Lonicerum weist in einem ersten Schritt den Weg zur Bestimmung des Alters. Der Hirsch ist „ein Thier wunderbarer behandigkeit / hat ein Stirn mit ästigen Hörnern geschärffet. Wann es zwey jar alt wirdt / mehret es die Zincken dem alter nach." (Lonicerum 1593: CCCXXIII) An den Zinken/Geweihenden des Hirsches ist erkennbar, welches Alter er hat, denn die Anzahl der Enden des Geweihs entspricht seinen Lebensjahren. Sie zeigen also das Alter eines jeden Hirsches an, da er jedes Jahr einen neuen Zinken bekommt. Ähnliches gilt für das Horn der Kuh, dessen Ringlein, wie die Jahreskreise des Baumes, ihr Alter offenbaren. „Es seind sonst etliche Zeichen" (Paracelsus 1590: 358), die ein jedes Alter der Kreaturen anzeigen. Das Ross wirft in den ersten Jahren seine Zähne heraus, „das man das Roß auff sieben Jahr gewiß erkennen könne / vnnd also sein Alter wissen. Dann dem jungen Roß / wachsen erstlich vierzehen Zähn / die werden Füllen Zähn genannt / deren verleurt es alle Jahr zween / vnnd also hatt es sieben Jahr zu verlieren." (Paracelsus 1590: 358) Und so, wie durch den Verlust der Zähne das Alter der Pferde lesbar wird, offenbaren wiederum der Schnabel oder die Klauen eines Vogels, in die besondere Zeichen eingeschrieben sind, wie viele Jahre der Vogel gelebt hat.

12 Die Lehre vom menschlichen Leib ist im sechzehnten Jahrhundert durch die Säfte- und Komplexionentheorie bestimmt. Der Leib wird als System von vier Säften verstanden: Blut, Schleim, rote Galle und schwarze Galle. Diesen entsprechen die vier Geschlechter: Sanguiniker, Phlegmatiker, Choleriker und Melancholiker sowie die vier Elemente Luft, Wasser, Feuer und Erde. Den Elementen und ihren Leibsäften werden folgende Komplexionen zugeschrieben: Blut/Luft = warm und feucht; Schleim/Wasser = feucht und kalt; Rote Galle/Feuer = trocken und warm; Schwarze Galle/Erde = trocken und kalt. Kommen diese Elemente, Säfte und Komplexionen aus dem Gleichgewicht, aus ihrer ausgewogenen Mischung, so entstehen Krankheiten. Vgl. hierzu: Rothschuh, Karl (1978): Konzepte der Medizin in Vergangenheit und Gegenwart, Stuttgart: Hippokrates.

Jenseits der Zeichen, die das Alter verraten, liegen in den Kreaturen diverse andere, die von den *Eigenschaften* einer jeglichen berichten, die *Komplexionen* offen legen sowie Unterschiede und Ähnlichkeiten zwischen den Geschlechtern ausweisen. Ein Traktat aus dem fünfzehnten Jahrhundert beschreibt die Geschlechter der Falken, Habichte, Sperber, Hunde und Pferde. (Magnus 1962a) Hier findet sich unter anderem eine vergleichende Bestimmung der Falken, Habichte und Sperber. Die Gegenüberstellung beginnt mit der Tatsache, dass „die falken, die hebiche vnd die sperbere nit einß geschlechts sint." (Magnus 1962a: 12) Zwischen ihnen bestünden etliche Unterschiede. Es solle nicht an der Meinung festgehalten werden, so Magnus, dass alle Vögel, die zur Jagd eingesetzt werden, des einen – des Falkengeschlechts – sind. Vielmehr offenbart die Natur die Ordnung der ungleichen Geschlechter in deren *Eigenschaften.* Diese zeigen sich im „ansicht eins yglichen nature, wise vnd gestalt" (Magnus 1962a: 13). Also stellt sich die Frage: „wie vil eigenschafft gemeinlich" (Magnus 1962a: 14) das Falkengeschlecht hat, durch die es sich von den beiden anderen Vogelgeschlechtern unterscheidet?

Vier *Eigenschaften* machen den Falken aus. Die erste *Eigenschaft* liegt in den Zeichen der Gestalt und den Gliedmaßen. Sie haben im Verhältnis zu den anderen Vögeln einen größeren Kopf und größere Gliedmaßen, weshalb sie „ouch verzankt sint." (Magnus 1962a: 14) Der Schnabel des Falken ist nicht so lang und weniger abgeschliffen als bei den anderen. Sie haben eine breite Stirn und die Wangen sind kurz. Diese Gestalt ihres Kopfes „ziemt [sie zu] jr fridickkait, da mit sie von der natur vnd behendikeit besunder vnder Anderm federspil begabet sint." (Magnus 1962a: 15) Der Schwanz des Falken ist kurz und hängt nicht herunter wie bei den anderen Vögeln. „Vnd die selbe kürtze bedeutet auch, das der falck nit als vil kalter feuchtigkeit hät by jm, die den swantz lengern möge, Als der habich oder sperber." (Magnus 1962a: 16) Die zweite *Eigenschaft*, die die Falken von den anderen beiden Vogelgeschlechtern unterscheidet, liegt in ihrer Farbe. So haben sie um die Augen und an den Wangen weiße Flecken. Auf dem Kopf, am Hals und an den Spitzen der Flügel weisen sie dunkle, fast schwarze Stellen auf. Einige Teile seiner Federn sind rot, und der restliche Leib ist schwarzgestreift. „Die ougen auch an dem falcken sind vast gelbe, vnd der sterne dar in ist swartz" (Magnus 1962a: 16). Die Füße sind weiß, doch je mehr sich dieses Weiß ins Gelb verfärbt und sich mit ihm vermischt, je unedler ist der Falke selbst. „Vnd weren die füß blawe Als ein saffyr, so wer es ein zeichen, das des selbe falck unedel were" (Magnus 1962a: 17).

In den *Gebärden* liegt die dritte *Eigenschaft.* Er steigt schnell auf und zieht seine Füße und Klauen nah an die Brust. Dann kreist er lang über seinem Beutetier und steigt hinab. Um seine Beute zu greifen, stößt er mit seinen scharfen Krallen vor, mitten in den Leib seines Opfers. Der Falke hat es gern, mit einem Gesellen die Beute einzukreisen. „Vnd dem selben gehilffen mit teilt er ouch den fogel, denn er gebeisset hät." (Magnus 1962a: 18) Er ist, im Gegensatz zu den Habichten und Sperbern, ein geselliger Vogel, wie alle Falkner bezeugen können. Der vierte Unterschied liegt in den Stimmen der Falken, denn sie klingen länger und gröber als jene der anderen. Der Falke hat zu Anfang des Geschreis eine hohe Stimme, die sich später neigt und gröber wird. Hört sich sein Geschrei „dick und grob" an, „ist das ein zaichen sins zorns" (Magnus 1962a: 20). Die meisten Falken sind zornig, doch überwiegt die Treue den Zorn, denn etliche Falkner berichten, dass sie stets bereit sind, wieder heimzukehren und der Zorn alsdann bald vergangen ist.

Die *Eigenschaften* des Falkengeschlechts unterscheiden es von den anderen Vogelgeschlechtern. Feuchtigkeit und Hitze, die Lust am Teilen oder der Zorn, der von Treue überwogen wird – all jene *Eigenschaften* liegen als Zeichen in der Gestalt und den Gliedmaßen, den Farben, den *Gebärden* oder Stimmen verteilt. Sie werden als Zeichen offenbar, denn dem gesamten Leib, in den *Gebärden* und Stimmen, sind sie eingeschrieben. Aber nicht nur die Vogelgeschlechter sind durch Zeichen, die auf *Eigenschaften* verweisen, markiert und voneinander getrennt, sondern auch die Pferdegeschlechter oder die Geschlechter der Hunde. Die *Eigenschaften* eines rechten und geschickten Pferdes zeigen sich in den starken und dicken Lippen, den weit offen stehenden Nasenlöchern, der breiten Hüfte oder dem großen langen Schwanz. Ihre Farbe ist „eschfarb mit einer dunckel swarczen linien oben durch den rucken" (Magnus 1962a: 101). Wenn es von der Arbeit kommt, schickt es sich zur Ruhe an. „Vnd welches pfert dise geberde an jm nit hat, das ist auch nit für ein recht gut pfert zu achten." (Magnus 1962a: 101) Dahingegen ist von den edlen Hunden zu wissen, dass sie „vnder allen andren tieren die eygenschafft haben, das sie one den menschen nit gesein mögen." (Magnus 1962a: 141) Die treuen Hunde besitzen notwendig folgende Zeichen: „Die oren sint jm lang vnd hangent, das mule vnd die naslöcher sint im wit geslytz, der oberlefftz hanget jme auch herabe vnd syn stimm ist hell. Vnd der swantz ist im nit zu lang vnd ist etwas krompt uff die rechten syten vnd er treyt jne übersich [...]. [D]ie ytzgenannten zeichen des adels" (Magnus 1962a: 143) sowie Größe, Gestalt und Farbe offenbaren die Treue und Geselligkeit vom Weggefährten des Menschen.

Die zweite existierende Vielfalt von Geschlechtern sind die Pflanzengeschlechter.[13] Wie bei den Geschlechtern der anderen Kreaturen, so ist in den Geschlechtern der Bäume, Sträucher, Blumen und „dem gantzen Geschlecht der Kräuter nichts vergeblich gemacht / sondern alles in seiner Ordnung" (Croll 1996: 177). Ähnlich den Tiergeschlechtern unterscheiden sich die Geschlechter der Pflanzen nach ihren *Komplexionen*, *Eigenschaften* oder Geheimnissen. Auch haben sie keine Sprache, um ihre nützlichen Geheimnisse zu offenbaren. „Derowegen hat die verständige vnd tiefsinnige Natur sie durch jhre sonderbahre Zeichen fein kurtz vnd jedoch klärlich bekannt gemacht." (Croll 1996: 169) Demnach sind „alle Kräuter / Blumen / Bäume vnd andere Gewächse der Erden gleichsamb Bücher vnd Magische Zeichen von der vnaußsprechlichen Barmhertzigkeit Gottes mitgetheylt" (Croll 1996: 169). Und durch die äußerlichen Zeichen der Pflanzen offenbart die Natur – wie schon bei den Geschlechtern der Tiere – die *Eigenschaften*, *Tugenden*, *Kräfte* und *Wirkungen*, die ihnen von Gott eingegeben wurden.

13 Zur Ordnung der Pflanzen- und Kräutergeschlechter, die über die Signaturenlehre des sechzehnten Jahrhunderts produziert wird, sowie die Verbindung von Signaturenlehre mit therapeutischen Konzepten, vgl. u. a.: Jüttner, Guido (1983): Therapeutische Konzepte und soziales Anliegen in der frühen Heilkräuterliteratur, in: Imhof, Arthur E. [Hg.]: Der Mensch und sein Körper. Von der Antike bis heute, München: Beck, S. 118-130; Winau, Rolf (1983): Die Entdeckung des menschlichen Körpers in der neuzeitlichen Medizin, in: Imhof, Arthur E. [Hg.]: Der Mensch und sein Körper. Von der Antike bis heute, München: Beck, S. 209-224; Haas, Hans (1989): Parabeln der Kräutermedizin. Geschichte der Heilpflanzenkunde, Seeheim-Jugenheim: Innovations-Verlags-Gesellschaft.

Zunächst zu den Bäumen: „Der Aepffelbäum Geschlecht [...] [ist] getheilt in zwey Geschlecht / Nemlich / in zame vn wilde / welche man die sauren holtzäppel / vmb ihres hannigen vnd bittern geschmacks willen / nennet.“ (Lonicerum 1593: XXV) Ähnlich den Apfelbäumen teilen sich die Geschlechter der Birnbäume in *zahme* und *wilde*, ausgehend von der Gestalt und dem Geschmack. Haben Äpfel und Birnen einen süßen Geschmack, so sind sie „theilhaftig etlicher wärme vnd feuchtigkeit“ (Lonicerum 1593: XXVI). Sind sie hingegen von einem sauren Geschmack, so ist dies ein Zeichen für ihre fast kalte *Komplexion*. Die Kirschbäume hingegen teilen sich in drei Geschlechter. Die ersten sind die besten und vornehmsten: Die von der Sonne gedörrten Morellen mit ihren langen Stielen, ihrer purpurfarbenen Gestalt und dem sauren Geschmack. Das zweite Geschlecht, die „Weihelkirsche“, hat einen kurzen Stiel, ist groß wie eine Haselnuss, zeigt sich außen rot und ist milder im Geschmack als die Morelle. Die Süßkirschen sind das dritte Geschlecht. Sie wachsen an langen Stielen, haben eine schwarze Gestalt und schmecken – wie der Name sagt – süß. „Der Geschmackt zeiget an / daß nicht einerley Complexion der Kirschen sey / Dann etliche seind süß / etliche herb / etliche sauer.“ (Lonicerum 1593: XXIX) Das heißt, einige Kirschen haben eine kalte und feuchte, andere eine feuchte und warme *Komplexion*. Wie bei den Geschlechtern der Tiere, so hat die Natur auch in den Pflanzen keine feste Ordnung vorgegeben, in dem Sinne, dass etwa alle Bäume eine kalte und feuchte oder alle Sträucher eine trockene und warme *Komplexion* haben. Es existiert zwar die allgemeine Teilung in Bäume, Sträucher, Blumen und Kräuter; diese allerdings den vier *Komplexionen* – warm und feucht, kalt und trocken, kalt und feucht oder warm und trocken – zuzuordnen, wäre undenkbar. Somit äußern sich, wie bei den anderen Kreaturen, auch bei den Pflanzen die *Eigenschaften* eines jeden einzelnen Geschlechts über die Zeichen der Gestalt – oder, wie im Falle der Apfel-, Birnen- oder Kirschbäume, über die Zeichen des Geschmacks.

Aber es ist nicht nur wichtig zu wissen, so Bodenstein, dass der Geschmack als Zeichen für die *Komplexion* einer Pflanze fungiert und die Gestalt bestimmte *Eigenschaften* und *Tugenden* anzeigt. Es ist auch „hoch nottwendig zuwissen in welcher zeyt vnnd an was orte sy gewachsen sind / wann vnnd wie jre einsamlung geschehe / in was masse proportion die selbige zum brauch geben vnd dargereichet müssendt werden / vnd welche in jrem leben / das ist / wann sy noch grien vnnd safftig sind ire tugend bald erzeigend / ja auch welche nach jre Sterben wann sy gedörret dennocht von Gott gnad entpfahen krefftiglich jre eigenschafft zu erzeygen.“[14] Hier wird ein weiteres Wissensfeld zur Bestimmung der Pflanzengeschlechter eröffnet: die Zeichen des Alters. Ähnlich den Enden des Hirschgeweihs zeigen die Formen der Blätter und Stängel die Reife der *Tugend* eines Krautes an. Die *Tugenden* der Kräuter sind umso kräftiger, je jünger sie sind. Da aber an ihnen keine Jahreszahlen zu finden sind, müssen sie über die Linien, Adern, Runzeln, Straßen etc., die sich auf ihren Blüten, Blättern oder Stängeln zeigen, erkannt werden. Diese offenbaren das Alter der Kräuter: Je älter ein Kraut ist, umso

14 Bodenstein, D. Adamen von (1557): Wie sithmeniglich vor dem Cyperlin Podagra genennet wassnen solle. Vnnd bericht dieser kreüter / so den himmelischen zeichen Zodiaci zugeachtet. Geordnet durch D. Adamen von Bodenstein. Gedruckt zu Basel bey Bartholome, S. XXVIII.

größer und sichtbarer werden die Linien, aber desto träger werden auch seine *Tugenden* und *Eigenschaften*. So kann der Stängel des Gerstenkrauts fast drei Ellen hoch wachsen. Sein Stiel hat dann eine hölzerne Rinde und inwendig Mark wie der Holunder. Er ist dann mit Blättern besetzt, die dem Fenchel ähneln. Doch sind die Blätter breiter und rauer. Seine Dolde sieht dann aus wie jene des Dills. Die Runzeln und Linien des hölzernen Stiels geben Auskunft über die *Tugenden* des Marks, das in ihm steckt. Sobald sich der Stiel von einer zartgrünen und glatten Oberfläche in eine zerfurchte und braune Rinde gewandelt hat, seine Blätter breit und rund geworden sind, hat das Kraut sein Alter erreicht, um das Mark zu verwenden. (Vgl. Lonicerum 1593: CLXXXV)

Die spezifischen *Komplexionen*, *Eigenschaften* und *Tugenden* der Pflanzengeschlechter zeigen sich auch – zu denken ist an die roten und schwarzen Kirschen – in ihren Farben. Der „Goltwurtz" ist eine heidnische Blume, die eine Wurzel hat wie die weiße Lilie. Sie ist an „der Farb gelb / bringt runde Stengel / zurings mit blettern besetz / wie Wegrich. Hat im Heumonat leibfarb rote Blumen / wie kleine Lilien / mit kleinen braunen düpfflin besprengt" (Lonicerum 1593: XC). Diese Zeichen weisen auf seine kalte und trockene *Komplexion* hin. Die grünen Stiele des „Cucumerkrauts" kriechen wie die des „Kalebassenkürbisses" über Hölzer und verknoten sich. Und darin „stimmt es auch mit der Zuckermelone und der Wassermelone überein; es hat eine safrangelbe Blüte".[15] Sein Obst, das „Cucumer" genannt wird, hat eine säulenförmige Gestalt und eine körnige Rinde, die zunächst grün erscheint und später zu einer zitronengelben Farbe neigt. „Cucumer freilich ist als Frucht gut, wenn er richtig zitronengelb ist und echte Bitterkeit hat; der Saft jedoch ist gut, wenn er leicht und weiß ist, er ist der Zwiebel ähnlich, und wenn er ein Jahr lang gealtert hat. Diese Frucht nun ist warm und trocken, und fein und von auflösender Wirkung" (Magnus 1992: 61). Sie wird von den Ärzten vor allem zum Entleeren der Wässrigkeit, bei Wassersucht verwendet. Oder das Kraut „Rubea tinctorum", das Färberröte genannt wird – es färbt zur roten Farbe. Die Farbe korrespondiert mit seiner Wirkung, denn bei Einnahme kann es so sehr den Harn hervorrufen, dass zuweilen Blut beim Harnen fließt. „Wenn sie eingeführt wird, ruft sie die Monatsblutung hervor und treibt den Foetus heraus, und sie bewirkt noch mehrere andere [Dinge]." (Magnus 1992: 119)

Jenseits des Geschmacks, der Form und Gestalt, der Runzeln und Linien oder verschiedenen Farben präsentiert die Natur die *Eigenschaften* in den *Gebärden*. Ihre *Gebärden* richten sich nach den Himmelsbewegungen, „am meisten [nach der] Bewegung der Planeten im Tierkreis." (Magnus 1992: 145) Das Kraut „Elelisphacos" ist „dem sterne Arieti zugerechnet worden / heissend mit Teutschen Salbey / ist hitziger vn trunckner natur / ein stauden mit vil nesten / hatt bletter gleich den kütten / allein das sy lenger sind / rauch als tüch / weiß farb / mit eine starcken geruch / hatt himelblawe Blümlin / vnd eins samen sich vergleichend dem scharlach / wachset gern in rauchen orten / sein zeit zu brechen ist weil die Son im wider vnd Scorpion lauffet / So hatt daß kraut diese tugend." (Bodenstein 1557: XXIX) Das Kraut „Verbena erecta" ist dem himmlischen Stier zugerechnet und hat seine *Eigenschaften*. Es blüht gewöhnlich im

15 Magnus, Albertus (1992): De vegetabilibus VI, Traktat 2, lateinisch-deutsch, Stuttgart: Wissenschaftliche Verlagsgesellschaft, S. 60.

März und April und ist einzusammeln, wenn die Sonne im Stier steht. Die Pflanzen werden etlichen Sternen zugezählt, „weil der selbigen kreüter eigenschafft vn angehenckte würckung jrer sternen sich vergleichend“ (Bodenstein 1557: XXIX). Die Gewächse folgen dem Lauf der Sonne, öffnen ihre Blätter, wenn diese aufgeht, und falten sie zusammen, wenn der Mond erscheint. Sie stehen in voller Blüte, wenn der zugehörige Planet am Himmel auftaucht, und zeigen dann ihre Kraft und *Tugend*.

Wie die Tier- und Pflanzengeschlechter so sind auch die Geschlechter der Menschen nach Gottes Ordnung geschaffen: Gott „hat aus einem einzigen Menschen das ganze Menschengeschlecht erschaffen, damit es die ganze Erde bewohne.“[16] Und er schuf das Menschengeschlecht „als sein Abbild; als Abbild Gottes schuf er ihn.“[17] Er nannte sie Adam und Eva. Adam trug, so Paracelsus, eine *Komplexion*, die warm und feucht war, hingegen Eva eine *Komplexion* hatte, die kalt und trocken war. Aus diesen zwei *Komplexionen* sind vier neue geboren worden: Als die Kälte Evas die Hitze Adams überwunden hatte, hat sie die Geburt der kalten Natur bewirkt, und als die Feuchtigkeit Adams die Trockenheit Evas überwandt, ist es zur Geburt der Feuchtigkeit gekommen. So ist die dritte *Komplexion* entstanden, die kalt und feucht ist, aus der Art der beiden und nicht aus einer allein. In der gleichen Weise wurde auch die vierte *Komplexion* geboren. Denn als die Hitze Adams die Kälte Evas überwunden hatte, ist dies die Geburt der Hitze gewesen, und als die Trockenheit Evas die Feuchtigkeit Adams überwunden hatte, war dies die Geburt der vierten *Komplexion*: warm und trocken. Das ist die Vollendung der vier *Komplexionen*. Von diesen vier *Komplexionen* empfängt jeder Mensch eine. Aber die *Komplexionen* verteilen sich gleichermaßen auf Frauen und auf Männer, und sie können stark oder weniger stark ausgeprägt sein. (Vgl. Paracelsus 1589: 270)

Wie die anderen Geschlechter so hat die Natur auch die Menschengeschlechter mit Zeichen ausgestattet, „damit man den Menschen durch eussere Zeichen erkennt / was in ihm ist: Dann nichts ist so heimlich / das nicht in solcher gestalt offenbar werde.“ (Paracelsus 1591: 304) Der Mensch, der in seiner *Komplexion* heiß und trocken ist, hat eine bleiche Farbe, kleine Glieder und viele Haare. „Das öberteil seines leibs ist ihm grösser denn das vndertheil.“[18] Der Mensch, der von Natur kalt und feucht ist, hat viel Fleisch und kleine Lenden und sein Haar ist weich. Jener Mensch, der kalt und trocken als *Komplexion* hat, ist von Natur aus „eschenfarb [...] hat hart fleisch / trinckt viel ist wenig“ (Cocles 1530: 3). Er ist sehr häufig krank und geizig. Derjenige, der die vierte *Komplexion* – warm und feucht – hat, trägt „rot schöne farbe / [ist] [...] zimlich leibig vnd feist / stet auffrecht / redt wenig“ (Cocles 1530: 3).

16 Apg, zitiert nach: Die Bibel. Einheitsübersetzung der Heiligen Schrift. Gesamtausgabe. Psalmen und Neues Testament. Ökumenischer Text, Stuttgart: Katholisches Bibelwerk, S. 1213-1248, S. 1235.

17 Mose 1-5, zitiert nach: Die Bibel. Einheitsübersetzung der Heiligen Schrift. Gesamtausgabe. Psalmen und Neues Testament. Ökumenischer Text, Stuttgart: Katholisches Bibelwerk, S. 15-220, S. 17.

18 Cocles, Bartolommeo della Rocca (1530): Phisonomei. Complexion vnd art eines ieden menschen / aus gestalt vnd form des Angesichts / Glieder vnd alle geberden zu erlernen. Wie auff solche ynn der Leidenschafft von den Leutkeuffern vnnd verkeuffern / gehalten wird. Von den innerlichen Qualiteten vnd Natur des Menschen. Gedruckt zu Zwickaw / durch Wolffgang Weierpeck, S. 3.

Aber, so Paracelsus: „Die Heiß vnnd Feucht Complex der Frawen ist gleich also starck als des Manns vnnd die Kalt vnnd Trocken Complex als starck in Mannen / als in Frawen. Wiewohl ihr mercken sollet / das die Complex nit gleich sindt / als in jedlicher der Heiß were / gleich were einem andern Heissen: Sondern sie sindt alle vnterschiedtlich / minder oder mehr / nach der Waag." (Paracelsus 1589: 270) Demnach ist auch bei den Geschlechtern der Menschen eine generelle Zuordnung der *Komplexionen* – beispielsweise nach Männern und Frauen aufgeteilt – nicht möglich, und deshalb „mustu alle zeichen der glieder zusamen setzen / vnd daher" (Cocles 1530: 4) nach den *Wirkungen* urteilen.[19] Und wie sich alle vier *Komplexionen* gleichermaßen auf Frauen und Männer verteilen, sind auch solche *Eigenschaften*, wie die Fröhlichkeit oder die Trauer, die Wut und die Milde, der Hass, die Treue oder die Gunst, gleichermaßen und in unterschiedlich starker Ausprägung Frauen und Männern zugeordnet. „Ist aber ein vermischung da geschehen / als ohne vermischung schwerlich geschicht / so ist je eins des andern Schwechung gewesen. Darumb / so ein fröhlichs Mensch / als Eva gewesen ist / wirdt nimmermehr geboren: Deßgleichen als traurig als Adam gewesen ist / wirdt weiter kein Mensch geboren [...]. Daß Erste von Eva / das Ander von Adamo, vn durch vermischung ein getheilt in alles Proles." (Paracelsus 1589: 271)

Welche Zeichen sind es nun aber, welche die *Eigenschaften* der Geschlechter der Menschen offenbaren? Della Porta sagt, dass die Natur die „fürnembst Zeichen"[20] in den Gliedern des Antlitzes niedergelegt hat, denn hier offenbare sich die ummittelbare Ver-

19 Dieser Hinweis von Paracelsus ist insofern bedeutsam, als in der Sekundärliteratur häufig von einer generellen Zuordnung ausgegangen wird. Dieser Ordnung entsprechend, würden diejenigen, die als Männer gelten, eine heiße und feuchte Qualität und diejenigen, die zu den Frauen gezählt werden, eine kalte und feuchte Komplexion aufweisen. Vgl. hierzu u. a.: Vollmuth, Ralf (2004): Das anatomische Zeitalter. Die Anatomie der Renaissance von Leonardo da Vinci bis Andreas Vesal, München: Merkur, S. 12f. Paracelsus spricht sich nicht nur gegen diese generelle Zuordnung aus, sondern er distanziert sich darüber hinaus ausdrücklich von den Komplexionen und Kardinalsäften im Stil der antiken Medizintraditionen. Der „Dogmatik der Komplexionen", der Zuordnung verschiedener Säfte und Eigenschaften (Humoralpathologie beziehungsweise Viersäftelehre), sucht Paracelsus mit seiner „Erneuerung der Medizin" zu begegnen. Vgl. hierzu: Meier, Pirmin (1993): Paracelsus. Arzt und Prophet. Annäherung an Theophrastus von Hohenheim, Zürich: Ammann, S. 229; Jacobi, Jolande (1991): PARACELSUS. Arzt und Gottsucher an der Zeitenwende. Eine Auswahl aus seinem Werk, Olten: Walter.

20 Della Portæ, Ioannis Baptistæ (1601): DE HVMANA PHYSIOGNOMONIA. LIBRI IV. Qvi ab extimis, quæ in hominum corporibus conspiciuntur signis, ita eorum naturas, mores & consilia (egregiis ad vivum expressis ICONIBVS) demonstrant, vt intimos animi recessus penetrare videantur [...]. VRSELLIS. Typis Cornelii Sutorii, sumptibus Ionę Rosæ Fr. Im Weiteren wird die deutschsprachige Übersetzung verwendet: Della Porta, Ioanne Baptista (1601): Menschliche Physiognomy / daß ist / Ein gewisse Weiß vnd Regel / wie man auß der eusserlichen Gestalt / Statur / vnnd Form deß Menschlichen Leibs / vnd dessen Gliedmassen abnemen / urtheilen vnd schliessen könne / wie derselbige auch innerlich von Gemüt geschaffen / gesinnet vnd geartet sey / In vier vnterschiedene Bücher abgetheilet / ein jedes mit seinen schönen vnd gleichsam lebendigen Figurn: In welchen fast allwegen ein Menschen Angesicht Gegen eines Thiers gesetzt / vnd mit demselbigen verglichen wird [...]. Gedruckt zu Franckfurt am Mayn / durch Romani Beati Erlen, S. 57.

bindung zwischen dem Inneren und dem Äußeren. (Vgl. Della Porta 1601: 57) Also berichtet die Natur über die *Eigenschaften* des Menschengeschlechts, indem sie über die Zeichen „[v]on den Haaren / von der Stirn / von der Haut, welche die Augen bedecket, wenn man sie schließt / von den Augenbrauen / von den Augen / von der Nase / von den Nasenlöchern / von dem Munde / von den Lippen / von den Zähnen / von der Zunge / von dem Athem / von der Stimme / von dem Lachen / von dem Kinn / von dem Barte / von dem Gesichte / von den Ohren [und] von dem Kopfe“[21] erzählt. Der Mensch hat beispielsweise schwarzes, rotes, dichtes oder dünnes Haar, eine gewölbte, breite, spitze oder fleischige Stirn, sich senkende, einen großen Bogen machende, schmale oder breite Augenlider, große, starke, runde oder zitronenfarbige Augen, eine breite, spitze, dicke oder sehr lange Nase, verstopfte kleine oder große Nasenlöcher, schön gefärbte, ungleiche oder gleiche Lippen, schwache oder weit auseinander stehende Zähne, ein breites, fleischiges, krummes oder spitzes Kinn, ein starres, langes, hageres oder einförmiges Gesicht etc. (Vgl. Magnus 1804)

Diese Zeichen des menschlichen Antlitzes sind nicht ohne Bedeutung, sondern zeigen, so Magnus, die *Eigenschaften* des Menschen an. Krause Haare etwa künden von einem Menschen mit schwerer Fassungskraft oder großer Einfalt und diejenigen, die auf dem ganzen Kopf dichtes Haar aufweisen, haben eine gute Verdauung und einen starken Drang zum ehelichen Werk. Schwarze Haare zeigen, dass der Mensch seine Unternehmungen zu einem guten Ende bringen kann, hingegen blonde Haare ein Kennzeichen sind, welches Menschen tragen, die alle diese vorher genannten *Eigenschaften* haben. (Vgl. Magnus 1804: 5f.) Augen, die aus dem Kopf etwas herausstehen, zeigen beispielsweise einen schamlosen Menschen an, der einigen Hang zur Verschwendung oder eine rohe Beurteilungskraft hat, wohingegen große Ochsenaugen einen einfältigen Menschen von langsamer Urteilskraft anzeigen, der wenig Gedächtnis hat, ein grobes Temperament und sich leicht an Nahrung aller Art gewöhnt. (Vgl. Magnus 1804: 16f.) Dicht stehende und starke Zähne wiederum zeigen einen Menschen an, der einen groben Verstand hat und Neugierigkeiten gern hört und weitererzählt. Andererseits zeigen schwache, kleine und bei weitem nicht vollständige Zähne einen schwachen Menschen an, der leicht begreift, klug und umgänglich, ehrlich und rechtschaffen ist sowie die Gerechtigkeit liebt. (Vgl. Magnus 1804: 31f.)

Es werden aber von der Natur auch etliche Zeichen auf dem vorderen Teil des Leibes präsentiert. „Vnnd also müsse man“, so Della Porta „auch die zeichen der Stärcke nirgent anderstwo / denn auß den Schultern / Armen / Schenckeln vnd Füssen / hernemen.“ (Della Porta 1601: 60) Die Natur verteilt nicht nur in den Teilen des Antlitzes ihre Zeichen, sondern legt sie auch in dem Halse, den Armen, den Händen, der Brust, dem Rücken, dem Bauche, dem Fleische, den Rippen, den Schenkeln, den Hüften, den Knien, den Beinen, den Knöcheln, den Füßen, den Nägeln, den Fersen und der Fuß-

21 Magnus, Albertus (1804): Kunst, die Menschen kennen zu lernen. Ursprünglich aus alten Handschriften gezogen, und jetzt zum ersten Mahle Deutsch heraus gegeben von Ephraim Benson. Mit physiognomischen Bemerkungen von Adamantius, Aristoteles, Averroes, Avicenna, Consiliatur, Ephesius, Galenus, Hippokrates, Meletius, Plinius, Plutarch, J. B. della Porta, Polemon, Rhases u. a. einer summarischen Darstellung des Gallschen Systems und zwölf Kupfern, Leipzig: Magazin für Litteratur, S. 3.

sohle nieder. (Vgl. Magnus 1804: 4) Paracelsus beispielsweise weiß, dass ein langer Hals ein Zeichen für einen sorgfältigen, vorsichtigen und aufmerksamen Menschen ist. „Grosse breyte Schultern vnd Rucken / zeygt ein starken Menschen an / zu heben vnd tragen etc. Großglidet in Armen / starcker / gewaltiger Streich / Schläg / Stöß / vnd Würff". Dahingegen zeigt ein kurzer Leib mit langen Schenkeln „ein[en] guten Läuffer [an] / gibt ein[en] guten Lackeyen / ist gemeinglich mit Essen vn Trinken bald ersettiget / wird aber selten Alt" (Paracelsus 1590: 340).

Doch nicht nur die Zeichen des Antlitzes und des Leibes verweisen auf die *Eigenschaften*, sondern auch, wie Magnus' Aufzählung nahe legt, die Zeichen in der Hand und an den Füßen. In den Handflächen und Fingern, den Ballen und Zehen, den Adern, die sie zerklüften, oder in den Falten, die wie Täler zwischen Bergen mäandern – „da vindestu die aigeschaft".[22] Hier finden sich Linien, die anzeigen, wie lange ein Menschenleben währt, die Aussagen über die Gesundheit treffen oder die offenbaren, ob ein Mensch von böser oder edler Natur ist. Die Landschaft der Hand ist nicht nur durch Linien, sondern auch durch Berge und Täler strukturiert. Hier gibt es Orte oder Höhlen, die von der Lust am Kampf, von einer tapferen Gesinnung zeugen oder „einen verschlagenen und beliebten Menschen"[23] anzeigen. Andere wiederum erzählen von besonderem Glück in jedem Unternehmen.

Im Denken des sechzehnten Jahrhunderts existieren unendlich viele Geschlechter, mit ihren Zeichen und *Eigenschaften.*[24] Ihre Ordnung realisiert sich über die natürlichen Zeichen, denn alles, was die Natur hervorbringt, das formt sie nach dem Wesen der *Eigenschaften*, die darin liegen. Im Sinne dieser Zeichentheorie sind alle Geschlechter gleich. Sicher, sie unterscheiden sich in den Orten, die sie besiedeln – die einen dem Firmament verhaftet, die anderen in den Gewässern angesiedelt und wiederum andere ganz der Erde verpflichtet. Und sie sind, ein jedes Geschlecht für sich, mit differenten Zeichen ausgestattet, sind Träger verschiedenster *Eigenschaften.* Und doch hat die Natur einem jeden Geschlecht, je nach *Eigenschaft – Tugend, Komplexion* oder Gemüt – einen Leib mit seiner entsprechenden Form gegeben, sodass die Gestalt einer jeden Kreatur

22 Hartlieb, Johannes (1923): Die Kunst der Chiromantia des Dr. Hartlieb. Ein Blockbuch aus den Siebziger Jahren des fünfzehnten Jahrhunderts, München: Münchener Drucke, ohne Seitenangaben.

23 Magnus, Albertus (1815): Chiromantie oder die wahre Kunst aus der Hand wahrzusagen, mit 8 Abbildungen von Händen, Frankfurt und Leipzig, S. 17.

24 Am Vorabend der Moderne wird Lavater physiognomische Experimente durchführen, um auf ähnliche Art und Weise die menschlichen Charaktereigenschaften zu bestimmen. Aber diese stehen in einem fundamentalen Widerspruch zu den semantischen Verbindungen, die im sechzehnten Jahrhundert zwischen den Kreaturen und ihren Eigenschaften hergestellt werden. Sie trennt zum einen der Begriff des Charakters, der erst in der Moderne erfunden wird, zum anderen die Tatsache, dass die Charaktereigenschaften der Moderne und jene Eigenschaften, die im sechzehnten Jahrhundert in den Kreaturen offenbar werden, nicht identisch sind. Vgl. hierzu: Lavater, Johann Caspar (1775–1778): Physiognomische Fragmente, zur Beförderung der Menschenkenntniß und Menschenliebe, Bd. 1-4, Leipzig und Winterthur, Bey Weidmanns Erben und Reich, und Heinrich Steiner und Compagnie. Vgl. zur Kritik an Lavater u. a.: Brittnacher, Hans Richard (1995): Der böse Blick des Physiognomen. Lavaters Ästhetik der Deformation, in: Hagner, Michael [Hg.]: Der falsche Körper. Beiträge zu einer Geschichte der Monstrositäten, Göttingen: Wallstein, S. 127-146.

und die *Eigenschaften* derselben eine Übereinstimmung miteinander aufweisen und ein jedes das andere anzeigt. Ebenso wie die *Eigenschaften* die Form, Figur und den Leib von etwas anzeigen, so offenbaren auch diese Dinge die *Eigenschaften*. Denn Form und *Eigenschaften* stimmen miteinander in dem Maße überein, dass durch erstere auf letztere geschlossen werden kann und umgekehrt. So kann es nichts bei einem Geschlecht geben, das nicht in seinem Äußeren eine Signatur aufweist, mithilfe derer die Natur verkündet, was im Inneren verborgen liegt.

2. Die Korrespondenzen: Chiromantia, Physiognomia & Substantia

> „Es ist nichts in der gantzen Welt / dessen Eygenschafft nicht auch in dem Menschen zu finden: Dann es Gott des Allerhöchste kein edlere vnd verständigere Creatur erschaffen / als den Menschen: Dieweil aller Thier Sitten vnd Esse in jm zufinden: Vnd demnach er ein Bündlin aller." (Croll 1996: 217)

Die natürlichen Zeichen der Dinge können bis in die Ewigkeit unerkannt bleiben. Obwohl die Dinge, wie Croll sagt, nichts als Bücher sind, würden sie unverständlich bleiben, da sie ohne spezifische Techniken nicht lesbar wären. Was also noch nicht bekannt ist, denn diese Frage ist bisher offen geblieben: Wie werden bis zum Ende des sechzehnten Jahrhunderts die Zeichen und ihre *Eigenschaften* gelesen? Woher kommt das Wissen etwa um die verkündeten *Tugenden* eines Dings? Welche Techniken werden zur Erkennung der *Eigenschaften* der Dinge eingesetzt? Und wenn es zutrifft, dass das Wissen noch bis zum Beginn des sechzehnten Jahrhunderts in den Bahnen der Ähnlichkeit verläuft, stellt sich die Frage, was die Ähnlichkeiten und die Exegese der Zeichen verbindet. (Vgl. OD 1999: 46)

Die Kunst der Zeichenexegese, die Signaturenlehre der natürlichen *Kräfte* und *Tugenden* der Dinge, ist reich an Begriffen: *Astronomia, Berlistica, Chiromantia, Geomantia, Hydromantia, Necromantia, Physiognomia, Pyromantia oder die Substantia.* Für den hier zu bearbeitenden Zusammenhang reicht es, die Künste zu benennen, die für die Erkenntnis des Menschengeschlechts essentiell waren. Die „Signaturn vnd Hieroglyphische Schrifften soll [man] lernen erkennen / mit Vermeldung / daß drey Stück seyen / durch welche die Natur nichts vngezeichnet vbergehent den Menschen vnd alle erschaffene Dinge offenbahre: Erstlich / durch die CHIROMANTIAM, welche ist ein Artrum der natürlichen Dinge vnd begreifft die eusserliche Stücke deß Menschen / nemlich die Händ / Füß / Lineamenten vnnd BlutAdern in sich: Zum andern / durch die PHYSIOGNOMONIAM, welche das Haupt vnd Angesicht in sich verfast: Vnd dann zum dritten / durch deß Leibs gantze Proportion vnnd Statur zusampt den Sitten / Gebärden / Hertzens Gedancken vnd Anzeygungen deß Gemüths." (Croll 1996: 175) Diese dritte Kunst wird *Substantia* genannt.

Croll beginnt seine Aufzählung mit jener Signaturenlehre, die *Chiromantia* genannt wird. Sie befasst sich nicht mit der Form des Antlitzes, wie die *Physiognomia*, oder der Gestalt des Leibes, wie die *Substantia*, sondern mit den äußersten Teilen, den *Ästen* der

Geschlechter. Auch Paracelsus berichtet von der Technik der *Chiromantia* und spezifiziert diese: Sie „ist eine Kunst, die nicht nur beinhaltet, die Hände der Menschen anzusehen, um an den Linien, *Ästen* und Runzeln den Menschen zu erkennen, sondern befasst sich auch mit allen Kräutern, allen Hölzern, [...] mit allem, was Linien, Adern, Runzeln etc. hat" (Paracelsus 1590: 341). Und Paracelsus ergänzt seine Definition um einen weiteren Aspekt, wenn er sagt: „Von den Zeichen der Chiromantia wissend / das dieselbigen von den obern Astris der Siben Planeten ihren Ursprung haben / vnnd daß nach den Siben Planeten alle Zeichen der Chiromantia sollen vnd müssen erkennt vnd geurtheilt werden." (Paracelsus 1590: 341) Die Korrespondenzen, die Ähnlichkeitsbeziehungen der *Chiromantia* verlaufen zwischen den Geschlechtern der Planeten und jenen der Menschen oder der Pflanzen. Denn die Sterne haben ihren Lauf und durch diesen werden sie erkannt. So ist es auch beim Menschen, allein mit dem Unterschied, dass es in ihm fixe Linien gibt, mittels derer erkennbar wird, wie sein Lauf ist.

Vier benannte Linien, so Cocles, sind in einer jeden Hand essentiell.[25] (Vgl. Abb. 3) Zum einen die Linie des Lebens oder die Herzlinie. Sie entspringt am Zeigefinger, zieht sich über die Handfläche und endet am Handgelenk. Sie zeigt an, wie lang ein Mensch leben wird. Ist sie kurz, „zoigt sye auch an kürtze des lebens / und widerwertige gesundheit / blödigkeit natürlicher krefften / vnd ein menschen der selten erlangt das er begert. Dargegen wo soliche linie des lebens augenschynlich starckt / lang / vnd vnzerhowe ist / bedeut sye gerad das gegenspiel der kurtzen linien."[26] Die andere Linie heißt Natur- oder Kopflinie. Sie beginnt in der Wurzel der Lebenslinie und endet unterhalb des kleinen Fingers. Ihr Verlauf zeigt an, ob ein Mensch von edler oder böser Natur ist, ob er ein gesundes/kluges Hirn hat oder nicht. „Ist sie gantz krum vn vngleich / vn vo vngleiche farbe / so ist es ein zeyche eins Schalckhafftigen bößen gemüts / vnd das uff diebstal geneigt ist." (Indagine 1523: VI) Die dritte Linie heißt Tischlinie, weil sie in der Hand aussieht wie ein Tisch. Beginnend bei der Lebenslinie, schlängelt sie sich über die ganze Hand. Ihre Form zeigt unter anderem an, dass ein Mensch sein Gesinde gut regiert, dass er, wenn die Linie noch etwas rötlich scheint, ein mächtiger und würdiger Mensch ist oder einen edlen Tod stirbt. Die Magen- oder Leberlinie ergänzt die letztgenannten und bildet in der Kombination mit der Lebens- und der Naturlinie einen Triangel. Ist beispielsweise „der recht triangel gantz scharpff vnd wol gespitzt / so ist auch

25 Cocles, Bartolommeo della Rocca (1536): Phisionomi vnd Chiromanci. Eyn news Complexion buchlein / der menschen geburt / sitten / geberden vnd neygligkeyten / auß der Phisionomi / Chiromanci / den siben Planeten / zwölff zeichen / vnnd den Bildern deß himels / Auch nach den zwölff monaten / leichtlich vnd grundlich zulernen / auß Platone / Aristotele / Ptolomeo / Gali, Albumasar / vnnd Johanne Künigsperger [...]. Straßburg bei Cammerlander in teutsche sprach erschinen, S. xlij.

26 Indagine, Joannem (1523): Die kunst der Chiromantzey / vsz besehunf der hand. Physiognomey / vsz anblick des menschens. Natürliche Astrologey noch dem laufft der Sonen. Complexion eines yeglichen menschens. Natürlichen ynflüssz der Planeten. Der zwölff zeichen Angesychten. Etliche Canones / zu erkantnüsz der Menschen kranckheten / soglicher weiß vormals nye beschrieben oder gedruckt. Zusamen verordnet / vnd verteütscht durch den hochgelertn vnd Weytberümpten gemelter künsten / herren Joannem Indagine / Pfarherrn zu Steynheym / vnd Dechant zu Sanct Leonhart in Franckfort / mit freyheit Keyserlicher Maiestat dar zu genädigklich verluhen uff sechs jar, S. IV.

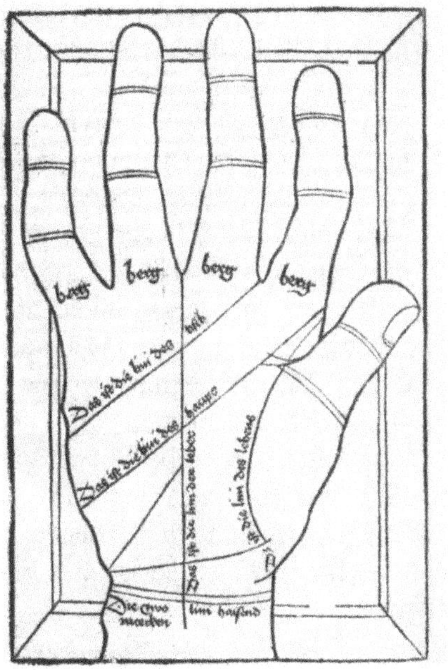

Abb. 3: Berge und Linien dienen der Eigenschaftsbestimmung (Hartlieb 1923)

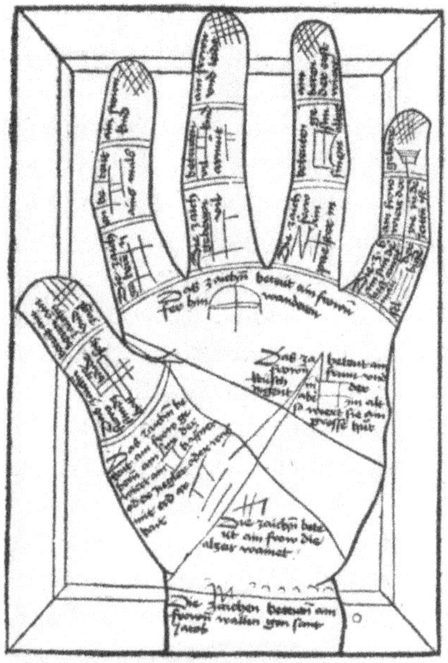

Abb. 4: Hand mit Zeichen und Eigenschaften (Hartlieb 1923)

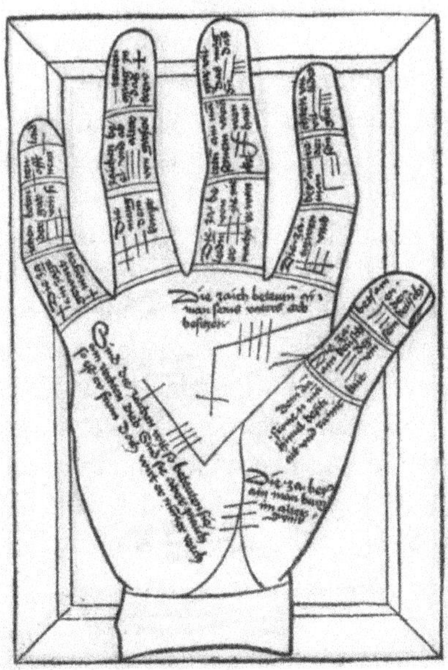

Abb. 5: (Hartlieb 1923)

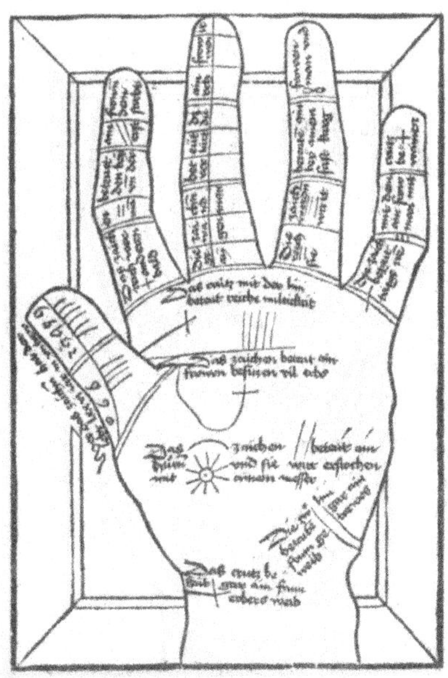

Abb. 6: (Hartlieb 1923)

der mensch fürsychtig / geschwind vnd karg“ (Indagine 1523: VI). Andere Triangelformen zeigen des Menschen sattes Gemüt, seine Glückseligkeit oder vollkommenen Sitten. (Vgl. Abb. 4 & 5)

„So wir dann die inner handt abgefertigt haben mit iren linien vnd abteylungen erfordert die ordnung / von der art eines yeglichen finger zu reden / ire berg vnnd bühel eröffnen / mit anzoig der Planeten ständ / irer würckung / vnd mancherley bedeütugen. Vnd zu dem ersten von dem berg / ballen / oder bühel des Dumens / welicher sich vom anfang der linien des lebens / erstreckt hynab bitz uff die Restrukt vnd würt geheyssen / der berg des Planeten Veneris.“ (Indagine 1523: XVIII) Zwischen den Linien, den benannten und unbenannten, erheben sich Berge, die erhabenen Teile in der Fläche der Hand. Sechs Erhebungen, die von Linien umgeben und Tälern umgrenzt werden, ergänzen die Landschaft einer jeden Hand. Der erste Berg wird, wie Indagine sagt, der Venus zugeteilt und wenn „dieser Berg des dumens fein glatt vnd eben [ist] / oder gar weniger runtzlen oder schnatten / dartzu leiblicher farb vnd rot / das zoigt an ein gesunde complexion des menschens“ (Indagine 1523: XVIII). Wenn hingegen der Berg der Venus viele Striemen, die ungleich voneinander stehen, aufweist, so ist dies ein Zeichen eines unreinen, feigen und unkeuschen Menschen.

Neben dem Venusberg präsentieren sich der Berg des Jupiters und sein dazugehöriger Finger, der Zeigefinger. „Vnder allen Planeten ist Jupiter der aller güstigest. Der hat seine sitzt oder standt uff dem bühel des zöigfingers. Wo der selbig sein eben vnd glatt ist gibt ein anzoig eines erberen lebens / vnd gute der complexion. Vnd das souil mer / wo von dem zoigfinger ettliche kleine dunckele Schnättlin vff seinen bühel stossen.“ (Indagine 1523: XIX) Deren Formen zeigen an, ob ein Mensch nach großen Dingen strebt, Glanz und Ehre mit friedlichem Vorsatz erreichen will oder nicht. Darüber hinaus sagt die Anzahl der Falten, wie viel geistige Ehre jenem Menschen zufällt – je mehr Falten in seinem Berg gezählt werden können, umso mehr Ehre wird ihm zuteil. Und weil Jupiter der „bezeichner des gütten vnd rechten gerichts“[27] ist, wird der Träger eines langen Zeigefingers ein gerechter Mensch, und wenn er ein König ist, ein gerechter Herrscher sein. (Vgl. Abb. 6)

Der Berg des Saturns ist der dritte Berg, der unter dem Mittelfinger liegt. Weil der Saturn der „bezeichner der arbeit“ (Anonym 1572: li) ist, geben die Zeichen des Saturnberges Auskunft, ob ein Mensch träge, störrisch, eines faulen Gemüts ist oder: wenn „nun dißer bühel des mittelfingers seyn glatt / on schnatten vnd runtzlen / ist ein anzoigt eins einfaltigen schlechten mensches / der arbeitsam vnd emßig ist“ (Indagine 1523: XXI). Der vierte Berg, der die Wurzel des „Goldfingers“ bildet, ist der Sonne zugeordnet. Seine Gestalt kündigt einen Menschen an, der seine Feinde überwindet und sie unterwerfen wird. Der fünfte Berg, der unterhalb des „Ohrfingers“ liegt, ist der Berg des Merkurs. „Wo dißer sauber vnd glatt ist / ledig aller Strüpff oder ynzüg / zimlich wol-

27 Anonym (1572): Das Groß / Planeten Buch / Sampt der Geomancj, Phisiognomj vnd Chiromancj. Alles auß Platone, Ptolomeo, Hali, Albumasar vnd Joanne Kölnigsperger, auffs kürtzest vnd fleißigst, gezogen, jederman zu gut, das böß zu fliehen, vnd das gut anzunemen. Jetz und von Newem gebessert, gemehret, vnd mit schönen Figuren / gezieret. Mit Kay: (etc.) – Gedruckt zu Straßburg / durch Iosiam Rihel, S. lij.

geferbt [...] so ist der mensch freyer handt“ (Indagine 1523: XXIV). Und der sechste Berg, der des Mondes, errichtet sich am Fuß der Triangellinie. In seiner Gestalt ist unter anderem lesbar, ob der Mensch ungeschickt ist oder er im Alter armselig und kindisch wird.

Demnach können mithilfe der *Chiromantia* die *Eigenschaften* des Menschen gelesen werden, denn die *Eigenschaften* des Menschen stehen in einem Korrespondenzverhältnis zu den *Eigenschaften* der Planeten. Wer die *Eigenschaften* der Planeten kennt und die Zeichen der Planeten in den Händen eines Menschen liest, der weiß um die *Eigenschaften* desjenigen. Aber, so fügt Indagine hinzu, die *Chiromantia* muss durch die *Physiognomia* ergänzt werden. „Also das nit ein Kunst allein eben zutreff on beyhilff der anderen. Weliches ein yeglicher künstler der natur eben war nehmen soll. Da mit er ye eins in das andere schrencke. So mag er dest gewisser urteylen.“ (Indagine 1523: XVIII) Deshalb ist es notwendig, die Signaturenlehre der *Physiognomia* zu kennen.

Cocles beschreibt die Kunst der *Physiognomia* als „ein sinreich natürliche kunst / dadurch die neigungen zum guten vn bösen ym menschen erkant werden“ (Cocles 1530: 3). Und er fügt hinzu, dass sie ganz allgemein eine Regel der Natur bedeutet, da sich der Begriff aus den griechischen Wörtern Natur und Regeln herleitet. Diese Regel oder Ordnung der Natur besagt, dass aus der Gestalt des Antlitzes notwendig die Sitten und *Eigenschaften* der Geschlechter und im Speziellen des Menschen hervorgehen. So ist die Kunst der *Physiognomia* nichts anderes als eine Weise, ein Weg, die *Eigenschaften* der Dinge aus ihren natürlichen Zeichen des Antlitzes zu erkennen – wie es der Begriff, seine begriffliche Zusammensetzung – Natur und Regel – bereits andeutet. Bei Paracelsus wird eine zweite Dimension der *Physiognomia* eröffnet, wenn er ausführt: „alle Creata seindt Buchstaben vnnd Bücher / deß Menschen Herkommen zu beschreiben: [...] Also seindt die Creata Buchstaben / in denen gelesen wird / wer der Mensch ist.“ (Paracelsus 1591: 27) Und Croll bringt es auf die Formel: der Mensch wird „auß der Natur der Thier erkandt“ (Croll 1996: 217). Hier wird offensichtlich eine Verbindung oder Korrespondenz zwischen den Tier- und Menschengeschlechtern hergestellt, die einerseits über *Physiognomia* offen gelegt werden muss und andererseits essentiell für die Erkenntnis des Menschen ist.

Wie aber werden diese Zeichen, die mithilfe der *Physiognomia* die *Eigenschaften* offenbaren, erkannt? Welche Techniken verbinden sich mit der Exegese der Zeichen, den Regeln der Natur? Um diese Frage zu beantworten, hat Della Porta ein Kompendium erarbeitet, das die Grundzüge der Technik der *Physiognomia* beschreibt. Zwei Bedingungen, so Della Porta, gehen mit der *Physiognomia* einher: Zum einen sollen nur jene Zeichen erforscht werden, die sich nicht verändern – die unablösbaren, natürlichen Zeichen, die Gott allen Geschöpfen zu ihrer Erkennung gab. Diese sind die vornehmsten Zeichen, aus denen am besten geurteilt werden könne. Zum anderen seien es die Korrespondenzen oder Ähnlichkeiten zwischen den Dingen, die gesucht werden müssen. Unter Beachtung dieser Voraussetzungen sei es ein Leichtes, ans Ziel zu gelangen. Drei Schritte führen nun zu den wahren Zeichen, die zur Bestimmung der *Eigenschaften* eines jeden Menschen nötig sind: Der erste Schritt, ein natürliches Zeichen zu finden und zu erkunden, ist die Betrachtung eines einzelnen Tiergeschlechts, welches eine spezifische *Eigenschaft* an beziehungsweise in sich trägt. Dieses Geschlecht soll nun für sich genommen und gelesen werden. Alsdann sollte nach etlichen anderen Tiergeschlechtern getrachtet werden, die dieselbe *Eigenschaft* haben, welche aber nur zum Teil ausgeprägt ist. Zum dritten ist darauf Acht zu geben, welches Zeichen es ist, das in all denjenigen Tiergeschlechtern, die diese *Eigenschaft* haben, gefunden wird. Dieses Zeichen wiederum darf an keinem Tiergeschlecht existieren, das dieser *Eigenschaft* nicht teilhaftig ist. Über diese Abgrenzung wird das rechte und eigene Zeichen einer spezifischen *Eigenschaft* bestimmt. (Vgl. Della Porta 1601: 63f.)

Ein Rückgriff auf die Beispiele aus Magnus' Traktat über die Tiergeschlechter kann hier hilfreich sein. Vorerst zu seinen Bestimmungen der *Federspiele*/Vögel: Magnus exegiert nicht nur das Geschlecht der Falken, sondern in einer weiteren Zeichenlesung die „eygenschafft des habichs" (Magnus 1962a: 66). Die vornehmste *Eigenschaft*, die das Geschlecht der Habichte kennzeichnet und es von allen anderen Vögeln unterscheidet, ist seine Kühnheit. Und nicht nur Magnus bestimmt die *Eigenschaften* des Habichts, sondern auch Della Porta. Die „Eigenschaften der Adler/Habicht Nase [sind]: Gemüth freygäbig / jedoch ehrgeitzig / im Streit der allerstärckste / Großmütig / vnd achtet keiner gefahr" (Della Porta 1601: 170). Diese *Eigenschaften* sind an der Nase beziehungsweise am Schnabel des Habichts ablesbar. Auch die anderen Vogelgeschlechter sind kühn, freigiebig oder großmütig, aber der Habicht trägt diese *Eigenschaften* immerfort. Nach der Betrachtung aller Geschlechter der Vögel wird also festgestellt, dass der Habicht der kühnste und freigiebigste Vogel unter allen anderen ist, denn der Habicht übertrifft im Allgemeinen die anderen Vögel hierin. Diese *Eigenschaften* werden in der Gestalt und der Form des Schnabels offenbar, denn hier, so Della Porta, liegt das wahre und rechte Zeichen für ihre Kühnheit, Freigiebigkeit und Großherzigkeit.

In einem letzten Schritt geht es um die Korrespondenzen und Ähnlichkeiten mit den Zeichen des menschlichen Antlitzes. Denn, wer eine Nase hat, die dem Schnabel des Habichts gleicht, die also wie ein Bogen krumm ist, sich unten mit dem Ende gegen den Mund biegt und die von der Stirn an gleichmäßig verläuft, der hat diese *Eigenschaft* des Habichts. Er ist, wie die Perser sagen, ein König, denn bei „den Persiern wurden solche Nasen für ein sondere Ziehrt gehalten / wie dessen des Xenophontis vnd Plutarchi historien von dem Cyro gedencken: Wie sie noch biß auff den heutigen Tag keinen zu solcher Dignitet vnd Würden lassen / er habe denn eine solche grosse habbigs Naß." (Della Porta 1601: 169) Zum Beweis führt Della Porta zwei Abbildungen von Köpfen an – den eines Persischen Königs und den eines Vogels. (Vgl. Abb. 7) Und er führt aus: Des ersten Perserkönigs „Freygäbigkeit oder viel mehr die Danckbarkeit für die empfangene Beehrungen war so groß / daß er offtmals einen auch für die allergeringste Gab / mit deren er etwan verehret worden / nit allein viel Gold vnd Gelt / sondern auch etwan gantz Stätt / vn Provincen zur Widergeltung schencket [...] dieweil die Griechen alle diejenigen / so krumme Habbigs Nasen hatten / also zu nennen pflegten." (Della Porta 1601: 170) Eine solche Nase, die mit dem Schnabel des Habichts korrespondiert, ihr ähnlich ist, zeugt von einem freigiebigen Gemüt, von einem Menschen, der keine Gefahr scheut.

Eine andere Abbildung – diese Figurengruppe besteht aus dem Kopf eines Haushundes und dem Antlitz eines Menschen – erzählt von der *Eigenschaft* der Schmeichelei. (Vgl. Abb. 8) Magnus hatte bereits eine Beschreibung des rechten Hundes gegeben und

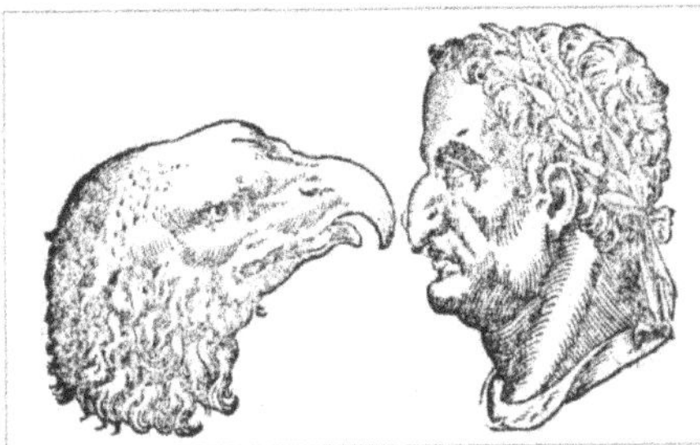

Abb. 7: Vergleich zwischen Tier- und Menschennase (Della Porta 1601)

Abb. 8: Vergleich zwischen Tier- und Menschenstirn (Della Porta 1601)

die *Eigenschaft* der Schmeichelei im beziehungsweise am Haushund entdeckt. Die hier abgebildeten Köpfe vereinigt dasselbe Zeichen: die „heyteren vnnd hinaußwerts oder dargebottenen Stirnen. Welche eine heytere vn herauß oder dargebottene Stirn haben / die werden vor Schmeychler oder Flatterierer gehalten. Dieses Zeichen ist in den Hunden fast scheinbar vnd offenbar / dieweil die einem gemeiniglich wen sie sich jetz und zu oder bey schmeychlen / die Stirn darbieten [...]. Ist gleich als ob sie lacheten / die sind zwar im Reden freundlich vnd gütig / jedoch nicht allerdings vnschädlich: Denn vorderwertlich wissen sie einem jeden lieb zukosen vnnd sich bey zuschmeychlen / hinderrucks aber vnd in Abwesen lassen sie ihre Tück nicht und reden männiglich vbel nach." (Della Porta 1601: 139) Jenseits der Stirn liegen weitere Zeichenkorrespondenzen, beispielsweise in den Nasenlöchern des Menschen und der Pferde. Sie offenbaren als Zeichen die *Eigenschaft* des Zorns und der Grimmigkeit. Della Porta beginnt wiederum mit einer die Ähnlichkeiten veranschaulichenden Abbildung: Der erste Teil des Blattes gehört einem gewaltigen Pferdekopf mit weiten Nasenlöchern, der andere dem nicht milder gestimmten Menschenhaupt. Er führt hierzu aus: „[W]eyte vnd vbersich gestürtzte oder auffgestülpte Nasen bedeuten Zornmütige Leute / wie denn die jenige / so etwan ergrimmet sind / die Nasen gemeiniglich vbersich stülpen / vnd die freydige Pferde von Natur haben." (Della Porta 1601: 185)

Und so wie die *Chiromantia* die Korrespondenzen zwischen den Läufen und Bahnen der Planeten einerseits und den Linien, Runzeln sowie *Ästen* der Menschen- und der Pflanzengeschlechter andererseits herstellt, offenbart die *Physiognomia* die Korrespondenzen zwischen den Tier- und den Menschengeschlechtern. Sie ermöglicht, die vornehmsten Signaturen zu lesen und die verborgenen Botschaften zu entziffern, indem sie Auskünfte zu den Übereinstimmungen zwischen den Geschlechtern gibt und somit die *Eigenschaften*, *Tugenden* und *Komplexionen* der Menschengeschlechter benennt. Doch in den Kanon der Signaturenlehre gehört eine weitere Technik zur Erkennung der Menschengeschlechter. Und diese dritte Technik der Signaturenlehre, die Croll für die Exegese der Menschengeschlechter aufführt, ist die *Substantia*.

Wie die *Physiognomia* so ist auch die *Substantia* eine Erkennerin des im Innern der Geschlechter Verborgenen. Diese befasst sich aber nicht mit der Form des Antlitzes, wie die *Physiognomia*, sondern mit der „gestalt deß gantzen Leibs." (Paracelsus 1591: 156)

Die Geschlechter, und im Speziellen die Menschengeschlechter, sind ihrer Natur entsprechend gekennzeichnet. „Als einer der falsch gegen Gott ist / mit betrug umbgebet / desselben Kleid gehet mit einer Wolffshaut / damit er vnterschiedlich sey vor andern gekleidten zu erkennen. Dann das so wir mercken / daß Gott den Menschen in der Substantz zeichnet“ wenn er „an seinen Leib Zeichen anhengt“ (Paracelsus 1591: 305).

Ein Beispiel, wie die *Substantia* in den Korrespondenzen der Geschlechter die *Eigenschaften* der einzelnen entdeckt: Es wird das rechte und wahre Zeichen für Stärke und Kraft gesucht. Bei der Betrachtung aller Tiergeschlechter ist schnell festzustellen, so Della Porta, dass der Löwe das stärkste Tier ist, denn der Löwe übertrifft im Allgemeinen alle anderen Tiere in seiner Kraft. Wird der Blick nun auf die anderen Geschlechter gerichtet, die auch kräftig sind, wie beispielsweise die Pferde oder die Ochsen, so fällt schnell auf, dass sie nicht alle stark sind, denn es gibt unter ihnen viele Schwache. Es ist also dies wahrzunehmen, dass die Stärke nur dem Löwen gemein ist und zu jeder Zeit in ihm wohnt. Seine *Eigenschaft* ist also die Stärke und das Zeichen hierfür liegt in der Stärke und Größe seiner äußerlichen Glieder des Leibs. Denn allen Löwen ist gemein, dass sie vor den anderen Geschlechtern solche Glieder haben. Sicher, es wird gleichfalls etliche Pferde und Rinder geben, welche etwa die gleichen Zeichen tragen. Diese zeichnen sich dann gleichfalls durch Stärke aus. Welche aber solche Zeichen nicht haben, die werden durchaus für schwach gehalten. Deshalb ist die Größe der äußeren Glieder ein Zeichen der Stärke. Ein jedes Tier, das große äußere Glieder hat, ist stark. Und auf solche Weise kann bezeugt werden, dass ein jedes Tier stark ist, dessen äußere Glieder groß sind.

In einem letzten Schritt betrachtet Della Porta die *Substanz* des Löwen – seine Zeichen der Stärke, seine *Eigenschaft* der Kraft – und vergleicht diese mit den Menschengeschlechtern. Wir haben, so Della Porta, in Anschauung des Löwen nichts anderes gefunden als eine Kreatur mit einem „grossen / jedoch nit zu gar dicken Halß / starcke Brust / den Ort bey den Brustschlüsseln mehr nachgelassen / den fest an einander rühren / wie gleichsfals an andern zwischen dem Rucken vn Lände fast breyt / gewaltige vnd starke Rip vn Rucken vmb die Hüffte vn ober Schenckel wenig Fleisch / den mittlern Bauch sehr ran / starcke / spannädriche vnd gälben Haaren / so da weder starck nach sehr krauß sind / verdeckte Schenkel / den gantze Leib gleichechtig vn spannädrich vn entweder zu weich oder zu hart Fleisch / einen langsamen Gang / also daß er auch bey einem jeden Tritt die Schultern zugleich mit bewegt“ (Della Porta 1601: 48).

Mit welchem Menschengeschlecht korrespondiert jedoch der Löwe? Die „Figur eines Löwen, so auff das aller fleissigst vnnd nach dem Leben abgemalet [...] damit man ihne mit dem Mann vergleichen / vnnd wie ihrer beyder Glieder mit einander ubereinstimmen anschawen vnd wahrnehmen möge“ (Della Porta 1601: 47), verrät die Übereinstimmungen. (Vgl. Abb. 9 & 10) Wessen Gestalt und Glieder aussehen wie die eines Löwen beziehungsweise ihnen ähneln, der soll Mann genannt werden. Denn solche Menschen haben von Natur aus einen großen Leib, „dicke vnnd spannäderiche Hälse / starke Schultern vnd Ripp / breyte Brüste / hole Bäuche / Beynechtige vn scheinbare Hüfftscheiben / spannädrige / gleichigte vnd starke ober Schenckel vnd Arme / harte Knie spannäderiche knoden / gleichigte Füsse / grosse wolformierte vnd spannäderiche Hände / starcke grosse vnd weit von einander ragente Schulterblätter / grosse / starke

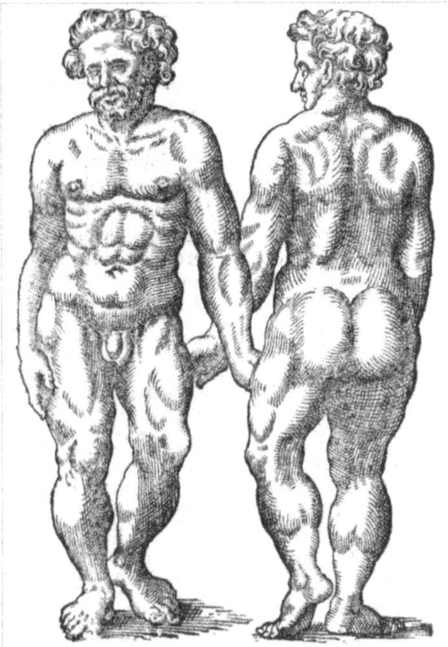

Abb. 9: Figur des Mannes von vorn und hinten (Della Porta 1601)

Abb. 10: Löwe als Vergleich zum Mann (Della Porta 1601)

vnnd mit Rippen wol versehene Rucken / den Ort zwischen dem Rucken vnd Lenden gleicheckig vnd voller Fleisch / Beynechtige starcke Lenden / rane Arsbacken / hart vnd trucken Fleisch / langsamen Gang“ (Della Porta 1601: 47).

Wer hingegen die Gestalt und die Glieder eines Panthers hat, derjenige soll Frau genannt werden, denn das „Panterthier ist vnter allen andern Thieren beydes an Gestalt vnnd Gemüt oder Sitten den Weibern am meisten anlich / denn es hat [...] eine sehr langen vn dünne Halß / ein Brust mit kleinen Rippe geziehret / langen Rucken / fleischechtige Arsbacken vn oder Schenckel / glatten vnd weder hohen noch eingefallene Bauch / viel vn mancherley Farbe vn eine fast vngleychigte vn vbel proportionierten Leib / vnnd dieses ist also die Gestalt des Leibs.“ (Della Porta 1601: 51) Panther und Frauen haben, so Della Porta, im Gegensatz zu Männern und Löwen kleine und dünne Hälse, enge und schwache Brüste, große Hüften, fleischige Knie, weiche und ungleiche Schienbeine, dünne Arme, ungleiche und schwache Schultern, einen engen und schwachen Rücken, fleischige Lenden. Sie haben über den ganzen Leib weiches und sehnenloses Fleisch und nur einen kurzen Gang. (Vgl. Abb. 11 & 12)

Diejenigen, die Frauen genannt werden, oder diejenigen, die als Männer angerufen werden, sind nichts als Produkte der *Physiognomia* oder der *Substantia*. Über diese Techniken der Exegese werden sie im Welttheater angeordnet. Doch zu ihnen treten die „weibischen Männer“, die „Weibischen“ oder diejenigen, „die sich für Weiber gebrauchen lassen“ und reihen sich in den Reigen der menschlichen Geschlechter ein, die ebenso als Produkte der Techniken der Signaturenlehre zu verstehen sind. Und zu diesen ge-

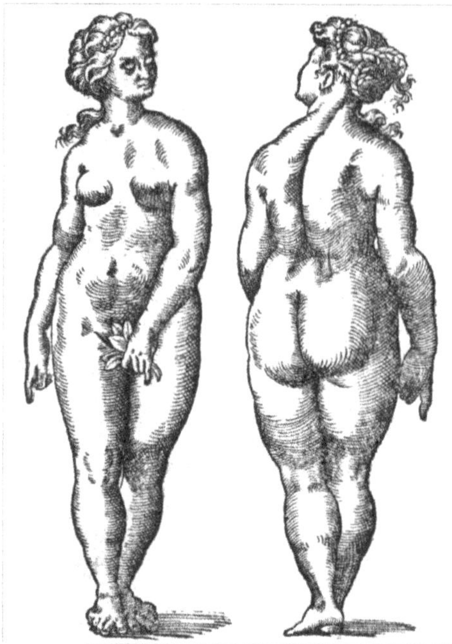

Abb. 11: Figur der Frau von vorn und hinten (Della Porta 1601)

Abb. 12: Der Panther als Vergleich zur Frau (Della Porta 1601)

sellen sich in Della Portas Beschreibung zur Erkenntnis der Menschengeschlechter auch jene, die „Weychlinge“ genannt werden, oder diejenigen, die da „Effæminatis“ heißen. Sie reichen sich im Tanz der Menschengeschlechter die Hand mit jenen, die einfach als die „Schwachen“ bezeichnet sind, oder teilen ihren Platz unter dem Firmament mit den „Unkräftigen“. (Vgl. Della Porta 1601: 545ff.) Wie es die *Weichlinge* oder *Weibischen* gibt, so existieren in diesem Reigen auch die „Mannlichen“, deren „öberste Augenbrauwen sind nit recht außestreckt / sondern krumm / die Brustschlüssel breyt / groß vnd weit von einander / die Hüfftbeyne hoch vnnd weit heraussen / die kein gleichsam viereckigt / die Brustschlüssel mässiglich gelöset / die Bärte von Haarn dick / vnd wenn es Weibsbilder sind / haben sie gemeiniglich Bärte vnd sind mänlich.“ (Della Porta 1601: 555)

Die Anrufung als Frau oder Mann verläuft im sechzehnten Jahrhundert nicht über die Bestimmung der Scultetschen *Zeugungs-* und *Geburtsglieder*. Vielmehr realisiert sich die Ordnung der Menschengeschlechter über die Korrespondenzen mit den anderen Kreaturen: Mann ist nicht derjenige, der über ein männliches *Zeugungsglied* verfügt. Als Mann wird vielmehr derjenige bezeichnet, dem die Natur die Zeichen des Löwen eingelegt hat. Wer hingegen aussieht wie ein Panther, der hat die *Eigenschaften* einer Frau und soll künftig als Frau bezeichnet werden. Es findet sich hier eine Anordnung und Bestimmung über die natürlichen Zeichen, die auf dem gesamten Leib verteilt sind, über die *Eigenschaften*, die über die Zeichen offenbart werden, und die Korrespondenzen mit den anderen Geschlechtern. Und so wie ein Leib zum Frauen- oder Männerleib gemacht wird, zeichnen sich unter den Augen der Exegeten die Leiber der *weibischen Männer*,

Schwachen, *Weychlinge* oder *Effœminatis* ab. Diese Ordnung der Menschengeschlechter, die über die Signaturenlehre produziert wird, deren Vielfalt im Reichtum der natürlichen Zeichen begründet ist, kennt keine ausschließliche Zweiteilung in Mann oder Frau. Im Denken des sechzehnten Jahrhunderts existiert keine dichotome Aufteilung, wie sie künftig in die Körper Scultets eingeschrieben sein wird. Alles sperrt sich gegen eine dichotome Zuordnung. Auch gibt es innerhalb der Geschlechterordnung des sechzehnten Jahrhunderts kein Modell der „sexuellen Zwischenstufen",[28] in dem die graduellen Abweichungen vom Normbild der Frau oder des Mannes angeordnet sind. Hier findet sich keine einfache Perlenschnur der Menschengeschlechter, an deren äußersten Enden die Frau einerseits und der Mann andererseits platziert sind.[29]

Darüber hinaus offenbart sich eine weitere Differenz zu den Ausführungen von Laqueur. Sein „Ein-Geschlecht-Modell" beschreibt eine grundsätzliche Binarität: Es habe immer schon nur Mann oder Frau gegeben. Zwar würden sie von der Antike bis ins achtzehnte Jahrhundert hinein über einen gemeinsamen Körper verfügen, dessen Standard der männliche sei, hinter die Binarität – Mann/Frau – geht die Laqueursche Argumentation, gleichwohl er die *Schwachen*, die *Effœminatis* oder die *Weychlinge* in seiner Quellenanalyse benennt, nicht zurück. (Vgl. Laqueur 1996: 68)[30] Es zeigt sich jedoch, dass

28 Vgl. zum Modell der sexuellen Zwischenstufen u. a.: Hirschfeld, Magnus (1918): Sexualpathologie. Ein Lehrbuch für Ärzte und Studierende, Bd. II, Sexuelle Zwischenstufen. Das männliche Weib und der weibliche Mann, Bonn: Marcus & Weber. Die Konstruktion des Zwischenstufenmodells rekonstruiert unter anderem Rainer Herrn: „Im Zuge seiner Forschungen über sexuelle Zwischenstufen entwickelte Magnus Hirschfeld in seinen frühen Schriften die Auffassung, dass jeder Mensch eine Mischung aus sogenannten männlichen und weiblichen, körperlichen und seelischen Eigenschaften sei. In der Rezeption seiner Arbeiten wurde für diesen Ansatz der Begriff ‚Zwischenstufentheorie' geprägt, den Hirschfeld später selbst übernahm. Homosexuelle und Hermaphroditen waren die bekanntesten Vertreter der Zwischenstufen". Hirschfeld stellte „die Mischgeschlechtlichkeit ins Zentrum seiner Konstruktion der Homosexuellen" und begriff „die Vorliebe für die Kleidung des ‚anderen' Geschlechts zunächst als diesen zugehörige Eigenschaft." (Herrn 2005: 42)

29 Auch die antike Theorie zur siebenkammerigen *Gebärmutter*, die ebenso im sechzehnten Jahrhundert anzutreffen ist und nach der jeder Kammer eine spezifische Komplexion, das heißt eine spezifische Leibform – *Weybische*, *Weychlinge*, *Effœminatis* etc. – zugeordnet wird, kann nicht im Sinne des Hirschfeldschen Modells der sexuellen Zwischenstufen gedeutet werden, da Hirschfeld auf Geschlechtercharaktere abzielt. Hingegen mit der Metapher der siebenkammerigen *Gebärmutter* eine gleichberechtigte und ursprüngliche Platzierung der Menschengeschlechter innerhalb des Leibes vorgesehen ist. Vgl. zur siebenkammerigen *Gebärmutter* u. a.: Hippéli, Roman/Keil, Gundolf (1982): Zehn Monde Menschwerdung, Biberach an der Riss: Basotherm-GmbH, S. 75f.

30 Im antiken Denken, so Laqueur, „gibt es behaarte, virile Frauen – die viragi –, die zur Fortpflanzung zu heiß sind und so beherzt wie Männer; es gibt aber auch schwache, effeminierte Männer, die für die Fortpflanzung zu kalt sind und womöglich sogar weibisch, weil sie penetriert werden wollen." (Laqueur 1996: 68) Darüber hinaus sind Laqueur die antiken Techniken zur Erkennung der Menschengeschlechter bekannt. „Physiognomische Anzeichen von Männlichkeit oder Weiblichkeit kann man von Aussehen, Bewegung und Stimme eines Beobachtungsobjekts erhalten" (Laqueur 1996: 86). Gleichwohl Laqueur die vielfältigen Leibformen sowie die sie produzierenden Techniken benennt, geht er hinter das moderne binäre Denken nicht zurück.

dem Wissen des fünfzehnten und sechzehnten Jahrhunderts neben den Begriffen Mann oder Frau – es gibt Leiber, die als Mann angerufen, oder solche, die als Frau benannt werden – viele weitere Leiber bekannt sind. Es existieren im Denken der Korrespondenzen die Leiber der *weibischen Männer*, der *Schwachen*, der *Weychlinge* oder der *Effœminatis*. Die Leibformen werden bei Della Porta fortgeschrieben und beispielsweise durch die *Weichlinge* oder die *Weibischen* ergänzt. Mit anderen Worten: Die Ordnung der Menschengeschlechter kennt keine ausschließliche Binarität von Mann oder Frau.

Aus der Kombination der drei Exegesetechniken – *Chiromantia*, *Physiognomia* und *Substantia* – entsteht ein ganzheitlicher Leib des Menschen. Dieser Leib ist, so die *Chiromantia*, über seine *Äste* – die Glieder der Hände und der Füße – mit den Planeten- und den Pflanzengeschlechtern verbunden. Er kommuniziert, so die *Physiognomia* und die *Substantia*, über die Teile des Antlitzes beziehungsweise die Glieder des Leibes mit allen Tiergeschlechtern, die im Welttheater versammelt sind. Der ganzheitliche Leib des Menschen ist ein von Analogien gesättigter Stützpunkt, in dem sich die Verhältnisse der Geschlechter aller Kreaturen treffen, ihn durchlaufen und ihn hierdurch zu einem privilegierten Ort machen. „Er steht in einer Proportion zum Himmel wie zu den Tieren und den Pflanzen [...]. Zwischen den Flächen der Welt stehend, hat er Beziehung zum Firmament (sein Gesicht ist für seinen Körper das, was das Gesicht des Himmels für den Äther ist [...]; die sieben Öffnungen bilden in seinem Gesicht, was die sieben Planeten am Himmel sind)" (OD 1999: 52).

Und dieser von Signaturen gesättigte, ganzheitliche Leib ist nicht nur Produkt der Techniken der Signaturenlehre, sondern stellt darüber hinaus seinen Gevatter, den Körper, in seinen zeichenhaften Schatten. Wenn Columbus in seiner anatomischen Schrift „denckwürdige Casus vnnd Wundergeschichten / so sich in Menschlichem LeibsCörper durch den Auffschnidt befunden"[31] beschreibt, dann taucht hier der Begriff *Cörper* im Zusammenhang mit Sezierpraktiken, als zerstückelter Leib auf. Körper, so könnte formuliert werden, ist nicht ein „„zerstückte[r] Cörper"",[32] sondern ein zerstückelter Leib. Weil dieser sezierte und zerschnittene Leib, der im sprachlichen Gewandt des Körpers auftritt, in den überwiegenden Fällen ein toter Leib ist, existiert im sechzehnten Jahrhundert ein zweiter Ort seines Erscheinens. Der Begriff Körper taucht auch in den unzähligen Leichenpredigten auf.[33] Hier werden tote Körper von Königen oder Bischöfen

31 Columbus, Realdus (1559): De re anatomica. Libri XV, Venetiis: Beuilacqua. Im Weiteren wird die deutsche Übersetzung verwendet: Columbus, Realdus (1609): Anatomia, Das ist: Sinnreiche / künstliche / Gegründte Aufschneidung / Theilung / vnnd Zerlegung eines vollkomenen Menschlichen Leibs vnd Cörpers / durch alle desselbigen innerliche vnd eusserliche Gliedtmassen vnd Gefäß / so wol mit eygendtlicher Beschreibung erkläret / als mit lebendigen Contrafacturen fürgebildet [...]. Gedruckt zu Franckfort am Mayn / durch MATTHIAM BECKER, In Verlegung Theodori de Bry seligen Wittib / sampt zweyer Söhnen, S. 223.

32 Stukenbrock, Karin (2001): „Der zerstückte Cörper". Zur Sozialgeschichte der anatomischen Sektionen in der frühen Neuzeit (1650–1800), Stuttgart: Steiner.

33 Vgl. hierzu: Dresser, Lorenz (1587): LeichPredig. Uber der Christlichen Leich vnd Cörper [...]. Leichenpredigt auf Herrn Caspar von Nostitz. Budissin: Wolrab; Anonym (1612): Warhafftiger und eigendlicher Bericht Welcher gestalt unser Allergnedigster Herr, Keyserliche Majestet Rudol-

anatomiert, einbalsamiert und zu Grabe getragen. Anders formuliert: In ausschließlich zwei Verweiszusammenhängen existiert der Begriff Körper. Er ist gebunden an Leichenpredigten oder an anatomische Wissensbestände. Diese, aus heutiger Perspektive betrachtete, Verkehrung – der Körper existiert nur im Reich der toten Dinge – offenbart den Kontrast zum Begriff des ganzheitlichen Leibes. Leib und Körper stehen bis zum Ende des sechzehnten Jahrhunderts in einem gegensätzlichen, sich ausschließenden Verhältnis. Der Leib, von Signaturen überhäuft, beschreibt lebendige Erscheinungen. Mit dem Übergang des Leibes in die Konstellation des Körpers beendet er seine Existenz als zeichenhaftes Ding.[34]

Die Menschen-, Tier- und Pflanzengeschlechter befinden sich mit ihren Zeichen und Ähnlichkeiten in einem schneckenförmigen, sich endlos gegenseitig stabilisierenden Verhältnis. Allein die Kombinationsmöglichkeiten all jener Teile des Antlitzes, von denen unter anderem Magnus berichtet, eröffnen einen schier unüberschaubaren Raum an Verbindungen, die sich im Verhältnis von Bezeichnenden und Bezeichneten unendlich fortsetzen. Das Gesetz des Zeichens heißt: Erkenne die Dinge und ihre Ähnlichkeiten. Die Signaturen sind in den Dingen niedergelegt, damit ihre Geheimnisse, die Gott in ihnen verborgen hat, erkannt werden. Der Zweck der Zeichen, die Rechtfertigung ihrer Präsenz innerhalb der Oszillationen der Analogien, liegt in der Erkenntnis der Geheimnisse der Natur.

Im Denken des sechzehnten Jahrhunderts kennzeichnet die Natur alles, was sie hervorbringt, damit es durch diese Signaturen erkannt werden kann. Um an die Geheimnisse der Natur heranzukommen, bedarf es bestimmter Techniken, die die Exegese ermöglichen. Diese Techniken der Signaturenlehre – *Chiromantia*, *Physiognomia* und *Substantia* – beziehen sich auf einen jeweils spezifischen Teil des ganzheitlichen Leibes. Sie ermöglichen die Erkenntnis des Menschengeschlechts über die Produktion von Ähnlichkeitsverhältnissen mit den anderen Kreaturen. Eine jede Exegese besteht aus drei Schritten, dem Lesen der Zeichen, der Suche nach ähnlichen Zeichen und der Verbindungen dieser Zeichen. Über diese Korrespondenzverhältnisse treten die *Eigenschaften*, *Tugenden* oder *Komplexionen* der Geschlechter zutage. Die Frage der Exegeten lautet also nicht, was ist das Menschen-, was ist das Pflanzen- oder was ist das Tiergeschlecht, sondern was zeigen die Zeichen, die all diese Geschlechter tragen? Die Fragen nach den Aussagen der Dinge beziehungsweise nach dem, was diese Zeichen über die *Eigenschaften* oder die Verteilung der *Komplexionen* offenbaren, bilden den Schnittpunkt aller Techniken der Signaturenlehre.

phus, den 20. Januarii, Stilo novo, Anno 1612. zu Prage, uff dem Schlosse [...] von dieser Welt abgeschieden [...]. Und wie Ihr Majestet Cörper Anatomiret und Balsamiret worden [...], Prage.

34 Vgl. zur Differenz zwischen Leib und Körper u. a.: Dülmen, Richard van [Hg.] (2000): Erfindung des Menschen. Schöpfungsträume und Körperbilder 1500 – 2000, Köln [u. a.]: Böhlau; Waldenfels, Bernhard (2000): Das leibliche Selbst. Vorlesungen zur Phänomenologie des Leibes, Frankfurt/Main: Suhrkamp; Schaufler, Birgit (2002): „Schöne Frauen – starke Männer“. Zur Konstruktion von Leib, Körper und Geschlecht, Opladen: Leske und Budrich.

3. Von den Wundergeburten und Monstern

> „Wie denn allwege / wenn von einem Weibsbilde / etwan ein abschewlich Monstrum / oder Wundergeburt geborn wird / was grosses vnd schreckliches vorhanden ist vnd folget / als die erfahrung gibt vnd bezeuget. Daher es auch den Namen hat vnd Monstrum heist: a monstrando, Gleich wie ostentum ab ostendo, & portentum a protendo. Als das es was sonderliches zeige / weise vnd bedeute."[35]

Eine Spielart der Geschlechter ist bis zu diesem Zeitpunkt noch nicht näher beschrieben und analysiert worden: die Geschlechter der Monster oder Wundergeburten. Ganz allgemein lässt sich mit Isidor von Sevilla oder Irenæus sagen, dass diese Geschlechter, bis zum sechzehnten Jahrhundert, als Vor- oder *Kündzeichen* der Natur aufgefasst werden: „Monstren und Zeichen [prodigia] werden so genannt, weil sie künftige Dinge vorauszusagen, anzuzeigen [ostendere], zu zeigen [monstrare] und anzukündigen [praedicare] scheinen".[36] Aber was genau ist unter der Beschreibung, die Geschlechter der Monster und Wundergeburten seien *Kündzeichen*, zu verstehen? Werden die monströsen Leiber als eigenständiges, als ganzheitliches (*Künd-*)Zeichen aufgefasst? Oder sind den Wundergeburten, ähnlich allen anderen Kreaturen, einzelne Zeichen – natürliche oder widernatürliche – eingeschrieben, so wie es beispielsweise Paracelsus in seiner Beschreibung der Hermaphroditen andeutet, indem er auf die monströsen Zeichen, die über den gesamten Leib verteilt zu finden sind, hinweist? Und wenn es richtig ist, dass die Geschlechter der Monster als Zeichen oder als Bündel von Zeichen aufgefasst werden, so stellt sich die Frage, wie diese Zeichen gelesen werden? Werden sie, analog zu den anderen Kreaturen, mit den Techniken der *Chiromantia*, *Physiognomia* oder *Substantia* entziffert oder greifen die Exegeten auf andere Techniken zurück? Bevor diese Fragen beantwortet werden können, muss geklärt werden, welche Monsterformen überhaupt bis zum Ende des sechzehnten Jahrhunderts existieren.

Lycosthenes listet in seiner Chronik der Wunderwerke unter anderem einen monströsen Weinstock auf, der einen Bart trug: „Nit weyt von Landauw zü Albertßwyler im Nidern Elsas / do fand man einen weyntrauben / an dem ein grosser rotter bart gewachssen / bracht jne Pfaltzgrauen Ludwigen zu sehen".[37] Und er weiß von einer nicht

35 Irenæus, M. Christophorus (1584): DE MONSTRIS. Von seltzamen Wundergeburten. I. Was ein Monstrum oder Wundergeburt sey, II. Erzelung etlich hundert Wundergeburt / nach Ordnung der Jarzahl, III. Welches das aller grewlichste Monstrum sey, IIII. Wer der Schöpffer der Wundergeburten sey, V. Woher sie sich vervrsachen vnd iren Vrsprung haben, VI. Das sie Straffen der Sünden sein, VII. Was sie bedeuten vnd drauff erfolget, Ursel: Henricus, ohne Seitenangaben.

36 Isidor von Sevilla: Etymologiarum sive Originum, Liber XI, 3. DE HOMINE ET PORTENTIS, zitiert nach Daston, Lorraine/Park, Katharine (2002): Wunder und die Ordnung der Natur 1150–1750, Frankfurt/Main: Eichborn, S. 59.

37 Lycosthenes, Conrad (1557): Wunderwerck Oder Gottes vnergründtliches vorbilden / das er inn seinen gschöpffen allen / so Geystlichen / so leyblichen / in Fewr / Lufft / Wasser / Erden / auch auß den selben vier urhaben / in eingfügtem stuck dem Menschen / in Gflügel / Vieh Thier / Visch /

Abb. 13: Kälber und Lamm mit Gewächs auf dem Haupt (Anonym 1693)

weniger wunderlichen Begebenheit, die an Pfingsten im Jahr 1124 geschah, zu berichten. Da „gschwall einem kind das kneü gar hoch / do man es aufthät / fielend rocken / gersten vnnd haberkernlin härauß.“ (Lycosthenes 1557: ccclxxxv) Eine anonyme Flugschrift beschreibt ein Kalb und zwei Lämmer, deren Köpfe mit Kleeblättern bewachsen sind.[38] (Vgl. Abb. 13) Und Aldrovandi bildet in seiner „Monstrorum historia“[39] einen Hirsch ab, dessen Geweih mit Pflanzen besetzt ist. (Vgl. Abb. 14) Hier erscheint auch einer der unzähligen Haarmenschen. (Vgl. Abb. 15) Dessen Leib ist vollständig mit Haaren beziehungsweise mit einer Kombination aus Haaren und Flechten belegt. Ein Kleid, das den Leib eines achtjährigen Haarmenschen bedeckt, nimmt in seinem Muster jene Pflanzenformen auf, die auf dem Kopf Blüten schlagen. (Vgl. Abb. 16) „So sind die Haare am Kopf [...] gleichzeitig

Gwürm / von anbegin der weldt / biß zu vnserer diser zeit / erscheynen / hören / brieuen lassen. Zu gwiser anmhanung seiner Herzlicheit / zu Schröckung sündtlichs lebens. Oder aber sonst verhängt hatt / den Ausserwölte zur übung vnd Christlichem Nachsinnen. Den bösen zur straaff ihres vnglaubens / mit sonder Wunderbarer geheymnus vnd bedeutung [...]. Mit Rd. Bey. May. Freybeyt vnd Priuilegien, S. dij.

38 Anonym (1693): Eigentliche Abbildung zweyer Kälber und eines Lamms / so alle drey mit einem / Gewächs auf dem Haupt / denen nun einige Jahre hero / unter verschiedenen Figuren / und Gestalten / sowohl von dem gemeinen / als auch hohen vornehmen Fravenzimmern getragen / so genannten Fontangen / oder Frantzösischen alla mode Thürnen nicht unähnlich / auf die Welt gebohren worden seynd.

39 ALDROVANDI, VLYSSIS (1642): MONSTRORVM HISTORIA. CVM PARALIPOMENIS HISTORIÆ OMNIVM ANIMALIVM [...]. MARCVS ANTONIVS BERNIA in lucem edidit Proprijs sumptibus. AD SERENISS. ET INVICTVM FERDINANDVM II MAGNVM HETRVRIÆ DVCEM. Cum Indice copiosissimo BONONIÆ Typis Nicolai Tebaldini M. DC. XLII Superiorum permissu, S. 425.

Blumen und Pflanzen".[40] Monster erscheinen hier als wunderliche Kombination von Geschlechtern – Pflanzen- und Tiergeschlechtern oder Pflanzen- und Menschengeschlechtern.

Abb. 14: Hirschgeweih mit Pflanzen (Aldrovandi 1642)

In Licetis Monsterkompendium existieren Schaf-, Pferd- oder Hundsmenschen, deren Verbindung in der Kombination aus menschlichem Leib und tierischem Kopf oder aus tierischem Leib und menschlichem Kopf besteht.[41] (Vgl. Abb. 17) Und der von Aldrovandi aufgeführte „Puer capite elephantino" (Aldrovandi 1642: 431) findet sich auch in Rueffs Hebammenbuch verzeichnet. (Vgl. Abb. 18 & 34) „Herwiderumb", so Rueff „ist zu Rom ein Kind geboren mit einem Elephantenkopff / zu der zeit / als Marcellus vnd Hannibal mit einander Streit oder Kriege gehabt haben".[42] Wundergeburten als Verbindung aus Menschen- und Tiergeschlechtern gibt es aber nicht nur als Leibfragmentkombination – Kopf und Rumpf –, sondern auch als Koppelung von tierischen und menschlichen

40 Hoffmann, Jochen (1980): Die Erkenntnis des Dritten. Zur Konstruktion eines neuen Subjektes. Inaugural-Dissertation zur Erlangung der Doktorwürde der Philosophischen Fakultät der Philipps-Universität Margburg/Lahn, S. 62.

41 Erstmals veröffentlicht: LICETUS, FORTUNIUS (1665): DE MONSTRIS. Ex recensione GERARDI BLASII, M. D. & P. P. Qui Monstra quædam nova & rariora ex recentiorum Scriptis addidit. EDITIO NOVISSIMA. Iconibus illustrata. AMSTELODAMI, Sumptibus ANDRETE FRISII. Im Weiteren wird auf eine französische Übersetzung der lateinischen Quelle zurückgegriffen: Liceti, Fortunio (1708): TRAITÉ DES MONSTRES, De leur Causes, de leur Nature, & de leur Differences : Et une DESCRIPTION ANATOMIQUE, De la disposition surprenante de quelques Parties Externes, & Internes de Deux Enfans Nés dans la Ville de Grand, Capitale de Flandres le 28. Avril 1703. & c. & c. Avec Figures, in : PALFYN, JEAN: DESCRIPTION ANATOMIQUE des Parties de la FEMME, qui servent à la GENERATION, A LEIDE Chez la Veve de BASTIAAN SCHOUTEN, S. 1-287.

42 Rueff, Jacob (1580): Hebammen Buch / Daraus man alle Heimlichkeit deß Weiblichen Geschlechts erlehrnen / welcherley Gestalt der Mensch in Mutter Leib empfangen / zunimpt vnd geboren wirdt / Auch wie man allerley Kranckheit / die sich leichtlich mit den Kindtbetterin zutragen / mit köstlicher Artzeney vorkommen vnd helffen könne. Alles auß eygentlicher Erfahrung deß weitberühmpten Jacob Rueffen / Stattartztes zu Zürich / vor dieser Zeit an Tag geben. Gedruckt zu Franckfort am Mayn, S. 115.

Abb. 15: Haarmensch (Aldrovandi 1642)

Abb. 16: Mädchen mit Blüten im Haar und auf dem Kleid (Aldrovandi 1642)

Leibern. Aldrovandi zeigt unter der Überschrift „Fœtus bicorpur humanus, & caninus“ (Aldrovandi 1642: 652) die Verknüpfung von einem vollständigen menschlichen Leib mit einem vollständigen tierischen Leib. (Vgl. Abb. 19 & 20) Und bei Lycosthenes ist die Geschichte einer Bäuerin aus Albanien verzeichnet, die „ein wundergstalt das zwyachs leybs [gepar] / do yedes das angsicht von dem anderen / vnnd den rucken zusamen hatt. Vornen auß was es gestaltet wie ein mentsch von gantzen glidern / vnd aller maß hinde ein hunds durch aus verglichet es sich.“ (Lycosthenes 1557: ccclxxxni) Die monströsen Formen der Vereinigung von Menschen- und Tiergeschlechtern finden sich ebenso in Rueffs Hebammenbuch oder in Schenckens Buch der Wunder- und Missgeburten.[43]

43 Vgl. Schencken von Grafenberg, Johann-Georg (1610): Wunder-Buch. Von Menschlichen / vnerhörten Wunder- vnd Mißgebuhrten / so wider den gemeinen Lauff der Natur erschröcklich / frembd / vnnd seltzam gebildet: doch glaubwürdig in diese Welt gebohren worden. Wie nicht minder von Mißgebuhrten der vnvernünfftigen Gethier [...]. Gedruckt zu Frankfort bey Matthis Beckern: In Verlegung Dietrichs von Bry seligen Wittib / Sampt zweyer ihrer Söhnen, S. 112.

Abb. 17: Körper eines Kindes bestehend aus menschlichen und tierischen Fragmenten (Liceti 1708)

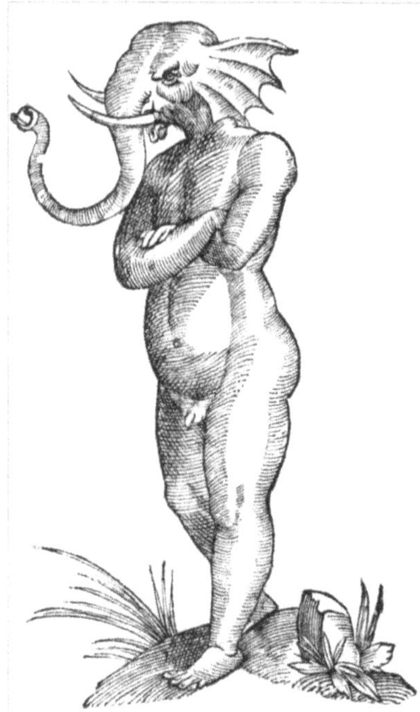

Abb. 18: Junge mit Elefantenkopf (Aldrovandi 1642)

Letzterer bildet eine weitere Leibausformung ab und beschreibt diese Wundergeburt wie folgt: „Es ist ein solche Schwartze vnd abschewliche Gebuhrt erzihlt worden / mit brennenden vnnd leuchtenden Augen / mit einer Ochsennasen vnnd Ochsenmaul in Bildnus eines Horns berauß gestreckt: auff dem Rücken mit Hundshaar: in der Brust mit Affen Angesichtern da die Brüt sein solten: Vnder dem Nabel zu beeden Seyten mit Katzenaugen: mit schwartzen vnd brüllenden Hundtsköpffen: an beden Ellenbogen vnd beeden Kniescheiben mit Schwanen Füessen: mit einem hinauff getürmbten Schweiff in der länge als ein halbe Elen" (Schencken von Grafenberg 1610: 112; vgl. Abb. 21 & 22). Dies wäre die zweite unheimliche Mischung, die die Geschlechter der Monster ausmachen: Eine Verknüpfung von Menschen- und Tiergeschlechtern. Und wie die Wundergeburt von Schencken erzählt, müssen sich Monster nicht nur aus einem einzelnen Tiergeschlecht und einem einzelnen Menschgeschlecht zusammensetzen, sondern können darüber hinaus auch aus verschiedenen Fragmenten der Tiergeschlechter bestehen. Es sind also Fragmentkombinationen aus unterschiedlichen Geschlechterformen, die sich in einem monströsen Leib treffen: leuchtende Katzenaugen und Ochsennasen bilden das Gesicht, an den Ellenbogen sitzen Hundsköpfe und Schwanenfüße bilden die Basis der wunderlichen Erscheinung.

Abb. 19: Zusammengewachsene Leiber von Hund und Mensch (Aldrovandi 1642)

Abb. 20: Verbundene Leiber mit zwei Köpfen von Hund und Mensch (Lycosthenes 1557)

Die dritte Form der Wundergeburten sind die Zweifachgeburten oder Doppelgeburten. 1533 wurde in der Schweiz ein Hase gefangen, den man ausnahm und „im selben fand man ein jung häßlin mit eine köpfflin vn leiblin / hatt vier oren / acht füß / dere vier wie sie sein solte / die andn gragleten über den rucken auß / als ob es ein anderer haß wäre." (Lycosthenes 1557: ccccIxxxvij) Es gab Doppelgeburten von Pferden, Schafen, Schwänen oder jenen Schweinen. Das gedoppelte Schwein, von Sebastian Brant abgebildet und beschrieben, findet sich bei Schencken wie folgt geschildert: „Im Jahr nach Christi Gebuhrt 1496. ist in einem Dorff Läserr genannt / im Suntgoy gelegen / ein Schwein entworffen worden mit einem einzigen Haupt / vier Ohren / zwey Augen / zwo Zungen / Acht Füessen / mit zusammen gehefftem Leib von dem Haupt an biß zu dem Nabel / mit den Hinderntheilen aber von einander abgesöndert." (Schencken von Grafenberg 1610: 144; vgl. Abb. 23) Neben den Doppelgeburten der Tiergeschlechter gab es die Zweifachgeburten der Menschengeschlechter. (Vgl. Abb. 24) Lycosthenes berichtet von einem „zwifach [gebore] kind / dz was allein mit dem nabel an einander gehafftet / alle glidmas als zwey haben sollten an jme trug. Zweyerley sinns hatte sie auch. Sie eins aß / track / schlieff / so thäts das ander nit / es wäre jme dann wol im sinn / dorfft wol fasten oder wachen. Etwa getylten vnd schertzten sie mit einander / beyde weynten sie / schlügen etwa einander." (Lycosthenes 1557: cclxxxiij) Und Christoph Irenæus erzählt von einem Kind, das zu Costnitz geboren wurde: Es kam auf die Welt mit „zwey Heuptern / vier Ahrmen / vier Schenckeln / vnd an allen Gliedern zwyfach / welche mit

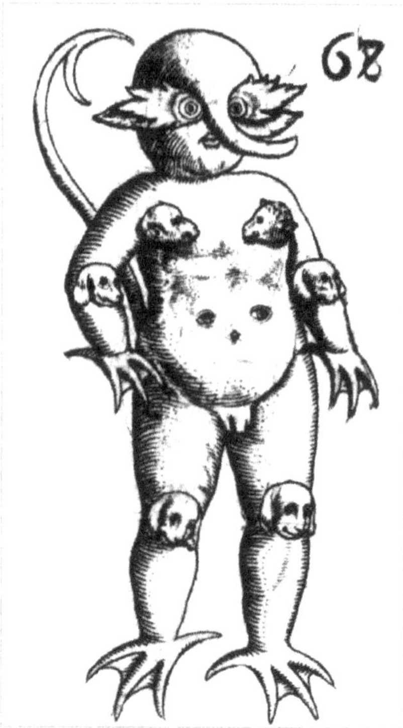

Abb. 21: „Das Krakauer Monstrum“ (Schencken von Grafenberg 1610)

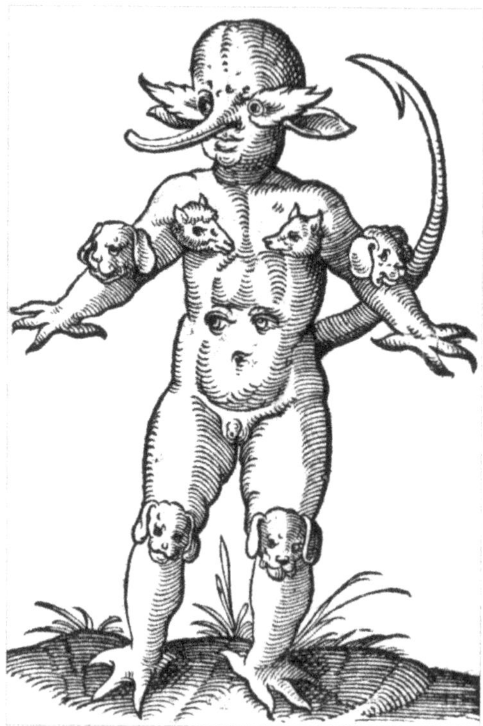

Abb. 22: Monstrum aus diversen Tiergeschlechtern (Rueff 1580)

dem Nabel aneinander gewachssen / sind ein Kneblein vnd ein Megdlein gewesen.“ (Irenæus 1584: o. S.)

Es mag weitere Varianten dieser Monstergeschlechter gegeben haben, die mit Abweichungen in ihrer leiblichen Konstitution existierten.[44] Jenseits der Variationsbreite

44 Vgl. hierzu u. a.: Holländer, Eugen (1921): Wunder, Wundergeburt und Wundergestalt in Einblattdrucken des fünfzehnten bis achtzehnten Jahrhunderts. Kulturhistorische Studie mit 202 Textabbildungen, Stuttgart: F. Enke; Sonderegger, Albert (1927): Missgeburten und Wundergestalten in Einblattdrucken und Handzeichnungen des 16. Jahrhunderts. Aus der Wickiana der Zürcher Zentralbibliothek, Zürich: Orell Füssli; Harms, Wolfgang/Schilling, Michael [Hg.] (1997): Deutsche illustrierte Flugblätter des 16. und 17. Jahrhunderts. Kommentierte Ausgabe, Bd. 7, Die Sammlung der Zentralbibliothek Zürich, Teil 2, Die Wickiana (1570–1588), Tübingen: Niemeyer; Harms, Wolfgang/Schilling, Michael [Hg.] (2005): Deutsche illustrierte Flugblätter des 16. und 17. Jahrhunderts. Kommentierte Ausgabe, Bd. 6, Die Sammlung der Zentralbibliothek Zürich, Teil 1, Die Wickiana (1500–1569), Tübingen: Niemeyer; Hofmann-Randall, Christina (1999): Monster, Wunder und Kometen. Sensationsberichte auf Flugblättern des 16. bis 18. Jahrhunderts, Erlangen: Univ.-Bibliothek Erlangen-Nürnberg; Homeyer, Susanne (2002): „... das ende mus verhanden sein! ...“.

Abb. 23: Zweifachgeburt: Schwein mit doppelter Gliedmaßenanzahl (Schencken von Grafenberg 1610)

Abb. 24: Zwei Kinder an den Bäuchen zusammengewachsen (Rueff 1580)

erscheint jedoch ein klares Bestimmungsbild der Monster und Wundergeburten: es sind widernatürliche Geschlechtermischungen. Eines der drei Felder, das um die Monstergeschlechter und Wundergeburten bei Paracelsus kreiste, war das Problem der verwunderlichen Mischung. Ein Monster ist ein Mischwesen – eine unheimliche, eine widernatürliche Verbindung aus mindestens zwei verschiedenen Geschlechtern. Die Mischung aus Pflanzen- und Tiergeschlecht oder die Verbindung aus Pflanzen- und Menschgeschlecht ist monströs; die Kombination aus Tier- und Menschengeschlecht oder die Verknüpfung aus zwei gleichen beziehungsweise unterschiedlichen Tiergeschlechtern sowie die Koppelung aus zwei gleichen oder ungleichen Menschgeschlechtern – all diese Leiber sind monströs. Sie stehen im Widerspruch gegenüber der natürlichen Ordnung. Die Geste des Widersetzens besteht genau darin, dass unterschiedliche Leiber beziehungsweise Fragmente differenter Geschlechter, die nicht zusammengehören, in einem verschränkt sind.

Aber, sagt Paracelsus weiter, da ist noch ein Unterschied, ein zweiter Widerspruch gegenüber der natürlichen Ordnung. Dieser Unterschied liegt in den Dingen selbst, in den *Eigenschaften* und in den Zeichen. An der Erscheinung des Hermaphroditen beschreibend sagt er, dass ein Hermaphrodit die Gestalt oder besser die Zeichen einer Frau

Studien zur eschatologischen Bildlichkeit auf illustrierten Flugblättern der frühen Neuzeit, Magdeburg: Univ., Dissertation.

Abb. 25: Das Laster mit zwölf Eigenschaften (Sachs 1553)

und eines Manns hat – er also die Zeichen des Löwen und des Panthers an sich vereint. Diese Erscheinung sei also eine monströse Verbindung von differenten Leibern, aber auch von unterschiedlichen *Eigenschaften*. Doch die Zeichen verraten noch mehr als nur die genannten *Eigenschaften*. Sie verraten über den Vorgang der Exegese, dass sie weder vollkommen Frau, noch vollkommen Mann, sondern ein Bündel von beschreibenden Zeichen, eine mahnende Nachricht von Gott sind. Dieser zweite Hinweis von Paracelsus soll die weiteren Darlegungen bestimmen. Er führt direkt zum Problem der Zeichenexegese von Monster- und Wundergeburten.

Eine Flugschrift von Hans Sachs, die mehrfach reproduziert wurde, beschreibt ein gar fürchterliches Monster.[45] (Vgl. Abb. 25) Es ist eine unheimliche Paarung von Leibern beziehungsweise Leibfragmenten: Der Monsterleib weist zwölf Zeichen auf, die von Sachs benannt und die als Zeichen spezifischer *Eigenschaften* hervorgehoben werden. Beispielsweise sind seine Augen geschlossen, weshalb es also blind sei, was bedeutet, dass hier ein bitteres Herz zu finden ist und dieses Monster niemals fröhlich sein kann. Die Hörner auf dem Kopf verraten ein „Böckisch/heimisch/störicht vnd drutzig“ Gemüt. „On allen verstandt vnverschembt / Als gut zum ergsten er auffnembt / Vnd kan sich gar nicht mederiren / Gleich den wild gehörneten thieren.“ (Sachs 1553: o. S.) Die Fledermausflügel deuten an, dass dieses Monster die *Eigenschaft* der Heimtücke besitze und der Neid die Herzen des Menschengeschlechts über Nacht heimsuche. Auch zeigt das Bild eine offene rechte Hand, was auf „wollust“ und ein „schendtlich laster“ hinweist. (Sachs 1553: o. S.) Des Monsters „lincke prust hat eyter“, was zeigt, dass es „schwermütig vnd schwirig / Schwintsüchtig vnd allzeit begirig“ sei. (Sachs 1553: o. S.) Schließlich verweisen die Zeichen des alternden Leibes darauf, dass die Liebe innerhalb des Menschengeschlechtes erkaltet ist und diese durch nichts erwärmt werden könne.

45 Die Flugschrift erscheint im Jahr 1534 unter dem Titel „Das feindtselig Laster / der heymlich Neyd / mit seinen zwelf aygenschafften“. Vgl. hierzu: Ewinkel, Irene (1995): De monstris. Deutung und Funktion von Wundergeburten auf Flugblättern im Deutschland des 16. Jahrhunderts, Tübingen: Niemeyer. Im Weiteren wird eine spätere Ausgabe verwendet: Sachs, Hans (1553): Das feindtselig laster der Neidt mit sein Zwölff Eigenschafften. Gedruckt zu Nürnberg / durch Friderich Gutknecht / Den 27. Januarij. 1553.

Teile des Antlitzes, die Hände und der gesamte Leib geben hier Auskunft über die *Eigenschaften* des Monsters, die Verfasstheit der Menschengeschlechter sowie die gegenwärtige Situation. Aber welche Exegesetechniken werden im Einzelnen angewendet? Vorerst steht die Vermutung im Raum, dass zur Bestimmung der *Eigenschaften* der Wundergeburten die Techniken der *Physiognomia, Chiromantia* und *Substantia* angewandt werden. Anhand eines weiteren Beispiels, der Beschreibung beziehungsweise Exegese eines Monstrums, das in Andreas Angelum zu Straußbergs Monsterkompendium[46] zu finden ist, soll die Technik der Monsterexegese näher beschrieben und ihrer Erweiterung nachgegangen werden. Als Erstes die Beschreibung des Monsters selbst: „Erstlich hats gehabt einen weiten / offenen / runden Mund / ohne oberlippen / also daß man in den Halß vnnd Rachen hat sehen können. Zum andern ist ihm ein Stück Fleisches auß dem Munde / an der lincken Seyten / herauß gewachsen gewesen / in der gestalt eines Säuriessels. Zum dritten ist ihm der Kopff gantz vnnd gar zerknitschet gewesen / das / wenn man denselben angerüret / er sich ineinander gedrucket: Vnnd mitten auff den zerknitscheten Kopffe / ist ein halber schwartzbrauner Circkel gewesen / fast einem Huffeisen gleich. Zum vierdeten sind im die Arme vmgekehrt gewesen / vnnd hat an jeder Hand sechs Finger gehabt. Zum füfften sind die Füsse auch krum gewesen / vn haben mit den Zeen vbernatürlicher weise / nach dem Rücken gekehret gestanden. Zum sechsten / hats auff den Rücken / zwischen den Lenden / einen runden Circkel gehabt / der voller geliefferts Bluts gewesen / vnnd ist ein Zeichen darin gestanden / wie ein Hertz gestalt." (Angelum zu Straußberg 1597: 191)

Ganz allgemein lässt sich sagen, dass eines der wesentlichen Merkmale der Monstergeschlechter erfüllt ist, denn es werden die Zusammensetzungen, die Fragmentkombinationen jener Wundergeburt hervorgehoben: die Verknüpfung aus Teilen der Geschlechter der Tiere und der Menschen. Die Wundergeburt ist monströs, weil seine menschliche Physiognomie den Rüssel einer Sau aufweist. Doch nicht nur diese Dualität wird in der Beschreibung betont. Vielmehr erscheint die Wundergeburt als ein Bündel von Zeichen, denn es werden weitere Signaturen benannt: beispielsweise jene, die in dessen Physiognomie auftauchen – der weit geöffnete Mund, der ohne Oberlippen ist und einen tiefen Einblick in den Rachen erlaubt, das zerquetschte Haupt oder das Stück Fleisch, welches aus dem Mund heraushängt. Neben Zeichen, die der *Physiognomia* zugehörig sind, tauchen jene auf, die mithilfe der *Chiromantia* und der *Substantia* exegiert werden. Sechs Finger zieren die Wundergeburt und die Zehen sind in unnatürlicher Weise gestaltet. Diese Zeichen wiederum würden *chiromantischen* Techniken gehorchen, könnten also über die *Chiromantia* gelesen werden. Dahingegen kreisen die Beschreibungen des runden Zirkels um die Verfahren der *Substantia.* Wie nun wird dieser monströse Leib, der als Zeichenkonglomerat erscheint, gelesen?

46 Angelum zu Straußberg, M. Andrean (1597): WiderNatur vnd Wunderbuch. Darin so wol in gemein von Wunderwercken deß Himmels / Luffts / Wassers vnd Erden / als insonderheit von allen widernatürlichen wunderlichen Geschichten grössern theils Europae, fürnemlich der Churfürstlichen Brandenburgischen Marck / vom Jahr 490. biß auff 1597 [...]. Gedruckt zu Franckfurt am Mayn / durch Johann Collitz / in verlegung Paul Brachselbs.

Die beschriebenen Zeichen seien, so Lipsensis – Verfasser des abgedruckten Monsterberichts in Angelum zu Straußbergs Monsterbuch –, wie folgt zu deuten: Durch den offenen Mund wird ohne allen Zweifel angezeigt, dass „unchristliche grewliche vnnd Gotteslästrige Fluchen vnd Scheren" in der Welt seien, dass „grosse Lügen vnnd Verleumbdungen / daß jetz die Leute mit irem giftigen Munde den Nehesten gerossen schaden thun" und dass „Possenreisser zu Hoffe / auch alle Sophistische Köpffe / so bösen Händeln eine feine Farben anstreichen können." (Angelum zu Straußberg 1597: 192f.) Zum andern zeigt der *Saurüssel* an, dass Gott damit „das viehische / Sodomitische vnnd abschewliche Leben" (Angelum zu Straußberg 1597: 192) anprangern will. Der „Zerknischete Kopff [...] bedeutet ohne allen zweiffel den jetzigen Zustand Teutscheslandes / vnd deß H. Römischen Reiches / welches jetzt gantz Swach vnd gleich zerknischet / das in demselben wunderbarliche Verenderungen / vorfallen möchten / vnnd wol zertrennet vnnd zerrissen werden köndte" (Angelum zu Straußberg 1597: 193f.). Soviel zur Exegese des Antlitzes: Gegenwärtig, das zeigen die Zeichen deutlich an, sind Lügen und Possen in aller Munde und die Menschengeschlechter gehen monströsen, also viehisch/ sodomitischen Beschäftigungen nach. Aus dieser Perspektive wird eine Warnung abgeleitet. Künftig könnte Deutschland schwach und zerrissen, in einzelne Teile getrennt, daniederliegen. Die Zeichen weisen, deuten und zeigen ein mögliches Unheil an. Allein, ob es so kommen wird, ist nicht durch die Zeichen gewiesen, denn sie verharren in der Gegenwartsbeschreibung.

Nun weiter, so Lipsensis, zu den Zeichen, die nur durch die *Chiromantia* gelesen werden können. Die „krummen Arme vnd Hände mit sechs Fingern zeigen an den Vnbarmhertzigen / Vnersettigen vnnd schrecklichen Wucher / Geitz vnd böse Händel / welche jetzt die Welt treibet [...]. Die verkehrete Füsse an dieser Missgeburt bedeuten die heuchlische Lehrer vnd Prediger / die ihre Predigten dahin richten / vnnd anstellen / wie es die Leute gerne hören / damit sie ihnen gefallen mögen." (Angelum zu Straußberg 1597: 194f.) Geiz und Wucher liegen auf der Hand, sind die *Eigenschaften*, die aus den Zeichen der Hand gelesen werden, und Lipsensis überträgt dieses Wissen auf die Beschreibung der gegenwärtigen Situation. In der Welt herrschen gegenwärtig Wucher und Bosheit, sie ist durchtränkt von Unbarmherzigkeit. Gleichzeitig wird auch hier eine Mahnung ausgesprochen. Sie richtet sich einerseits an die Lehrer, die nur predigen, was die Leute hören wollen, und andererseits an die Menschen, die jenen Prophezeiungen verfallen sind, die doch nur die eigenen Wünsche beinhalten.

In einem dritten Schritt, so Lipsensis, werden die Zeichen des Leibes, die der *Substantia* zugehörig sind, exegiert: der runde Zirkel voll geronnenen Bluts, in dessen Mitte ein Zeichen zu sehen war, das eine Herzform besaß. Diese zwischen dem Rücken und den Lenden erscheinende Signatur zeigt an „das arme Häuffelein der bedrengeten Christenheit / der hertzlichen Wehe thut / auch recht betrünt vnd trawrig zu Gott seufftzet / wegen der Epicurischen Sicherheit / in welcher jetzo die Menschen Leben / daß ihnen nun keine Sünde vnd Schande zu groß ist / die sie nicht treiben." (Angelum zu Straußberg 1597: 195f.) Über die *Substantia* wird erklärt, dass nicht nur Gott mit den Menschen, sondern auch die Menschengeschlechter mit Gott kommunizieren können: Es öffnet sich die arme Christenheit und seufzt zu ihm. Doch auch hier werden letztlich nur Aussagen über die gegenwärtigen Zustände getroffen. Das herzförmige Zeichen sagt, dass die Menschen betrübt sind über die Schande und die Sünden in der Welt.

Lipsensis, dessen Bericht bei Angelum abgedruckt ist, verwendet nicht nur, er verweist auch auf die Techniken der *Physiognomia*, *Chiromantia* und *Substantia*, wenn er die Wundergeburt exegiert. Und es wird im Verlauf seiner Exegese deutlich, dass die einzelnen Leibfragmente nichts als Zeichen sind, die erkannt und gelesen werden müssen. Über diesen Vorgang, das Lesen diverser spezifischer Zeichen, werden Aussagen über die gegenwärtige Verfasstheit der Welt und der in ihr wohnenden Menschengeschlechter erhoben. Soviel zu den Wundergeburten und Monstergeschlechtern, die durch eine Vielzahl von unterschiedlichen Leibfragmenten bestimmt werden – Kombination aus mehreren Teilen der Tier- und Menschengeschlechter oder diversen Fragmenten von Pflanzen- und Menschengeschlechtern. Wie aber werden die heteromorphen Wundergeburten exegiert, die im Gegensatz zu den eben bestimmten polymorphen Monsterleibern existieren?

Als hinreichend für die Bestimmung des Monsters gilt die Verbindung aus mindestens zwei verschiedenen Geschlechtern. Es existieren nicht nur polymorphe Monsterformen, sondern eben auch jene Formen, beispielsweise die zusammengewachsenen Zwillinge, die nicht durch eine Vielheit, sondern allein durch Dualität gekennzeichnet sind. Wie nun werden diese Monster gelesen? Paracelsus äußerte bezüglich des hermaphroditischen beziehungsweise des monströsen Leibes, dass die Figur des Hermaphroditen nicht nur am Vorhandensein zweier unterschiedlicher Leiber oder dem Widerspruch zwischen Gestalt und *Eigenschaften* zu erkennen sei, sondern dass sie selbst ein monströses Zeichen ist. Das Monster als Zeichen an sich, als Gott gewollte und gesandte Botschaft? Jede einzelne Wundergeburt als ein einziges Zeichen, als eine abgeschlossene Nachricht von Gott? Darauf haben neben Paracelsus auch Isidor und Irenæus hingewiesen. Vorerst einige Beschreibungen von Monstern, die durch zwei Leiber oder Leibfragmente bestimmt sind – also jene Leibbeschreibungen, die laut Setzung Wundergeburten sind, jedoch nicht über eine Polyphonie einzelner Zeichen verfügen, sondern als Zeichen an sich exegiert werden.

Erstens die berühmte Flugschrift von Sebastian Brant, in der er die Wormser Zwillinge beschreibt und anschließend auslegt: „Ist yetz im herbstmonet wie ich sag / Warlich auff den zehenden tag / Eyn kind mit zwayen leib geboren / Das vier füß hat, vier hend vier oren / Zwen münd, vier augen, nasen zwo / Den gantzen leib getailt also / Das er sich niendert zesamen behafft / Dann oben in des haubttes krafft / Steckt ein stirn in der anderen stirn / Ich gedenck es hab allain ein hirn / Vnnd eyn verstentnuß in seim haubt / Dar auff ich warlich hab gelaubt / Das got die zeit geben woell / Das sich das reich verainen soell / Das es eyn hellig verbunden wert / Das gaistlich vnn dz weltlich schwert / Auch vnder aim haubt samlen sich / Das Roemisch vn dz Kryechisch reich / Die yetz lang zeit zertailt sind gsein / Got geb dem edlen künig eyn / Das als das er tuet tag vnd nacht / Allain frid, eynignng betracht / Vnd das alle glider nemen gar / Sein als eins einigen haubts war / Gleich wie vil glid an disem kind / Eim haubet vndertenig sind / Das haben die fürsten yetz er scheint / Die sich mit dem haubt veraint / Vnd tretten in ein regiment."[47] (Vgl. Abb. 26) Beschrieben werden zwei zusammengewachsene Kinder,

47 Brant, Sebastian (1495): An den allerdurchleichtigisten groszmechtigisten herrn Maximilianum Roemischen künig, von der wunderbaren geburt des kinds bey wurmsz Desz Jares M.CCCCXCV, auff den X. tag septembris geschehen / Ein auszlegung Sebastiani brand, o. S.

An den aller durleüchtigiste groß mechtigiste herrn Maximilianū Römschen künig: von der wunderbaren geburt des kinds bey wurms Des jares. M. CCCC. XCV auff den. X. tag septembris geschehen. Ein auslegung. Sebastiani. brand.

Got ordenklich gesetzet hatt
All ding in wesen. zyl vnnd statt
Vnnd der natur eyn lauff verlan
Dar jnn sy sol on mitels gan
Vnd den dem besten nach volleñden
Der gütig schöpffer thut nit weñden
Leichtlich. den selben lasst er still
Es sey dann das er wircken will
[illegible] vast groß verborgen datt
Die er jm vorbehalten hatt
So lasst er etwas wunder sehen
Das nit gemeinlich sey geschehen
Als von Jherusalem. Josephus
Zerstörung schreibt. Valerius
Sagt. das in Xerxis höre schar
Eyn freysam roß. ein hasen gebar
Bedeüt. das er greülich züg zü streit
[illegible] fliechen wie eyn has verzeig
[illegible] Hanibal. Saguntum brach
[illegible] kind von müter leib man sach
[illegible] wer in müter leib sich keren
Bedeüt. das er würd die stat zersterē
Auch do der selbig Hanibal
Die Römer bracht in vnglücks fal
Wurden vil wunderwerck erzaygt
Wie vns das. Liuius anzaygt
Wañ die haiden söllich wunder sah
Detten si sich jren göttern nahen
Die wurden schon von jnen geert
[illegible] mit das böß in güts verkert
Wurd. oder doch sich myndren solt
Sy merckten das got würcken wolt
Durch söllich frembd wunder frömbd
Zü rom hat mā ein eigē berck [illegible]
Dar auff Sibillen weissag lag
Zü lesen man die allzeit pflag
Wann man etwas söllich wunder sach
Vn wo die selb geschrifft auff sprach
Das hielten sy von wort zü wort
Wir kristen setzen auff ein ort
All gottes dienst. ere. vnd gebot
Des kumbt gar offt vns rew zü spat
So got vns manet vor der zyt
Vnnd wir sein warnung achten nit
Lasst er vns sein straff vñ gaissel gan
Die er vns vor hat kunt getan
[illegible] wunder zaigt wunder an
Als Statius von Theba sagt
Do er die siben künig klagt
Als Lucanus von. Römern seit
Do Julius sy über streit
Als Maro schreibt des wunders art
E das Cesar erstochen wart
Als do der wüterich Attila
Die welt verwüst vnnd Tottila
Sach man vil wunder vor vñ nach
Dar mit verkündt got straff vñ rach
Auch da der schantlich Machmet solt
Den glauben trennen. als got wolt
Zeygt die natur das vor hin an

Ein kind vier hend. vier füß gewan
Eyn kind zwen köpff auff seiner brust
Vnd ander wunder zaychen sust
Als do der. Türcken anefang
Auß Caspijs den bergen trang
Als do die Tartaren auß brachen
Vnnd on zal cristen erstachen
Als do zü letst der heilig land
Solt kömen auß der cristen hand
Der got durch wunder werck dz bedeitē
Darnach zü küng Rüdolfs zeiten
Vō habspurg. ward ein kind geborē
Bey Eßlingen zün selben jaren
dz hat zway haupt. vier hend zwo brust
Bey Costentz ward geboren sust
Eyn kind von einer edlen frawen
Mit menschen kopf. all glid eins lawē
Als Oto der drit teilt das reich
Den kurfürsten. sach man deß gleich
Ein geburt. vom nabel sich auff spielt
Zwoñ brüst. vier. hēd. zwē. köpf. es hielt
Vnnd wenn ir eins aß oder wacht
Schlief das ander. do bey ich acht
Dz söllich werck hab die fürstē gstrafft
So einer wacht der ander schlafft
Jr köpf mit teylung vast erscheynt
Sy wurden seyd nie gantz veraint
Byß yetz jm nüntzig fünfften jar
Zü wurms am rein. hör ich für war
Sei ein söllich kreftig meinsig geschehē
So mā im reich vor nie hat gesehen
Danck hab dz haupt der Römischē kron
Der künig Maximilion
Dem got der her söllich heyl eracht
Das er die einung hat gemacht
Die ob got will lang wirt bestan
Der vns zaygt durch sein wunder an
Eyn groß vereinung in dem reich
Durch seltzen würckung wunderlich
Als zü Rottweil ist langst geschehen
Das kind man offenlich hatt gesehen
Das zwen köpf trüg auff einem leib
Das mir an zaygt wie ich obē schreib
Die kurfürsten hie vor zertrenndt
Wurden in einen leib verwenndt
Vñ das beyd haupt der welt gemeyn
Zü samen söllen kummen eyn
Vnd in ein leib sambt werden bracht
Das ich in sunders dar auff acht
Dañ yetz bey wurms gleich an der stat
Do man söllich ding beschlossen hat
Die der gemainen kristenhayt
Zü frid [illegible] vnnd eynikait
Jst yetz jm herbstmonet wie ich sag
Warlich auff den zehenden tag
Eyn kind mit zwayen leib geboren
Das vier füß hat. vier hend. vier oren
Zwen mund. vier augen. nasen zwo
Den gantzen leib getailt also
Das er sich niendert zesamē behafft
Dann oben in des haubttes krafft
Steckt ein stirn in der anderen stirn
Jch gedenck es hab allain ein hirn
Vnnd eyn verstentnuß in seim haubt
Dar auff ich warlich hab gelaubt
Das got die zeit geben wöll
Das sich das reich veraimen söll
Das es eyn hellig verbunden wert
Das gaistlich vñ dz weltlich schwert
Auch vnder aim haubt samlen sich
Das Römisch vñ dz Kryechisch reich
Die yetz lang zeit zertailt sind gsein
Got geb dem edlen küng eyn
Das als das er tüt tag vnd nacht
Allain frid. eynigung betracht
Vnd das alle glider nemen gar
Sein als eins einigen haubts war
Gleich wie vil glid an disem kind
Eim haubet vndertenig sind
Das haben die fürsten yetz erscheint
Die sich mit dem haube veraint
Vnd tretten in ein regiment
Si hand sich zü dem haubt gewesit
vñ wend dē trüw vñ gehorsam bleibē
Welchs glid sich vō dē haubt will sch[illegible]
Vñ maint der einsig nit zü leben [illegible]
Sunder dem haubt tüt wider streben
Das wirt verderben dörren gar
Geschlossen auß der kristen schar
Vnd so vill plag jamers dulden
Als dañ sein missdat tüt verschulden
Wer oren hab der hör vnnd merck
Got würt vns zaigen wunder werck
Der gleichen vor nie sind gehört
Wol dem der sein haubt trüwlich ert
Der mag vil kranckhait wol entgan
Alle gütte ding auß dē haubt entstan
Vnd wo daz selb ist schwach vñ blöd
So wirt der leib aller glider öd
Jch hoff ich werd kürtzlich erleben
Das got glück. hail. sig werd geben
Dem milten küng eren werdt
Got geb jm was der dichter begerdt
Amen.

Abb. 26: Beschreibung und Auslegung der Wormser Zwillinge (Brant 1495)

ein Monster – zwei Leiber zu einem vereint. Die Leiber sind am Kopf verbunden und weisen jenseits dieser Widernatürlichkeit, dieser Wunderlichkeit, keinerlei monströse Zeichen auf. Die Wormser Zwillinge sind ein Monster an sich und kein Bündel von monströsen Zeichen. Wie werden die Zwillinge, wie wird das Monster gelesen? Als eine Zukunftsvision von Gott gesandt, für einen König, für König Maximilian. Gott legt ihm nah, das geistliche und weltliche Schwert unter dem Haupt des Königs zu vereinen. Gott fordert, so Brant, dass Maximilian sich Tag und Nacht regen solle, um das lang geteilte Reich zu einen. Und er wolle, dass Frieden hergestellt werde, dass künftig Einigkeit unter den Gliedern des Reiches – den Fürsten – eintreten solle. Der Leib des Monsters und der Staat fallen hier zusammen und künden die nahende Zukunft des Reiches an. Gott also schickt eine Wundergeburt auf die Erde, ein Zeichen – vielleicht der Mahnung – sicher jedoch als Verkündigung der Zukunft des gegenwärtig noch zerrissenen Reichs und seiner künftigen Einheit.

Neben den Zukunftsperspektiven für Reiche, den Zusammenschlüssen von Fürstentümern, werden weitere künftige Weisungen über die Geschlechter der Monster und Wundergeburten von Gott gegeben und von jenen, die die Zeichen exegieren können, gelesen. Beispielsweise jene, die in der „Abreissung wunderbarlicher Kinder“[48] aus dem Jahr 1578 zu finden ist. (Vgl. Abb. 27) Der Aufbau der Flugschrift verläuft wie folgt: bildliche Darstellung zweier zusammengewachsener Kinder, Beschreibung ihrer leiblichen Verfasstheit sowie anschließende Exegese des wunderlichen Zeichens. „Wie denn in kurtz verschiener zeit vor diesem Jar M. D. Lxxviij. ein wunderliche geburt geschehen im Niderlandt / im Lande Geldre / in einer Flecken Benrade genent / von Mary Dieterich Kupfferschlegers Ehelich Gemal / in obgemelte gestalt / wie alhie abgerissen / nemblich zwei Leib in ein / beyde Meydlin / einander umbfangen / vnnd mit beiden munden scheinend an ein gefuecht. Ob wol sölchs naturlich zu erachten / is dennoch nicht ohne sunderliche geheimniß ichtwes darinnen zu betrachten / Wold Gott / daß es vns gute Frid vnd Einigkeit wolte bedeuten / nachdem wir fast ein lange zeit her in zwist vnnd zweidracht vndereinander gelebt / wederumb in gute einigkeit geraten mochten / Wie dann an diß wunderbarliche Kindt zwei Leiben an ein / vnd einander fein leiblich umfangen / vnd die zwei Kinder mit einem mundt zu sehen / Wir auch eben gleich wie liebe Christen Bruder vnd Schwester in ware einicheit des glaubens verknupfft vnd verbunden / mochten tsamptlich / auß vnd mit einem munde Gott loben / preisen vnd dancken. So wir aber wissentlich / halstarrich Blindt in unsere Sünden vortfaren / keiner seine eigene mangel vnd seil ansehen / noch mit eindrechtigen munde die Göttliche Warheyt bekennen vnd handthauen willen / sollen wir vns krafftloß vn wecklos befinden.“ (Anonym 1578: o. S.) Auch in dieser Schrift werden zwei zusammengewachsene Zwillinge beschrieben, auch hier weist der monströse Leib keinerlei andere wunderliche Zeichen auf und auch hier dreht sich die Exegese ausschließlich um die widernatürliche Verbindung der Leiber. Das Monster ist ein Zeichen an sich, das, so die Schrift, nicht als eine Vielzahl von monströsen Zeichen existiert, sondern allein durch

48 Anonym (1578): Abreissung wunderbarlicher Kinder / so kurtz vor diesem Jar Achtvndsiebentzig geborn / wie denn allhie vnten beschrieben, o. S.

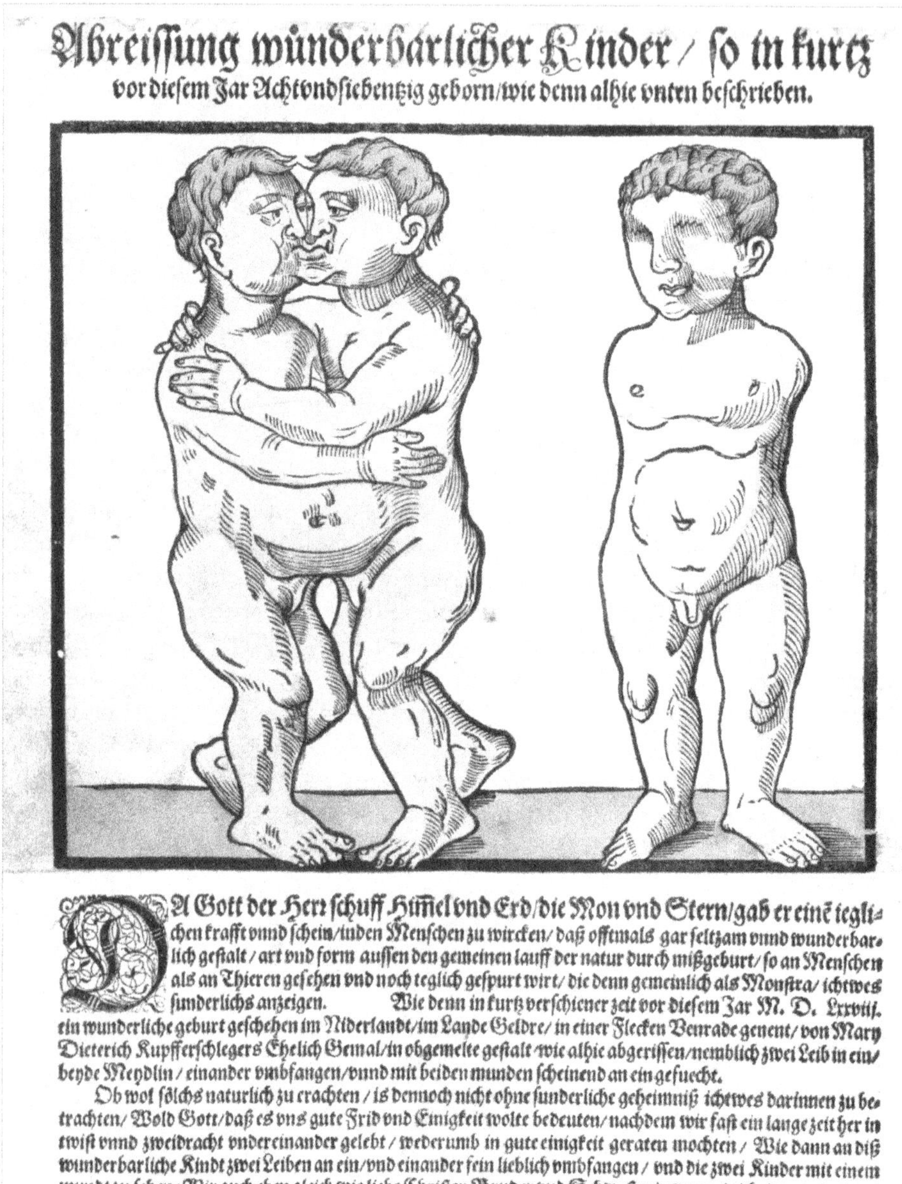

Abreissung wunderbarlicher Kinder / so in kurtz vor diesem Jar Achtvndsiebentzig geborn/wie denn alhie vnten beschrieben.

DA Gott der Herr schuff Him̃el vnd Erd/die Mon vnd Stern/gab er einē teglichen krafft vnnd schein/inden Menschen zu wircken/ daß offtmals gar seltzam vnnd wunderbarlich gestalt / art vnd form aussen den gemeinen lauff der natur durch mißgeburt/ so an Menschen als an Thieren gesehen vnd noch teglich gespurt wirt/ die denn gemeinlich als Monstra/ ichtwes sunderlichs anzeigen. Wie denn in kurtz verschiener zeit vor diesem Jar M. D. Lxxviij. ein wunderliche geburt geschehen im Niderlandt/im Lande Geldre/ in einer Flecken Venrade genent/ von Mary Dieterich Kupfferschlegers Ehelich Gemal/in obgemelte gestalt wie alhie abgerissen/nemblich zwei Leib in ein/ beyde Meydlin / einander vmbfangen/vnnd mit beiden munden scheinend an ein gefuecht.

Ob wol sölchs naturlich zu erachten / is dennoch nicht ohne sunderliche geheimniß ichtwes darinnen zu betrachten/ Wold Gott/daß es vns gute Frid vnd Einigkeit wolte bedeuten/ nachdem wir fast ein lange zeit her in twist vnnd zweidracht vndereinander gelebt / wederumb in gute einigkeit geraten mochten / Wie dann an diß wunderbarliche Kindt zwei Leiben an ein/vnd einander fein lieblich vmbfangen / vnd die zwei Kinder mit einem mundt zu sehen/ Wir auch eben gleich wie liebe Christen Bruder vnd Schwester in ware einicheit des glaubens verknupfft vnd verbunden/mochten tsamptlich/auß vnd mit einem munde Gott loben/preisen vnd dancken.

So wir aber wissentlich/ halstarrich Blindt in vnsere Sünden vortfaren / keiner seine eigene mangel vnd feil ansehen/noch mit eindrechtigen munde die Göttliche Warheyt bekennen vnd handthauen willen / sollen wir vns kraffloß vñ weerloß befinden. Wie dem das ander obuerzeichnete Kindt/ so in vorgangē Nouembri nicht weit von Deuenter/im Lande von Ouer Issel/ohn Augen vnd Armen todt zur Welt geborn/vns wol andeuten möchte. Gott gib daß wirs betrachten/ damit wir nicht mit zweidracht vnd vneinicheit zerrissen/weerloß in vnsere Feinde hende fallen.

Abb. 27: Wunderbarliche Kinder (Anonym 1578)

die Verbindung von zwei menschlichen Leibern. Im Gegensatz zu Brant, der in den Wormser Zwillingen eine göttliche Botschaft bezüglich der Reichseinigung las, werden die ‚wunderbarlichen' Kinder nicht als Reichsgebilde gelesen, sondern auf die Glaubensgebäude hin ausgelegt. Nachdem die Menschen, so die Schrift, in Zwist und Unfrieden gelebt haben, will Gott, dass künftig der Glaube wieder durch einen Mund vorgetragen wird. Die lange Zeit der Zwietracht wird vorübergehen und die Einheit des Glaubens – durch die küssenden Münder der Kinder demonstriert – wieder hergestellt werden.

Das vorerst letzte hier zu beschreibende Monster ist jene Wundergeburt, die 1566 zu BrottRoda geboren wurde. Sie ist weder ein Zeichen für künftige Reichseinigungen noch steht sie für Glaubenseinheit einer zerrissenen Gemeinschaft. Vielmehr wird sie als ein Zeichen für Opulenz des Höfischen im Allgemeinen gelesen und stellvertretend für das Verhalten der Menschengeschlechter betrachtet. Der Exeget, Christoff Vischer, beschreibt die Wundergeburt wie folgt: „An Armen / Beinen / vnd andern Gliedmassen / war es ein kneblein ehnlich / hatte aber keinen gantzen volkomlichen kopff / auch keinen Hals. Oben an der Stirn hatte es zwey grosse auffgeworfene Augen / als ein Has. Vber den Augen war es schwartz braun fleisch / anzusehen wie Bender. Hinder demselben war Rot braun fleisch wie zöpff / die da geflochen vnd auffgesetzt sind. Vnd hinder den zöpfen war ein loch ins heupt hinein [...]. Ohn zweiffel straffet Gott damit die vbermachte pracht vnd Hoffart der Welt / die von tag zu tag steiget / vnd vberhand nimbt / welche er auch Isai. am 3. heffetig straffet / vnd warnet vns / das wir davon abstehen / oder seiner ernsten vngendigen Straffe gewertig sein sollen. Weil aber solche Weibische tracht an einem Kneblein gesehen worden / Deucht mich / doch niemals hiemit vorgegrieffen / Gott drewe uns damit / das er vns ein Weibisch / verzagt / vnd flüchtig hertz geben wolle / Wie denn albereit zu sehen / wie eine grausame furcht in diesem sterbens leuffen alle Menschen eingenomen."[49] (Vgl. Abb. 28) Vischer sagt, dass die Wundergeburt ein Knabe sei, was er an Armen und Beinen erkennen würde. Und er sagt, dass dieser Knabe mit weiblichen Fragmenten ausgestattet sei, denn die gebundenen *Fleischzöpfe* würden auf ein *Mägdelein* hinweisen. Die Augen, die aussehen wie die eines Hasen, spielen im Rahmen der Exegese keine Rolle, sie werden in der Beschreibung erwähnt, fallen jedoch für die Auslegung des Zeichens nicht ins Gewicht. Insofern ist dieses Monster kein Zeichenbündel, kein polymorphes, sondern ein heteromorphes, monströses Zeichen – eine Verbindung von zwei menschlichen Leibern, einem Knaben und einem *Mägdelein.* Was aber bedeutet dieses Zeichen? Zum einen Warnung vor Strafe. Die Warnung vor Gottes Strafe für übermächtige Prunksucht bei Hofe und in der Welt. Es bedeutet aber auch Warnung vor allzu großer Verzagtheit. Wenn künftig, so Vischer, die Prunksucht nicht eingestellt wird, dann werden alle Angehörigen des Menschengeschlechts ein flüchtiges Herz von Gott erhalten, dann straft Gott alle Menschen gleichermaßen.

49 Vischer, Christoff (1566): Ware Abcontrafactur einer missgeburt / so zu BrottRoda den 8. Augusti dieses 1566. Jhars / Tod auff diese Welt geboren ist. Zu Schmalfalden / bey Michel Schmuck.

Ware Abcontrafactur einer missgeburt/ so zu BrottRoda den 8. Augusti dieses 1566. Jhars/ Tod auff diese Welt geboren ist.

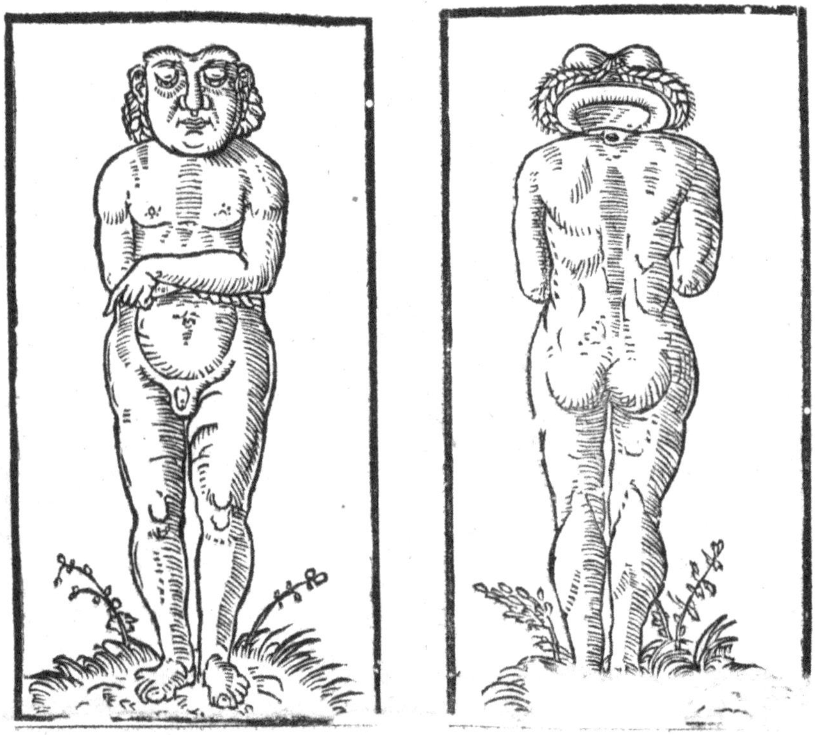

Als man zalt nach der geburt vnsers Erlösers vnd Seligmachers Jhesu Christi/ Tausent/ Fünffhundert/ Sechs vnd sechtzig/ am achten tag Augusti/ vmb sechs vhr vormittage/ ist volgende Geburt zu BrottRoda/ anderthalb meil wegs von Schmalkalden gelegen/ von Margreta Wolff Brands Hausfrawen geborn worden/ Nemlich: An Armen/ Beinen/ vnd andern Gliedmassen/ war es eim Kneblein ehnlich/ Hatte aber keinen gantzen volkomlichen Kopff/ auch keinen Hals. Oben an der Stirn hatte es zwey grosse auffgeworffene Augen/ als ein Has. Vber den Augen war es schwartz braun fleisch/ anzusehen wie Bender. Hinder demselben war Rotbraun fleisch wie zöpff/ die da geflochten vnd auffgesetzt sind. Vnd hinder den zöpffen war e[illegible]h ins heupt hinein.

Vnd wie mich die Wehmutter/ welche solche Missgeburt/ aus be[illegible] irer Oberkeit/ zu mir anher gehn Schmalkalden bracht/ berichtet/ Sind Vatter vnd Mutter Arme/ fro[illegible]e/ vnd Gotfürchtige leute/ Vnd ist die Mutter fur nichts erschrocken/ Hat sich auch nach nichts/ als etwa Schwangerer Weiber art ist/ gesehnet.

Das solche Missgeburt etwas bedeute/ ist kein zweiffel/ Was sie aber bedeute/ weis Gott allein. Ohn zweiffel straffet Gott damit die vbermachte pracht vnd Hoffart der Welt/ die von tag zu tag steiget/ vnd vberhand nimbt/ welche er auch Jsai. am 3. hefftig straffet/ vnd warnet vns/ das wir dauon abstehen/ oder seiner ernsten vngnedigen straffe gewertig sein sollen. Weil aber solche Weibische tracht an einem Kneblein gesehen worden/ Deucht mich/ doch niemands hiemit vorgegrieffen/ Gott drewe vns damit/ das er vns ein Weibisch/ verzagt/ vnd flüchtig hertz geben wolle/ Wie denn albereit zu sehen/ wie eine grausame furcht in diesen sterbens leufften alle Menschen eingenomen. Gott wölle es zum guten ende keren/ vnd die woluerdiente straffe vnser Sünden gnediglich abwenden/ oder zum wenigsten lindern/ Vns auch ein Bussfertig hertze/ damit wir der straffe Gottes vorbeugen/ verleihen/ Amen.

M. Christoff Vischer.

Zu Schmalkalden/ bey Michel Schmuck.

Abb. 28: Monstrum von BrottRoda (Vischer 1566)

Wie die Geschlechter der Tiere, Pflanzen und Menschen, die bis zum Ende des sechzehnten Jahrhunderts existieren, erscheinen die Geschlechter der Monster und Wundergeburten im Gefolge der Signaturenlehre. Sie sind, wie die anderen Geschlechter auch, Träger von Botschaften – von göttlichen aber auch natürlichen. Den Zugang zu ihren Nachrichten ermöglichen die Techniken der *Chiromantia*, *Physiognomia* oder *Substantia*, mit deren Hilfe sie gelesen und ausgelegt werden können. Von den Teilen des Antlitzes, über die äußeren *Äste* des Leibes, bis hin zu den Gliedern, die über die *Substantia* erkannt werden, verläuft die Exegese der Wundergeburten. Ihre Existenz ist ausschließlich an die Möglichkeiten der Exegeselehren gebunden. Ohne die Signaturenlehre wären die Zeichen, die sie tragen, oder die Zeichen, die sie als Ganzes ausmachen, nicht als solche erkennbar, denn die Rechtfertigung der Zeichen, ihr letzter Zweck, liegt in der Entdeckung und Auslesung derselben. Insofern sind die Geschlechter der Monster und Wundergeburten ein Zeichenphänomen des sechzehnten Jahrhunderts. Und doch weisen die Monster und Wundergeburten Differenzen zu den natürlichen Dingen auf.

Die erste Differenz zu den natürlichen Geschlechtern, die für den hier zu bearbeitenden Zusammenhang wichtig ist, liegt in ihrer Widernatürlichkeit verborgen.[50] Monster oder Wundergeburten sind widernatürliche Dinge – eine Verbindung differenter Geschlechter: Mensch- und Tiergeschlechter, Mensch- und Pflanzengeschlechter oder Tier- und Pflanzengeschlechter. Jenseits von diesem Kombinationskanon tauchen sie als Zusammenkünfte von differenten Menschen-, Tier- oder Pflanzengeschlechtern auf: das Schwein, das einen Ochsenkopf trägt, oder der Leib eines Löwen, kombiniert mit dem Leib eines Panthers. Und wenn sie auch der zweiten Vielfalt nicht angehören, so erscheinen sie als heteromorphes Monster, als Fragmentkombination von mindestens drei verschiedenen Geschlechtern. Wundergeburten sind Zeichen, nicht einem einzigen Geschlecht, sondern unterschiedlichen Geschlechtern zugehörig. Und diese Kombinationen aus getrennten Kreaturen – Pflanzen, Tieren und Menschen –, diese Verbindung aus unterschiedlichen Leibern beziehungsweise Leibfragmenten in einem Leib, öffnet ein Aussagefeld, auf dem sich ihre Zeugenschaft ausbreitet.

Mit dieser Zeugenschaft gehen zwei weitere Differenzen zu den anderen Kreaturen einher: eine externe und eine interne. Zunächst zum externen Unterschied. Die Geschlechter der Menschen, Tiere und Pflanzen werden auf ihre *Eigenschaften* hin exegiert: *Tugenden*, *Komplexionen* und *Wirkungen*. Auch die Exegeseprozeduren von Monstern und Wundergeburten kreisen um ihre *Eigenschaften*. Aber die verborgenen Botschaften der Monster erweitern den Begriff der *Eigenschaften*. Die Zeichen, die die *Eigenschaften* offenbaren, geben Auskünfte über gegenwärtige und künftige Verfasstheiten der Menschengeschlechter beziehungsweise ihrer Gemeinschaften. Auch diese Nachrichten sind im Sinne Paracelsus' nichts als *Eigenschaften*. Aber eben nicht *Tugenden* oder *Komplexionen*, sondern zeugenhafte Prophezeiungen. Und hier eröffnet sich die interne Differenz:

50 Zur allgemeinen Einordnung der Monster und Wundergeburten, den protestanischen, katholischen, tropologisch-moralischen oder eschatologischen Deutungen sowie theologisch-naturkundlichen Disputen, vgl. ausführlich: Ewinkel 1995; Hagner, Michael [Hg.] (1995): Der falsche Körper. Beiträge zu einer Geschichte der Monstrositäten, Göttingen: Wallstein; Daston, Lorraine/Park, Katharine (2002): Wunder und die Ordnung der Natur 1150 – 1750, Frankfurt/Main: Eichborn.

Die Wundergeburten sind aufgrund ihrer unterschiedlichen Leibkonstitutionen Zeugnisse für gegenwärtige oder künftige Geschehnisse. Je nachdem, ob sie als Kombination von vielfältigen Leibfragmenten oder schlicht als Verbindung von lediglich zwei differenten Geschlechtern exegiert werden, ermöglichen sie Aussagen über gegenwärtige Geschehnisse oder prophezeien künftige Ereignisse. Anders gewendet: Werden sie in Anlehnung an die Geschlechter der Kreaturen als ein von Zeichen gesättigtes Ding betrachtet, dann schließen sich an ihre Existenz gegenwartsbezogene Ausführungen an. Wenn sie hingegen als heteromorphes Monster betrachtet werden, als monströses Zeichen an sich, dann können die Wundergeburten nur künftige Verfasstheiten offenbaren: einerseits in Bezug auf künftige Sitten der Menschengeschlechter und andererseits hinsichtlich religiöser oder politischer Konflikte.

Die dritte Unterscheidungsebene, die sich in Bezug auf die anderen Geschlechter auftut, liegt wiederum in ihrer Existenz als Zeichenphänomen begründet. Alle Monster und Wundergeburten sterben entweder unter den Augen der Exegeten, sind zum Zeitpunkt der Exegese bereits verstorben oder überleben die Prozedur der Exegese nur noch wenige Tage, bevor sie als Zeichen aufhören zu existieren. Sie werden von Gott auf die Welt gesendet, als Zeichen künftiger Geschehnisse exegiert oder als Bündel von Zeichen über die gegenwärtige Situation befragt und lösen sich unter den Blicken der Exegeten auf. Sie werden als Zeichen, im wahrsten Sinne des Wortes, vom Wissen wollenden Auge des Exegeten ausgelesen. Und mit dieser Auslesung endet ihre Existenz, endet ihre Daseinsberechtigung, erlischt ihre Zeichenhaftigkeit. Keine museale Sammlung oder konservatorische Einrichtung hat sie in Räumen des Wissens aufgestellt, sortiert oder angeordnet. Ihre Existenz ist im weitesten Sinne an das Reich der Signaturen, an das Wissen um die Zeichen und die Techniken der Signaturenlehre gebunden. Und deshalb kann bis zum Ende des sechzehnten Jahrhunderts ihr Überleben nur in den Folianten der Monstergeschlechter, den Kompendien der Wundergeburten oder in den Flugschriften über die Ungeheuerlichkeiten garantiert werden. Hier bleiben ihre Spuren, in Form von wunderbaren Geschichten, schrecklichen Erzählungen oder Exegeseberichten, überliefert.

4. Von den Geschlechtern der Hermaphroditen

> „Nous rapportons à la premiere ces femmes qui portent de la barbe, telle qu'on en a vû ci devant en une Allemagne, qui avoit une tête d'homme en un mot couverte de cheveux épais, courts, & noirs, une grosse barbe noire, & longue, une face plene & charnuë, & toutafait mâle, mais dont tout le reste du corps étoit comme celuy d'une femme, mol sans poil, blanc, la poitrine & le sein fort remplis, le bas ventre & les cuisses de la grandeur ordinaire aux femmes" (Liceti 1708: 181).

Bevor sich die Wissensformation des sechzehnten Jahrhunderts mit ihren natürlichen und widernatürlichen Zeichen, ihren Figuren der Ähnlichkeiten und ihren korrespondierenden Geschlechtern endgültig schließt, soll hier ein letztes Mal auf das Problem der Ordnung der Geschlechter eingegangen werden, denn eine Frage ist bisher offen geblieben: Existiert im sechzehnten Jahrhundert vielleicht doch bereits die Scultetsche Geschlechterordnung? Die Konturen dieser Ungewissheit sind bereits skizziert und umrissen. In deren Zentrum jedoch klafft eine offene Wunde. Dieses Aufgebrochene, diese Lücke zu schließen, soll hier im Weiteren versucht werden. Es steht also nach wie vor die Existenz der dichotomen Geschlechterordnung mit ihren eindeutig unterschiedlichen *Zeugungs-* und *Geburtsgliedern* als Frage im Raum.

Eine Erscheinung aus der Geschlechterfamilie der Monster und Wundergeburten scheint für die Antwort besonders geeignet: die Gestalt des Hermaphroditen und mit ihr die vielfältigen Formen von hermaphroditischen Leibern. Es ist kein großes Geheimnis, dass ab einem bestimmten Punkt – grob umrissen an der Wende vom sechzehnten zum siebzehnten Jahrhundert – im Feld der hermaphroditischen Leiber die Aussage auftaucht, diese seien durch die Existenz dichotomer Geschlechtsglieder determiniert. Scultets Klinik vom Hermaphroditen Martha/Caspar Lechna beispielsweise, die am Ende des siebzehnten Jahrhunderts erstmals veröffentlicht wird, kreist unermüdlich um das dichotomisierte Geschlecht. Doch bevor dieses Aussagesystem am Firmament des Wissens erscheinen wird, das die Monstrosität des hermaphroditischen Körpers ausschließlich anhand der Unordnung der *Zeugungs-* und *Geburtsglieder* diskutiert, müssen die Monster- und Hermaphroditendiskurse des sechzehnten Jahrhunderts aufgeschlagen werden. Und mit den Kompendien und Folianten des sechzehnten Jahrhunderts tritt die Frage offen zutage: Wie wird die Widernatürlichkeit der zwei Gestalten in einem Leib bestimmt? Welche Zeichen und welche Korrespondenzen werden zur Exegese herangezogen und welche Bedingungen ermöglichen jene Aussagen, die sich um die hermaphroditischen Leiber des sechzehnten Jahrhunderts gruppieren?

Die Geschlechter der Monster und Wundergeburten werden als Zeichen Gottes gelesen und als Medium, als Träger von Aussagen, verstanden, die von der gottgewollten Zukunft des Menschengeschlechts erzählen. Und wenn die Wundererscheinungen nicht im Ganzen, sondern als Konglomerate einzelner Zeichen gelesen werden, dann erlauben sie über die Techniken der Signaturenlehre Aussagen über die Gegenwart. Paracelsus sagt in seiner Beschreibung der Hermaphroditen, dass diese zwei Gegensätze, zwei Gestalten in einem Leib vereinen. Er sagt, es geschehe sehr selten, dass ein Wesen auf die Welt kommt, das Mann und Frau in einem ist. Und er fügt hinzu, dass dieses Wesen monströs ist, da es zwei Leibgestalten und deren *Eigenschaften* in sich vereine. Ganz ähnlich bestimmt Liceti die Hermaphroditen: dies seien „ceux qui ont des membres d'une nature differente, ce qui n'arrive pas sans une grande difformité." (Liceti 1708: 181) Hermaphroditen gehören also den Monstergeschlechtern an, da sie zwei differente Dinge ineinander vereinen.

Welche Formen der Monstergeburten werden bis zum Ende des sechzehnten Jahrhunderts als Hermaphroditen bezeichnet? Seit Aristoteles und Plinius existieren beispielsweise jene Hermaphroditen, die Schedel in seiner Weltchronik wie folgt bespricht: Die rechte Brust sieht aus wie die eines Mannes, hingegen die linke Brust wie die einer Frau

Abb. 29: Hermaphrodit aus Schedels „Weltchronik“ (Schedel 1493)

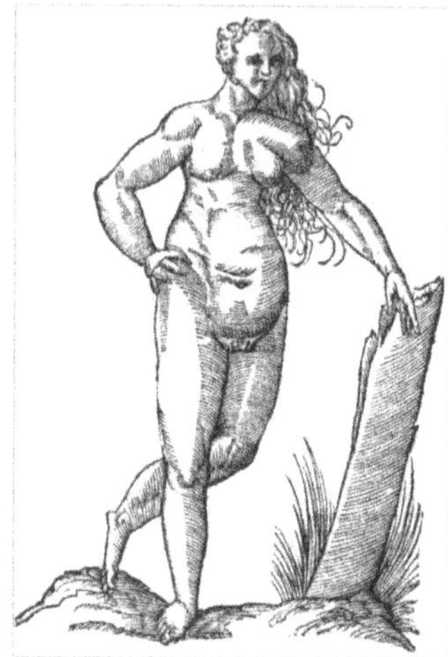

Abb. 30: „ANDROGYNOS“ (Aldrovandi 1642)

gestaltet ist „vnd [sie] vermischen sich vndereinander vnd gepern.“[51] (Vgl. Abb. 29 & 30) Diese in Afrika lebenden Wesen führt gleichfalls Goltwurm in seinem Monster- und Wunderwerk-Kompendium auf: „Item / in Libia werden Menschen on Häubter geboren / vnd haben mund vnd augen an der brust / Etliche sind beyderley geschlechts Weib vnd Mann / die rechte brust ist ihnen männlich / vnd die lincke weibisch / vnnd vermischen sich vndereinander vnd geberen.“ (Goltwurm 1557: o. S.) Jene Formen sind nicht nur an Afrika gebunden – sie leben auch in Europa, unter anderem in „Teutschen Landen“: „Im 1529. jar / Ist in einem Dorff am Hartz ein Kind geboren / welchs da es erwachsen vnnd zu seinen jaren kommen / ist es einem Mann aller ding gleich gewest / allein daß es Frawenbrüst gehabt.“ (Goltwurm 1557: o. S.)

Doch nicht nur die unterschiedlichen Brustformen in einem Leib oder die sonderbaren Leibteile, die als Zeichen von Weiblichkeit oder Männlichkeit gelesen werden, sind Ausweis für hermaphroditische Leiber. Liceti, der Plinius', Schedels und Goltwurms Hermaphroditen kennt, weiß weitere Details über sie zu berichten: „qui ont la mammel de droite comme celle d'un homme, & la gauche comme celle d'une femme & qui se changent tour à tour.“ (Liceti 1708: 182) Die Glieder haben, so Liceti, keinen festen Ort, sondern wechseln oder tauschen ihre Plätze untereinander. Vom Wechsel der Leibzei-

51 Schedel, Hartmanno (1493): Chronique de Nuremberg. Registrum huius operis libri cronicarum cum figuris et ymaginibus ab initio mundi. Anthonius Koberger Norimberge impressit. Im Weiteren wird die deutschsprachige Übersetzung verwendet: Schedel, Hartmann (1493): Register Des buchs der Croniken vnd geschichten mit figuren vnd pildnussen von anbeginn der welt bis auf dise vnnsere Zeit. Von hohgelerte manne in Latein versamelt, und durch Georgium Alten auß deselben Latein [...] außzugs weise in diss teutsch gebracht vnnd durch [...] Anthonien koberger zu Nürmberg gedruckt, Bl. XII.

chen berichtet auch, sich auf Plinius berufend, Paré: „Also bezeugte auch Plinius, daß in einem Stättlin in der Samniter Land / Cassinum genant ein Mägdlin zu einem Buben worden / vnd von den Eltern auß geheiß der Wahrsager in die Insel / so deserta die Einöde genennet wirdt / sey verschicket worden / dieweil nemlich sie vermeynet / als ob diese Missgeburten allwegen etwas sonderbahres auff sich hetten / vnd bedeuteten.“[52]

Die Historien über die Leibzeichenwechsel sind nicht nur in den antiken Welten angesiedelt. Lycosthenes kündet von einer Begebenheit aus dem Jahre 1496: „Ein weyb Alemylia geheissen / die nam einen man zu Ebulo / vber zwölff jar noch de sye ingnome / ward sye ein man hieß Alemylius. Wandelt vnder den manne / treyb mans handwerck / nam ein weyb / gab yhem mann syn heürat güt wider uß beuelch künig Ferdinandi. Deß jars stüeß künig Laßlaw / die küngin Beatrix auß Arragonien von jm / vnd pracht vom Bapst auß / dz er deß herren von Candala in Casconien tochter nam.“ (Lycosthenes 1557: ccccIxi) Paré seinerseits weiß von einem Mädchen zu berichten, das über einen Graben sprang und zum Manne wurde: „Dieweil denn sie die Mutter dessen vber die Massen hefftig erschrocken / ließ sie / wie es umb ihre Tochter geschaffen were / zuerkundigen / die Doctores vn WundArtzte darzu erfordern / vnd erfuhre endlich von jhnen / daß dieselbige ihre Tochter zu einem Knaben oder Manne worden. Wurde derwegen auß Erlaubnuß deß Cardinals vnd Bischoffs Lenuncurii seiner Weiblichen Kleydung entlediget / vnd mit einem Manns Namen genennet.“ (Paré 1601: 1061) Und Montaigne erzählt in seinen Essays vom Zusammentreffen mit einem Mann namens Germain, der, als er ihn sah, „sehr bärtig und alt, und unverheiratet [war]. Er sagte, seine männlichen Glieder seien bei der Anspannung eines Sprungs hervorgetreten: und geht noch ein Liedchen unter den dortigen Mädchen, in dem sie sich untereinander warnen, nicht allzu weit ausgreifende Schritte zu machen, auf daß sie nicht zu Burschen würden, wie Marie Germain.“[53]

Irenæus führt in seinem Folianten über Monster und Wundergeburten eine Form der hermaphroditischen Leiber an, die im Wasser leben: „Im jar Christi 570. ist in Welschland gross Gewesser gewest / das sie Tiber viel Volcks ertrenckt / gantze Dörffer vnd Stett eingerissen / In dem Wasser sind erschienen wie Mannes vnd WeibsPerson / mit langen Haaren bis auff den Gürtel / von Morgen an bis auff den Abend / halb ob dem Wasser / halb mit dem Wasser bedeckt / sind zu letzt verschwunden.“ (Irenæus 1584: o. S.) Ein weiteres hermaphroditisches Meeresmonster wird in einer anonymen Flugschrift beschrieben und wiedergegeben. (Vgl. Abb. 31 & 32) Es taucht im Jahr 1564 in der brasilianischen Stadt Santes auf und wird von den Einwohnern totgeschlagen.[54] Und

52 Paré, Ambroise (1601): WundtArtzney / oder Artzney Spiegell des hocherfahrenen vnd weitberühmbten Herrn / kön. Mayt. in Frankreich / vnd der Statt Paryß aller fürtrefflichsten Wundt Artztes [...]. Gedruckt zu Franckfurt am Mayn / Bey Zacharia Paltenio / in Verlegung Peter Fischers S. Erben, S. 1061.

53 Montaigne, Michel de (1953): Über die Einbildungskraft, in: ders.: Essais. Auswahl und Übersetzung von Herbert Lüthy, Zürich: Manesse, S. 142-155, S. 144.

54 Anonym (1564): Newe Zeytung von einem seltzamen Meerwunder / so sich diß nechst verschinen Lxiiij. Jar / im Land Bresilia / bey der Stadt Santes / auß dem Meer herfürgetan / vnd daselbst von

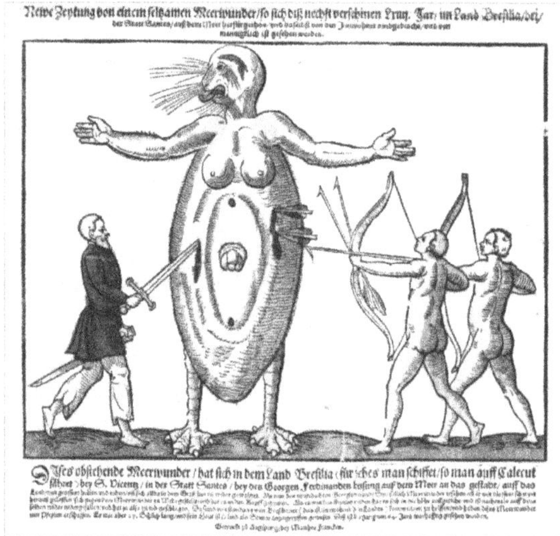

Abb. 31: Seltsames Meerwunder (Anonym 1564)

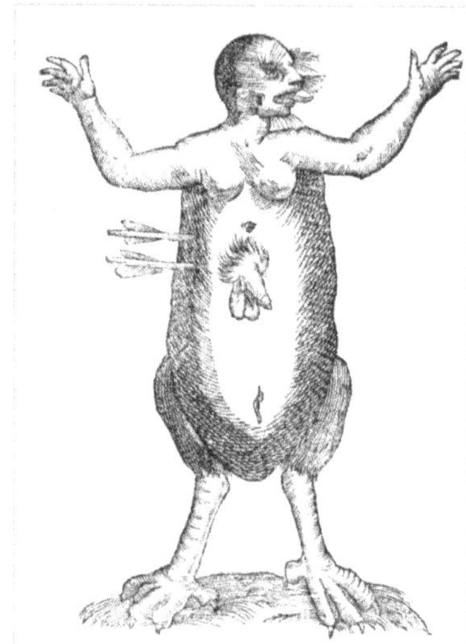

Abb. 32: Hermaphroditisches Seemonster (Aldrovandi 1642)

wenn die Hermaphroditen nicht im Wasser leben, ist zumindest das Territorium, das sie bewohnen, von Wasser umgeben. Artus kennt eine solche Insel, die ausschließlich von Hermaphroditen bewohnt ist.[55] Dort tanzen die widernatürlichen Geschlechter, die mit langem Haupthaar und mächtigen Bärten sowie männlichen und weiblichen Brüsten gekennzeichnet sind, wie es auf einer Abbildung bei Conrad von Megenberg zu sehen ist.[56] (Vgl. Abb. 33) Auch diese Form der hermaphroditischen Leiber kennt Liceti, die er wie folgt beschreibt: Es gibt Hermaphroditen, die den Leib einer Frau haben und den Kopf eines Mannes. Den Männerkopf erkenne man an folgenden Zeichen: dem dichten, kurzen und schwarzen Haar; dem mächtigen, langen und schwarzen Bart sowie dem vollen und fleischigen Gesicht. Die übrigen Zeichen des Leibes, so Liceti, weisen in die weibliche Richtung. So ist der restliche Leib weich, weiß und ohne Haare, die Brust und der Busen sind erhöht und der Unterbauch beziehungsweise die Schenkel sehen aus wie

den Innwohner vmgebracht / vnd von mennigklich ist gesehen worden. Getruckt zu Augspurg / bey Mattheo Francken.

55 Die Erzählung erscheint erstmals im Jahr 1605. Hier wird die zweite Ausgabe verwendet: Artus, Thomas (1724): Description De L'Isle Des Hermaphrodites. Nouvellement Decouverte : Arthur Thomas Contenant les Moeurs, les Coutumes et les Ordonnances des Habitans de cette Isle, comme aussi le Discours de Jacophile à Limne ; avec quelques autres pieces curieuses ; Pour servir de Supplement au Journal de Henri III., a Cologne, Chez les Heritiers de Herman Demen.

56 Megenberg, Conradus de (1475): Hye nach volget das puch der natur: das Jnnhaltet. Zu dem ersten von eygenschafft vnd natur des mensthen [!], Darnach von der natur vn eygensthafft [!] des himels, der tier des gefügels, der kreüter, der steyn vnd von vil ander natürliche dingen. Vnd an disem puch hat ein hochgelerter ma bey funffzehe iare Colligiert vn gearbeyt [...] / Welches puch meyster Cunrat von Megenberg von latein in teütsch tranßferiert vn geschribe hat. Das hat getruckt vn volpracht hanns Bämler zu Augspurg, fol. 284^{v}.

Abb. 33: Menschen- und Wundergeschlechter (Megenberg 1475)

Abb. 34: Kind mit Elefantenkopf (Rueff 1580)

Abb. 35: Kind mit Gliedern von Mann und Frau (Rueff 1580)

bei anderen Frauen auch. (Vgl. Liceti 1708: 181) Rueff seinerseits weiß von einer besonderen Koinzidenz zu berichten – zwei Monster werden zur gleichen Zeit geboren. Zum einen das Kind mit Elefantenkopf in Rom, zum anderen ein Kind, das „beyde Gestalten vnnd Glieder eines Manns vnnd Weibs“ (Rueff 1580: 116) aufweist. (Vgl. Abb. 34 & 35)

Der wohl am häufigsten beschriebene hermaphroditische Leib ist das „Monster von Ravenna“: „Zum vier vnnd zwentzigsten / im Jar als man zehlet 1512. ward zu Rauenna eine Wundergestalt geboren / mit einem Menschenhäupt / vnnd wolgeformierter Brust vnnd Leib / hatt auff dem Häupt ein Horn / keine Arm / an statt der Armen zween Flügel / Weib vnd Mans Glieder neben einander / keine Schenckel / vnten hin außgespitzet / am einen Knie ein Aug / zu vnterst eine Klawen als ein räuberischer Vogel / an der Brust aber zwey Zeichen Y vnd + / wie an dieser Figur gesehen wirdt. Solcher vnd anderer Wundergeburten / können wir wol gedencken / dass viel mehr gesehen vnd an tag kommen seyen / denn wir hierinnen begreiffen können / an solchè aber sollen wir deß ewigen Gottes Wunderwerck erlehnen / auch seine Straffe vnd gerecht Urtheil erkennen / vnd die zu vnserer Besserung auffnemmen.“ (Rueff 1580: 122; vgl. auch: Lycosthenes 1557: ccccclxvij; Goltwurm 1557: o. S.; Irenæus 1584: o. S.; Schencken von Grafenberg 1610: 109; Aldrovandi 1642: 369; vgl. Abb. 36 & 37) Auch diese polymorphe Wundergeburt gehört, mit ihren vielfältigen Geschlechterfragmenten, in den großen Kanon der hermaphroditischen Leiber. Bis zum Beginn des siebzehnten Jahrhunderts

Abb. 36: „Wundergestalt“ von Ravenna
(Rueff 1580)

Abb. 37: Das „Monster von Ravenna“
(Schencken von Grafenberg 1610)

existieren viele weitere Formen hermaphroditischer Leiber.[57] Diese in ihrer diskursiven und ikonografischen Ausformung divergierenden Erscheinungen aufzuführen, würde ganze Kompendien erfordern.[58] Ein solches Projekt, sämtliche hermaphroditischen Leiber mit ihren unterschiedlichen Zeichen zusammenzutragen, stellt Bauhins Kompendium über die Hermaphroditen dar – hunderte Seiten sind mit Historien, Exegeseberichten und wunderlichen Geschichten gefüllt.[59]

57 Eine weitere Form, die hier aber nicht bearbeitet werden soll, sind jene Hermaphroditengeschlechter, die im Kontext der Alchemie auftauchen. Vgl. hierzu u. a.: Stoltzenberg, Stoltzius von (1964): Chymisches Lustgärtlein. Auss dem Lateinischen transferirt durch Daniel Meissner, Fotomechanischer Nachdruck der Originalausgabe Frankfurt 1624, Darmstadt: Wissenschaftliche Buchgesellschaft. Vgl. hierzu ausführlicher: Aurnhammer 1986; Schütt 2002; Frietsch, Ute (2005): Quecksilber. Der Hermaphrodit im Erlösungsprojekt der Alchemie, in: 1-0-1 [one ‘o one] intersex. Das Zwei-Geschlechter-System als Menschenrechtsverletzung, hrsg. von der Neuen Gesellschaft für Bildende Kunst, Berlin: Vice-Versa, S. 146-149.

58 Vgl. zum Problem der ikonografischen Darstellung u. a.: Raehs, Andrea (1990): Zur Ikonographie des Hermaphroditen. Begriff und Problem von Hermaphroditismus und Androgynie in der Kunst, Frankfurt/Main [u. a.]: Lang.

59 Bauhin, Caspar Basileensis (1614): De HERMAPHRODITORUM monstrorumq; partuum NATURA. Ex Theologorum, Jureconfultorum, Medicorum, Philosophorum, & Rabbinorum sententia LIBRI DUO. Oppenheim, Hieronymus Galler und Johann Theodor de Bry, S. 579. Vgl. hierzu ausführlicher: Long, Kathleen Perry (2006): Hermaphrodites in Renaissance Europe, Aldershot [u. a.]: Ashgate, S. 49ff.

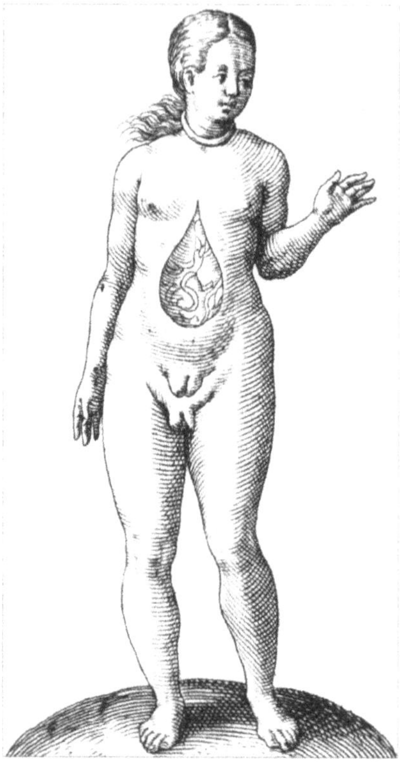

Abb. 38: Hermaphrodit (Bauhin 1614)

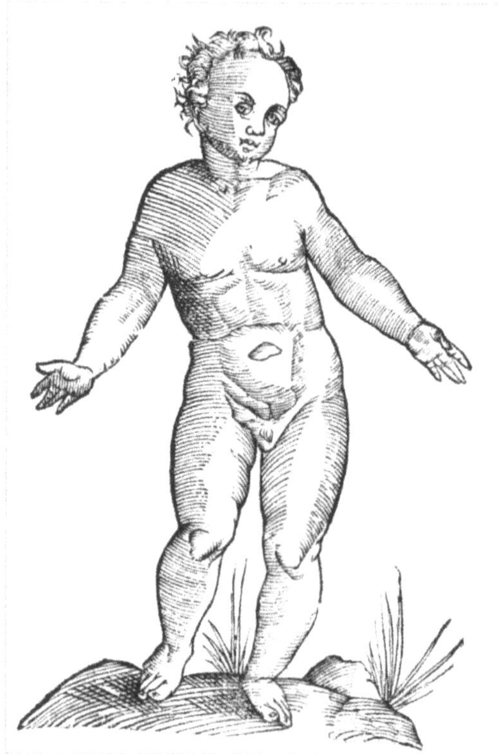

Abb. 39: Hermaphrodit (Aldrovandi 1642)

Eine Form, die Bauhin benennt, soll hier etwas genauer analysiert werden. (Vgl. Abb. 38) Sie weist folgende Ordnung auf: „Hermaphroditum proponit, cui supra membrum virile, muliebre pudendum, quodtamen inutile, contigit.“ (Bauhin 1614: 579) Die weibliche *Scham* steht über der männlichen Scham, eine Unordnung, die mehrfach für Unruhe gesorgt hat. (Vgl. Abb. 39) Ein Fall, der genau dieser Anordnung gehorcht, ist jene Monstergeburt aus dem Jahre 1519. „Zu Zürich in Schweytz uff de neüwe jars tag ward ein zweigschirrig kind geporn / by de nabel hat es ein stuck roth fleisch unde ein wenig ein frauwe scham / dz manlich glid stünd an seym ohrt.“ (Lycosthenes 1557: ccclxxi) Dieses Kind ist nicht nur in Lycosthenes' Abhandlung verzeichnet, sondern findet sich auch in Rueffs Hebammenbuch: „Zum neundten / So ist ein Kind zu Zürich geboren / im jar 1519. auff den ersten Tag Januarij / das hat vber dem Gürtel einen wol vnd rechten geformierte Leib allerdings gehbt / Aber vnterhalb der Weych ein knollen rot Fleisch bey dem Nabel / demnach darunter ein Frawenscham / vnd zuletzt eines Manns Glied an seiner rechten statt“ (Rueff 1580: 108f.).

Alle Erwähnungen dieses hermaphroditischen Kindes finden ihren Ursprung in einem anonymen Flugblatt, das 1519 in Zürich gedruckt wurde.[60] (Vgl. Abb. 40) Am Beispiel dieser Flugschrift soll die Prozedur der Exegese eines hermaphroditischen Leibes dargestellt werden. Auf eine Abbildung des Kindes – ein Holzschnitt zeigt die Wundergeburt – folgt dessen diskursive Ausgestaltung: „Billich verwundert sich Jung vnd alt / Ab dissem kind vnd seltzamer gstalt / Liplich geborn do man zellt für war / Tussend fünfhundert vnd nüntzeche Jar. / Im Jenner vff dem ersten tag / So yeder man der fröiden pflag / Ein nüwes Jar fröhlich zenpfan / Rückt diss Kind an die welt zü kan / Sölichs zü Zürich ist beschechen / Piderb lüt hand es gesechen / Redent für war on allen zorn / Ob siner weiche sy es geborn / Subtil mit glidmas hübsch vnd gantz / Nithalb hab es ein manen Schwantz / Einer frowen Scham stünd nach da by / Ein knollen rotfleisch auch da sy / Sölich figur ist geborn zwar / An dem hürigen nüwen jar / Nach kriechischer Sprach ist der nam für / Androginos vnd ouch In latin / Wirt es genant hermaphrodit.“ (Anonym 1519: o. S.)

Nach der Beschreibung des Kindes beginnt die Auslegung der gesamten Gestalt des Hermaphroditen. Vorerst wird auf Texte aus vergangenen Tagen hingewiesen – bereits Ovid beschreibt solche Kinder, die bei ihm eine Verbindung von Merkur und Venus darstellen. Danach wird die Gestalt der Wundergeburt als ein Zeichen betrachtet, das nachstehende Zeugenschaft in sich trägt: „Gros vnkünscheit syg vnder vns kann / Mit zu trincken süllen vnd üppikeit / Dan einer almal züm anden seit / Von brassen Bülen vnd zü triben / Es syg von töchtren alde wibren / Kupplen ars uelber vnd deroley / Das ist allenthalb yetz das gschrey / Wir füre nun ein seltzen orden / Es sind allein fier honpt Sünd worde / Dan vnkünscheit vnd füllery / Vnd ouch grosse hoffart darby / Die strafft nieman für kein tod sünd mer / Es syg ritter knecht oder herr / Das hand vnsser vordren nie gethan / Sunder vff frumkeit vnd eer fil ghan“ (Anonym 1519: o. S.). Ganz allgemein und ohne auf einzelne Zeichen einzugehen, werden hier, ausgehend von der Gestalt des hermaphroditischen Leibes, Aussagen über die künftigen Gefahren einer Gemeinschaft, konkret der von Zürich, getroffen.

Der Vergleich dieser Exegeseprozedur mit jenen, die im Zusammenhang mit den widernatürlichen Dingen zutage treten, offenbart, dass die Leseprozedur des hermaphroditischen Leibes in ganz ähnlichen Bahnen verläuft. Generell lässt sich sagen: Im Bericht der Flugschrift werden die Daten der Begebenheit erwähnt (Geburtsdatum), Zeugen benannt, die den monströsen Leib sahen (biedere Leute) und der Ort vermerkt (Zürich). Neben diesen Übereinstimmungen sind weitere Konkordanzen augenfällig. Zum einen die Struktur beziehungsweise der Aufbau des Berichts. Dem Bestimmungskanon des sechzehnten Jahrhunderts folgend, wird eine Beschreibung des Leibes des hermaphroditischen Kindes angefertigt. In einem zweiten Schritt wird die Gestalt ausgelegt. Und noch etwas ist augenfällig: Analog zu den Exegesen der heteromorphen Monster, den widernatürlichen Dingen, die lediglich aus zwei unterschiedlichen Kreaturen bestehen, werden Aussagen über die Zukunft getroffen, hier: der Eintritt in die Phase der Sündhaftigkeit, der Trunksucht und der Völlerei.

60 Anonym (1519): Billich verwundert sich Jung und alt. Getruckt zu Zürich.

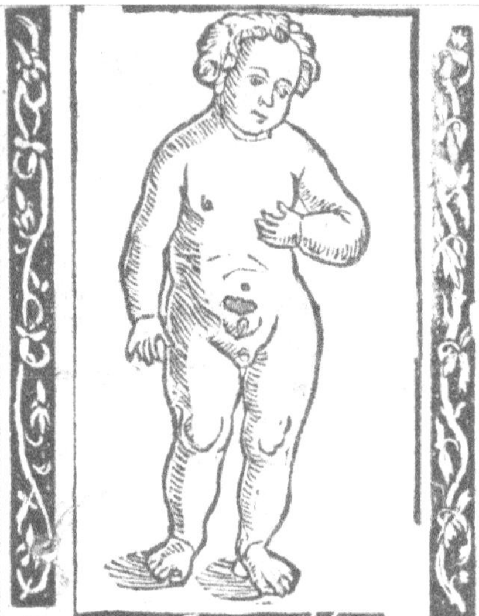

Billich verwundert sich Jung vnd alt
Ab dissem kind vnd seltzamer gstalt
Liplich geborn do man zellt für war
Tussend fünfhundert vnd nüntzechē Jar
Im Jenner vff dem ersten tag
So yeder man der fröiden pflag
Ein nüwes Jar frölich zenpfan
Rücht dis kind an die welt zü kan
Sölichs zü Zürich ist beschechen
Piderb lüt hand es gesechen
Redent für war on allen zorn
Ob siner weiche sy es geborn
Subtil mit glidmas hüpsch vnd gantz
Nithalb hab es ein manen schwantz
Einer frowen scham stünd nach da by
Ein knollen rotfleisch ouch da sy
Sölich figur ist geborn zwar
An dem hürigen nüwen jar
Nach kriechischer sprach ist der nam sin
Androginos vnd ouch In latin
Wirt es genant hermaphrodit
Dar von dan Ouidius schript ¶ Oui:4 met
Das sölich veneris vnd mercurij kind
Durch die wasser götter erzogen sind
Durch das man eigentlich mag verstan
Gros vnkünscheit syg vnder vns kan
Mit zü trincken füllen vnd üppikeit
Dan einer almal züm anden seit
Von brassen bülen vnd zü triben
Es syg von töchtren ald e wibren
Kupplen ars welben vnd dero ley
Das ist allenthalb yetz das gschrey
Wir fürē nun ein seltzen orden
es sind allein fier houpt sünd wordē
Dañ vnkünscheit vnd füllery
Vnd ouch grosse hoffart dar by
Die straff nieman für kein tod sünd mer
Es syg ritter knecht oder herr
Das hand vnsser vordren nie gethan
Sunder vff frumkeit vnd eer sil ghan
Aber yetz strept niemans nach manheit
Allein vff füllen vnd vnluterkeit
Eim bider man stellen vff sin wib vnd kind
Sölichs yetz manlich taten sind
Das zeigt diß figur hie klar vnd gantz
Der frowen scham stat ob dem schwantz
Darū das die groß vnkünscheit
Hatt nider truckt allē man heit
Vnd all sig hafft lüt über wunden
Söllich In macrobio wirt fundē ¶ macro:
Hañibal ward hie durch vfürt (li:3. satur
Vnd all sin volck mit Im zerstört
In campania gantz nider gleit ¶ val:max.
Alls das vallerius von im seyt (li:9.
Durch wibsche vnkunscheit das bschach
By Olyfernes man das ouch sach
Verlor den strit vō vnkünscheit wegen
Das mag man von vns ouch wol segen
Das vnser manheit ist yetz gleit
Vff brassen schlemen vnd vnkünscheit
Da durch wir halb wiber worden sind
Als man ettlich volck In africa find
Die ir wessen vermischet tribent
Als plinius von inen tüdt schribē ¶ pli:li:7
Androgyne ist der selben nam
Ich förcht es werd nütz gütz drus kan
Gott der natur das hat anzeigt ¶ Aug9:de.
Im wid wertig sy die vnkünscheit (do:chri.
Dan Sodomot vnd Gomora die zwo stett
Das helsch für vom himel verbrent hett
Von ir wüsten vnluterkeit wegen
Darum wirt vns gott das nit vertregen
Das mag vns dis figur bedüten
Als einist by der Römeren ziteun
Gschach durch ein kind sechs manott alt
Dz vkunt die zerstörüg des römschē gwalt
Als vns titus liuius schript ¶ li:li:21. bell:
Dā kein missetat vngestrafet blipt (pu:li:jo
Noch eines müs Ich Jechen
Man hat für am himel gsechen
In dem hürigen nüwen Jar
Das sond jr nit verachten gar
Dan lucio Junio kam zü vnstatt ¶ val:li:j.
Dz er die wunder zeichen veracht h..
Dan bald Im mer sin güt versanck
Vnd er personlich selber tranck
Darum wend jr sin vor kumer vnd leid
So fliechend die sünd der vnkünscheid
Tond vff tugend vnd manheit tringen
Das wirt vch glück vnd heil bringen
Hie vnd dört ewenclich
Söllichs vns allen gott verlich
Amen ⁊ Getruckt Zü Zürich ⁊

Abb. 40: Hermaphroditisches Kind von Zürich (Anonym 1519)

Was folgt, ist auf den ersten Blick irritierend: Eigentlich wird ein Hermaphrodit, dem Bestimmungskanon des sechzehnten Jahrhunderts gehorchend, als heteromorphes Monster betrachtet, als Verbindung aus lediglich zwei unterschiedlichen Kreaturen. Dieser Festlegung folgend, würde der monströse Leib ausschließlich Auslegungen über künftige Ereignisse erlauben, denn die Prozedur der Exegese orientiert sich im Falle von heteromorphen Monstern stets an der gesamten Gestalt, dem Zeichen an sich. Einzelne Leibzeichen hingegen werden in der Exegese nicht berücksichtigt. (Vgl. Vischer 1566: o. S.) Im anonymen Flugblatt, das Auskunft über das hermaphroditische Kind gibt, sind jedoch einzelne Leibglieder erwähnt: subtile Gliedmaßen, *Männerschwanz*, *Frauenscham* und *rotes Fleisch*. Und noch etwas irritiert: Hingegen Vischer einzelne Leibglieder in seinem Bericht erwähnt, sie aber nicht in seine Auslegung mit einbezieht, werden in der anonymen Flugschrift die einzelnen Glieder in die Exegese mit einbezogen.

Mit anderen Worten: Jenseits der Ausführungen zur Trunksucht sowie den Sünden der Völlerei und Prasserei, die aus der ganzheitlichen Auslegung resultieren, werden einzelne Teile des Leibes gelesen. „Das zeigt diß figur hie klar vnd gantz / Der frowen scham stat ob dem Schwantz / Daru das die groß vnkünscheit / Hatt nider truckt alle manheit“ (Anonym 1519: o. S.). Die Anordnung der *Frauenscham* über dem *Männerschwanz* verweist auf Unkeuschheit sowie die Niederschlagung alles Männlichen. Und wenn dieses Männliche nicht unterdrückt wird, so droht zumindest eine Verweiblichung: „Da durch wir halb wiber worden sind / Als man ettlich volck in africa find / Die ir wessen vermischet tribent / Alls plinius von inen rübr schribe“ (Anonym 1519: o. S.). Im Gefolge der Zeichenauslegungen taucht ein weiteres Schreckensszenario auf: die Vermischung der Lüste, Synonym für die Geschichten um Sodom und Gomorra. „Androgyne ist der selben nam / Ich förscht es wird nütz gütz drus kann / Gott der natur das hat anzeigt / Dan sodomot vnd Gomora die zwo stett / Das helsch für vom himel verbrent hert / Von ir wirsten vnluterheit wegen / Darum wirt vns gott das nit vertregen“ (Anonym 1519: o. S.). Das Flugblatt schließt mit folgendem Epilog: Wer „die wunder zeichen veracht“, dem drohen Kummer und Leid, bis in alle Ewigkeit.

Für einen Moment scheint sich die Exegese um die Auslegung einzelner Leibzeichen zu drehen, als würden tatsächlich die beschriebenen Teile des Leibes exegiert. Doch hier taucht ein feiner Unterschied auf: Nicht die Glieder an sich werden ausgelegt, sondern deren Stellung zueinander. Nicht die *Frauenscham* oder der *Männerschwanz* werden als Zeichen gelesen, sondern es ist ihre Anordnung, die von Unkeuschheit, Unterdrückung alles Männlichen oder der Verweiblichung aller kündet. Es ist also diese spezifische hermaphroditische Form – die *Frauenscham* steht über dem *Männerschwanz* – die das Zeichen bildet, das als Objekt der Exegese gelesen wird.

An dieser Stelle löst sich der vermeintliche Widerspruch zwischen der ganzheitlichen Leibexegese und der Exegese der Stellung einzelner Glieder auf. Die Aussagen, die aus der Betrachtung der gesamten Gestalt des hermaphroditischen Kindes als Zeichen resultieren, und jene Aussagen, die aus der Stellung der einzelnen Leibglieder gelesen werden, sind auf ein und derselben Ebene angesiedelt. Sie dienen ausschließlich der Verkündung künftiger Ereignisse. Das hermaphroditische Kind zu Zürich wird dem Exegesekanon der Monstergeschlechter entsprechend gelesen. Die Glieder der *Scham* erscheinen im Verlauf dieser Exegeseprozedur nicht als eine Signatur. Lediglich ihre Stellung bildet das Zeichen, auf dessen Grundlage die Auslegungen getätigt werden. Und zumindest vorläufig kann hier die Frage nach der Existenz der Scultetschen *Zeugungs-* und *Geburtsglieder* beantwortet werden. Innerhalb der Monster- und Wundergeburtenexegese tauchen zwar die *Frauenscham* und der *Männerschwanz* als Begrifflichkeiten auf, aber sie liefern keine funktionalen Aussagen zu *Zeugung* und *Geburt*. Sie werden nicht als Zeichen an und für sich gelesen und geben keine der Exegese dienlichen Aussagen preis. Sie existieren nicht im Sinne der Monsterexegese, da lediglich ihre Anordnung ein Zeichen bildet, das betrachtet wird.

Wenn aber die Stellung der Glieder die Auslegung bestimmt, dann müssten diese doch auch als Zeichen an sich – *Frauenscham* und/oder *Männerschwanz* – in den Folianten des sechzehnten Jahrhunderts existieren? Es mag stimmen, dass bei den Exegeseprozeduren der Monstergeschlechter beziehungsweise der Hermaphroditen ausschließlich auf die Stellung beziehungsweise Anordnung der männlichen und weiblichen *Scham* abgehoben wird. Wie aber verhält es sich bei den anderen Geschlechtern? Liegt nicht der Schluss nahe, dass in den Kompendien des sechzehnten Jahrhunderts, die sich um die Menschengeschlechter drehen, doch etwas wie ein Geschlecht im Sinne Scultets zu finden ist? Mit anderen Worten: Tauchen vielleicht doch weitere Differenzen zwischen den Exegesetechniken der Monstergeschlechter einerseits und der Menschengeschlechter andererseits auf? Um diese Fragen beantworten zu können, ist ein weiterer Blick in Della Portas Ausführungen über die Regeln, die für die Erkenntnis der Menschengeschlechter grundlegend sind, notwendig. Hier finden sich unter der Überschrift „Von der Scham. Daß Viertzigste Capitel“ (Della Porta 1601: 351) jene Vorschriften, die für die Besichtigung der *Scham* – männlicher wie weiblicher gleichermaßen – anzuwenden sind. Er beschreibt, wie bei der Besichtigung dieser Zeichen vorgegangen werden soll und welche spezifischen Ähnlichkeitsverhältnisse bei der Exegese zu beachten sind.

„Diesen Ort des leibs hatt ich mir zwar außzulassen gäntzlich vorgenommen / dieweil man ihrer nemlich für züchtigen Ohren oder Ehren halben nicht wol gedencken / noch erwehnen darff [...]. Jedoch dieweil es die Ordnung also erfordert / haben wir nohthalben / so fern wir anderst diß vnser vorgenommen Werck gantz volkommen vnnd nicht mangelhafftig vortragen wöllen / nicht vorüber können: Wöllen vns aber jedoch des kürtze befleyssigen. Und fürs erste meldet Galenus, daß auß den vier Orten oder Stücken des Leibs vier vnterschiedliche Bewegung des Gemüts herkommen / unnd entspringen: Als auß dem Hertzen der Zorn / auß dem Hirn der Verstand / auß der Lebr die Freuwde / vnnd auß der Scham die Geylheit vnnd Unzucht. Der vnterste Theil nächst vber der Scham / auff welchem die Haar herfür wachsen / wird beydes in den Mann vnnd Weibsperson Pecten genannt. Denn die Glieder des Leibes Stimmen in ihrer proportion also wol vnd artig vberein / daß man einem jeden Weib auß der Weyte ihres Munds / Wie auch der dicke oder dünne der Läfftzen leichtlich absehen vnd wahrnehmen kann / wie die Grösse des Spalts ihrer Scham geschaffen / vnnd ob derselbigen (Scham) Läfftzen dick oder dünn seyen: Also verthelt sich auch mit der Männer Nasen / welche gleichfals ihrer Gemächte verräther sind.“ (Della Porta 1601: 351)

Das Argument Della Portas, die Glieder der *Scham* nicht zu erwähnen – zum Schutze züchtiger Ohren – wird im Verlauf seiner Ausführungen durch einen systematischen

Grund abgelöst: den internen Ähnlichkeitsbeziehungen beziehungsweise *Sympathien* zwischen den Leibgliedern ein und desselben Menschen.[61] Die Glieder des Leibes wiesen jenseits der externen Ähnlichkeitsverhältnisse, den Ähnlichkeiten der Geschlechter untereinander – Menschen-, Tier- und Pflanzengeschlechter –, ein internes Ähnlichkeitsgeflecht auf. Und dieses interne Geflecht der *Sympathien* besagt im Falle der Glieder der *Scham,* dass die Zeichen der *Scham* mit den Signaturen des Antlitzes korrespondieren. Kurz gesagt: „An der Nase des Mannes erkennt man den Johannes."[62] Oder: „Wie die Nase des Mannes, so sein Johannes."[63] Die Positivität dieser Aussagen, die in der Moderne als Sprichwörter und Redewendungen auftauchen, tritt vor dem Hintergrund von Della Portas Aussagen zutage. Was in der Moderne als bloße Redensart mit anzüglichem Inhalt abgetan wird, gehört im sechzehnten Jahrhundert dem Wissen der *Sympathie*-Geflechte des menschlichen Leibes an. Und nicht nur die männliche *Scham* korrespondiert mit den Zeichen des Antlitzes, gleiches gilt, so Della Porta, für die weibliche *Scham.* Deren *Sympathien* erfüllen sich nicht in der Nase, sondern in den Gestalten, Formen und Konturen der Münder, Mundwinkel oder Lippen.

Della Porta sagt in seinen Ausführungen zu den Signaturen des Antlitzes, dass diese die vornehmsten Zeichen sind, die exegiert werden sollen, denn es sind die unablösbaren Zeichen, die Gott einem jeden Geschöpf gegeben hat. Sie sollen in jeder Exegese an erster Stelle betrachtet werden, denn sie erzählen am genauesten von den *Eigenschaften* der Menschengeschlechter. Die Zeichen der *Scham* existieren im Sinne der Exegese, deren Ziel die Deutung der Menschengeschlechter ist, nicht. Zwar könne zu ihnen ein Zugang über die Zeichen des Antlitzes hergestellt werden, doch nicht um die *Eigenschaften* des Menschen zu erkennen. Vielmehr dienen die internen *Sympathien* dazu, etwas über die Form oder Kontur der *Scham* zu erfahren. Und doch sagt Della Porta, dass es nicht notwendig ist, die Zeichen der *Scham* zu exegieren, da sie sich einerseits in den Signaturen des Antlitzes finden. Andererseits lassen sie keinerlei Aussagen über die *Eigenschaften* der Menschengeschlechter – Männer, Frauen, *Weychlinge*, *Weibischen* oder *Effœminatis* – zu. Für die Prozedur der Exegese spielen diese unsichtbaren Zeichen keine Rolle. Und wer den Menschen erkennen will, der beginnt mit dem Antlitz, denn dort finden sich die vornehmsten Zeichen. Zwar behauptet Laqueur, dass in der „kosmologischen und kulturellen Ordnung", die bis zum siebzehnten Jahrhundert existiert,

61 Zum Problem der *Sympathien*, den internen Ähnlichkeitsverhältnissen innerhalb ein und desselben Leibes, deren Echo aus den antiken Welten erschallt, vgl. u. a.: Lachs, Johann (1902): Die Gynäkologie des Soranus von Ephesus. Ein Beitrag zur Geschichte der Geburtshilfe und Gynäkologie, in: Bergmann, Ernst von/Müller, Friedrich/Winkel, Franz von [Hg.]: Sammlung Klinischer Vorträge begründet von Richard von Volkmann, Nr. 335, Heft 5 der 12. Serie, Leipzig: Breitkopf und Härtel, S. 703-744; Huber, J. Ch. (1894): Die Gynäkologie (peri gynaikei on) des Soranus von Ephesus, Geburtshilfe, Frauen- und Kinder-Krankheiten, Diätetik der Neugeborenen. Erstes Buch, in: ders.: [Hg.]: Bibliothek medizinischer Klassiker, Bd. I, Soranus von Ephesus, München: J. F. Lehmann's, S. 1-92.

62 Heininger, Michael/Ach, Manfred (1975): An der Nase des Mannes erkennt man den Johannes, München: Lentz.

63 Voss, Veronica (1991): Wie die Nase des Mannes ...? 400 ultimative Antworten auf Fragen zu Liebe & Sex, Münster: Stedtfeld, S. 169.

die „Fortpflanzungsorgane nur ein Zeichen unter vielen sind" (Laqueur 1996: 39), um den Menschen anzuordnen. Doch die Bestimmung Della Portas, die Beschreibung der internen Analogien, zeigt deutlich, dass nicht einmal die *Scham* als ein Zeichen innerhalb der Exegese verwendet wird.

Nicht nur die Zeichen der *Scham* korrespondieren über *sympathische* Verhältnisse mit den sichtbaren Signaturen ein und desselben Leibes. Verborgen im Bauch, so Della Porta, den Blicken verschlossen, schlummert die *Gebärmutter*. Wie kann dieses heimliche Zeichen bestimmt werden? Welche *Sympathien* umwuchern dieses Leibwerkzeug? „Daß fürnembste Stück oder Instrument / der Kinder Gebärung aber richtet sich nach der proportion des Nabels" (Della Porta 1601: 353). Und so wie die Glieder der *Scham* nichts als unsichtbare Zeichen sind, die der Exegese des Menschen nicht zuarbeiten, ist auch die im Leib verborgene *Gebärmutter* ein unsichtbares Glied, das über interne *Sympathien* mit den sichtbaren Zeichen des Leibes verbunden ist, ohne jedoch Aussagen über die *Eigenschaften* des jeweiligen Menschengeschlechts zu offenbaren. Auch dieses Korrespondenzwissen, jenes von den gleichen Proportionen zwischen dem Nabel und der *Gebärmutter*, fördert ausschließlich Aussagen über die Gestalt und Form der Letztgenannten, dem unsichtbaren Instrument des Leibes, hervor. Della Portas Aussagen zu den *Schamzeichen* und seine Korrespondenzbestimmung zwischen *Gebärmutter* und Nabel liegen beide auf derselben Aussageebene, auf dem Wissensplateau der internen *Sympathien* des Leibes.[64] Das zentrale Bedürfnis liegt hier jedoch weniger in der Bestimmung der *Eigenschaften* des jeweiligen Trägers, als vielmehr in der Möglichkeit, Aussagen über die Form und Gestalt des jeweiligen Dinges zu treffen. Es wird in seiner Form sichtbar, was unsichtbar war. Aber diese unsichtbaren Zeichen sind nicht lesbar im Sinne einer Exegese der *Eigenschaften*.

Die Ausführungen Della Portas deuten also zwei weitere Argumente für die These an, dass bis zum Ende des sechzehnten Jahrhunderts kein dichotomes Geschlecht im Sinne Scultets existiert. Das erste Argument resultiert aus Della Portas Kapitel „Von der Scham", in dem er eine semantische Verbindung von weiblicher und männlicher *Scham* beschreibt. Hingegen bei Scultet und den Observatoren des siebzehnten Jahrhunderts ausschließlich von *Zeugungs-* beziehungsweise *Geburtsgliedern* gesprochen werden wird, tauchen diese Begriffe in den Exegeseberichten des sechzehnten Jahrhunderts nicht auf. Denn hier wird, wie bei Della Porta ersichtlich, von der *Scham* der Männer und der Frauen gesprochen. Der Begriff der *Scham* ist Synonym für beide Leiber – den Leib dessen, der als Mann exegiert wird, und jenen Leib, der als Frauenleib angesehen wird. Es tauchen keinerlei funktionale Zuweisungen auf, die eine Differenzierung hinsichtlich der *Zeugung* und *Geburt* zulassen. Das zweite Argument gegen die Existenz des Scultetschen Geschlechtsbegriffs gründet sich auf Della Portas Exegeseregeln der Menschengeschlechter. Della Porta sagt, dass interne *Sympathien* zwischen den unsichtbaren

64 Im antiken Wissen, das in den Quellen des sechzehnten Jahrhunderts fortlebt und stetig kommentiert wird, existieren weitere *Sympathie*-Beziehungen: „Das größte Gewicht legten die Anhänger dieser Schule auf die erwähnten *Sympathien*, insbesondere auf diejenigen, welche zwischen den Baucheingeweiden und dem Gehirn existierten." (Lachs 1902: 707) Oder: „Auch besteht zwischen ihr [*Gebärmutter*, Anm. M. S.] und den Brüsten eine natürliche Sympathie." (Huber 1894: 8)

Teilen und den sichtbaren Zeichen ein und desselben Leibes zu finden sind. Aber für die Exegese der menschlichen *Eigenschaften* haben die unsichtbaren Zeichen – *Gebärmutter*, weibliche und männliche *Scham* – keine Aussagekraft. Sie existieren im Sinne der Exegesetechniken der Menschengeschlechter nicht. Sie geben keine Auskunft darüber, ob ein Leib zu dem Geschlecht der Männer, Frauen, *Weychlinge*, *Weibischen*, *Effœminatis* etc. gehört. Unter der Voraussetzung dieser vielfältigen Geschlechterordnung kann von einem dichotomen Geschlechtsbegriff nicht gesprochen werden.

Und hier schließt sich ein Bogen. Bei der Exegeseprozedur des hermaphroditischen Monsters steht die Fokussierung der Stellung der *Schamglieder* – die *Frauenscham* steht über dem *Männerschwanz* – im Vordergrund. Nicht die Glieder an sich bilden die Grundlage für die Aussagen der Exegese, sondern in ihrer Anordnung entsteht das Zeichen, das der Auslegung dient. Dieses Argument für die Nichtexistenz dieses Scultetschen Geschlechtsbegriffs verbindet sich mit Della Portas Ausführungen zur Erkenntnis der Menschengeschlechter. Es scheint vollkommen unwichtig zu sein, ob hermaphroditische Monster- oder Menschengeschlechter betrachtet werden: Bei beiden Geschlechtergruppen haben die Glieder der *Scham* keinen Einfluss auf die Exegeseerkenntnisse – weder auf die Prophezeiungen, die aus den Lesungen der Monstergeschlechter resultieren, noch auf die Bestimmungen der *Eigenschaften*, die sich an die Besichtigung der Menschengeschlechter anschließen.

Eine letzte Frage bezüglich der vielfältigen Geschlechter der Hermaphroditen ist noch offen: Wenn die Hermaphroditen zu der großen Gruppe der Monstergeschlechter gehören, sind sie dann auch nach der Auslesung ihrer Zeichen, so wie die Wundergeburten, dem Tod geweiht? Paré sagt: „[I]n einem Stättlin in der Samniter Land / Cassinum genant ein Mägdlin zu einem Buben worden / vnd von den Eltern auß geheiß der Wahrsager in die Insel / so deserta die Einöde genennet wirdt / sey verschicket worden / dieweil nemlich sie vermeynet / als ob diese Missgeburten allwegen etwas sonderbahres auff sich hetten / vnd bedeuteten." (Paré 1601: 1061) Und wenn sie nicht in die Wüste oder Einöde einer Insel geschickt werden, dann ereilt sie folgendes Urteil: „Als marckt zu Suessa ward von einem burger abermals ein Brüder Dichtlin geboren / vnd in das mhör geworffen zu erträncken." (Lycosthenes 1557: clrrr) Hermaphroditen werden demnach, wenn sie als Monster oder Missgeburten erkannt und ausgelesen sind, den todbringenden Orten – Wüste, Einöde oder Wasser – übergeben.

Und nicht nur die Kommentare der antiken Welt berichten von Tötungsprozeduren. „Nach einer Darmstädter Urkunde von 1527 wurde ein Zwitter zunächst auf den Namen Elisabeth getauft, später gab er sich als Mann aus und ließ sich als Johannes umtaufen, schließlich wurde er als Frau verbrannt."[65] Ein ähnlicher Bericht findet sich bei Hoefer, der von folgender Begebenheit erzählt: „1620 [ward] ein ‚wifman' gefoltert und verbrannt der erst mit einem Manne verbunden, dann aber eine alte Frau geheirathet und schimpflich geteuscht hatte".[66] Berichte dieser Couleur werden auch im Frankreich des sech-

65 Stobbe, Otto (1882): Handbuch des deutschen Privatrechts, Bd. I, Berlin: Hertz, S. 283.

66 Hoefer, Albert (1870): Altvile im Sachsenspiegel. Ein Klärungsversuch, Halle: Buchh. des Waisenhauses, S. 17.

zehnten Jahrhunderts veröffentlicht. Ernest Martin zitiert die beiden nachstehenden Fälle: „En 1603, suivant le récit de Sauval, un jeune hermaphrodite fut accusé d'avoir eu des relations avec une autre personne présentant la même conformation. Le fait ne fut pas plutôt connu, que l'autorité s'empara de ces deux malheureux: leur procès fut instruit Sauval n'en relate pas les incidents, mais il nous apprend que, la preuve ayant été faite de leur culpabilité, ils furent condamnés à mort et exécutés. On trouve dans les lois ecclésiastiques de France le récit d'un fait qui se passa en 1603, et dans lequel un hermaphrodite, qui avait choisi le sexe viril dominant en lui, fut convaincu d'avoir usé de l'autre. Le parlement ordonna des poursuites, et le déclara coupable. Il fut pendu et brûlé."[67] Hermaphroditen sind offensichtlich nicht nur in der antiken Welt dem Tod geweiht, sondern auch im sechzehnten und beginnenden siebzehnten Jahrhundert. Und über das Todesurteil hinaus werden die Zeichen des Monströsen zerstört.

Und doch steht am Ende des sechzehnten Jahrhunderts ein fundamentaler Umbruch des Wissens sowie der Praktiken bevor. Die Zeugen desselben sind bereits benannt: Einerseits Paré, der von einem Hermaphroditen berichtet, der nicht hingerichtet wird, sondern nach der Besichtigung durch Wundärzte, von einem Kardinal die Erlaubnis erhält, seine weibliche Kleidung abzulegen und fortan einen Männernamen zu tragen. Andererseits Montaigne, der den Hermaphroditen Germain leibhaftig trifft, vom hohen Alter desselben berichtet und von dessen öffentlicher Bekanntheit zeugt – noch immer singen die Mädchen die warnenden Strophen über Germains heftigen Sprung. Beide Fälle stimmen in ihrem Ereignis, dem Wechsel der Leibzeichen, mit jenem Bericht von Lycosthenes überein: „Eben diß jars sagt Plinius / dz zu Casino / vß einem knäblin ein töchterlin worden sey / dessen sich seine ältern verwundert / auch die wharsager haben beyolhen / man sol es in ein wüste öde insel werffen / wie dann auch geschahe" (Lycosthenes 1557: clv). Aber, und hier ziehen die Zeugen des Umbruchs am Firmament auf: Die Leiber aus Parés und Montaignes Erzählungen werden zwar als Hermaphroditen angerufen, doch keine Verbannung auf eine Insel droht ihnen, keine Ausstoßung in die Einöde soll ihr Leben besiegeln und auch das Aufhängen am Galgen mit anschließender Verbrennung auf dem Scheiterhaufen bleibt ihnen erspart. Fortan tauchen hermaphroditische Leiber, Scultet zeugt bereits davon, nicht mehr im Zusammenhang von Exegeseberichten auf – sie werden nicht mehr als monströse/göttliche Zeichen gelesen –, sondern erscheinen nun als Untersuchungsobjekte observatorischer Abhandlungen. Ihre ganzheitliche Zeichenhaftigkeit, die noch im sechzehnten Jahrhundert ihre Auslesung bestimmte, wird verschwinden. Die Hermaphroditendiskurse der kommenden Jahrhunderte werden ausschließlich um die Unordnung der hermaphroditischen *Zeugungs-* und *Geburtsglieder* individueller Personen kreisen. Und mit ihnen wird es nicht mehr um die Geschlechter der Hermaphroditen in einer göttlichen Ordnung gehen, sondern um das Geschlecht der/des Hermaphroditen und die (Un-)Ordnung ihrer/seiner sexuellen Klinik(en).

67 Martin, Ernest (1880): HISTOIRE DES MONSTRES. DEPUIS L'ANTIQUITÉ JUSQU'A NOS JOURS, Paris: C. Reinwald et Cie, S. 106f.

II. Krisenfiguren I

1. Der Fall Marie/Marin le Marcis

> „Alors ie mis le doigt dedans le conduit dudit le Marcis, tenant vne main dessus le bas du ventre, lieu auquel nous auions touché cette dureté, de laquelle n'auions encores peu imaginer, ny coniecturer la cause. Lore ie sentis fort promptement que ce q nous auions touché au bas du ventre, au trauers des muscles de l'epigastre, responé ant à ce que ie touchois du bout du doigt, estoir vn membre viril, assez gros & ferme, formé & coloqué iustement au lieu auquel la vulve est situee aux femmes".[1]

Die ersten Zeugen des Umbruchs, des radikalen Wandels des Wissens am Ende des sechzehnten Jahrhunderts, sind Paré und Montaigne. Und mit ihnen jene Krisenfiguren – Parés Zwitter sowie Montaignes Hermaphrodit Germain –, die dem Wissensbestand beziehungsweise den Praktiken des Zeitalters der Ähnlichkeiten und Signaturen nicht recht gehorchen, die zumindest der Praktik des Tötens nicht unterworfen sind. Im Weiteren soll eine dritte Krisenfigur vorgestellt und deren Geschichte analysiert werden: Marie/Marin le Marcis – der Hermaphroditen von Rouen. Doch nicht die Biografie der „realen" Person steht hier im Mittelpunkt, sondern die Zeugnisse – medizinische Gutachten oder gerichtliche Entscheidungen –, die das diskursive Ereignis Marie/Marin le Marcis hervorgebracht haben. Erste Spuren dieser Historie finden sich am Übergang vom sechzehnten zum siebzehnten Jahrhundert. Es sind die Traktate von Jacques Duval und Jean Riolan.[2] Jenseits dieser Quellen, die das Ereignis Marie/Marin le Marcis erscheinen lassen, existieren diverse moderne Analysen des überlieferten Stoffes.[3] Die

1 Duval, Jacques (1612): DES HERMAPHRODITS ACCOVCHEMENS DES FEMMES, ET TRAITEMENT qui est requis pour les relever en santé, & bien élever leurs enfans. Où sont expliquez la figure des laboureur, & verger du genre humain, fignes de pucelage, defloration, conception, & la belle industrie dont vsenature en la promotion du concept & plante prolisique [...]. A ROVEN, De l'imprimerie de DAVID GEVFFROY [...]. Auec Priuilege du Roy, S. 403.

2 Vgl. hierzu: Duval 1612; Riolan, Jean (1614): Discours sur les hermaphrodits. Où il est demontré contre l'opinion commune, qu'il n'y a point de vrays hermaphrodits, Paris: Pierre Ramier.

3 Vgl. hierzu: Daston/Park 1985; Daston/Park 1995; Laqueur 1996; Schleiner, Winfried (1996): CROSS-DRESSING, GENDER ERRORS, AND SEXUAL TABOOS IN RENAISSANCE LITERATURE, in: Ramet, Sabrina Petra [Hg.]: Gender Reversals and Gender Cultures. Anthropological and historical perspectives, London [u. a.]: Routledge, S. 92-104; Park 1997; Creed, Barbara (1999): Lesbian

aktuellen Untersuchungen werden im Folgenden nur am Rande berührt, hingegen die Quellen sprechen sollen, um deren Diskurs zu analysieren. Dabei wird die Analyse folgenden Fragen verpflichtet sein: Welche Konstellationen geben dem diskursiven Ereignis Marie/Marin le Marcis ihr krisenhaftes Moment? Wie sind die Aussagesysteme, die sich um Marie/Marin le Marcis gruppieren, strukturiert? Und wenn es stimmt, dass in den Diskursen um Marie/Marin le Marcis erste Konturen dessen auftauchen, was Scultet als Geschlecht bezeichnet, dann stellt sich die Frage, wie diese Umrisse erscheinen. Es geht um die Techniken und die Wissensbestände, die im Zusammenhang mit Marie/Marin le Marcis auftauchen, und um deren Produkt: die Silhouetten des dichotomen Geschlechtsbegriffs des siebzehnten und achtzehnten Jahrhunderts.

Duval berichtet von einem Stubenmädchen, das auf den Namen Marie le Marcis getauft wurde und ihren Lebensunterhalt bei ihrem Meister Daniel Fremont bestritt. Es wird erzählt, dass besagte Marie im einundzwanzigsten Lebensjahr ihre Kleiderordnung wechselte und fortan Kleidungsstücke trug, die ausschließlich jenen Personen vorbehalten waren, die als Männer betrachtet wurden. Und noch eine Verwandlung vollzog Marie, so der Bericht: Sie änderte ihren Namen und nannte sich nicht mehr Marie, sondern Marin. Kurz gesagt: sie wechselte ihre gesellschaftlichen Signaturen.

Parallel zu jener Umgestaltungsschilderung verläuft ein zweiter Erzählstrang: Die Geschichte einer Beziehung zwischen Marie/Marin und Jeanne. Marie, so die Quelle, die bereits seit längerer Zeit mit dem Gedanken spielte, ihre Verwandlung zu vollziehen, lernte eine zweiunddreißigjährige Witwe kennen, die sich Jeanne le Febvre nannte. Jeanne, die der Ehefrau von Maries Meister, Madame Fremont, bei der Vorbereitung und dem Vollzug ihrer Entbindung half, wohnte im selben Haus, das auch Marie beheimatete. Dort lernten sich Marie und Jeanne kennen und teilten für einige Wochen ein gemeinsames Bett. Es wird vom Erblühen ihrer wechselseitigen Zuneigung berichtet und von Spielen leiblicher Liebe, die nie mit Zwang verbunden waren.

Dem Traktat zufolge fuhr Marie einige Monate später mit Jeanne zu ihren Eltern und teilte ihnen mit, dass sie nun Marin heißen, Männerkleidung tragen und Jeanne heiraten würde. Marins Mutter, so wird berichtet, legte vehementen Protest gegen diese künftige Verbindung ein. Aber nicht der neue Name oder die andere Kleiderordnung riefen ihre Ablehnung hervor, sondern die Unterhaltsfrage. Marin, so die Überlegung seiner Mutter, der über keinerlei Mittel verfügte, um die Witwe Jeanne, die obendrein zwei Kinder hatte, zu unterhalten, könne eine eheliche Verbindung aus finanziellen Gründen nicht eingehen.

Und nicht nur die Mutter von Marin sprach sich gegen diese Zweisamkeit aus, auch die Zivilbehörden von Rouen sollten ihr Veto einlegen. Marin und Jeanne, die sich ihre wechselseitige Liebe bezeugten, sowie die *leiblichen Werke der Hochzeit* vollzogen hatten, wollten die versprochene Verbindung behördlich beglaubigen lassen. Sie eröffneten den Zivilbehörden von Rouen, dass Marie/Marin einen Kleider- und Namenswechsel vollzogen hatte, er künftig den Personenstand eines Mannes bekleiden werde und Jeanne heiraten wolle. Sie baten um Erlaubnis des Personenstandswechsels bei gleichzeitiger

Bodies: Tribades, Tomboys and Tarts, in: Price, Janet/Shildrick, Margrit [Hg.]: Feminist Theory and the Body. A Reader, New York: Routledge, S. 111-124; Foucault 2003; (Long 2006: 77ff.).

Bezeugung der ehelichen Verbindung durch richterliche Kraft. Doch anstatt als Ehemann und Ehefrau das Gericht zu verlassen, wurden sie festgehalten und eingesperrt.

Der Leutnant, der den Fall von Marin und Jeanne untersuchte, beschloss, nachdem er sah, das Marin und Jeanne auf ihren Aussagen und ihrem Begehren beharrten, eine Untersuchungskommission einzusetzen. Er ließ Marin von zwei Chirurgen untersuchen beziehungsweise exegieren, die zu dem Ergebnis kamen, dass Marin keine Zeichen der Männlichkeit aufweise. Auf Grund des Einspruchs von Marie/Marin veranlasste der Leutnant eine zweite Untersuchung, die vom Arzt Bailly, einem Apotheker und zwei Chirurgen durchgeführt wurde. Auch diese zweite Kommission konnte keine anderen Erkenntnisse aus der Exegese der Leibzeichen ziehen und führte in ihrem Bericht aus: „ils l'auoyent trouué fille en toutes ses parties, sans qu'aucune marque ou signe de virilité se soit representee." (Duval 1612: 393f.) Neben den medizinischen Gutachtern wurden weitere Zeugen befragt – unter anderem die Herrschaften von Marie/Marin und Jeanne. Die Fremonts sagten aus, dass sie an Marie/Marin nichts anderes als die Handlungen, Zeichen und Gesten eines Mädchens erkannt hätten, Marie sich widerrechtlich Männerkleider angezogen, ihren Namen gewechselt und mit einer anderen Frau in Unzucht gelebt habe.

Das Gericht kam zu folgenden Urteilen: Auf Grundlage des Kommissionsberichts, in dem Marie als Mädchen bezeichnet wurde, das keinerlei Zeichen von Männlichkeit besaß, sowie aufgrund der Aussagen seiner Herrschaften, den Fremonts, bei denen Marie/Marin gedient hatte, wurde sie wegen Sodomie zum Tode verurteilt. Tod durch den Strang, Verbrennung des Leibes und Verstreuung ihrer Asche in alle Winde, so lautete das Urteil. Jeanne hingegen sollte der Hinrichtung Maries beiwohnen, drei Tage auf dem Stadtplatz ausgepeitscht werden und die Normandie für immer verlassen. Ihrer Verbannung sollte die Konfiskation all ihrer Besitztümer vorausgehen.

Gegen diesen Rechtsspruch legten Marie/Marin und Jeanne Berufung ein. Drei Gründe gaben sie für die erneute gerichtliche Anrufung zu Protokoll. Zum einen brachte Marie/Marin das Argument hervor, dass sich ihre männlichen Glieder immer wieder aus Schüchternheit in ihren Leib zurückgezogen haben, dass sie niemals lange Zeit prominent seien – außer beim *Werke der leiblichen Hochzeit*. Zum anderen gab sie an, dass ihre ehemalige Herrin unglaubwürdig sei, da sie ihr gegenüber Böses im Sinn habe. Das dritte Argument trug Jeanne vor, indem sie aussagte, dass sie weder gezwungen noch angeregt worden wäre, die Unwahrheit zu behaupten, sie im Gegenteil nichts als die Wahrheit gesagt habe. Ja, sie beschwor erneut die Justiz, dass Marie/Marin ihr Mann sei, mit dem sie die *Werke der Hochzeit* vollzogen habe und dabei die gleiche Befriedigung empfing, wie von ihrem verstorbenen Ehemann, während der Zeugung der gemeinsamen Kinder.

Die Schüchternheit der männlichen Glieder Maries, die böse Absicht der Herrin und die Lust am Vollzug der *ehelichen Werke* waren jene drei Argumente, welche zur Übergabe der Strafsache an das Gericht des Parlaments von Rouen führten. Der Gerichtsberater, Herr la Champagne, beschloss, dass die ältesten Mediziner, Chirurgen und Geburtshelfer eine weitere Kompanie bilden sollten, deren Aufgabe es sei, besagte Marie/Marin zu besichtigen. Die versammelte Gesellschaft bestand aus sechs Doktoren der Medizin, zwei Chirurgen und zwei vereidigten Geburtshelferinnen. Ergebnis der erneuten Exegese war folgender Bericht:

„Ledit le Marcis nous fut amené en habit de garçon, lequel nous visitasmes fort curieusement, estant nud de tous ses habits. Il auoit le corps trappe, fourni, bien ramassé, la teste assez ronde, la cheuelure courte, de qualité entre dure & molle, de couleur quelque peu roussatre, qu'il disoit auoir tousiours portee telle, depuis cinq ans ou enuiron, qu'il auoit ressent plus exacte indice de sa virilité: car il affermoit que sur le quatorziesme an de son aagee, il auoit commencé à en sentir les premiers errements. La leure superieure noircissante, par le poil copieux & noir qui commençoit oraprimes à paroistre, la voix claire & fort semblable à la feminine. Les espaules mediocrement deprimees, poitrine large, ornee de tetins gros & glanduleux en forme de mammelles. Sous les aisselles y auoit bone quantité de poil roux en couleur. Le ventre estoit assez grand & bien fourni, les fesses larges, fort charnues, les cuisses & iábes à l'equipolent, voire mesmement quelque peu oedemateuses, ce que nous attribuons à la longueur de la prison, le pied gros & court, l'ovale ou sein de pudicité vn peu plus estroict qu'aux filles de pareil aage, & rendant à plus grande rotondité, orné au surplus d'oreilles cy deuant dictes *pter gyomata* de nymphes, d'vne petite forme de conduict vrinaire, par lequel il affermoit n'auoir iamais rendu so vrine." (Duval 1612: 401f.)

Was erfährt man aus diesem Protokoll? Unbekleidet, so der Bericht, wird Marie in den Exegeseraum geführt. Hier beginnt, im Sinne der Exegesetechniken des sechzehnten Jahrhunderts, die Schau der Leibzeichen mit den Signaturen des Antlitzes. Beschrieben werden der runde Kopf und die kurzen rötlichen Haare, die von harter und weicher Qualität sind. Neben dem Kopfhaar findet sich über den Lippen ein dichter Flaum von schwarzen Barthaaren. Des Weiteren wird auf die helle und sehr weibliche Stimme hingewiesen. Auf die Bezeichnung der Zeichen der *Physiognomia* folgt die Beschreibung der Signaturen der *Substantia.* Es sind dies die niedergedrückten Schultern, die großflächig geschmückte Brust sowie die zitzenartigen Brustwarzen. Unter den Achseln, so sagt das Protokoll, sprießen, wie auf dem Kopf, rote Haare hervor. Auch der große Bauch ist mit roten Haaren bewachsen. Der Hintern ist von üppiger Fleischlichkeit gekennzeichnet, was gleichfalls auf die Schenkel und Beine zutrifft. Einer der beiden Füße ist dick und kurz. Die *Scham* sieht aus, wie eine weibliche *Scham* – fleischlich, mit Ohren/*Nymphen* und einem *Harngang* versehen.

Dieser zweite Bericht unterscheidet sich nicht wesentlich vom Ersten. Zum einen in seiner Struktur, in der Art und Weise, wie die Exegese der Marie beschrieben wird: Einerseits werden in beiden Protokollen ausschließlich die Leibzeichen der Marie exegiert. Schritt für Schritt, Zeile für Zeile erscheint Maries ganzheitlicher, signaturenbehafteter Leib in voller Größe und Blöße. Zum anderen gibt es keine Differenz im Ergebnis der Exegese. All diese Zeichen lassen, den Protokollen zufolge, nicht den geringsten Zweifel aufkommen, dass Marie die Zeichen eines Mädchens trage und an ihr keinerlei Anzeichen von Männlichkeit zu finden sind. Und weil der Leib die Zeichen beziehungsweise die *Eigenschaften* eines Mädchens habe, soll Marie nicht Marin genannt werden, sondern ihren bei der Taufe erhaltenen Namen Marie le Marcis bis auf weiteres tragen. Mit Ausnahme eines Gutachters namens Jacques Duval, der ein männliches *Zeugungsteil* entdeckt haben will, stimmen alle Gutachter und Gutachterinnen diesem Ergebnis zu.

Duval hingegen, der behauptet, jenes schüchterne männliche Glied aufgespürt zu haben, von dem Marin bereits berichtet hat, setzt zu einer Widerlegung des Ergebnisses an. Er eröffnet seine Widerrede, indem er auf eine innere, eine in den Dingen selbst liegende *Wahrheit* oder Perfektion abhebt: „Memoratifs mesmement que les choses naturelles, lesquelles ont commencement de mouuement & repos de soy mesmes, sont trop plus poliees ornee & decoree en leur interieur, voire mesmes que tant plus on pourroit approfondir iusques au centre & particules plus remottes des sens exterieurs, on trouueroit d'auantage de perfection. Tont au contraire de ce qui est fait par artifice humain, dont les parties exterieures seulement sont bien polies, ornees, & elaborees, les interieures laisses comme inutiles auec petite ou nulle parade & ornement, me donnerent occasion de faire plus ample perquisition." (Duval 1612: 401f.) Duvals These scheint klar: Je mehr man sich von den glänzenden Außenseiten, die nur Schauwert besitzen, entfernt, je tiefer man ins Innere vordringt und sich den Äußerlichkeiten, den auf der Oberfläche der Leiber liegenden Signaturen entzieht, umso mehr Perfektion, umso mehr *Wahrheit* wird man finden.

Duval, so seine Aussage, betrachtet es als seine Aufgabe, mit dem Finger jene Teile zu suchen, die sich dem Blick entziehen. „Ayant donc vsé de priere vers la compagnie, qu'elle n'attribuast à indiscretion, ou cogitation lasciue, si ie mettois le doigt dedans la partie, que ie n'eusses voulu autrement toucher, n'eust esté le disir que i'auois, de recognoistre la verité, & cause occulte d'vne chose si estrange, pour rendre la Cour certaine, de ce qu'elle desiroit sçauoir & cognoistre, par nos aduis & procez verbaux." (Duval 1612: 403) Im Beisein der Kommissionsmitglieder führt Duval seinen Finger in jenen Bereich ein, in dem er die *Wahrheit* zu erkennen, zu ertasten, zu erfühlen hofft.

„Alors ie mis le doigt dedans le conduit du dit le Marcis, tenant vne main dessus le bas du ventre, lieu auquel nous auions touché cette dureté, de laquelle n'auions encores peu imaginer, ny coniecturer la cause. Lore ie sentis fort promptement que ce q nous auions touché au bas du ventre, au trauers des muscules de l'epigastre, responsant à ce que ie touchois du bout du doigt, estoit vn membre viril, assez gros & ferme, formé & coloqué iustement au lieu auquel la vulve est situee aux femmes, le balanus occupant le lieu de ce que nous appellons *rictum camnum* ou bouche de matrice, lieu auquel se fait le couronnement de l'enfant, quand se tournant la teste en bas il fait ses premiers efforts, pour s'auancer à la lumiere de ce monde. [...] Il y auoit vne petite ouuerture tendant de haut en bas, telle que nous remarquons en vn balanus ou gland viril, au bout de l'ourachos, ayant outre ledit gland, sa couronne ou rotondité superieure, charnue, fort facile à distinguer du corps de la verge, plus dur & ligamenteus, dont i'aduertis la compagnie, la priant par plusieurs fois d'y apporter la main, d'autant que cessant cela il estoit impossible de rendre la Cour certaine du fait, pour lequel nous estions appellez, & que nous demeurerions chargez & contaminez du sang de pauure garçon si nous ne faisons deue visitation pour cognoistre la verité du fait" (Duval 1612: 403f.)

Mit seinen Fingern ertastet Duval, durch die Muskeln der Bauchdecke hindurch, ein männliches Glied. Und er geht einen Schritt weiter, er tastet nicht nur die Bauchdecke ab, sondern dringt in die Leiböffnung ein, die sich zwischen den *Nymphen* auftut. Dort spürt er die *Wahrheit* Maries auf: ein großes, festes und wohlgeformtes männliches Glied. Platziert ist dieses *Zeugungsglied* dort, wo der *Mund der Matrize*, der Gebärmutter, liegt, wo sich, wie Duval sagt, die Krönung des Kindes vollzieht, wenn sich der Kopf nach unten dreht und es seine ersten Anstrengungen unternimmt, ans Licht der Welt zu kommen. Und er verspürt weitere Details: Es existiert eine sogenannte *Eichel*, die eine kleine Öffnung hat, deren Krone oder obere Rundung fleischig und sehr leicht vom Körper der *Rute* zu unterscheiden ist – sie ist härter und ligamentöser als der restliche Teil des *Zeugungsgliedes*.

Zwischen dem Exegeseprotokoll der Kommission und Duvals Vivisektionsbericht[4] tauchen diverse Differenzen und Risse auf. Hingegen die Kommission, die aus den ältesten und bekanntesten Mitgliedern des Ärzte-, Chirurgen- und Hebammenstandes von Rouen zusammengesetzt ist, den Leib Maries nach den bekannten Techniken der *Physiognomia*, *Substantia* oder *Chiromantia* lesen, verwendet Duval eine andere Technik: die Vivisektion. Im Gegensatz zu den altehrwürdigen Kommissionsmitgliedern, die ausschließlich die äußeren Signaturen des Leibes betrachten, greift Duval in den sich öffnenden Leib hinein. Wenn er nach der *Wahrheit* der innen liegenden *Zeugungsteile* tastend sucht, die andere außer Acht gelassen haben, kommt bei ihm, so berichtet Duval, keine falsche Scham auf, die ihm die Berührung verbieten würde, sondern die Lust, die *Wahrheit*, die Perfektion der Natur zu entdecken. Und diese *Wahrheit*, die Perfektion der Natur, findet sich nicht ausschließlich in den äußeren Zeichen, sie liegt nicht nur in den Signaturen, sondern auch im Inneren des Leibes. Diese *Wahrheit* ist ein Spiel der äußeren Zeichen und der inneren Organisation der *Zeugungs-* und *Geburtsglieder*, die ertastet und aufgespürt werden muss. Duval jedoch versteht seine Art der Untersuchung nicht als Substitution der Exegesetechniken – *Physiognomia*, *Substantia* und *Chiromantia* – durch die neue Technik der Vivisektion, sondern als Ergänzung der Signaturenlehre. Die erste Differenz liegt somit in der Frage der Technik, der Wahl der Methode.

Der zweite Unterschied resultiert aus der Wahl der Methode, denn diese lässt einen der Technik entsprechend spezifischen Gegenstand – ganzheitlicher Leib versus *Zeugungsapparat* – in Erscheinung treten. Im Mittelpunkt des Kommissionsberichts steht der ganzheitliche Leib von Marie le Marcis. Eine Signatur nach der anderen wird gelesen und zu einem Gesamtbild zusammengesetzt – von den Haaren bis zu den Füßen – ein Leib, der aus natürlichen Zeichen besteht. Duvals Vivisektion lässt hingegen nicht den gesamten Leib, sondern nur einen Ausschnitt, einen spezifischen Teil erscheinen. Hingegen die einen den ganzen Leib exegieren, konzentriert sich Duval in seinem Bericht auf die Begutachtung der innen liegenden *Zeugungsglieder* – der männlichen *Schamteile*. Er beschreibt die Mixtur aus äußeren femininen *Geburtsgliedern* und inneren maskulinen *Schamteilen*, den *Zeugungsgliedern*. Es treffen hier also zwei unterschiedliche Untersuchungsgegenstände aufeinander, zwei Produkte, die von zwei vollkommen unterschiedlichen Techniken hervorgebracht werden: der ganzheitliche weibliche Leib einerseits sowie die *Zeugungs-* und *Geburtsglieder* andererseits. Und so treten die äußeren

4 Hier wird der Begriff Vivisektion im Sinne des Eingriffs in den lebendigen menschlichen Leib verwendet. Ganz allgemein umreißt er Eingriffe oder Operationen an einem lebenden Tier, aber auch am lebenden Menschen. Diese Eingriffe dienen nicht therapeutischen, sondern Forschungs- und Lehrzwecken. Vivisektionen sind seit der Antike bekannt. Vgl. hierzu u. a.: Roth, Karl Heinz [Hg.] (1988): Menschenversuche. Wahnsinn und Wirklichkeit, Köln: Kölner Volksblatt; Guerrini, Anita (2003): Experimenting with humans and animals. From Galen to animal rights, Baltimore [u. a.]: Johns Hopkins University Press.

Zeichen des Leibes, die mithilfe der *Physiognomia*, *Substantia* und *Chiromantia* exegiert werden, in Folge der neuen Methode der Vivisektion hinter den Zeugungsapparat, den verhältnismäßig kleinen Ausschnitt der *Zeugungs-* und *Geburtsglieder* zurück.

Die dritte Differenz tritt in Folge von Duvals Abschlussbericht hervor. Er versichert, dass er am 10. Mai 1601 die einundzwanzigjährige Marie le Marcis, genannt Marin, gemeinsam mit ehrenwerten Männern und Frauen besichtigt hätte. Und weiter führt er aus: „Auquel apres plusieurs signes exterieurs qui se sont submis à la veue, nous tirions premierement consequence que ledit Marin estoit fille: mais en fin curieux de rechercher les secrets de nature, par l'attouchement, lesquels ne pouuoient estre submis à la veue, i'ay eu cognoissance que non obstant que les signes exterieurs donnassent grande occasion de le iuger fille, si toutefois il estoit homme muni de membre viril, suffisant pour la generation & proportion de son espece, auec vne femme. Ce qu'ayant cognu, i'ay interpellé lesdits sieurs Medecins cy deuant nommez de la recognoistre par la mesmemaniere que i'auois faict. Lesequels m'ayans respondu qu'ils ne le feroient, i'ay derechef fait laditte visitation, & ay recognu que veritablement ledit Marin estoit Gunantrope [sic!]. [...] Cette diction de Gunanthrope est prinse des Grecs qui appellent la femme *Gun*, & de la diction *anthropo*, qu'ils attribuent tant à l'homme qu'à la femme, la flechissans en ses cas, par o, articule masculin & par, a article feminin. Puis donc qu'il à esté dés le commencement de son aage baptisé pour fille, & en ceste qualité nourri, vestu, nommé, & estué, iusques à ce qu'il ait passé l'aage de vingt ans, lequel expiré il prins l'habit d'homme, & se disant estre tel, dont plusieurs font doute, les vns le disans encores fille, les autres homme, les autres le tenans ambigu & fille-homme, i'ay estimé qu'il n'y auoit diction plus propre pour luy que celle de Gunanthrope." (Duval 1612: 406f.)

Die Kommission bleibt, Duvals Abschlussbericht zufolge, bei ihrer Anrufung Maries als Frau. Sie ist nach der Exegese, der Besichtigung der äußeren Zeichen, ein Mädchen, da diese auf die *Eigenschaften* der Frauen verweisen. Kein Einwand kann die Kommission von ihrem Ergebnis abhalten, nicht einmal die Aufforderung Duvals, die Vivisektion mit ihm gemeinsam durchzuführen, um festzustellen, dass Maries Leib männliche Glieder verborgen hält. Duval seinerseits, der an dem Ergebnis seines ersten Vivisektionsberichts festhält, führt eine zweite Untersuchung als Gegenprobe durch. Schließlich kommt er zu dem Ergebnis, dass in Folge einer äußerlichen Betrachtung Marie feminine Signaturen aufweist. Er ist sich also mit den anderen Kommissionsmitgliedern darüber einig, dass Marie die natürlichen Leibzeichen einer Frau aufweist. Aber schließlich, neugierig, die Geheimnisse der Natur zu entdecken, die dem Blick entzogen sind, erfährt er durch das Ertasten der inneren Teile des Leibes, dass Marie ungeachtet der äußeren Zeichen, dennoch als ein Mann anzurufen sei – als ein Mann, der, mit einem männlichen Glied ausgestattet, zur Zeugung und Verbreitung seiner Art fähig ist. Einiges also spricht dafür, dass Marie/Marin le Marcis ein Mädchen sei, anderes zeugt davon, dass sie ein Mann sei. Um diese Mehrdeutigkeit, die leibliche Ambivalenz sprachlich zu fassen, schlägt Duval vor, Marie/Marin als Mädchen-Mann zu bezeichnen beziehungsweise nach dem Vorbild der Griechen als *Gynanthropen* anzurufen. Marie/Marin le Marcis ist tatsächlich, so Duval, ein *Gynanthrope*, eine Mischung, eine Verbindung aus Frau und Mann in einem. Die eine Partei ruft Marie also als Mädchen beziehungsweise junge Frau an, die andere Partei besteht auf der Anrufung Maries/Marins als *Gynanthrope*. Soviel zur dritten Differenz, der Subjektanrufung als Frau einerseits und als *Gynanthrope* oder Hermaphrodit andererseits.

Die vierte Differenz korrespondiert wiederum mit der Produktion der unterschiedlichen Untersuchungsgegenstände. Die Kommission exegiert die äußeren Zeichen des Leibes. Diese verweisen im Sinne der Signaturenlehre auf die *Eigenschaften* der Frauen, demnach muss Marie eine Frau sein. Duval hingegen bestimmt die Größe, Form oder Konsistenz des männlichen *Zeugungsgliedes* und setzt diese Merkmale in ein Verhältnis zu den weiblichen *Geburtsgliedern*. Er lokalisiert die Orte und die Verbindungen zwischen den einzelnen Teilen, er beschreibt das Netzwerk beziehungsweise die Organisation der *Zeugungs-* und *Geburtsglieder*. Äußerlich betrachtet, so Duval, erzählt Maries Leib von den *Eigenschaften* einer Frau. Aber die Ergebnisse der Vivisektion stehen hierzu im Widerspruch. Zwar ertastet Duval auch die weiblichen *Geburtsglieder*, doch das Vorhandensein der männlichen *Zeugungsglieder* veranlasst ihn, eine individuelle Organisation der Sexualität von Marie/Marin zu benennen. Unter seinen Händen erscheint ein „Tableau“[5] des Zeugungsapparates von Marie/Marin le Marcis. Und dieses Tableau stellt „die ersten Rudimente einer Klinik der Sexualität“ (Foucault 2003: 96) dar. Es sind klinische Details, die die *sexuelle Organisation*, das Zusammenspiel, die Verbindungen zwischen den *Zeugungs-* und *Geburtsgliedern* in individueller Form beschreiben und die Dinge – *Nymphen*, *Schamberg*, *Rute* oder *Eichel* – beim Namen nennen.[6]

5 In der „Ordnung der Dinge“ beschreibt Foucault das Tableau als ein Wissensverfahren. Es ist „der Ort aller möglichen Ordnungen, die Matrix aller Beziehungen, die Distributionsform aller Wesen in ihrer besonderen Individualität“ (OD 1999: 308). Es ist das Zentrum des Wissens des siebzehnten und achtzehnten Jahrhunderts. (Vgl. OD 1999: 265) In „Überwachen und Strafen“ wird es als eine Machttechnik dargestellt. Es hat die Aufgabe, die „Vielfältigkeit als solche zu behandeln und aus ihrer Gliederung die größtmöglichen Wirkungen zu ziehen.“ (ÜS 1994: 191) Mithilfe des Disziplinarraums extrahierten die Disziplinen aus einem ungeordneten Menschenhaufen übersichtliche, nützliche Gruppen, indem sie die Unterworfenen klassifizierten. „Das Tableau ist im 18. Jahrhundert zugleich eine Machttechnik und ein Wissensverfahren.“ (ÜS 1994: 190)

6 Der Begriff der „sexuellen Organisation“ ist kein Quellenbegriff, der in den medizinischen, juridischen oder naturkundlichen Traktaten des siebzehnten Jahrhunderts als Topos auftritt. Vielmehr wird er hier in dreifacher Absicht eingeführt. Einerseits stellt er eine Anlehnung an Foucaults Begriff der ‚sexuellen Klinik‘ dar. Dieser ist gleichfalls kein Quellenbegriff, markiert jedoch eine spezifische Praktik der Mediziner des siebzehnten Jahrhunderts: die Pathologisierung beziehungsweise die Medikalisierung des Sexus. (Vgl. Foucault 2003: 96ff.) Andererseits wird er hier verwendet, um sprachlich zu signalisieren, dass in den Hermaphroditen-Traktaten erste Thesen zum Sexus formuliert werden. Darüber hinaus soll der Begriff eine spezifische Differenz beziehungsweise Diskontinuität beschreiben: Der naturgeschichtliche Geschlechtsbegriff, der im Weiteren als sexuelle Organisation bezeichnet wird, unterscheidet sich fundamental von jenem, der unser heutiges Wissen von Geschlecht dominiert. Zwar ist der naturgeschichtlichen sexuellen Organisation der Sexus eingelegt, doch dessen *Zeugungs-* und *Geburtsglieder* sind nicht das, was der moderne biologische Geschlechtsbegriff bezeichnet – ein vitales Organsystem. Es lässt sich somit keine Kontinuität des Geschlechtsbegriffs bis in die Moderne ableiten.

Zu welchem Urteil kam das Gericht von Rouen im Fall Marie/Marin le Marcis und Jeanne le Febvre? Da sich die Kommissionsmitglieder nicht einigen konnten und in ihren Gutachten keinen Konsens fanden, gab das Gericht Marie/Marin le Marcis und Jeanne le Febvre frei und nahm den Schuldspruch hinsichtlich des Sodomievorwurfs zurück. An diesen Freispruch waren jedoch zwei Bedingungen für Marie/Marin le Marcis geknüpft. Zum einen musste sie bis zu ihrem fünfundzwanzigsten Lebensjahr Frauenkleider tragen. Zum anderen verbot man ihr, innerhalb dieses Zeitraums, bei Androhung der Todesstrafe, jeglichen Kontakt mit irgendeiner anderen Person – Mann oder Frau – zu unterhalten oder gar mit einem anderen Menschen zusammen zu leben. Duval behauptet, er habe sie 10 Jahre später gesehen. Marie lebte nun als Mann und betätigte sich als Schneider.

Welche Tatsachen machen das Ereignis Marie/Marin le Marcis zu einer Krisenfigur? Zum einen der Verlauf und das Urteil der Gerichtsverhandlung selbst. Marie/Marin le Marcis wird wegen Sodomie angeklagt. Um ihre Schuld nachzuweisen, wird eine Untersuchungskommission gebildet. Diese stellt eindeutig fest, dass Marie eine Frau ist. Marie wird also laut geltender Rechtsprechung zum Tode verurteilt. Dagegen jedoch kann sie Einspruch einlegen, wird vor ein zweites Expertenensemble – Ärzte, Chirurgen, Apotheker und Hebammen – geladen und ein weiteres Mal untersucht. Wiederum soll über den Vorwurf der Sodomie entschieden werden, wiederum wird sie als Frau angerufen, wiederum wird ihre Schuld bestätigt. Nur ein einziger Gutachter, besagter Jacques Duval, erhebt Einspruch und beschreibt Marie/Marin le Marics als Hermaphrodit, befreit sie von dem Vorwurf der Sodomie, da Marie/Marin weibliche und männliche Glieder in ihrem Leib vereint, und bewahrt sie vor dem Tod. Obwohl der Richterspruch ihr jeglichen sexuellen Kontakt zu Dritten verbietet, wird Marie weder wegen des observierten Hermaphroditismus zum Tode verurteilt, noch wegen der Sodomie, dem Zusammenleben mit einer anderen Frau, hingerichtet. Und dies, obwohl sie dem Anschein beziehungsweise dem Exegeseprotokoll entsprechend, einen überwiegend weiblichen Leib hat. Drohte bis zum Ende des sechzehnten Jahrhunderts jenen Leibern, die als hermaphroditisch angesehen wurden – aufgrund der Feststellung, dass sie Hermaphroditen seien –, die Verurteilung zum Tode, so steht am Ende von Maries/Marins Gerichtsverhandlung ein Freispruch. Keine Verurteilung wegen Sodomie und keine Verurteilung wegen Hermaphroditismus. Der Tod ist offensichtlich keine Option. Vielmehr tauchen hier erste Formen einer Disziplinierung des Individuums auf.[7] Der Hermaphrodit darf trotz seiner sexuellen Ambivalenz leben und wird verpflichtet, zunächst ohne sexuelle Beziehungen weiter zu existieren.

7 Vgl. zum Begriff der individuellen Disziplinierung: ÜS 1994. Die politische Besetzung des Körpers erfolgt im achtzehnten Jahrhundert durch drei (Straf-)Techniken: Disziplinierung, Züchtigung und Produktion von Delinquenz. Die Mikrophysik der Körper-/Straftechniken wird hier als Individualisierung durch Normierung verstanden. Über die Produktion von Normen (unter anderem sexueller Art) zielen die Techniken des klassischen Zeitalters darauf ab, die Menschen mithilfe von „Mechanismen der normierenden Sanktion“ (ÜS 1994: 237) zu individualisieren. Die Norm wird zu einem Bindeglied zwischen individueller Disziplinierung und gesellschaftlicher Regulierung.

Aus dem Verlauf der Verhandlung folgt ein zweites Argument für Maries/Marins Krisenhaftigkeit: der Streit zwischen den Experten. Die ältesten und, so sagt es Duval, auf ihrem Betätigungsfeld sehr erfahrenen Personen aus Rouen versammeln sich, um über Marie/Marin le Marcis zu urteilen. Die ersten beiden Kommissionen sind sich in ihrem Untersuchungsergebnis einig und erklären Marie zur Frau. Der dritte Bericht lässt jedoch Differenzen erscheinen. Es kommt zu einem Streit, zu einer Zwietracht zwischen den anwesenden Kommissionsmitgliedern. Die eine Seite beharrt auf ihrem Ergebnis und die andere Seite versucht, durch Wiederholung der Untersuchung, ihren Standpunkt zu verifizieren. Eine Einigung scheint nicht in Sicht, zu offensichtlich sind die Gräben zwischen den Untersuchungstechniken. Dieser Streit wird sich nach dem Prozess fortsetzen. Nicht zwischen den Kommissionsmitgliedern und Duval, sondern zwischen Jean Riolan und Duval.[8] Riolan vertritt die These, dass alle Hermaphroditen eigentlich nur monströse Frauen seien, also Monster im bisherigen Sinne – eine Verbindung aus zwei unterschiedlichen Leibern, die nicht zusammengehören.

Jenseits des Verlaufs und des Urteils der Gerichtsverhandlung fällt auf, dass hier zwei fundamental differente Wissensbestände, mit ihren jeweiligen Techniken, aufeinander stoßen. Die Kommissionsmitglieder lesen an Maries Leib nur die Zeichen einer Frau. Die Technik der Exegese erlaubt ihnen nur den einen Schluss: Marie trägt die Signaturen einer Frau, also muss sie eine Frau sein. Sie können an Marie nichts anderes entdecken, als einen von Signaturen überzogenen Frauenleib. Marie wird aufgrund der Technik der Exegese, dem Lesen der äußeren Leibzeichen und der Bestimmung der hieraus resultierenden *Eigenschaften*, zur Frau gemacht. Duval hingegen, der für die Bestimmung eine neue oder zumindest andere Technik einsetzt, ertastet im Leib der Marie/Marin le Marcis die Organisation der sexuellen Glieder. Er kombiniert die Ergebnisse seiner Vivisektion mit dem Exegeseergebnis und produziert eine besondere Form des Hermaphroditismus: Marie/Marin hat die Statur eines Mädchens und die Glieder eines Mannes. Es werden demnach durch die unterschiedlichen Techniken zwei vollkommen verschiedene Leiber produziert: das eine Mal eine Frau und das andere Mal ein Hermaphrodit. Zwei Wissensbestände beziehungsweise zwei Techniken bestimmen und strukturieren die differenten Subjektanrufungen.[9]

8 Vgl. hierzu: Riolan 1614; Duval, Jacques (1615): Réponse au discours fait par le sieur Riolan, docteur en médecine, contre l'histoire de l'hermaphrodite de Rouen, Rouen.

9 Duval bezieht sich, wenn er auf die in den Dingen selbst liegende *Wahrheit* oder Perfektion abhebt, auf Aristoteles. (Vgl. Duval 1612: 402) Diese Bezugnahme Duvals interpretieren Daston und Park dahin gehend, dass Duval ein Anhänger der aristotelischen Lehre sei. Riolan hingegen, so die Ansicht von Daston und Park, ist Befürworter der hippokratisch-galenischen Theorie. Mit den Lehren von Aristoteles einerseits und den hippokratisch-galenischen Theorien andererseits korrespondieren zwei unterschiedliche Entstehungsmodelle (‚Modell der hierarchischen Perfektion' versus ‚Zwei-Samen-Theorie') von Hermaphroditen beziehungsweise Monstergeburten. Insofern, so die These von Daston und Park, treffen hier zwei Vertreter differenter Theorien aufeinander – Duval auf der einen Seite und Riolan auf der anderen Seite. Der Konflikt entzündet sich an der Kategorienfrage: Soll Marie/Marin le Marcis als Hermaphrodit (Duval) oder als monströse Frau (Riolan) angerufen werden. Vgl. hierzu ausführlicher: (Daston/Park 1995: 420ff.); (Park 1997: 179ff.).

Mit Duvals Technik der Vivisektion korrespondiert die Erfindung eines neuen Gegenstandes: Innerhalb der Klinik der Sexualität erscheint die Organisation, das Zusammenspiel, das Tableau der *Zeugungsglieder*. Es tauchen die ersten Konturen dessen auf, was in Scultets Vivisektionsbericht des Zwitters Martha/Caspar Lechna Geschlecht genannt werden wird. Und noch eine Parallele zu Scultets Bericht wird offenbar: Scultet sagt, dass die alten Mediziner nichts als die Haare, die Stimme oder den Leib der Martha/Caspar Lechna untersuchten. Ihm hingegen ginge es um das *wahre* Geschlecht. Und seine Ausführungen werden sich ausschließlich auf die Untersuchung der *Zeugungsglieder* des Zwitters Lechna beziehen. Hier wie dort betreten erste Fragmente dessen, was das Geschlecht sein wird, die Bühne des Wissens. Nicht mehr die Menschen-, Tier- oder Pflanzengeschlechter werden fortan die Folianten füllen, sondern die Tableaus der *Zeugungsglieder*. Die Frage nach den Geschlechtern wird sich auf einer vollkommen anderen Grundlage, als Frage nach dem Geschlecht, radikal neu stellen.

2. Columbus' Hermaphroditen

> „Weiters habe ich zwey lebendige Hermaphroditen ersehen / deren einer ein Mann / der ander ein Weib (sie werden aber darum Männer oder Weiber genandt / wann nemblich sie etwas mehr Männliches oder Weibliches an sich haben / auch diesem oder jenem Sexui mehr verwandt sind) zubefinden gewest." (Columbus 1609: 223)

Duval ist nicht der erste, der die sexuelle Organisation eines Hermaphroditen in individueller Form beschreibt. Bereits im Jahr 1559 veröffentlicht Realdus Columbus, Anatom und Nachfolger von Vesalius in Padua, solche Kliniken der Sexualität. (Vgl. Columbus 1559) Columbus berichtet von drei Hermaphroditen – zwei eher *weiblichen* und einem eher *männlichen*. Für welche Krisenfiguren steht Columbus Pate? Welche Krisendiskurse wuchern in den Anatomiebüchern am Ende des sechzehnten und beginnenden siebzehnten Jahrhunderts? Und wenn es richtig ist, dass auch in den Folianten der Anatomie erste Konturen eines dichotomen Geschlechts hervortreten, so drängt sich die Frage in den Vordergrund, wie das Ereignis Geschlecht hier inszeniert wird. Es geht also im Weiteren nicht um die Wissensbestände und Praktiken der Wundärzte oder Hebammen, sondern um jene der sezierenden Praktiker.

Der erste hermaphroditische Leib, von dem Columbus erzählt, war ein „Weibsbildt [...] / welches neben der weiblichen Scham / zugleich mit einer Wintschelruhten begabet war / solche doch nicht sonders dick war. Darumb ich in diesem Auffschnitt die Geburtsglieder fleissig in acht genommen hab" (Columbus 1609: 223). Diesen Sezierausschnitt eines offensichtlich verstorbenen Hermaphroditen untersucht Columbus detailliert und gibt die Ergebnisse in einem ausführlichen Bericht wieder. Er geht auf die „Samengefäß" und die „Hochbälglein" ein, beschaut die „Gebärmutterhölung" sowie die „Wurtzel der Wintschelruthen" und er prüft die „Gebärmutter" sowie den „Gromensack". (Vgl. Columbus 1609: 223)

Sein Ergebnis: Die „Samengefäß“ sind wie bei allen „Weibspersonen“ gleich, nur mit dem Unterschied, dass sie zweigeteilt sind. Die einen gehen in die „Gebärmutterhölung“, die anderen enden in der „Wurtzel der Wintschelruthen“. Der „Kanal“, mit dem die „Wintschelruthen“ ansonsten durchbohrt ist, um den Harn und den *Samen* auszuleiten, fehlt vollkommen. Stattdessen findet der Harn seinen Ausgang wie in anderen „Weibspersonen“ auch. Die „Gebärmutter“ und der „Gebärmutter Halß“ sind nicht anders beschaffen als üblich. Nur die „Hochbälglein“ sind dicker und kräftiger als bei anderen „Weibspersonen“. Ein „Gromensack“ ist nicht vorhanden und die „Wintschelruthen“, die kein „præputium“ oder Vorhaut besitzt, ist mit einem dünnen „Hautlappen“ bedeckt. (Vgl. Columbus 1609: 223)

Der ausschließlich um die *Zeugungs-* und *Geburtsglieder* rotierende Sezierbericht beschreibt weder die Glieder des Antlitzes – Form oder Farbe der Haare, Augen, Ohren, Nase oder Mund – noch wird in ihm irgendetwas von den Gliedern des Leibe – Schultern, Arme, Hände, Rumpf, Muskeln des Rückens, Beine oder Füße – verraten. Diese Zeichen scheinen hier nicht mehr zu existieren beziehungsweise für die Bestimmung der Anrufung des Hermaphroditen keine Bedeutung zu haben. Die Frage, ob ein Hermaphrodit männlich oder weiblich sei, kreist ausschließlich um die Existenz, Struktur und Konsistenz der Geburts- und *Zeugungsglieder*. Auch in seinen Vivisektionsberichten tauchen ausschließlich die Zeichen des Zeugungsapparates auf. Columbus' Gegenstände, ein eher weiblicher Leib und ein eher männlicher Leib, sind keine Verbindungen von Leibzeichen, sondern individuelle sexuelle Organisationen. Er beschreibt die Besichtigung und Betastung wie folgt:

„Es war das Weib ein Zigeunerin oder Warsagerin auß Æthiopia: Diese kondte weder füglich gebären noch erzielen / auß Vrsach / daß sie zu grossem Vnglück mit beyderleyen Geschlecht / aber vnvollkommen / begabt gewest: sintemal die Wintschelruth nit vber eines kleinen Fingerlins lang vnd dick / die Weibliche Scham aber also eng perforiert gewest / daß man den fördern Spitz deß kleinen Fingerlins nicht wol hat mögen hinein bringen [...]. Der Hermaphroditische Mann / den ich lebendig gesehen / war also gestaltet vnd gebildet: Es war zwar die Wintschelruth sampt dem Gromensack vnd Hochbälglein zugegen / vnder welchen in dem petineo oder tauro, an welchem Ort (zwischen dem hindern Leib vnnd dem Hochbälglein) der Schnitt deß risenden Steins beschihet / Ein foramen als ein Weibliche Scham zubefinden gewest / aber nicht durchgangen.“ (Columbus 1609: 223)

Ähnlich dem Vivisektionsbericht von Duval treten hier erste Umrisse von zwei getrennten sexuellen Organisationen hervor: die Teile „beyderley Geschlecht[s]“. Zum einen die männlichen *Zeugungsglieder*: Erstens die „Wintschelruthe“, die „Lateinisch penis, [...] auch mentula, virga, virile membrum, das ist / die Mannliche Macht oder Scham / die Mannsruthen / oder das Mannliche Glied genennet“ wird. (Columbus 1609: 202) Zweitens erwähnt er die „Hochbälglein / Lateinisch Testes genannt [...]. Die Figur dieser *Hochbälglein* ist rundt / aber ablang / in Form der Eyer. Ihre Substantz ist lück / dünn / weißlich vnd lindt in den Mannspersonen / in den Weibsbildern aber ligen sie zu innerst in dem Schmerbauch verborgen.“ (Columbus 1609: 200f.) Und drittens geht er auf den „Gromensack“ ein, der die „Lägerstatt der Hochbälglein ist“ (Columbus 1609: 200). Diese drei Glieder gehören zum männlichen Zeugungsapparat.

Zum anderen ertastet Columbus Teile, die er der weiblichen sexuellen Organisation zurechnet. Doch im Gegensatz zu den männlichen *Zeugungsgliedern*, die in mindestens drei unterschiedlichen Bestandteilen auftreten, benennt er für den weiblichen Zeugungsapparat nur ein Glied: die weibliche *Scham*. Und auch seine Bestimmung derselben bleibt sehr ungenau: „Die Gebärmutterhölung läst sich letztlich auß in ein sehr enges Loch / so der GebärmutterMundt geheisse / welchen so du eusserlich ansiehest / wirdt er dir in Form eines SchleihenMauls / oder erstentworffenen Hundtsmauls fürkommen: Diß Loch aber stehet oder gehöret zu dem Gebärmutterhals / durch welches der Samen eingehet / in dem es mit grossem Wollust erweitert wirdt: es eröffnet sich aber auff die jenige Zeit / so das Weibsbildt den ihrigen Samen außläst [...]. Zu Endt des Gebärmutterhals gegen den Weiblichen Scham sind etliche Stücklein Fleisch gesetzt [...] vnter diesen Schamläpplein sind beyderseits zwo andere Membranen / von den Alten nymphæ genannt / welcher Ampt vnd Nutzbarkeit ist / daß sie die Gebärmutter vor Staub / Kälte vnd Lufft bewahren" (Columbus 1609: 203).

Bei der Benennung der einzelnen Bestandteile der *Geburts-* und *Zeugungsglieder* verwendet Columbus einerseits Begriffe im Sinne einer dichotomen Geschlechterordnung. Andererseits arbeitet er mit identischen Begriffen, die sowohl weibliche als auch männliche Teile der sexuellen Organisation bezeichnen. Die *Wintschelruthe* wird eindeutig als männliches Glied bestimmt. Die *Scham* hingegen tritt als weibliche *Scham* hervor, die sich am Ende des *Gebärmutterhalses* befindet und mit *Nymphen* besetzt ist, die vor Kälte, Staub und Luft schützen sollen. Diese Glieder – *Scham*, *Gebärmutterhals* sowie *Nymphen* – gehören zum weiblichen Leib. Aber, jenseits der Dichotomie, widersetzen sich die Begriffe einer eindeutigen Zuordnung, verweisen auf Brücken und Ähnlichkeiten innerhalb der sexuellen Ordnung. Beispielsweise existieren bei männlichen wie auch weiblichen sexuellen Organisationen *Hochbälglein*. Diese *Testes* unterscheiden sich einzig in der Lage innerhalb des Systems. Bei männlichen Leibern hängen sie außerhalb und werden vom *Gromensack* eingeschlossen. Anders bei den weiblichen Leibern: Hier befinden sie sich innerhalb des Leibes, rechts und links von der Gebärmutter angeordnet. Die Funktion der *Hochbälglein*, die Lagerung und Ausscheidung der männlichen und weiblichen *Samen*, verweist gleichfalls auf Analogien. Männliche wie weibliche *Testes* schütten im Moment des *ehelichen Werks* ihre *Samen* in die Gebärmutter aus.[10]

10 Vgl. zur ikonografischen und diskursiven Verschränkung, Verbindung sowie Ähnlichkeit der männlichen *Zeugungs-* und weiblichen *Geburtsglieder*: (Laqueur 1996: 80ff.). Laqueur führt hierzu aus, dass es im sechzehnten und siebzehnten Jahrhundert keine eigene, den weiblichen Leib spezifisch beschreibende Nomenklatur gegeben habe. Die Wörter in den Anatomiebüchern lassen sich auf den männlichen und den weiblichen Leib anwenden. Gleiches gilt für die anatomischen Schautafeln. Sie werden so gemalt, dass es eine klare Ähnlichkeit zwischen der weiblichen und männlichen Organisation gibt. Mit anderen Worten: In den Imaginationen der Renaissance-Anatomen ist das weibliche *Geburtsglied* ein nach innen gekehrtes männliches *Zeugungsglied*. Es existiert, so Laqueur, weder eine diskursive noch ikonografische Differenz zwischen weiblichen und männlichen Geschlechtsteilen.

Des Weiteren tauchen neben den internen Analogien – weibliche und männliche Hoden ähneln sich in ihrer Funktion (Ausschüttung männlicher und weiblicher *Samen*) – externe Ähnlichkeitsverhältnisse auf. Auch diese externen Korrespondenzen wirken aus einer modernen Perspektive verstörend in ihrer Beschreibungsart. Columbus sagt: Die Form der weiblichen *Scham* entspricht der Gestalt eines *geöffneten Schleimauls*. Oder, wenn diese Imagination nicht hinreichend ist, dann solle man sich das Maul eines *erstgeworfenen Hundes* vorstellen. *Schleimaul* und *Hundemaul* korrespondieren also über externe Ähnlichkeiten mit der weiblichen *Scham*. Dies ist insofern erstaunlich, als Della Porta in seiner Arbeit zur Erkenntnis der Menschengeschlechter auf interne *Sympathien* zwischen den Gliedern der Scham und den Zeichen des Antlitzes hinwies – die *Sympathie* zwischen der Nase eines Mannes und seiner männlichen *Scham* beziehungsweise zwischen den weiblichen Lippen und der weiblichen *Scham*. Doch was eben noch verwunderte, der Gegensatz, der zwischen den internen und externen Ähnlichkeitsverweisen besteht, offenbart auf den zweiten Blick die Rationalität des sechzehnten Jahrhunderts: Das Wissen um die Analogien dieser Welt spiegelt sich auch im Wissensbestand der Anatomie wider. Anders gewendet: Es ist vollkommen unwichtig, welche *Sympathien* – interne oder externe – produziert werden. Entscheidend ist allein, dass diese Ähnlichkeitsverhältnisse im Wissen des sechzehnten Jahrhunderts existieren. Ob in den Exegeseregeln oder den Anatomiebüchern – alles wird über Analogien miteinander verknüpft. Wie ein Echo hallen Paracelsus' Worte durch die Folianten der Anatomie des sechzehnten Jahrhunderts: „Das ist nuhn von der Form geredt / die der Artzt wissen soll / dann die Anatomey der Form gibt erkannnuß der Eigenschafften derselbigen dingen. Dann ihr secht / nichts ist ohn ein Form / also auch die Kranckheit sind nit ohn Form / sondern sie sind formig / darumb sie ein Anatomey haben vnd ein sondern Menschen / also zu reden. Nuhn ist die Form der Anatomey also in der Kranckheit [...]. Also warumb Stercken die gleiche Gliedt sein gleiches Gliedt? Darumb dz die Anatomey do ist: auch mit andern / do zusammen stimen angescheinlich gleiche Form vnd Wesen / der Arzney vnd der kranckheiten." (Paracelsus 1589a: 243)

Ein weiteres Moment ist interessant. In den anatomischen Kompendien des ausgehenden sechzehnten und beginnenden siebzehnten Jahrhunderts tauchen nicht nur die von Columbus beschriebenen Analogiebeziehungen zwischen den *Zeugungs-* und *Geburtsgliedern* auf. Es hält sich hartnäckig jener Geschlechterbegriff, der nicht von dem Geschlecht, sondern von den Menschen-, Tier- oder Pflanzengeschlechtern spricht. Walther Hermann Ryff beispielsweise schreibt in seinem anatomischen Werk ein ausführliches Kapitel zu den „geburt glidern eins weibs".[11] Auch Ryff versucht, erste Dichotomien zwischen den männlichen und weiblichen Gliedern aufzutun – was ihm nur leid-

11 Ryff, Walter Hermann (1541): Des aller fürtrefflichsten / höchsten vnd adelichsten gschöpffs aller Creaturen / von Got dem Herren / Schöpffer aller ding auff erden / erschaffen / Das ist / des menschen / (oder dein selbst) warhafftige beschreibung oder Anatomi / seines wunderbarlichen ursprungs / entfängkniß / Schöpffung inn mütter leib / vnd sorglicher geburt / sampt künstlicher vnd artlicher Contrafactur / aller eusserlicher vnd innerlicher glider vnnd gliderstuck / auß weilchen der mensch wunderbarlich zusamen gesetzt ist [...]. Getruckt zu Straßburg bey Balthasar Beck, S. xxxvij.

lich gelingt, scheinen doch alle Glieder zu ähnlich. Letztlich kommt er zu folgendem Schluss: „Also haben wir auff das fleissigst vnd eigentlichst angezeygt vnd beschrieben alle glider des understen bauchs / so zu der narung oder fürung des gantzen leibs / auch zu geberen vnnd menschlichs geschlecht zu erhalten / dienstlich seind." Die *Geburtsglieder* bringen also die Menschengschlechter hervor. Eine Tatsache und sprachliche Verknüpfung, die sich einige Jahre später in Johann Veslingios neu herausgegebenem Anatomie-Buch wieder findet: „Bißher haben wir gehandelt von den jenigen Werckzeugen / welche zur Nahrung des Leibes dienen / damit derselbe / dem täglich was abgehet / und der daher leicht vergehen / ja gantz zu nichte werden könnte / stetig möchte unterhalten werden. Wenn aber auch derselbe vermittelst hohen Alters stets hinfällt und stirbt / so waren zur Fortpflantzung Menschlichen Geschlechtes Geburts~glieder vonnöhten / dadurch dieselbe ins Werck gerichtet werden möchte."[12] Anders formuliert: Auch in den Anatomiebüchern des sechzehnten Jahrhunderts wird der dem Wissensbestand gehorchende Geschlechterbegriff verwendet. Dieser bezeichnet nicht die sexuelle Organisation der *Geburts-* und *Zeugungsglieder*, sondern ist mit den Menschen-, Tier- oder Pflanzengeschlechtern verknüpft. Und weil das Menschengeschlecht von den *Geburtsgliedern* hervorgebracht wird, ist die moderne semantische Verbindung, nach der das Geschlecht die Menschen hervorbringt, vollkommen ausgeschlossen.

Und doch sprechen die Texte von Duval, Columbus oder Veslingio eine neue Sprache, die dem Denken des sechzehnten Jahrhunderts fremd ist. Sie reduzieren ihren Untersuchungsgegenstand auf das eine Feld, das der sexuellen Organisation. Sie sprechen von Merkmalen, die allen – den männlichen Leibern oder den weiblichen Leibern – gemein sind, und sie erzählen gleichzeitig von Trägern sehr spezieller Abweichungen. In den Texten zur sexuellen Organisation finden sich Versuche, aus dem Gespinst der Analogien auszubrechen und jenseits der Exegese von Ähnlichkeiten andere Methoden anzuwenden. Insofern erzählen die Traktate von neuen Techniken, die radikal andere Wissensbestände erscheinen lassen. Es geht um die Frage nach den Verwandtschaften zu einer männlichen oder einer weiblichen sexuellen Organisation, zu „diesem oder jenem Sexui" (Columbus 1609: 223). Und mit den Konturen dieses *Sexus*, dem weiblichen oder dem männlichen, ändern sich die Attribute: Columbus sprich von *weiblichen* oder *männlichen* Hermaphroditen. Sie werden so genannt, weil sie hinsichtlich ihres Zeugungsapparates etwas mehr in die eine oder etwas mehr in die andere Richtung tendieren.

Bevor jedoch die Wahlverwandtschaften der geschlechtlichen Differenz des siebzehnten und achtzehnten Jahrhunderts näher analysiert werden, muss auf eine weitere Praktik eingegangen werden. Columbus sagt, dass die weibliche Hermaphroditin/Zigeunerin, bei der er seine Vivisektion durchgeführt hat, Folgendes begehrte: „[D]aß ich ihr wollte das Wintschelrüthlin mit einem eysern Instrument abschneiden / als welches ihr in concubitu virili verhinderlichen were: Beneben wolte sie / daß ich das foramen erweittert / vnd sie derwegen ad concubitum virilem taugenlicher were. Aber ich / als

12 Veslingio, Johann (1616): Neu herausgegebene Anatomia von Johann Veslingio, Nürnberg. In Verlegung Johann Hoffmanns Kunst- und Buchhändlers, S. 77.

der solcher beyder Geschlecht Vnderscheydt offter zubesehen vnd zubetrachten begehret / habe sie mit Worten auffgehalten vnd verzogen. Dann ich hab nicht gedörfft ihr diß Orts willfahren / dieweil ich vermeint / dz solches bey Verlust vnd Gefahr deß Lebens nit köndte volnzogen werden." (Columbus 1609: 223) Columbus greift also nicht zum Eiseninstrument. Er schneidet die *Winschelruthe*, die zum männlichen *Sexus* gehörig ist, nicht ab.

Aus mehreren Gründen ist diese Begebenheit interessant. Zum einen stehen die Vivisektionen von Columbus nicht im Kontext einer gerichtlichen Auseinandersetzung. Es sind keine Observationen, die über eine Anklage entscheiden, in deren Folge also geklärt werden soll, ob die Zigeunerin/Hermaphroditin sich der Sodomie hat schuldig gemacht – immerhin will sie *eheliche Werke* vollziehen. Daraus folgt, dass die Zigeunerin nicht mit der drohenden Frage konfrontiert ist, der sich Marie/Marin le Marcis ausgesetzt sieht: Verurteilung und Hinrichtung wegen diagnostiziertem Hermaphroditismus. Vielmehr steht die Ungewissheit im Zentrum: Soll ein Zuviel – die beim *ehelichen Werk* störende *Rute* – entfernt werden oder nicht? Zum anderen ist die Antwort von Columbus interessant. Er verweigert die Amputation des *Zeugungsgliedes*, weil dies mit der Gefahr einhergehen könnte, dass besagte Zigeunerin in Folge der Amputation sterben würde. Die Gefahr des Lebens, wie Columbus sich ausdrückt, überwiegt das Anliegen der Hermaphroditin, das störende Glied zu entfernen und sie so für die *Werke der Ehe* zurecht zu schneiden.

***

An dieser Stelle muss ein Exkurs zur Verwendung von chirurgischen Eiseninstrumenten eingefügt werden. Fabrici Aquapendente, Nachfolger von Columbus in Padua, benennt mehrere chirurgische Methoden, „wie nemlich die Hermaphroditen / oder Zweydorn / so Mann- so Weiblichen Geschlechts / können zu recht gebracht werden".[13] Es sind dies vornehmlich Praktiken, die vom Hörensagen getragen sind, da Aquapendente sich auf Überlieferungen aus antiken Welten beruft. Bevor die möglichen chirurgischen Praktiken behandelt werden, erscheinen bei Aquapendente die Umrisse einer neuen Kasuistik, eines Tableaus der Hermaphroditen. Ähnlich wie bei Columbus zu lesen, wird behauptet, dass alle Hermaphroditen in männliche und weibliche Leiber geteilt werden können. Und doch taucht hier eine Erweiterung auf: „bey dem Männlichen Geschlecht [seyen] dreyerley / bey dem Frauenvolk aber nur eine Art" (Aquapendente 1716: 197) zu finden. Auch hier steht der Versuch im Vordergrund, die vielfältigen Formen der Herma-

13 Aquapendente, Hieronymi Fabricii ab (1666): OPERA CHIRURGICA IN PENTATEUCHUM ET OPERATIONES CHIRURGICAS DISTINCTA. Patavii: Typis Matthaei de Cadorinis. Im Weiteren wird die deutschsprachige Übersetzung verwendet: Aquapendente, Hieronymi Fabricii ab (1716): Meyland berühmten Professors in Padua / Chirurgische Schriften, Darinnen nicht allein alle Chirurgische Hand~Griffe / sondern auch die Ursachen der Kranckheiten des Menschlichen Leibes auf das deutlichste angewiesen werden [...]. Nürnberg / Bey Johann Daniel Taubers Seel. Erben, S. 195.

phroditen auf zwei dichotome, zumindest aber auf vier Gegensätze zu reduzieren: weiblich versus männlich oder weiblich versus drei männliche Formen.

Was folgt, sind Aquapendentes Ausführungen zu den chirurgischen Handgriffen. Zunächst zu den *männlichen* Hermaphroditen: „Wir wollen aber bey den hermaphroditen nunmehr Pauli Handgriff anführen; und zwar an denen verweibten Männern / die beederley Natur an sich haben. Paulus sagt / daß dieses die dritte Unehr und Schande der Männer sey / wann sie den Harn durch den Beutel ausfließen lassen / zeiget aber weiter keine Ursach derentwegen an: Die übrige drey werden also curriret / wann man das überflüssige hinweg nimt / und darauf wie ein Geschwür tractiret. Diese Wort Pauli wollen anders nichts / als daß man die weibliche Scham heraus schneiden soll." (Aquapendente 1716: 197) Alles entfernen, was zuviel ist. Diese Devise realisiert sich gleichfalls in Paulis' Operationsanweisungen hinsichtlich der *weiblichen* Hermaphroditen. Aquapendente gibt sie mit folgenden Wendungen wieder: „Ist also an dem / daß wir auch die Chirurgie / so diese, Theil zu gut geordnet worden / einführen. Paulus verrichtet selbige also: Es legt das Weibsbild auf den Rücken / fasset dieses Fleisch mit dem Rupf-Zänglein an / und schneidet es ab / mit fleissiger Aufsicht / daß man mit dem Schnitt nicht zu tieff fahre / damit nicht hiedurch der flüssige Gebrechen oder so genannte Rhyada, verstehe / daß sie den Harn nicht halten können / verursachet werde: Jedoch solte es bässer gethan seyn / um so wol den Schmerzen / als diesen beschwerlichen Fluß zu verhüten / daß man dieses Fleisch mit einer engen Scheer anfasse / nach und nach zusammenziehe / damit durch solches Zusammenzwicken dem Fleisch seine Empfindsamkeit in etwas benommen werde; darnach mus man es erst abschneiden." (Aquapendente 1716: 197f.)

Aquapendentes Ausführungen zu den *männlichen* Hermaphroditen stellen lediglich einen einzigen Grund für eine mögliche chirurgische Intervention auf. Er spricht ganz allgemein von einer *Unart*: dem *Harnlassen* nach *Weiberart*. Dieses Verhalten, das als wider einer männlichen Handlungsweise aufgefasst wird, kann durch Amputation aller weiblichen *Geburtsglieder* aufgehoben werden. Doch in Bezug auf die *weiblichen* Hermaphroditen finden sich drei Gründe, weshalb eine Amputation von Nöten wäre. Diese drei Amputationsinterventionsmotive kreisen weniger um eine *Unart* beziehungsweise um ein widernatürliches Verhalten, sondern vielmehr um die Durchführung der *ehelichen Werke*. Der erste Amputationsgrund ist hierin zu suchen: Die prominente weibliche *Scham* würde von den weniger prominenten männlichen Teilen verdeckt, sodass bei den *ehelichen Werken* der freie Eingang der *Manns-Ruten*, der des Ehemanns, verwehrt werden würde. Mit anderen Worten: Eine Penetration ist nicht möglich, weil die weiblichen *Geburtsglieder* durch fremde Teile verdeckt sind. Das zweite Motiv für eine Amputation liegt im Sodomie- beziehungsweise Tribadismusverdacht,[14] denn es wird

14 Tribadismus oder Tribadie wird als eine Praktik verstanden, bei der zwei Frauen ihre äußeren Glieder zum Zweck der sexuellen Stimulation aneinander reiben. In den Worten von Zedler: „TRIBADES, heissen solche Weibsbilder, welche ein so großes und langes Schaamzünglein haben, daß es fast einer männlichen Ruthe gleichet, und damit bey anderen ihres Geschlechts die Stelle einer Mannsperson vertreten können." Zedler, Johann Heinrich (1745): TRIBADES, in: ders.: Grosses vollständiges Universal-Lexicon Aller Wissenschaften und Künste, welch bißhero durch menschlichen

befürchtet, dass „ein Weib Mannliche Liebes-Werk treiben" (Aquapendente 1716: 197) könnte. Der letzte Grund ist folgender: „Drittens / daß das Weibsvolk hiedurch desto schamhafftiger und bescheidener werden sollte / und daß man durch solches Mittel die unersättliche Weibs-Lust stillen könte / welche sie an diesen fast hitzigen Orten erlitten / durch Annehmung dieses Theils / so große Vördernus zur Lieb und Erhebung des Gliedes gebe / und also in etwas zurückhalten." (Aquapendente 1716: 197) Die männlichen Glieder, die bei *weiblichen* Hermaphroditen zu sehen und zu ertasten sind, sollen demnach abgetrennt werden, um die *ehelichen Werke* realisieren zu können. Auf der Ebene der *Liebes-Werke* sind drei Vorkehrungen zur Realisierung, zum Schutz der *ehelichen Werke* angesiedelt: Die Gewährleistung der Penetration, die Verhinderung von sodomitischer Lust sowie die Produktion von Schamhaftigkeit, verstanden als Abschottung beziehungsweise Trennung von weiblicher Lust und weiblichem Leib.

Diese chirurgischen Praktiken, die Aquapendente im Rückgriff auf Pauli auflistet, kommentiert er schließlich wie folgt: „Weiln ich aber nichts dergleichen gesehen / auch dieselbe sonst keinen Theil hindert / noch schädlich ist / auch solche Schmach nicht vor jederman zu eröffnen; als hab ich vor weit rathsamer erachtet / von dergleichen Schmerzlichen Vorhaben müssig zu stehen / und mit den Chirurgischen Handgriffen unberührt zu lassen." (Aquapendente 1716: 197) Analog zu Columbus, dem die Verwendung der chirurgischen Eisen nicht fremd, sondern offensichtlich sehr vertraut ist, lehnt Aquapendente in seinem Kommentar den Gebrauch dieser Praktiken ab. Schmerz und die Gefahr für Leib und Leben, die Schädlichkeit der Intervention und die Schmach der Anwendung, treten hier als Argumente auf, die Aquapendente in seinem Kommentar der antiken Quellen gegen die Amputationspraktiken in Stellung bringt. Auch Duval hat die Amputation der weniger prominenten Glieder als Alternative zur Auferlegung von lebenslanger sexueller Abstinenz erwogen. Auch er kennt diverse medizinisch-chirurgische Praktiken der Gliedamputation, die er unter anderem im Zusammenhang mit einem Scheidungsfall aus dem Jahr 1560 erwähnt.[15]

Wie lassen sich diese Ausführungen zusammenfassen? Welche Krisensituationen tauchen in den anatomischen Abhandlungen auf? Zum einen: Weder Marie le Marcis, noch

Verstand und Witz erfunden und verbessert worden. Fünf und Viertzigster Band, Trap – Tz., Halle und Leipzig: In Verlag Johann Heinrich Zedlers, S. 577. Vgl. zur Konstruktion der Tribade u. a.: Crompton, Louis (1981): The Myth of Lesbian Impunity. Capital Laws from 1270 to 1791, in: Journal of homosexuality, Volume 6, Number 1/2, S. 11-25; Brown, Judith (1989): Lesbian sexuality in medieval and early modern Europe, in: Duberman, Martin Bauml [Hg.]: Hidden from history. Reclaiming the gay and lesbian past, New York: New American Library Books, S. 67-75; Park 1997; Steidele, Angela (1999): Von keuschen Weibern und lüsternen Tribaden. Der Diskurs über sexuelle Handlungen zwischen Frauen im 18. und 19. Jahrhundert, in: Popp, Wolfgang [u. a.] [Hg.]: Forum Homosexualität und Literatur, Heft 35, Siegen: Forschungsschwerpunkt, S. 5-34; Wahl, Elizabeth Susan (1999): The Tribade, the Hermaphrodite, and Other „Lesbian" Figures in Medical and Legal Discourse, in: dies: Invisible relations. Representations of Female Intimacy in the Age of Enlightenment, Stanford: Stanford University Press, S.17-42.

15 Die Annullierung der Ehe, so Duval, kam auf Bitten des Ehemanns zustande, nachdem sich seine Ehefrau, trotz Anraten eines Doktors, weigerte, überflüssige, den männlichen Zeugungsgliedern ähnliche Teile, entfernen zu lassen. Vgl. hierzu ausführlicher: (Park 1997: 183f.).

die Zigeunerin werden als Hermaphroditen hingerichtet und verbrannt. Zwar gelten Hermaphroditen nach wie vor als Monster (vgl. Riolan 1614), doch die damit korrespondierende Praktik der Tötung mit anschließender Verbrennung wird in diesen Fällen nicht angewandt. Die Leiber werden in keinem Moment der Lebensgefahr ausgesetzt – weder der willentlichen Tötung per Hinrichtung, noch der möglichen Gefahr für Leib und Leben, die im Zuge einer Amputation von überflüssigen *Zeugungsgliedern* drohen würde. Der Tod als Option wird vollkommen verbannt, da die Aufrechterhaltung der göttlichen Signaturen-Ordnung obsolet geworden ist. Als Alternative zu diesen Wissensbeständen und Praktiken eröffnet sich ein weltliches Leben in sexueller Abstinenz, die Verurteilung, den ambivalenten Leib nicht zum *ehelichen Werk* einsetzen zu dürfen.

Zum anderen korrespondiert mit der neuen Technik der Vivisektion die Erfindung des *Sexus*. Seine Konturen sind noch vage, die Dominanz des bisherigen Geschlechterbegriffs und der damit korrespondierenden Geschlechterordnungen beginnt, an den Rändern zu erodieren. Männliches oder weibliches Geschlecht, im Sinne von *Sexus*, erscheint als neues Merkmal, als neue Kategorie und bringt eine neue Ordnung in die monströsen und ambivalenten Leiber.[16] Die natürlichen Zeichen der Leiber verblassen in ihrer Kraft angesichts der sexuellen Organisation. Mit den sexuellen Kliniken erscheinen neue Komponenten – *Wintschelruthen, Gromensäcke oder Hochbälglein* –, die von Ordnungen zeugen, die jenseits der Leibzeichen angesiedelt sind. Ihre Präsenz fordert zu Fragen möglicher Interventionen auf – den Möglichkeiten der chirurgischen Eingriffe. Auch wenn diese Interventionen vorerst unisono abgelehnt werden und die Praktik in der mehr oder weniger undifferenzierten Abtrennung des Überflüssigen – die männliche *Rute* soll genauso entfernt werden wie die weibliche *Scham* – besteht, zeugen die Diskussionen von einem neuen Interventionsfeld, von einem Feld, das nicht mehr den ganzheitlichen, sondern nur noch einen spezifischen Teil des Leibes betrifft. Es tauchen keine sexusspezifischen Interventionspraktiken auf, sondern die generelle Regel: Weg mit dem, was überflüssig ist. Und doch zeugt diese Interventionspraktik von einem neuen Ordnungsfeld, dem der *Zeugungs-* und *Geburtsglieder* des menschlichen *Sexus*. Und mit diesem Ordnungsfeld treten erste Konturen des Scultetschen Geschlechtsbegriffs auf.

Drittens werden zwischen den Geflechten aus gerichtlichen Urteilen und medizinisch-chirurgischen Ausführungen – Verurteilung zu sexueller Abstinenz oder Amputation von überflüssigen *Zeugungsgliedern* – erste Ansätze für Vorkehrungen zum Schutz der *ehelichen Werke* beziehungsweise des ehelichen Zusammenlebens aufgerissen.

16 Der Begriff „Geschlecht" im Sinne von *Sexus*, so ist es im Grimmschen Wörterbuch zu lesen, taucht erstmals am Ende des fünfzehnten Jahrhunderts auf. Interessanterweise bezeichnen die dort zitierten Quellen zunächst nur das „mannes gesläht", beziehungsweise sprechen vom „männlichs geschlechts". Die erste Erwähnung des männlichen und weiblichen Geschlechts findet sich in einer Quelle aus dem Jahr 1585, die den Begriff Hermaphrodit näher bestimmt: Der „hermaphroditus oder zwidder, das ist ein mensch, der beiderlei geschlechts, manns und weibes glied zugleich hat." Grimm, Jacob/Grimm, Wilhelm (1991): Deutsches Wörterbuch, Bd. 5, München: Deutscher Taschenbuch Verlag, Sp. 3903-3912, Sp. 3909.

Diese Vorkehrungen produzieren rudimentäre Umrisse der ehelichen Allianzen.[17] *Zeugungs-* und *Geburtsglieder* bilden einen neuerlichen Ausgangspunkt um über alte Fragen nachzudenken: Wer darf unter welchen Umständen mit welchen Voraussetzungen wen heiraten? Welchem Zweck haben die *ehelichen Werke* zu dienen beziehungsweise welche Neigungen sollen in diesem Zusammenhang nicht gestattet sein? Wann beispielsweise kann von einem sodomitischen Verhältnis gesprochen werden und welche Voraussetzungen müssen hierfür vorhanden sein? Diese und weitere Fragen gruppieren sich um diese neue sexuelle Organisation. Sie warten auf Antworten, sie warten auf positive Formulierungen, sie warten auf Vorkehrungen für das eheliche Beisammensein.

Die Krisenfiguren – die diskursiven Ereignisse: Marie/Marin le Marcis als Frau oder als Hermaphrodit, die Zigeunerin von Columbus, die Hermaphroditen von Paré und Montaigne –, die am Ende des sechzehnten und Anfang des siebzehnten Jahrhunderts die bis dahin geltenden Wissensbestände und Praktiken in Unruhe versetzen, deuten erste Konturen der künftigen Wissensbestände und Praktiken an. Noch dem Wissensbestand des sechzehnten Jahrhunderts ausgesetzt, und doch schon mit den Interventionstechniken und Untersuchungsmethoden des siebzehnten Jahrhunderts in Berührung. Marie/Marin le Marcis, einerseits eine gemachte Frau, da sie als ein von Zeichen gesättigter Leib betrachtet wird und andererseits ein gemachter Hermaphrodit, da der Leib von *Zeugungs-* und *Geburtsgliedern* bestimmt ist. Die Hermaphroditen von Paré und Montaigne: Beide werden, analog zu Marie/Marin le Marcis, nicht mit der Todesstrafe konfrontiert und leben/überleben in sexueller Abstinenz. Und schließlich die Zigeunerin von Columbus: Auch sie ist nicht von der richterlichen Todesstrafe bedroht. Sie wünscht die Amputation, die ihr jedoch wegen der Kenntnisse um die Praktiken und die damit in Verbindung stehenden tödlichen Gefahren verweigert wird. Vier beziehungsweise fünf Krisenfiguren, die nicht mehr ausschließlich Produkte ein und desselben Wissensbestandes sind. Sie pendeln zwischen den Welten: verhaftet einerseits im Wissen und den Praktiken des sechzehnten Jahrhunderts und andererseits konfrontiert mit den Diskursen des siebzehnten Jahrhunderts. Sie deuten künftige Fragen in Umrissen an, sie nehmen das künftige Ereignis Geschlecht vorweg, sie antizipieren als Krisenfiguren den Umbruch innerhalb des Wissens um die Ordnung der Geschlechter.

17 Vgl. zum Problem der Allianzvorkehrungen (Allianzdispositiv): WzW 1998. Das Allianzdispositiv zielt vornehmlich auf die Einhaltung der ehelichen Pflichten ab, ist auf die rechtlich-moralische Sanktion der Ehe im allgemeinen und nicht nur der bürgerlichen Ehe gerichtet und entsteht im Kontext christlicher Moraltheologie. Die Gesamtheit an ehelichen Reglementierungen, für die das Allianzdispositiv steht, sorgt innerhalb des gesellschaftlichen Gefüges für die Ordnung der ehelichen Werke und soll das Fortleben sichern. Das Allianzdispositiv stützt ein System des Heiratens, der Festlegung und Entwicklung der Verwandtschaften, es übernimmt die Aufgabe, „das Spiel der Beziehungen zu reproduzieren und ihr Gesetz aufrechtzuerhalten." (WzW 1998: 129)

III. Geschlecht als Tableau

1. Aporien der Geschlechterbegriffe

> „Von hermaphroditen oder zwittern. Es seyend diese die leute, die man vor zeiten ins meer oder in die flüsse warf, oder in eine wüste insul verbannete, weil sie vorboten eines besorgenden allgemeinen unglücks wären [...]. Es gehet in wahrheit wenig zeit vorbey, daß man nicht höret von etlichen hermaphroditen oder zwittern reden, welche vormals wunder und böse anzeigungen seyn mussten, heut zu tage aber als eine sehr artige sache beobachtet werden."[1]

Im siebzehnten und achtzehnten Jahrhundert wimmelt es an Historien über Zwitter, an Kompendien, die Hermaphroditen zusammenstellen, oder einzelnen Observationsberichten über Personen mit zweifelhaftem Geschlecht. Anfang des siebzehnten Jahrhunderts beispielsweise erscheinen die Serees von Bouchet, in denen unter anderem über „Des Bossus, des Contrefaits, & des Monstres"[2] berichtet wird. Bouchets Historien kreisen einerseits um antikes Wissen – Fragen, die bereits Platon, Plinius oder später Augustinus aufgeschrieben haben. (Vgl. Bouchet 1636: 234) Andererseits werden Begebenheiten des sechzehnten Jahrhunderts aus der Perspektive des siebzehnten Jahrhunderts analysiert: Fragen nach der *Zeugungs-* beziehungsweise *Geburtsfähigkeit* der jeweiligen Person. (Vgl. Bouchet 1636 248f.) Harsdörffer veröffentlicht weltliche und geistliche Lehrgedichte zu den „Neutralisten" oder „so genannten Zwiedorn"[3] und Prætorii berichtet in seiner neuen Weltbeschreibung von den „Zwitter-Menschen".[4] Eine der

1 Venette, Nicolai (1738): Abhandlung von Erzeugung der Menschen. Mit Königl. Pohln. und Churfürstl. Sächs. Allergnadigsten Privilegio. Königsberg und Leipzig: Verlegts Christoph Gottfried Eckart, S. 502.

2 Bouchet, Guillaume (1636): SECOND LIVRE DES SEREES DE GVILLAVME BOVCHET, SIEVR DE BROCOVRT. Reueu & augementé par l'Autheur en cette derniere Edition, presque de moitié ET NVGE SERIA DVCVNT. A ROVEN, S. 228.

3 Harsdörffer, Georg Philipp (1991): Nathan und Jotham. Das ist Geistliche und Weltliche Lehrgedichte, Bd. I, Neudruck der Ausgabe Nürnberg 1659, Frankfurt/Main: Keip, S. 309.

4 PRÆTORII, M. JOHANNIS (1667): Ander Theil DER Newen Weltbeschreibung Als von 1. Astrologischen / 2. Betröglichen / 3. Constablischen / 14. Optischen / 4. Deufflichen / 5. Erdenen / 6. Felsischen / 7. Graupelen / 8. Höltzern / 9. Immer-Lebenden / 10. Klugen / 11. Letchen / 12. Monstrosichen / 13. Nacht – mahrischen / 15. Phantastischen / 16. Quadraten / 17. Rauchen /

ausführlichsten Geschichten dieser Zeit erscheint in der Sammlung französischer Liebesgeschichten, die anonym veröffentlicht vorliegt. In der Verwechslungskomödie, die unter dem Titel „Die schöne Hermaphroditin“[5] erscheint, dreht sich alles um die Hochzeit der Hermaphroditin Iphigenia und ihr Geheimnis, am „brünstigen Ort [...] [ein] weibliches und mänliches Glied zugleich“ zu haben. (Anonym 1683: 104)

Das wohl bekannteste Kompendium über hermaphroditische Leiber, das am Beginn des siebzehnten Jahrhunderts entsteht, jenes Werk, in dem sämtliche Geschichten von Hermaphroditen zusammengefasst sind, die bis zu diesem Zeitpunkt Erwähnung gefunden haben, ist von Caspar Bauhin. (Vgl. Bauhin 1614; Long 2006: 49ff.) Aus dem Schatten von Bauhins Zusammenstellung treten erste Versuche zu einer Taxonomie der Geschlechter beziehungsweise „theses de sexu“[6] hervor, die ohne Umschweife auf der Bearbeitung von hermaphroditischen Körpern und deren sexueller Organisation beruhen. Und Mitte des achtzehnten Jahrhunderts veröffentlicht Arnaud seine „Anatomisch-Chirurgischen Abhandlungen über Hermaphroditen“.[7] Auch Arnaud achtet auf Vollständigkeit – er listet alle bekannten Hermaphroditen auf. Aber sein Kriterium für die Aufnahme in das Tableau der Hermaphroditen gehorcht den Fragestellungen des siebzehnten und achtzehnten Jahrhunderts: Berichtet wird ausschließlich von solchen Hermaphroditengeschichten, aus denen eine sexuelle Organisation herzuleiten ist. (Vgl. Arnaud 1777) Die Historien der natürlichen und widernatürlichen Zeichen, die Bauhin noch in seine Sammlung aufnahm, existieren hier nicht mehr.

Zwischen diesen Veröffentlichungen, den Historien und Kompendien, deren Erscheinungsdaten nur den groben zeitlichen Rahmen für die Taxonomie der Geschlechterbilder darstellen, tauchen unzählige Berichte beziehungsweise Protokolle von Vivisektionen gesichteter und betasteter Hermaphroditen auf. Solche Einzelfall-Beschreibungen sind Scultets „Wahrnehmung von einem Zwitter“ (Sucltet 1756) oder Clauders Observation „De Hermaphrodito“,[8] die erstmals in lateinischer Sprache veröffentlicht und später ins Deutsche übersetzt werden. In diesen Reigen gesellen sich die Wahrnehmungen von

18. See / 19. Tückeboldischen / 20. Viehischen / 21. Wörter / 22. Zwitter / Menschen [...]. Magdeburg / In Verlegung Johann Lüderwaldts / Buchhändlers daselbst, S. 559f.

5 Anonym (1683): Die schöne Hermaphroditin, in: Entführung der preißwürdigen Helena von Amsterdam. Sampt einer Beschreibung einer schönen Hermaphroditin / Liebes-Geschichten auß dem Frantzösischen in das Teutsche übersetzt Basel / Verlegt / von Joh. Philip Richter, S. 1-105.

6 Fleisser, Joachim (1608): THESES DE SEXU, SIVE DE NATURA ET ORTU MARIS, FOEMINÆET Hermaphroditi [...] WITEBERGAE, Typis Cratonianis, per Johan. Gorman.

7 Arnaud, Georg (1777): Anatomisch~Chirurgische Abhandlung über die Hermaphroditen. Aus dem Französischen übersetzt. Nebst sechs Kupfertafeln. Straßburg, Verlegts, Amand König, Buchhändler.

8 Clauders, D. Gabr. (1685): De Hermaphrodito, in: MISCELLANEA CURIOSA MEDICO-PHYSICA ACADEMIÆ NATURÆ CURIOSORUM, EPHEMERIDUM MEDICO-PHYSICARUM GERMANICARUM ANNUS TERTIUS, Anni scilicer M. DC. LXXII [...]. LIPSIÆ & FRANCOFURTI, sumptibus JOHANNIS FRITZSCHII. Typis JOHANN-GEORGII DRULMANNI, S. 169-171. Im Weiteren wird die deutsche Übersetzung verwendet: Clauders, D. Gabr. (1764): Von einem Zwitter, in: Der Römisch Kaiserlichen Akademie der Naturforscher auserlesene Medicinisch ~ Chirurgisch ~ Anatomisch ~ Chymisch ~ und Botanische Abhandlungen, dreyzehnter Theil, mit Kupfern, Nürnberg: Verlegts Wolfgang Schwarzkopf, S. 141-142.

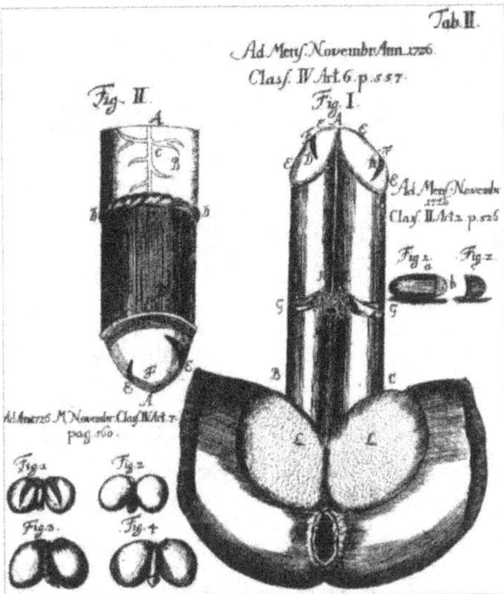

Abb. 41: Hermaphrodit (Weygand 1726)

Hartmann „Ex Anatome Hœdi Hermaphroditi“,[9] Valthers Observationsprotokoll „De Hermaphrodito notatu digno“[10] oder aber Weygands Beschreibung eines Hermaphroditen, „dessen Männliche Ruthe mangelhaft, und an dem Perniæo mit einer Weiblich- ähnlichen, doch untieffen Schaam versehen“[11] war. (Vgl. Abb. 41) Sie erscheinen am Ende des siebzehnten beziehungsweise am Anfang des achtzehnten Jahrhunderts in jenen zahlreichen Abhandlungen, die für akademische Naturforscher zusammengestellt werden.

Jenseits dieser temporären Erscheinungen, den Einzelfällen, die kein Echo erzeugen, finden sich diverse Fallbeschreibungen zu einzelnen Hermaphroditen, deren geschlechtliche Organisation von verschiedenen Observatoren beschrieben und diskutiert wird. In Form von Briefen, Einzelblattveröffentlichungen oder mehrseitigen Abhandlungen toben die Dispute um die *wahre* sexuelle Organisation. Im Jahr 1687 erscheint beispielsweise der Auszug eines Briefes von Aghonby in den „Philosophical Transactions“.[12] Hier wird erstmals

9 HARTMANNI, Dn. D. PHILIPPI JACOBI (1706): OBSERVATIO CIII. Ex Anatome Hœdi Hermaphroditi, in: MISCELLANEA CURIOSA SIVE EPHEMERIDUM MEDICO-PHYSICARUM GERMANICARVM ACADEMIE CÆSAREO-LEOPOLDINÆ NATVRÆ CVRIOSORVM DECURIÆ III. ANNUS NONUS & DECIMUS [...], OBSERVATIONES Medico-Physico-Anatomico-Botanico-Chirurgicas: Cum APPENDICE [...]. Sumtibus Academiæ, Norimbergæ, Francofurti, & Lipsiæ apud ENGELBERT STRECK. Literis Christiani Sigismundi Frobergii, S. 191-193.

10 VALTHERI, DN. D. DAVIDIS CHRISTIANI (1715): OBSERVATIO CXXXV. De Hermaphrodito notatu digno, in: ACADEMIAE CAESAREO-LEOPOLDINAE CAROLINAE NATVRAE CVRIOSORVM EPHEMERIDES SIVE OBSERVATIONVM MEDICO-PHYSICARVM A CELEBERRIMIS VIRIS [...] CENTVRIA III & IV. Cum APPENDICE [...]. NORIBERGAE, Sumptibus WOLFGANGI MICHAHELLES, Litteris JOAN. ERNESTI ADELBVLNERI, S. 305-310.

11 Weygand, D. (1726): Ein Hermaphrodit, dessen Männliche Ruthe mangelhaft, und an dem Perniæo mit einer Weiblich- ähnlichen, doch untieffen Schaam versehen gewesen, in: Kanold, D. Johann: Sammlung Von Natur- und Medicin- Wie auch hierzu gehörigen Kunst- und Literatur- Geschichten / So sich An. 1726. in denen 3. Herbst-Monaten In Schlesien und andern Ländern begeben [...], Und nunmehro an der einmal beliebten Ordnung Als der Acht und dreyßigste Versuch Ans Licht gestellet [...] Herbst – Quartal 1726. ERFURTH, drucks und verlegts Carl Friedrich Jungnicol, S. 557-559.

12 Aghonby (1687): An Extract of a Letter written by Mr. Veay Physician at Thoulouse to Mr. de St. Ussans, concerning a very extraordinary Hermaphrodite in that City. Communicated by Dr. Aghonby,

über Marguerite/Arnaud Malaure berichtet, einen Hermaphroditen aus der Nähe von Toulouse. Einige Jahre später, 1691, schreibt Vallier eine Mitteilung über den Rechtsfall Marguerite/Arnaud Malaure.[13] Und Gayot de Pitaval geht in seinen sonderbaren Rechtsfällen ausführlich auf die Auseinandersetzungen um den Leib des Hermaphroditen Malaure ein.[14]

Über Fleissers und Arnauds Thesen zur sexuellen Organisation einerseits sowie die Diskussionen zwischen Aghonby, Vallier und Pitaval andererseits wird an späterer Stelle berichtet. Vorerst soll die Frage behandelt werden, was all die benannten und nicht benannten Wahrnehmungen, Observationen und Historien über Hermaphroditen eint, die im siebzehnten und achtzehnten Jahrhundert so geläufig sind, wie Venette sagt. Welche Ordnung offenbaren sie und wie gehören sie systematisch zusammen? Es steht die Frage nach der Erfindung der *Zeugungs-* und *Geburtsglieder* im Raum, die im siebzehnten und achtzehnten Jahrhundert, so eine erste Diagnose, sämtliche Texte über die hermaphroditischen Körper dominieren. Und mit dem Problem der Erfindung der *Zeugungs-* und *Geburtsglieder* erscheint die Frage: Wie kolonialisieren diese Glieder den vielschichtigen Geschlechterbegriff des sechzehnten Jahrhunderts? Um diese Fragen beantworten zu können, sollen in einem ersten Schritt vier Protokolle zur sexuellen Organisation von hermaphroditischen Körpern analysiert werden.

Der erste Untersuchungsbericht stammt von George Hannæus, den er 1677 veröffentlicht.[15] Hannæus berichtet von einem jungen Mann, der auf den Namen Pierre

Reg. Soc. S., in: PHILOSOPHICAL TRANSACTIONS. Giving some ACCOMPT OF THE Present Undertakings, Studies, and Labours OF THE INGENIOUS, in many Considerable Parts of the WORLD. VOL. XVI. LONDON: Printed for S. Smith and B. Walfort, Printers to the Royal Society, at the Prince's Arms, in St. Paul's Church-yard, S. 282-283.

13 Vallier (1766): EXTRAIT D'UNE LETTRE DE MR. DE SAINT VALLIER, Sur une espece d'Hermaphrodite, in: COLLECTION ACADEMIQUE, COMPOSÉE des Mémoires, Actes ou Journaux des plus célèbres Académies & Sociétés Littéraires, des Extraits des meilleurs Ouvrages Périodiques, des Traités particuliers & des Pièces Fugitives les plus rares, CONCERNANT L'HISTOIRE NATURELLE ET LA BOTANIQUE, LA PHYSIQUE EXPÉRIMENTALE ET LA CHYMIE, LA MÉDICINE ET L'ANATOMIE [...]. A PARIS, Chez MICHEL LAMBERT [...]. AVEC APPROBATION ET PRIVILEGE DU ROI, S. 15.

14 Pitaval, Gayot de (1735): FILLE RÉPUTÉ'E FAUSSEMENT HERMAPHRODITE, in: ders.: CAUSES CELEBRES ET INTERESSANTES, AVEC LES JUGEMENS QUI LES ONT DECIDE'ES [...]. TOME QUATRIEME. A LA HAYE, Chez JEAN NEAULME, S. 345-366. Im Weiteren wird die deutsche Übersetzung verwendet: Pitaval, Gayot von (1748): Eine Frauensperson, die fälschlich für einen Zwitter gehalten wird, in: ders.: Erzählung sonderbarer Rechtshändel, sammt deren gerichtlichen Entscheidung. Aus dem Französischen übersetzt. Vierter Theil. Mit Königl. Poln. und Churf. Sächs. allergnädigstem Privilegio. Leipzig: Verlegts Gottfried Kiesewetter, Buchhändler in Stockholm, S. 404-428.

15 HANNÆUS, GEORGE (1677): De hermaphrodito, in: BARTHOLINI, THOMÆ: ACTA MEDICIA ET PHILOSOPHICA HAFNIESIA. Ann: 1674. 1675. 1676. Figuris æneis illustrata. VOLUM. III. & IV. HAFNIÆ, Sumptibus PETRI HAUBOLD Acad. Bibl., S. 183-185. Im Weiteren wird die französische Übersetzung verwendet: HANNÆUS, GEORGE (1766): OBSERVATION LXXIX. Sur un jeune homme dont le sexe étoit équivogue, in: COLLECTION ACADEMIQUE, COMPOSÉE

getauft war. Dieser Pierre änderte während der frühen Jugend seinen Namen von Pierre in Pétronille. Hannæus betont ausdrücklich, dass die Eltern ihn gewähren ließen und ihm fortan Mädchenkleider anzogen. Im Alter von 21 Jahren glaubte Pétronille gute Gründe zu haben, sein erstes Geschlecht zurück zu fordern und wieder den Namen Pierre zu tragen. Der Hermaphrodit unterzog sich freiwillig einer juristischen Untersuchung am Collegé de Médecins, das in der Stadt Œsel eingerichtet worden war. Folgende Details der sexuellen Klinik treten bei der Untersuchung zu Tage: „Le menton n'étoit point dépourvu de barbe, le penis étoit bien conformé, si ce n'est qu'il fut trouvé un peu court, mais peut-être n'étoit-il que retiré au dedans par un effet de la honte du sujet & de la présence de trois Médecins examinateurs; les testicules avoient presque la grosseur de ceux des béliers; le Scrotum étoit partagé, même extérieurement, en deux poches par sa suture qui prenoit à la racine du penis. Ce qui avoit donné lieu à l'équivoque, c'est une petite ouverture que le jeune homme avoit au périné, mais qui n'avoit jamais servi de passage à aucune sorte d'écoulement. Au reste, ce prétendu hermaphrodite avoit beaucoup de tempérament, & il passoit même pour avoir fait un enfant à une fille de son village." (Hannæus 1766 : 324)

Das zweite Protokoll ist der bereits zitierte Bericht von Clauders aus dem Jahr 1684. Es wird von einem Mann erzählt, der eine „ehrbare Tochter von braven Eltern" ehelichte. „Als er mit seiner Braut zum erstenmal zu Bette gieng, fand er diesen Liebeshandel nicht so angenehm, als er sich wohl vorgestellet hatte" (Clauders 1764: 141). Dies erzählte er, so Clauders, guten Freunden, da diese sich in den Dingen der *ehelichen Werke* besser als er selbst, der unerfahrene Ehemann, auskannten. Sie forderten ihn auf, sich von der Ehefrau scheiden zu lassen, da ein Vollzug der *ehelichen Werke* mit ihr nicht möglich war. Um die Scheidung zu erwirken, ließ er seine Ehefrau von einem erfahrenen Wundarzt untersuchen, der zu folgendem Ergebnis kam: „[D]aß das weibliche Glied dieser Person nur zwey Finger breit weit wäre, innerhalb demselben aber am oberen Theil noch ein männliches Glied steke, welches dem ersten Augenschein nach 2 oder 3-Finger lang war, aber auf die mindeste Berührung gleichmäßig fortwachse, und hart seye, wenn man es aber betaste, so läge noch ein Theil davon eines Fingers lang unter der Haut verborgen. Diese Rute habe ferner eine Eichel ohne Oefnung und Vorhaut, und wenn man die Lefzen der weiblichen Scham zurück thue, so treffe man die sonst gewöhnlichen Wasserlefzen nicht an. Der Vörder-Hals der Mutter seye auch hart und gleichsam knörpeligt." (Clauders 1764: 142)

Die dritte Observation ereignet sich im Jahr 1676.[16] Sie ist von Menzels, einem Wundarzt aus dem brandenburgischen Anklam, angefertigt und dreht sich um den

des Mémoires, Actes ou Journaux des plus célèbres Académies & Sociétés Littéraires, des Extraits des meilleurs Ouvrages Périodiques, des Traités particuliers & des Pièces Fugitives les plus rares [...]. TOME SEPTIÉME de la Partie Etrangere, ET LE PREMIER de la Médecine Séparée. A DIJON [...]. AVEC APPROBATION ET PRIVILEGE DU ROI, S. 324-325.

16 MENTZELII, D. CHRISTIANI (1678): OBSERVATIO VIII. De DUOBUS HERMAPHRODITIS, in: MISCELLANEA CURIOSA SIVE EPHEMERIDUM MEDICO-PHYSICARUM GERMANICARUM ACADEMIÆ NATURÆ CURIOSORUM ANNUS OCTAVUS Anni M. DC. LXXVII [...]. OBSERVATIONES MEDICAS, PHYSICAS CHYMICAS, Nec nom. MATHEMATICAS

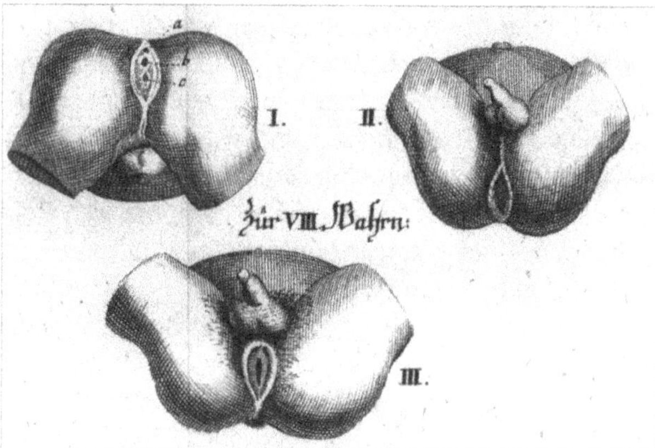

Abb. 42: Observation eines Zwitters (Menzels 1760)

hermaphroditischen Körper eines an der Ruhr erkrankten Knaben. (Vgl. Abb. 42) Menzels versucht, den Knaben zu kurieren, und entdeckt während der Behandlung die zweifelhaften *Zeugungs-* beziehungsweise *Geburtsglieder*. „Indem ich also das Röhrchen mit Mandelöl beschmieret und behutsam an den Hintern gebracht hatte; so fande ich das Schliesmäuslein des Hintern dergestalt erweitert, daß dieser bey dem ersten Anblick vielmehr ein weibliches Geburtsglied, als ein Hintern zu seyn schien.“ (Menzels 1760: 8) Unschlüssig, ob hier etwas Widernatürliches oder Zwitterhaftes zu finden sei, fragt Menzels die Eltern des Kindes, ob er die Sache genauer observieren dürfe. Die Eltern willigen ein und Menzels fertigt folgendes Protokoll an: „Nach der Auseinanderziehung der Lefzen und der oben gedachten Runzeln, welche dem Schliesmäuslein des Hintern ähnlich waren, fande ich gegen den Unterleib zu die Wasserlefzen und die myrtenförmigen Fleischwärzchen, zwischen welchen eine Höhle (c) für eine kleine Mutterscheide ware [...]. Ueber diesem Schliesmäuslein des Hintern sahe man, welches ich nicht begreifen konnte, noch ein anderes kleines Löchlein (a), nach Art der Harnröhre, die sonsten bey Weibspersonen gegen dem Unterleibe zu sich befindet; hier aber gegen das Schwanzbein zu stunde. Es war auch dieses etwas merkwürdiges, daß die Gegend zwischen dem Hintern und der Scham, welche eine Nath auf das genauste vorstellte, über vier Querfinger von dem männlichen Gliede biß zu diesem wiedernatürlichen Hintern betruge.“ (Menzels 1760: 9) Menzels kommt, in Übereinstimmung mit den Aussagen der Kindsmagd, die das Kind von der Geburt an betreut hatte, zu dem Schluss, dass hier ein weibliches Geburtsglied vorhanden sei.

Die vierte und vorerst letzte Observation ist jene, die Scultet im Jahr 1671 durchführt. (Vgl. Abb. 2) Wie beschrieben, kommt Martha Lechna zu Scultet, um ein Almosen zu erbitten. Und weil sie, wie aus einem Zeugnis ersichtlich, ein Hermaphrodit war, verlangt Scultet als Gegenleistung für seine Spende „die Ansehung ihres Geschlechts.“

Cum APPENDICE. Cum SAC. CÆS. MAJEST. Privilegio. VRATISLAVIÆ & BERGÆ, S. 8-10. Hier wird die deutschsprachige Übersetzung verwendet: Menzels, D. Christian (1760): VIII. Wahrnehmung. Von zween Zwittern, in: Der Römisch Kaiserlichen Akademie der Naturforscher auserlesene Medicinisch ~ Chirurgisch ~ Anatomisch ~ Chymisch ~ und Botanische Abhandlungen. Achter Theil mit Kupfern. Nürnberg, verlegts Wolfgang Schwarzkopf, S. 7-9.

(Scultet 1756: 339) Bei der Besichtigung findet er einen *Hodensack* mit *Hoden*, eine männliche *Rute*, die mit einer *Vorhaut* bedeckt ist, sowie eine *Eichel*. Am männlichen Glied öffnet sich ein *Spalt*, der einen halben Zoll lang ist. Als Scultet daran zieht, kommen die weiblichen *Schamlippen* und zwei Öffnungen hervor. Die erste Öffnung ist der *Harngang*, die zweite gibt einem mittelmäßigen Sucher Raum. Scultet endet seinen Bericht mit folgender Feststellung: Diejenigen, „welche die Sache gründlicher untersuchten, hielten dafür, man müsse diese Person denjenigen Weibsleuten beyzählen, deren Kitzler von ganz ausserordentlicher Grösse ist." (Scultet 1756: 341)

Ganz allgemein lässt sich sagen, dass die vier Observationsprotokolle im direkten Vergleich zu den Exegeseberichten des fünfzehnten und sechzehnten Jahrhunderts durch diverse Gemeinsamkeiten miteinander verbunden sind. Gleichzeitig weisen sie jedoch in der internen Gegenüberstellung etliche Unterschiede auf. Zunächst zur Frage, was die Wahrnehmungen vereint. Erstens thematisieren sie alle den gleichen Gegenstand: einen lebenden Hermaphroditen. Zweitens vereint sie die Untersuchungstechnik der Vivisektion – den forschenden Eingriff in den lebendigen Körper. Damit korrespondiert eine dritte Gemeinsamkeit: Es steigt aus allen Berichten eine haptische Dimension, das Betasten der zu observierenden Körper, empor. Viertens erscheint, durch die Technik hervorgebracht, eine Reihe von Gliedern, die ausschließlich im Bereich der Scham angesiedelt sind. Und hiermit steht eine fünfte Gemeinsamkeit in Verbindung: In allen Berichten wird von Ähnlichkeiten erzählt, die über Maßzahlen hergestellt werden – ein Finger breit oder zwei Finger tief. Die sechste Verbindung stellen die Funktionsbestimmungen der sexuellen Organisationen dar, um die alle Observationen rotieren. Die siebente Gemeinsamkeit der Vivisektionsprotokolle resultiert aus der sechsten. Sie besteht darin, dass in allen Berichten Männer oder Frauen produziert werden. Achtens, und hierauf hat bereits Foucault hingewiesen, treten unter den Fingern der Observatoren individuelle Kliniken hervor – es sind individuelle Beschreibungen, die eindeutig einer einzelnen Person zugeordnet werden. Die neunte Übereinstimmung aller Berichte findet sich in den Produzenten der Abhandlungen: Es sind ausschließlich Ärzte, die die Körper bestimmen. Die letzte Übereinstimmung ist die Verknüpfung aus all dem bisher Benannten. Die Observationen lassen etwas vollkommen Neues entstehen: das diskursive Ereignis Geschlecht.

Jenseits der Gemeinsamkeiten treten diverse interne Differenzen zwischen den vier Protokollen auf. Erstens drehen sich zwar alle Wahrnehmungen um die sexuellen Organisationen von Hermaphroditen. Doch die Technik der Vivisektion lässt vollkommen unterschiedliche sexuelle Organisationen erscheinen. Es gibt einerseits Glieder, die als männliche bezeichnet werden: *Ruten*, *Hodensäcke* mit oder ohne *Hoden*, *Eicheln* oder *Vorhäute*, und es tauchen Glieder auf, die als weibliche Glieder bestimmt werden: *Scheiden*, *Schamlippen* nebst *Nymphen* oder *Jungfernhäutchen*. Die zweite Differenz korrespondiert mit diesen Bestimmungen, denn kein observierter Hermaphrodit wird nach der Untersuchung als solcher angerufen. Vielmehr etabliert sich eine dichotome Teilung: Einerseits werden *männliche* Hermaphroditen beziehungsweise Hermaphroditen, die in *Wahrheit* Männer sind, produziert. Andererseits tauchen *weibliche* Hermaphroditen oder Frauen mit widernatürlichen Gliedern auf. Der dritte Unterschied knüpft wiederum an das Problem der sexuellen Organisation und ihrer Glieder an. Im Vergleich der einzelnen Glieder erscheinen verschiedene Abstände oder besser gesagt unterschiedliche Größenverhältnisse. Obgleich die Fingerlänge und -breite der Observatoren das Maß aller Dinge ist, werden durch das Ins-Verhältnis-setzen der Glieder die Ungleichheiten produziert. An diesen dritten Punkt schließt sich die vierte Unterscheidung an. Je nachdem, welche Maßzahl die Oberhand gewinnt, welches Glied der Länge oder Tiefe nach dominiert, wird über die Zugehörigkeit zu dem einen oder zu dem anderen Geschlecht entschieden.

Der knappe Aufriss von Übereinstimmungen und Gegensätzen, die zwischen den vier Protokollen aus dem siebzehnten Jahrhundert bestehen, soll als Grundlage für einen Vergleich auf mehreren Ebenen dienen. Die erste Vergleichsebene umspannt die Gegenüberstellung dieser Vivisektionsprotokolle mit den Exegeseberichten des sechzehnten Jahrhunderts. Die Analysen von Duvals Vivisektionsprotokoll, das er von Marie/Marin le Marcis angefertigt hat, die Betrachtungen von Columbus' Hermaphroditen sowie die Untersuchung von Aquapendentes Ausführungen zu möglichen Interventionen an Hermaphroditen haben bereits einige Unterschiede zu den Wissensbeständen und Praktiken des sechzehnten Jahrhunderts offenbart: Exegese versus Vivisektion, ganzheitlicher Leib versus *Zeugungs-* und *Geburtsglieder*, Lesen der Leiber versus Betasten der Leiber oder Tötung versus Leben in sexueller Abstinenz. Und doch ist der Umbruch, die Differenz, zwischen beiden Wissensbeständen – Geschlechter versus Geschlecht – noch nicht hinreichend beschrieben.

Die zweite Vergleichsebene soll im Folgenden noch einmal auf Übereinstimmungen und Differenzen zwischen den Protokollen des siebzehnten und achtzehnten Jahrhunderts zurückgreifen und die erste Ebene ergänzen beziehungsweise differenzieren. Anders gewendet: Auf der ersten Ebene werden die Aussagen von Hannæus, Clauders, Menzels und Scultet mit den Ausführungen zum hermaphroditischen Kind zu Zürich sowie jenen Exegesebeschreibungen, die Marie le Marcis als Frau bestimmten, konfrontiert und vergleichend analysiert. Die zweite, die ergänzende Vergleichsebene, beschreibt die Differenzen zwischen den vier zitierten Vivisektionsprotokollen des siebzehnten Jahrhunderts.

Der erste Unterschied kreist um den Gegenstand. Zwar sprechen mit einer Ausnahme alle Berichte von Hermaphroditen, nur eben jenes Exegeseprotokoll, das Marie le Marcis als Frau bestimmt, sperrt sich gegen diese Zuordnung. Die Darstellung von Marie ist an die Technik der Exegese gebunden, kann aber nichts Hermaphroditisches an Maries Leib feststellen. Und dies aus einem einzigen Grund: Maries Leib wird erst durch die Technik der Vivisektion zu einem hermaphroditischen Körper gemacht. Das Ereignis Marie/Marin le Marcis offenbart noch einmal seine Krisenhaftigkeit. Dieses erste Problem führt direkt zum zweiten Unterschied.

Die zweite Differenz kreist um die Techniken. Sowohl der hermaphroditische Kinderleib als auch Maries Bestimmung als Frau sind an Exegesetechniken gebunden. Mithilfe der *Physiognomia* werden die Teile des Antlitzes erkannt, die *Chiromantia* erlaubt die Lesung der Zeichen in den Händen und Füßen und die *Substantia* offenbart die Botschaften der Glieder des Rumpfes. Und noch etwas ist für die Exegesetechniken entscheidend: Sie suchen nach den Korrespondenzen zwischen den Menschen-, Tier- und Pflanzengeschlechtern. Im Gegensatz hierzu führt die Technik der Vivisektion von diesen Leibteilen weg. Ihrer Methode gehorchend, werden ausschließlich die Glieder

der Scham betrachtet und betastet. Die Observatoren richten ihr Interesse, bestimmt durch die Methode, auf einen sehr spezifischen Teil, auf einen Bereich, den Della Porta im sechzehnten Jahrhundert als vollkommen irrelevant für die Exegese auffasst: die Glieder der *Scham*. Dieser Bruch innerhalb der Techniken ist von einem Vorgang der Heraustrennung, der Ablösung unterlegt. Es kommt zu einer Scheidung einzelner Elemente – den Teilen der *Scham* – aus dem ganzheitlichen Eindruck des Leibes. Die Fokussierung der *Schamglieder*, bei gleichzeitiger Isolierung aus dem dichten Netz der Bedeutungen des Leibes, realisiert sich über die losgelöste Betrachtung und Betastung der spezifischen Region des Leibes. Hingegen die Exegese ausschließlich die außen liegenden Zeichen liest, wird im Verlauf der Vivisektion in den Körper eingegriffen.

Die dritte Differenz steht in unmittelbarer Verbindung zu den Techniken und liegt in der Art der sinnlichen Wahrnehmung verborgen. *Physiognomia*, *Chiromantia* oder *Substantia* sind Techniken der Signaturenlehre. Mit ihrer Hilfe werden die Signaturen der Dinge dieser Welt exegiert beziehungsweise ausgelesen. Keine Signatur, die auf den Menschen-, Tier- oder Pflanzengeschlechtern liegt, könnte ihre Geheimnisse offenbaren, wenn die Exegeten sie nicht entdecken und im zweiten Schritt auslesen würden. Die Techniken der Exegese sind also an visuelle Wahrnehmungen gebunden. Der Umbruch liegt genau in der Erweiterung der Wahrnehmung. Della Porta, der die internen *Sympathien* zwischen den *Schamteilen* und den Gliedern des Antlitzes genau beschreibt, kommt in seinen Exegesevorschriften nicht ein einziges Mal auf den Gedanken, die Wahrnehmungsebene zu erweitern geschweige denn zu verschieben. Duval hingegen fordert die Mitglieder der Untersuchungskommission mehrfach dazu auf, mit ihm gemeinsam die Betastung der *Zeugungsglieder*, die Vivisektion, durchzuführen. Allein die *Scham* vor der Berührung, die bereits Della Porta in seine Argumentation einfließen lässt, schließt die haptische Untersuchung aus. Duval seinerseits will die *Wahrheit* erfassen, er will die *Wahrheit* der Organisation wissen und greift in den Körper ein. Und mit dem Eingriff werden die Beschreibungskategorien erweitert. Nicht mehr nur Formen, Gestaltungen oder Konturen bestimmen die Untersuchungen, sondern auch die Konsistenzen, Dichten, Härtegrade oder Weichheiten. Kurz gesagt: Die Dominanz des Sichtbaren ist gebrochen und wird in den Vivisektionsberichten von Hannæus, Clauders, Menzels und Scultet durch eine haptische Komponente ergänzt.[17]

Die vierte Unterscheidungsebene knüpft unmittelbar an die zweite und dritte Differenz an. Sie ist Resultat und gleichzeitig Bedingung der unterschiedlichen Techniken – es geht um die zu untersuchenden Teile des Leibes. Egal, ob Marie le Marcis als Frauenleib betrachtet oder das Kind zu Zürich als hermaphroditischer Leib exegiert wird, entscheidend ist die Metapher des ganzheitlichen Leibes. Dieser ist Resultat der Exegesetechniken, die vom Scheitel bis zur Sohle über die natürlichen Signaturen nach den *Eigenschaften* des Leibes suchen. Ja selbst die Exegesen der Geschlechter der Monster und Wundergeburten produzieren stets einen ganzheitlichen Leib, der als widernatür-

17 Vgl. zur haptischen Dimension des Betastens: Böhme, Hartmut (1998): Plädoyer für das Niedrige. Der Tastsinn im Gefüge der Sinne, in: Gebauer, Gunter [Hg.]: Anthropologie, Leipzig: Reclam, S. 214-224.

liches Zeichen oder als Zeichenbündel gelesen und auf seine göttlichen Botschaften hin betrachtet wird. Wer wissen will, was für *Eigenschaften*, was für gottgegebene Botschaften ein Ding trägt, der muss all seine Signaturen lesen. Die Protokolle des siebzehnten Jahrhunderts vergegenwärtigen nicht mehr den ganzheitlichen Leib – verschwunden sind seine Glieder des Antlitzes, die äußeren *Äste* (Hände und Füße) oder die Zeichen der Substanz. Die Observationen des siebzehnten und achtzehnten Jahrhunderts nehmen ausschließlich die sexuelle Organisation wahr. In Folge der isolierten Betrachtung der Glieder der *Scham* erscheinen vollkommen neue Körperteile: *Ruten*, *Hoden* und *Hodensäcke*, *Eicheln* oder *Vorhäute* sowie *Scheiden*, *Schamlippen* nebst *Nymphen* oder *Jungfernhäutchen*. Diese Glieder bilden sich im Moment der Herauslösung aus dem ganzheitlichen Leib, der Scheidung und Analyse – quasi unter der wahrnehmenden Hand des Observators. Die *Schamglieder* sind keine natürlichen, gottgegebenen Zeichen, sondern von Menschenhand geschaffene, arbiträre Zeichen. (Vgl. OD 1999: 96) Während Gott im sechzehnten Jahrhundert die Dinge, die geschaffene Welt, vorgibt und die Menschen sowie das Denken darin eingeschlossen sind, so macht sich im siebzehnten Jahrhundert der Mensch selbst ans Werk, die Ordnung der Welt und der Dinge zu erklären. Wesentlicher Erklärungsgehalt wird dabei der Repräsentation und ihren arbiträren Zeichen zugesprochen, da diese als verlässlich und transparent erscheinen. Die arbiträren Zeichen warten nicht schweigend auf ihre Entdeckung, auf ihre Auslesung durch denjenigen, der der Exegese fähig ist, sondern ihre Bedeutungen entstehen im Moment der Aufgliederung, der Observation. Verschwunden ist die Technik der Exegese der sichtbaren Signaturen des gesamten Leibes – es dominiert ausschließlich die Technik der Vivisektion und die mit ihr hervortretenden Glieder der *Scham*, deren Existenz von der Analyse untrennbar ist, da sie ohne Analyse, ohne Scheidung, nicht erscheinen könnten – ohne Bedeutung wären.

Die fünfte Differenz zum Wissen des sechzehnten Jahrhunderts besteht im Wechsel der Ähnlichkeitsbeziehungen. Die essentielle Grundlage einer jeden Exegese besteht in der Entdeckung von Ähnlichkeitsverhältnissen zwischen den Geschlechtern – den Tier- und den Menschengeschlechtern, aber auch zwischen den Pflanzen- und Menschengeschlechtern. Nur über die Korrespondenzen und Sympathieverhältnisse lassen sich Aussagen über *Eigenschaften* und *Komplexionen* einerseits oder Form und Gestalt der im Leib verborgenen Dinge andererseits tätigen. Es geht also im sechzehnten Jahrhundert um die Frage nach den Verknüpfungen der Geschlechter – welches Netz des Wissens verbindet sie? Hingegen wird im siebzehnten Jahrhundert diese Verbindung getrennt. Es geht nicht um die Suche nach den Verbindungen zwischen den Tieren und den Menschen – diese Geschlechter sind fortan vollkommen getrennt. Vielmehr kreisen die Vivisektionen um die Ähnlichkeiten innerhalb der Geschlechter. Welche Bedingungen, welche Gleichartigkeiten müssen gegeben sein, damit von einer männlichen beziehungsweise weiblichen Organisation gesprochen werden kann? Diese Frage lässt sich nur innerhalb der neuen Ähnlichkeitsverhältnisse beantworten, in deren Gefolge arithmetische Normen auftauchen. Keine Formen, Gestalten, Farben oder Linien bestimmen die Suche nach der Anrufung der Personen. Vielmehr sind es die Sucher, medizinische Instrumente zur Längen- beziehungsweise Tiefenbestimmung oder schlicht die Finger der Observatoren, die in die Körper eindringen – sie tasten, messen und loten die *Zeugungsglieder* aus.

Die sexuelle Organisation, die *Zeugungs-* und *Geburtsglieder* des siebzehnten Jahrhunderts, sind nichts als in Zoll oder Fingerlängen vermessene Teile.

Der sechste Gegensatz resultiert aus dem Vorangegangenen. Mit dem Wechsel der Techniken und den damit korrespondierenden Untersuchungsobjekten – ganzheitlicher Leib versus isolierte Glieder der *Scham* – verschieben sich auch die Ziele der Untersuchungsberichte. In den Berichten des sechzehnten Jahrhunderts wird nach den *Eigenschaften, Komplexionen* oder Botschaften der Dinge gesucht und über diese werden die Geschlechter der Menschen, der Tiere, Pflanzen oder der Monster im Welttheater verteilt. Marie le Marcis' ganzer Leib erzählt von den *Eigenschaften* eines Mädchens, hingegen ihre Glieder der *Scham* in der Exegese nicht besichtigt werden. Das hermaphroditische Kind zu Zürich wiederum übermittelt – auf Grundlage der Stellung von *Frauenscham* und *Männerschwanz*, die als Anordnung das zu exegierende Zeichen bilden – die Botschaft Gottes: Alles befindet sich im Prozess der Verweichlichung beziehungsweise der Verweiblichung. Wenn hingegen Hannæus, Clauders, Menzels und Scultet die *Zeugungs-* und *Geburtsglieder* ihrer Hermaphroditen unter den Fingern haben, ertasten sie die Form und bestimmen die Funktion derselben. Während die Exegeseberichte des sechzehnten Jahrhunderts die Botschaften Gottes vor Augen haben, bestimmen die Protokolle des siebzehnten Jahrhunderts die Funktion der observierten Glieder. Funktionieren sie eher in der einen Richtung oder wirken sie doch in der anderen Richtung? An dieser Stelle öffnet sich jenseits der externen Differenzen eine interne Unterscheidung. Denn was genau versuchen die jeweiligen Techniken zu decodieren? Die erste Technik dechiffriert die Zeichen der Menschen-, Tier- oder Pflanzengeschlechter, hingegen die zweite Technik von der Ordnung der Glieder der *Scham* spricht. Diese isolierten Teile haben eine spezifische Funktion: Es sind Glieder, die der Funktion der *Zeugung* oder der *Geburt* vorbehalten sind. Die sexuelle Organisation zu observieren heißt, die Frage zu beantworten, ob ein Mensch *zeugungs-* beziehungsweise *gebärfähig* ist. Es offenbart sich demnach die externe Differenz: Lesen der göttlichen Botschaften versus Funktionsbestimmung der Glieder der *Scham*. Und es erscheint die interne Unterscheidung zwischen der Fähigkeit des *Zeugens* beziehungsweise des *Gebärens*. Diese Glieder, die herausgetrennten Teile des Leibes, werden mit Begriffen versehen, die ausschließlich das bezeichnen, was ihre alleinige Funktion und ihre alleinige Bestimmung ausmacht: Es werden all jene Teile der *Scham*, die der Funktion der *Zeugung* dienen, *Zeugungsglieder* genannt. Gleiches gilt für die Glieder der *Scham*, die der Funktion der Geburt dienlich sind, denn sie werden künftig *Geburtsglieder* heißen. Anders formuliert: Die *Zeugungs-* und *Geburtsglieder* haben in ihrer Bezeichnung zum Inhalt, was sie repräsentieren, was ihre Funktion determiniert – zu *zeugen* oder zu *gebären*.

Die siebente Unterscheidung taucht im Zuge der Entdeckung der *Zeugungs-* und *Geburtsfähigkeit* auf, denn mit dieser Unterteilung geht eine Dichotomisierung des Geschlechts einher. Bei Della Porta oder Megenberg tanzen diverse Geschlechter den Reigen des Menschengeschlechts: die *Weibischen* und die, die sich *für Weiber gebrauchen lassen*, die *Weychlinge* und die, die *Effœminatis* heißen, die *Schwachen* und die *Unkräftigen*. Diese Pluralität der Geschlechter verschwindet in den Berichten des siebzehnten und achtzehnten Jahrhunderts. Fortan existieren nur noch zwei Fragen: Sind die Glieder eher der *Zeugung* oder eher dem *Gebären* dienlich? Die Frage lautet nicht mehr, welche

Botschaften schickt uns Gott, welche Vielfalt hat er auf der Erde erschaffen, sondern welche Funktion weisen die Glieder auf? Welche Referenz überwiegt – ist es die *zeugende* oder eher die *gebärende* Funktion. Was aber deutet darauf hin, dass ein bestimmtes Glied über die männliche oder die weibliche Funktion verfügt? Durch das arithmetische Maß wird eine Zuordnung überhaupt erst möglich. Es mag sein, dass ein bestimmtes Glied zur *Zeugung* fähig ist – Erektion der männlichen *Rute*. Allein, wenn diese *Rute* zu kurz ist, um den männlichen *Samen* in den weiblichen Leib zu bringen, dann kann nicht von einer männlichen Funktionsfähigkeit ausgegangen werden. Um *zeugen* zu können, müssen die Glieder bestimmte Längen aufweisen, um *empfangen* zu können, müssen sie bestimmte Tiefen vorweisen. Und so unterwerfen die Maße die Funktion, über die Norm determinieren sie die Zuordnung. Das Maß gestattet, das Ähnliche nach der kalkulierbaren Form der Identität und des Unterschiedes zu analysieren. (Vgl. OD 1999: 86) In diesem Spannungsfeld erscheint das männliche und weibliche Geschlecht. Der Mann, der über die Funktion des *Zeugens* definiert und die Frau, die über die Funktion des *Empfangens* bestimmt wird. Vielleicht lassen die klassischen Vivisektionstechniken gerade noch eine dritte Kategorie zu: die des *wahren* Hermaphroditen. Doch auch seine Existenz verweist sofort auf die Dichotomie von Mann und Frau, da die *wahren* Hermaphroditen sowohl zum *Zeugen* als auch zum *Empfangen* in der Lage sind. Wer weder *zeugen* noch *empfangen*, wer nicht als Mann oder Frau angerufen werden kann, dessen sexuelle Organisation hat zumindest Ähnlichkeiten mit der einen oder der anderen Form – der Frau oder dem Mann.

Achtens zeichnen sich erste Mechanismen von Individualisierung ab. Die Berichte des sechzehnten Jahrhunderts sind in ihren Beschreibungen recht allgemein gehalten. Umrissen werden nicht die Individuen, sondern die Formen, Gestalten und Konturen der verschiedenen Geschlechter – wer die Zeichen eines Löwen trägt, der soll Mann genannt werden, wer hingegen aussieht wie ein Panther, der hat die *Eigenschaften* einer Frau. Es finden sich keine Mechanismen der Individualisierung. Es geht um die Eigenschaftsbestimmung der Männer, der Frauen, der *Weibischen*, derjenigen, die sich *für Wieber gebrauchen lassen*, der *Weychlinge*, der *Effœminatis* oder der *Schwachen* im Allgemeinen. Und selbst die Monstergeschlechter, beispielsweise das *Monster von Ravenna*, existiert nicht als individuelle Wundergeburt, sondern ausschließlich als Zeichenkonglomerat. Doch die *Komplexionen*, *Eigenschaften* und Botschaften werden verschwinden und mit ihnen die alten Geschichten aus längst vergangenen Zeiten. Die Geschichten vom Hörensagen – Plinius', Aristoteles' oder Ovids Erzählungen –, die sich um die Geschlechter herumranken, werden sich verflüssigen. Es verflüchtigen sich die Wunderberichte der Monsterkompendien und die Fabeln der unentdeckten Welten – Indien, Libyen oder Afrika – verlieren ihre Kraft. Künftig dreht sich alles um präzise Angaben – Stadt, Name oder Personenstand. Und unter den Fingern der Observatoren treten individuelle Kliniken hervor, die Beschreibungen von eindeutig zu bestimmenden Personen beinhalten. Sie erlauben Auskunft über den spezifischen Zeugungsapparat. Alles ist in den Vivisektionsberichten des siebzehnten Jahrhunderts auf die individuelle sexuelle Organisation sowie Funktion der *Zeugungs-* und *Geburtsglieder* ausgerichtet. Es werden keine Leibkomplexionen eines hermaphroditischen, eines monströsen Kindes zu Zürich beschrieben, sondern Kliniken der sexuellen Funktion eines spezifischen Individuums – Marie/Marin le Marcis, Pierre/Pétronille, Martha/Caspar Lechna oder Marguerite/ Arnaud Malaure – angefertigt. Und zwischen den individuellen Kliniken der sexuellen Organisation, den Berichten über die Funktionen der *Zeugungsglieder*, erscheint das männliche oder weibliche Geschlecht.

Doch bevor die Differenz zwischen den Geschlechtern des sechzehnten Jahrhunderts und dem männlichen beziehungsweise weiblichen Geschlecht des siebzehnten und achtzehnten Jahrhunderts bestimmt wird, muss noch auf die Diskursteilnehmer, die Produzenten der sexuellen Kliniken eingegangen werden. Die neunte Übereinstimmung: Alle Berichte über sexuelle Kliniken, die im siebzehnten und achtzehnten Jahrhundert verfasst werden, sind medizinische Diskurse. Dies steht im radikalen Widerspruch zu den Exegesediskursen des sechzehnten Jahrhunderts. Die Exegesen stellen ein heterogenes Diskursfeld dar: Es sprechen evangelische Pfarrer – Andreas Angelus (Angelum zu Straußberg) –, lutherische Theologen – Christoff Vischer –, Doktoren und Professoren der Rechte – Sebastian Brant –, Meistersänger und Dramatiker – Hans Sachs – oder katholische Würdenträger. Diese diskursiven Felder der Signaturenlehre formieren sich auch in der Zusammenarbeit von Hebammen, Chirurgen oder Wundärzten, wie die Kommission zeigt, die Marie le Marcis als Frau anruft.[18] Jene Vielfalt ist im siebzehnten und achtzehnten Jahrhundert fundamental reduziert. Wenn Duval, Hannæus, Clauders, Menzels oder Scultet sprechen, dann produzieren und reproduzieren ihre Äußerungen Wissen innerhalb des medizinischen Diskurses. Und diese Verknappung wird zusätzlich durch Mechanismen der Abgrenzung verstärkt. Wenn Martha/Caspar Lechna zu Scultet kommt, dann bringt sie ein Zeugnis mit, das von einem Richter ausgestellt wurde und in dem es heißt, dass Martha/Caspar ein Zwitter sei. Und aus ihrem Bericht werden die Verwicklungen ihrer Personenstandsbestimmung ersichtlich: Bei der Taufe wurde sie Caspar genannt, weil männliche Zeichen zu überwiegen schienen. Mit zunehmenden Jahren zeigte sich ein Überwiegen der weiblichen Zeichen, weshalb die Eltern ihr im zehnten Jahr ausschließlich den Namen Martha gaben. Um alle Ungewissheit zu beseitigen, wurde sie nach München gebracht, um von Ärzten besichtigt/exegiert zu werden. Schlussendlich vivisektiert Scultet die sexuelle Organisation und sagt: All jene, die in Martha nichts als eine Mannsperson sahen, ‚richteten ihr Absehen auf nichts, als auf die Länge und Magerkeit des Leibes; auf die männliche Stimme und Kräfte; auf die langen Haare; auf die kleinen Brüste'. Hier offenbart sich einerseits die methodologische Abgrenzung – Exegese der Zeichen versus Vivisektion der *Zeugungs-* und *Geburtsglieder* – und andererseits eine Verengung des Diskurses. Es mag sein, dass der Pfarrer bei der Taufe, der Richter des Dorfes, die Eltern als ständige Begleiter oder die Ärzte aus München Martha/ Caspar besichtigt haben. Doch diese Diskursteilnehmer, deren Wissen, deren Aussagen dem Denken des sechzehnten Jahrhunderts gehorchen, haben, so Scultet, Unrecht. Sie lesen andere *Wahrheiten* aus dem Leib des Zwitters. Scultet hingegen, wenn er die *Wahrheit* des Geschlechts ergründet, erfasst oder ertastet, repräsentiert das Wissen des siebzehnten und achtzehnten Jahrhunderts. Seine Observation fragt nicht nach den natürlichen

18 Vgl. zu den unterschiedlichen Diskursteilnehmern und differenten Strömungen beziehungsweise politischen, religiösen oder medizinischen Hintergründen der Exegesen ausführlicher: Ewinkel 1999.

Zeichen, sondern spricht ohne Umschweife von der sexuellen Klinik der Martha/Caspar Lechna.

Wenn die Übereinstimmungen der vier Observationen, die Ähnlichkeiten der Vivisektionsprotokolle zusammengenommen werden und ein letztes Mal mit den übereinstimmenden Aussagen der Exegeseberichte konfrontiert werden, dann erscheint im Vergleich das diskursive Ereignis Geschlecht. Vorerst entsteht es in der Verknüpfung all dessen, was bisher benannt wurde. Es wird über die Technik der Vivisektion hervorgebracht und ist ausschließlich an die sexuelle Organisation und deren isolierte Glieder gebunden: einerseits die männlichen *Ruten*, *Eicheln*, *Vorhäute*, *Hodensäcke*, *Hoden/ Samen-eyer* und *Harngänge* und andererseits die weiblichen *Mutterscheiden*, *Hälse der Mutter*, Lefzen/*Schamlippen*, *myrtenförmigen Fleischwärzchen*, *Jungfernhäutchen* und *Harnröhren*. Näher bestimmt wird dieses phänotypische Geschlecht über die Konsistenz, Dichte oder Härtegrade beziehungsweise über arithmetische Maßeinheiten. Mit den genannten Scheidungen geht die Funktionszuweisung einher: *Zeugungs-* und *Gebärfähigkeit*. Über all diese Kriterien wird fortan das dichotome Geschlecht definiert. Es ist gebunden an medizinische Diskurse, die von der *Wahrheit* spezifischer Geschlechter sprechen.

Das dichotome Geschlecht des siebzehnten Jahrhunderts steht in seinen phänotypischen Umrissen im klaren Kontrast zu Laqueurs „Ein-Geschlecht-Modell". Das Laqueursche Modell, das keinerlei diskursive Differenzen zwischen den Gliedern der *Scham* beinhaltet, gerät an dieser Stelle ins Wanken. Vorerst lässt sich sagen, dass die Pfeiler der Laqueurschen Argumentation über die Hermaphroditen-Diskurse des siebzehnten Jahrhunderts erschüttert werden. Und noch etwas steht zur Disposition: der Moment, da das *wahre* Geschlecht erfunden wird. Foucault beschreibt am Beispiel der Herculine Barbin, wie der Diskurs um das *wahre* Geschlecht im Ereignisfeld von Hermaphroditen-Observationen des neunzehnten Jahrhunderts auftaucht. (Vgl. ÜHerm 1998)[19] Wenn jedoch Duval mit seinen Fingern die *Wahrheit* von Marie/Marin le Marcis' sexueller Organisation ertastet oder Scultet die *Wahrheit* von Martha/Caspar Lechnas Geschlecht in Augenschein nehmen will, dann kreisen diese Aussagen um das *wahre* Geschlecht der Hermaphroditen. Insofern ist Foucault darin zuzustimmen, dass die Diskurse um das *wahre* Geschlecht im Ereignisfeld der Hermaphroditen-Observationen erscheinen. Doch der Moment dieses Ereignisses muss vom neunzehnten auf das siebzehnte Jahrhundert vordatiert werden.

19 Vgl. hierzu auch: Foucault, Michel (2005): Das wahre Geschlecht, in: ders.: Schriften in vier Bänden. Dits et Ecrits, Bd. IV, 1980–1988, Frankfurt/Main: Suhrkamp, S. 142-152.

2. Die Taxonomie des Geschlechts

> „Glied (männliches) Männliche Ruthe, Lat. Penis, Muto, Bolis, Colis, Veretrum Suetonio [...]. Es ist aber das männliche Glied das vornehmste Werckzeug der Zeugung, und dasjenige länglichte Theil, welches forne über das Gemächte gehet, dadurch der Harn gelassen, und das Werck der Liebe verrichtet wird. Hierbey hat man zu sehen, 1) auf die Gestalt, Lager, Zahl und Grösse, so jederman bekannt, und darbey nichts weiter zu erinnern vorfällt, als daß *Schenckius* de pene et praeputio IV.1. erzählet, daß *Jo. Jae. Wecker*, ein Böhmischer Medicus bey einer öffentlichen Anatomie eine Manns-Person zergliedert, welche mit einem doppelten männlichen Gliede versehen gewesen; fast eben dergleichen Exempel hat *Bartholinus* Hist. Anatom. IV.22. aufgezeichnet".[20]

Die Gegenüberstellung der unterschiedlichen Geschlechterbegriffe hat die Umrisse des dichotomen Geschlechts – die männlichen *Zeugungs-* und weiblichen *Geburtsglieder* – angezeigt. Die Funktionen – *Zeugen* oder *Gebären* – sind bestimmt, die jeweiligen Bestandteile beziehungsweise differenten weiblichen und männlichen Glieder sind benannt und die Technik der Vivisektion, auf deren Grundlage das dichotome Geschlecht entdeckt worden ist, liegt offen zutage. Doch wie genau wird dieses Geschlecht im siebzehnten und achtzehnten Jahrhundert produziert? Welche Mechanismen sind der Kolonialisierung des alten Geschlechterbegriffs durch den neuen Begriff Geschlecht unterlegt? Wie verschwinden die alten Geschlechterbegriffe beziehungsweise erscheinen die Diskurse um das neue Geschlecht? Und wenn es richtig ist, dass dieses dichotome Geschlecht in den Hermaphroditen-Observationen des siebzehnten und achtzehnten Jahrhunderts das Licht der Welt erblickt (vgl. Zedler 1735: 1651), dann stellt sich die Frage, ob es als ein Effekt der Zwitter-Vivisektionen angesehen werden kann. Diese Fragen sollen mithilfe der Analyse von Vivisektionsberichten und Geschlechtertaxonomien des siebzehnten und achtzehnten Jahrhunderts beantwortet werden.

Nicolai Venette schlägt am Anfang des achtzehnten Jahrhunderts folgendes Tableau der Hermaphroditen oder Zwitter vor. (Vgl. Abb. 43) Er sagt: „Ich rechne derer fünferley arten: die ersten haben alle natürliche glieder in sehr guter gestalt, sie harnen und zeugen kinder, wie die andern männer, aber mit diesem unterscheid, daß sie zwischen dem hindern und dem *scroto* eine sehr tiefe spalte haben, welche zu der zeugung untüchtig ist. Die andern haben ebenfalls die männlichen glieder sehr wohl gebildet, welche ihnen auch zu den verrichtungen des lebens und der zeugung dienen; dabey aber einen riß, welcher doch nicht so tief, als bey dem ersten ist, und welcher, weil er in der mitten des *scroti* zu finden, die Saamen-eyer auf beyde seiten drücket. Bey der dritten art siehet man gantz keine natürliche mannes-glieder, sondern beobachtet nur eine

20 Zedler, Johann Heinrich (1735): Glied (männliches) Männliche Ruthe, in: ders.: Grosses vollständiges Universal-Lexicon Aller Wissenschaften und Künste, welch bißhero durch menschlichen Verstand und Witz erfunden und verbessert worden. Zehnter Band, G. – Gl., Halle und Leipzig: In Verlag Johann Heinrich Zedlers, S. 1651-1655, S. 1651.

Abb. 43: Tableau der Hermaphroditen (Venette 1738)

spalte, durch welche der hermaphrodit den urin lässet. Diese höhle hat ungleiche tiefe, nach dem mangel der materie, die zu dessen bildung angewendet worden; indessen aber kan sie der finger leichtlich ergründen; die monat-zeit fließet niemals dadurch. Und diese art des zwitters ist ein wahrhaftiger mann, sowohl als die beyden andern [...]. Die vierdten seyend jungfrauen, welche die *clitoris* viel grösser und länger haben, als die andern, und hierdurch die gemeinen leute betriegen, als welche von diesen gliedern keine gründliche wissenschaft haben [...]. Das eintzige merckmahl, daß sie weiblichen geschlechts seyn, ist, weil sie alle monate den fluß ihres *menstrui* erleiden. Endlich die fünften seynd solche personen, welche weder des einen noch andern geschlechts gebrauch, und die natürlichen glieder so verwirret, auch das temperament eines mannes und einer frauen dergestalt untermenget haben, daß es mühe kostet zu sagen, welches geschlecht bey ihnen das mächtigste sey.“ (Venette 1738: 502ff.)

Dieses Tableau der Hermaphroditen, in dem die sexuellen Organisationen angeordnet sind, ist nicht vollkommen unbekannt. Bereits einige Jahre zuvor stellt Aquapendente ein ähnliches System der Zwitterarten auf. Hier wie dort werden alle Hermaphroditen in männliche oder weibliche sexuelle Organisationen aufgeteilt. Die *männlichen* Hermaphroditen sind in drei *Arten* differenziert, hingegen Aquapendente und Venette lediglich eine *weibliche* Art bekannt ist. Ein Unterschied scheidet beide Tableaus voneinander: Venette fügt eine fünfte Art hinzu, die Aquapendente nicht erwähnt. Es sind die *wahren* oder *vollkommenen* Hermaphroditen, jene Art, die weder zu der einen noch zu der anderen sexuellen Organisation gehört, die sich, so Venette, der Zuordnung auf Grundlage der sexuellen Organisation sperrt.

Jenseits dieser klassifikatorischen Anstrengungen sind die Ausführungen von Venette durch drei Mechanismen bestimmt. Erstens spricht er von lediglich fünf *Arten* der Hermaphroditen. Er reduziert also den bekannten Formenreichtum der Hermaphroditengeschlechter des sechzehnten Jahrhunderts auf nunmehr fünf sexuelle Organisationen. Zweitens verallgemeinert Venette einzelne Observationen – seine eigenen sowie die Vivisektionen Dritter – und kommt zu dem Schluss, dass es generelle Strukturen gibt. Ausgehend von den eigenen Beispielen, induziert Venette auf fünf grundsätzliche Strukturen der sexuellen Organisation. Und noch etwas ist augenscheinlich. Es tauchen zwei neue Begriffe auf, die im Feld der Hermaphroditen-Klassifizierung etabliert werden: zum einen der Begriff *Art* und zum anderen der Ausdruck *Merkmal*. Venette spricht nicht mehr von den vielfältigen Geschlechtern der Hermaphroditen, sondern von genau fünf ihm bekannten *Arten* der Zwitter. Gleichzeitig weisen die sexuellen Organisationen der Hermaphroditen *Merkmale* auf. Einige *Arten* sind der *Zeugung* oder des *Harnens* fähig und andere wiederum vereinigt das *Merkmal* des *monatlichen Flusses*, der *Menstruation*.[21] Diese *Merkmale* repräsentieren entweder die eine oder die andere sexuelle Organisation. In den Vivisektionen des siebzehnten und achtzehnten Jahrhunderts werden *Arten* und deren *Merkmale* vergleichend analysiert. Kurz gesagt: Mit der Produktion des dichotomen Geschlechts korrespondieren zwei Mechanismen – Reduktion und Strukturbestimmungen – sowie zwei neue Begriffe – *Art* und *Merkmal*.

Zunächst zu den Mechanismen der Reduktion und der Strukturbestimmung. Paracelsus oder Magnus, Della Porta oder Megenberg, Brant oder Vischer, Aldrovandi oder Licetus beschreiben einen unendlichen Reichtum an Geschlechtern. Von diesen Geschlechtern werden die Formen und Gestalten sowie die *Eigenschaften* und *Komplexionen* benannt. Sie zu beschreiben bedeutet, ihre natürlichen und monströsen Zeichen zu benennen, die Ähnlichkeiten, die in ihnen zu finden sind, freizulegen und zu sagen, welchen Ort sie innerhalb des Welttheaters einnehmen. An welchen Platz sind sie von Gott gesetzt worden, welche Botschaften offenbaren sie und wie wird sich – an ihnen ablesbar – die Zukunft oder Gegenwart gestalten? Um die Geschlechter herum ranken sich die Geschichten aus längst vergangenen Zeiten, die Historien, die im siebzehnten Jahrhundert als wundersame Erzählungen oder Fabeln abgetan werden, und es tauchen stets die Bezüge zu antiken Autoren auf. Was sagen Plinius, Aristoteles oder Soranus? Und wie lassen sich diese antiken Berichte kommentieren? (Vgl. OD 1999: 72ff.) Anders gewendet: Die Bausteine, aus denen die Geschichten der Geschlechter bestehen, sind in ein unentwirrbares Netz, in ein dichtes und einheitliches Gewebe eingebunden. Es verbindet die Geschlechter untereinander, es ist in ihnen niedergelegt und muss aus ihnen herausgelesen werden.

Wenn hingegen Hannæus, Clauders, Menzels, Scultet oder Venette von ihrem Geschlechtsbegriff reden, dann fehlen all diese Bezüge. Sie sprechen nicht von antiken Autoren, bestimmen nicht die natürlichen Zeichen, finden keine Ähnlichkeiten zwischen den vielfältigen Geschlechtern und verbannen das dichte Gewebe des Kommentars in die Welt der Fabeln. In ihren Berichten herrscht ein Klima der unmittelbaren Empirie. Und nicht nur im Wissen um die Geschlechter tauchen die benannten Leerstellen auf. Selbst die Leiber werden auf die sexuelle Organisation, auf diese spezifische Struktur reduziert. Das Heraustrennen des kleinen, vorher nicht benannten Teils des Leibes ist mit der Taxonomie, der Analyse des Geschlechts, verbunden. Die taxonomische Methode führt nicht nur einen neuen Gegenstand ein, sondern verdichtet den Korpus der Aussagen auf eine besondere Region, die im siebzehnten und achtzehnten Jahrhundert alle

21 Vgl. zur Zeugungstheorie von Venette u. a.: Vickermann-Ribémont, Gabriele (2004): Die Ökonomie der Imagination in Nicolas Venettes „Tableau de l'amour conjugal", in: Zaun, Stefanie/Watzke, Daniela/Steigerwald, Jörn [Hg.]: Imagination und Sexualität. Pathologien der Einbildungskraft im medizinischen Diskurs der frühen Neuzeit, Frankfurt/Main: Klostermann, S. 83-100.

Aufmerksamkeit, alle Anstrengungen und sämtliche Diskurse dominiert. Mit ihr öffnet sich ein neuer Raum innerhalb des Wissens. Dieser Raum wird die Ordnung der *Zeugungs-* und *Geburtsglieder* bestimmen. Dort werden keine Menschen-, Tier- oder Monstergeschlechter angeordnet, sondern, wie in Venettes Tableau der Hermaphroditen ersichtlich, alle Teile der natürlichen *Zeugungs-* und *Geburtsglieder* gruppiert. Diese Vorgänge umschreiben die Mechanismen der Reduktion.

Ein Verdichtungs- beziehungsweise Reduktionsmechanismus ist für die Strukturbestimmung besonders wichtig: die Herauslösung der *Zeugungs-* und *Geburtsglieder* aus dem ganzheitlichen Leib. Alle Observatoren analysieren ausschließlich diese Struktur. Sie zählen die Anzahl der *Hoden* und der *Nymphen*, sie vermessen die Gestalt der *Ruten* oder der *Eicheln*, sie observieren die *Lagerstätten* der *Schamlippen* und *Jungfernhäutchen* oder bestimmen die Größe beziehungsweise die Tiefe von *Frauenscheiden*. Die Struktur der *Zeugungs-* und *Geburtsglieder* ergibt sich unter der Hand, sie wird hervorgebracht aus der Identifikation der Anzahl der Teile, den Maßzahlen der Glieder, den Berechnungen oder Messungen all jener Proportionen, die unter dem observierenden Auge hervortreten. Sie setzt sich zusammen aus den Bestimmungen von Mengenangaben oder den geometrischen Formen, die als beschreibender Vergleich ins Spiel gebracht werden. Die gesichteten und gefühlten Teile dieser Struktur werden in eine repräsentierende, einfache und für alle verstehbare Sprache überführt. Es repräsentieren nicht nur die *Zeugungs-* oder *Geburtsglieder* in ihrem Namen, in ihrer Bezeichnung, das, was ihre Funktion ausmacht. Auch in der sprachlichen Bestimmung, in der Namensgebung der einzelnen Teile der sexuellen Organisation findet sich diese Vorgehensweise in ähnlicher Art wieder, hier nicht ausschließlich in einem funktionalen Zusammenhang, sondern in Form von sichtbaren oder ertastbaren Ähnlichkeitsverhältnissen.[22]

Die *Eichel*, die auf der *Rute* sitzt, heißt *Eichel*, weil ihr Name über ihre Form, über ihr Aussehen bestimmt wird. Gleiches gilt für die *Rute*, die aussieht wie ein Stab, eine Stange oder ein Balken.[23] Und wenn Venette die *Saamen-eyer* ertastet, dann fühlt er als erstes deren eiförmige Gestalt. Die weibliche *Scheide* erhält ihre Bezeichnung, da sie zu folgenden Funktionen befähigt ist: „[D]as männliche Glied, gleichsam als ein Wegweiser, in seinen rechten Ort“[24] zu bringen. Gleichzeitig leistet sie „dem weiblichen Cörper zur Ausleerung des Urins, der monatlichen Reinigung und der Reinigung nach der

22 Vgl. hierzu: Foucault, Michel (GK 1999): Die Geburt der Klinik. Eine Archäologie des ärztlichen Blicks, Frankfurt/Main: Fischer. In der ersten Phase der ‚Klinik‘, im siebzehnten und beginnenden achtzehnten Jahrhundert, geht es darum, „in eindeutiger Entsprechung das Sichtbare ins Lesbare zu übersetzen und ihm mittels der Universalität einer kodifizierten Sprache Bedeutung zu verleihen“ (GK 1999: 182).

23 Vgl. hierzu: Kluge, Friedrich (1989): Etymologisches Wörterbuch der deutschen Sprache, Berlin [u. a.]: Walter de Gruyter, S. 616.

24 Zedler, Johann Heinrich (1742): Schaam, in: ders.: Grosses vollständiges Universal-Lexicon Aller Wissenschaften und Künste, welch bißhero durch menschlichen Verstand und Witz erfunden und verbessert worden. Vier und Dreyßigster Band, Sao – Schla., Halle und Leipzig: In Verlag Johann Heinrich Zedlers, S. 649-650, S. 649.

Geburth Hälffe“ (Zedler 1742: 649).[25] Sie ist ein Körperteil, das die Grenze zwischen dem Körperinnern und dem Außen markiert. In die Bezeichnung der *Schamlippen*, der Glieder, die die weibliche *Scheide* zieren, geht wiederum die Visualisierung ein: Lippe beziehungsweise Lefze bezeichnet in seinem etymologischen Ursprung alle Körperteile, die schlaff sind oder herunterhängen wie Hautlappen. (Vgl. Kluge 1989: 434) *Eicheln*, *Ruten*, *Samen-eyer*, *Scheiden* oder *Schamlippen*: Die Teile der sexuellen Organisation repräsentieren in ihrer Bezeichnung ihre Funktion beziehungsweise werden in einer Art haptischen und visuellen Beschreibung gebildet. Die Namen sind der gesichteten und gefühlten Form unterworfen; daher der Ursprung der, die einzelnen Teile bezeichnenden, Terme. Sie repräsentieren die Funktion oder Form und die Gestalt der Glieder einerseits. Andererseits verweisen die Begriffe auf die Methode, nach der sie entdeckt und semantisch entworfen werden. Dem Ertasten und Erblicken der Dinge folgt die Transkription in repräsentierende Begriffe, die das Gesehene und Ertastete sprachlich ausdrücken. Die Bücher der naturkundlichen Sammlungen werden zu Herbarien, zu heterotopischen[26] Orten einer empirischen Sprache.

Ein arithmetisches Moment ist für die Strukturbildung notwendig: die Vermessung. Die Maßangaben veranschaulichen die Differenzen und Gemeinsamkeiten auf numerischer Grundlage. Clauders sagt in seiner Observation, dass die Person, die er untersucht habe, ein weibliches Glied aufweise, das zwei Finger breit ist. Innerhalb desselben findet er eine *Rute*, deren Länge allem Augenschein nach zwei bis drei Finger beträgt. Und wenn nicht die Finger als Maßeinheit dienen, dann übernehmen die medizinischen Instrumente, mit denen die sexuellen Organisationen untersucht werden, die Abtragung der Längen, Tiefen und Breiten. Ein Körperglied nach dem anderen wird vermessen und in einer langen numerischen Beschreibungskette aneinandergereiht. In den Observationen tummeln sich die arithmetischen Einheiten des Raums. Alles wird vermessen, abgezirkelt und ausgelotet, um die Teile der sexuellen Organisation in vergleichbare Raster zu übertragen und die taxonomische Analyse zu ermöglichen. Mit anderen Worten: Wenn zwei Glieder verglichen werden sollen, erfordert dies für die Analyse des einen wie des anderen eine gemeinsame Einheit. Das arithmetische Maß ist die Grundlage eines jeden Vergleichs. Die *Zeugungs-* und *Geburtsglieder* sind Strukturen im Raum, in dem deren Maße miteinander verglichen werden. Die Maße determinieren die Zuordnung, sie bilden die Grundlage der Abwägung, sie ermöglichen erst die Methode des Vergleichs. Gleichfalls dient die repräsentative Sprache der vergleichenden Methode, da die semantischen Strukturen der *Zeugungs-* und *Geburtsglieder*, die in die Sammelbände der Naturforscher eingehen, über einen haptischen und visuellen Zugang gebildet und hier-

25 Der sprachliche Ursprung der weiblichen Scheide, ist, so Kluge, in der Schwertscheide zu finden: „Die Bedeutung ‚weibliches Geschlechtsorgan‘ beruht auf einer Lehnbedeutung [...] im 17. Jh.“ (Kluge 1989: 627)

26 Vgl. hierzu: Foucault, Michel (2005a): Die Heterotopien, in: ders.: Die Heterotopien. Der utopische Körper, Frankfurt/Main: Suhrkamp, S. 7-22, beziehungsweise die „ursprüngliche“ Version, die inhaltlich leichte Verschiebungen zur Ausgabe von 2005 aufweist: Foucault, Michel (1990): Andere Räume, in: Barck, Karlheinz [Hg.]: Aisthesis. Wahrnehmung heute oder Perspektiven einer anderen Ästhetik, Leipzig: Reclam, S. 34-46.

über eingängig imaginiert werden können. Im Zusammenspiel der repräsentativen Begriffe breiten sich unter dem Auge des Lesers die sexuellen Strukturen aus und sind für alle über die numerische und repräsentierende Sprache vergleichbar.

Doch in welcher Weise verwendet Venette die Begriffe *Art* und *Merkmal*? Wenn er von den Zwitterarten spricht, sie innerhalb seines Tableaus vergleichend gruppiert, dann ordnet er sie entsprechend dem Vorhandensein von *Merkmalen* an. Er eröffnet sein Tableau mit der *Art*, bei der die *Merkmale* am besten ausgeprägt sind. Die Hermaphroditen dieser ersten *Art* können Kinder *zeugen* und den *Harn* fließen lassen. Beide *Merkmale* sind die privilegierten Kennzeichen des taxonomischen Vergleichs. Zum einen, weil sie am Anfang des Tableaus auftauchen. Zum anderen, weil sie sehr gut ausgeprägt sind. Was folgt, ist die zweite Hermaphroditenart. Auch bei ihr können die *Merkmale* des *Kinderzeugens* und *Harnens* aufgefunden werden. Zwar sind sie nicht so gut ausgebildet, wie bei der ersten *Art*, aber sie sind im hinreichenden Maße vorhanden. Die dritte *Art* wiederum verfügt zumindest über das *Merkmal* des *Harnens*. Ob sie zur *Zeugung* fähig ist, kann nicht genau bestimmt werden. An dieser Stelle taucht ein entscheidender Methodenwechsel in Form des negativen Ausschlusses auf. Weil das *Merkmal* der *Zeugung* nur unbestimmt ertastet werden kann, führt Venette als Abgrenzung ein weiteres *Merkmal* ein: die *Menstruation*. Dieses Kennzeichen weist die dritte *Art* in keinem Fall auf – „die monat-zeit fließet niemals" (Venette 1738: 502). Weil sie das Kennzeichen der *Menstruation* zu keiner Zeit aufweisen wird, steht sie den ersten beiden *Arten* sehr nah. Die vierte *Art* wiederum verfügt nicht über das erstgenannte *Merkmal* des *Zeugens*. Ob sie zum Harnlassen fähig ist oder nicht, bleibt offen. Aber, so Venette, sie weist das *Merkmal* des *monatlichen Flusses* auf – „die menstrui" (Venette 1738: 503). Dieser *Fluss*, und dies scheint für das *Merkmal* wichtig, taucht in regelmäßigen Abständen, nämlich im monatlichen Zyklus auf. Schließlich die fünfte Hermaphroditenart: Bei ihr lassen sich keinerlei *Merkmal*e eindeutig bestimmen. Ob bei ihr die *Merkmal*e der *Zeugung* und des *Harnens* die Oberhand haben oder sie dem monatlichen Zyklus unterworfen ist, was für die Dominanz des Menstruationskennzeichens sprechen würde, kann nicht genau bestimmt werden. Viel zu verwirrt ist ihre sexuelle Organisation.

Gleichfalls beschreibt Venette jene *Merkmal*e der sexuellen Organisation, die nicht in allen *Arten* gleichzeitig zu finden sind, die sich also von *Art* zu *Art* in ihrer Ausprägung unterscheiden. Die erste *Art* hat zwischen dem *Hintern* und dem *Scrotum* eine sehr tiefe *Spalte*, die nicht zur Geburt befähigt. Die zweite *Art* weist mitten im *Scrotum* einen tiefen *Riss* auf, der die *Saamen-eyer* oder *Hoden* auf die rechte beziehungsweise linke Seite drückt. Wenn Venette mit seinen Fingern in die tiefe *Höhle* der dritten Zwitterart eindringt, dann ertastet er hier die Tatsache, dass der *monatliche Fluss* niemals zu vermuten sei. Die vierte *Art* wiederum verfügt über eine vergrößerte *Klitoris*, die länger ist als bei den anderen. Und die fünfte *Art* versammelt eine Vielzahl von Kennzeichen, die sie mit keiner anderen *Art* teilt: Die Glieder sind verwirrt, das *Temperament* ist vermengt und kein Überwiegen lässt sich ertasten. Diese Verwirrtheit bildet das *Merkmal* der fünften *Art*.

Diese Neuorganisation der Hermaphroditen, die Venette in seinem Tableau vornimmt, führt zu einer Klassifizierung der Zwitter in fünf hierarchisch gegliederte Gruppen. Zugleich kommt es durch die Methode des taxonomischen Vergleichs zur Produktion der männlichen und weiblichen sexuellen Organisation. Der Vorgang der Klassifizierung erfolgt über die Merkmalszuweisung auf zwei Ebenen. Auf der ersten Ebene steht die Frage im Raum: Was verbindet beziehungsweise trennt die sexuellen Organisationen der Hermaphroditen? Es sind die *Merkmal*e des *Zeugens* und des *Harnens* einerseits, sowie das Kennzeichen des *monatlichen Flusses* andererseits. Hieraus resultieren zwei unterschiedliche sexuelle Organisationen: Die männliche Gruppe, die *zeugen* kann aber niemals über das *Merkmal* des *monatlichen Flusses* verfügt und weibliche, die über das Kennzeichen der *Menstruation* bestimmt ist, aber keinesfalls das *Merkmal* des *Zeugens* aufweist. Diese beiden Gruppen werden demnach einerseits über das Vorhandensein von *Merkmalen* und andererseits über Mechanismen des wechselseitigen Ausschließens der *Merkmal*e bestimmt. Dabei ist zu beachten, dass beide Gruppen mit ihren jeweiligen *Merkmalen* die erste Klassifikationsebene vollständig ausfüllen. Es existiert keine Zwitterart, die nicht entweder das eine oder das andere *Merkmal* aufweist. Und diese zwei Gruppen, diese dichotomen, entzweigeschnittenen oder in genau zwei Strukturen aufgeteilten Einheiten, bilden das, was im siebzehnten und achtzehnten Jahrhundert unter dem Geschlecht verstanden wird.

Auf der zweiten Ebene werden die beiden differenten sexuellen Organisationen aufgegliedert. Die Auffächerung in fünf *Classen* erfolgt wiederum über *Merkmal*e. Hier sind es der *Spalt* zwischen *Hintern* und *Scrotum*, der *Riss* im *Scrotum*, die tiefe *Höhle*, die vergrößerte *Klitoris* und die Verwirrung der Glieder, die als *Merkmale* der Differenz fungieren. Es existieren Hermaphroditen, die *zeugen* sowie *harnen* können und über einen *Spalt* zwischen *Hintern* und *Scrotum* verfügen – diese Zwitter bilden die erste *Art*. Gleichzeitig finden sich Hermaphroditen, die Kinder *zeugen* sowie *harnen* können und einen *Riss* im *Scrotum* aufweisen – diese Zwitter bilden die zweite *Art*. Darüber hinaus können Hermaphroditen nachgewiesen werden, die sehr wahrscheinlich *zeugen*, mit Sicherheit aber *harnen* können und eine tiefe *Höhle* offenbaren – diese Zwitter bilden die dritte *Art*. Neben diesen drei Formen, so Venettes Tableau, können Hermaphroditen ausgemacht werden, die *menstruieren* und eine vergrößerte *Klitoris* haben. Jenseits dieser vierten *Art* existiert eine fünfte. Diese Hermaphroditen können *zeugen* und *menstruieren*, aber die Ausprägung des einen wie des anderen *Merkmals* der ersten Ebene ist nicht eindeutig bestimmbar. Sie verfügen jedoch auf der zweiten Analyseebene über das *Merkmal* der vollkommen verwirrten Glieder. Soviel zur Ordnung von Venettes Hermaphroditen-Tableau. Doch worin genau besteht die Methode, die hier angewendet wird? Welche Vorgänge offenbaren sich im Moment der Tableau-Errichtung, an deren Ende die Dichotomie des Geschlechts entsteht? Welche Methoden dominieren im siebzehnten und achtzehnten Jahrhundert, die das Geschlecht hervorbringen?

Als erstes sammelt Venette eine beliebige Anzahl von Hermaphroditenformen. Diese Kompilation gehorcht einem einzigen Kriterium: „Man darf hiervon nur die historien von den hermaphroditen oder zwittern lesen“ (Venette 1738: 502). In diesen Geschichten werden Personen entdeckt, die entweder ins Wasser geworfen oder auf eine Insel verbannt wurden, bei denen die Glieder unterschiedlich ausgebildet waren oder die man zu den Wundergeburten rechnete. Alle Geschichten, in denen von Hermaphroditen oder Zwittern berichtet wird, dienen als Grundlage für Venettes Tableau. Dieses Kriterium wirkt zugleich intern als verbindende Übereinstimmung, aber auch extern, indem es alle anderen Historien abgrenzt beziehungsweise ausschließt. Venette greift demnach auf den immensen Formenreichtum des sechzehnten Jahrhunderts zurück und ergänzt diese Berichte mit Vivisektionsprotokollen des siebzehnten Jahrhunderts. Selbst wenn er für sein Tableau nur die Vivisektionsprotokolle heranziehen würde, beispielsweise jene Observationen von Fleisser, Hartmann, Valther, Aghonby, Vallier, Hannæus, Clauders, Menzels oder Scultet, so könnte er doch auf eine facettenreiche Sammlung von Zwittern zurückgreifen. Für Venettes Methode des taxonomischen Vergleichs ist es notwendig, eine große Formenvielfalt zur Verfügung zu haben, ein nach innen verbindendes Kriterium – Historien, die von Hermaphroditen berichten – aufzustellen, um mithilfe desselben eine Abgrenzung nach außen vorzunehmen.

Im zweiten Schritt wählt Venette ein privilegiertes *Merkmal.* In seinem Tableau erscheint das bevorzugte Kennzeichen in Form der *Zeugungsfähigkeit*, denn genau genommen ist das zweite *Merkmal* Venettes, die Fähigkeit zum *Harnen*, ein Kennzeichen, das gleichfalls bei allen anderen *Art*en zu finden ist. Dieses eine *Merkmal*, die *Zeugungsfähigkeit*, ist aus zwei Gründen privilegiert. Zum einen, weil es das *Merkmal* ist, das am häufigsten vorkommt. Venette bildet es, indem er alle ihm verfügbaren Hermaphroditengeschichten analysiert und feststellt, dass dieses *Merkmal* am zahlreichsten bestimmbar ist. Weil in den Zwitter-Observationen der Umstand der *Zeugungsfähigkeit* die meisten Übereinstimmungen zwischen allen Hermaphroditen liefert, wird es zum privilegierten *Merkmal.* Zum anderen ist es das bevorzugte *Merkmal*, weil es am Anfang der Systematik steht und alle weiteren Kennzeichen mit ihm abgeglichen werden müssen. Venette hätte statt der *Zeugungsfähigkeit* die *Geburtsfähigkeit*, das *Harnen*, die Anzahl der *Hoden*, die Form der *Nymphen*, die Größe der *Rute* oder die Gestalt der *Eichel* als bevorzugtes *Merkmal* wählen können. Doch diese letztgenannten Kriterien sind weniger häufig zu finden, als das von ihm gewählte *Merkmal.* Jenseits der Häufigkeit ist kein Grund denkbar, weshalb eines dieser Kennzeichen nicht hätte verwendet werden dürfen. Drei Bedingungen kreisen um das bevorzugte *Merkmal*: Erstens muss das gewählte *Merkmal* aus den zu taxonomierenden Elementen entnommen werden. Wenn es in keiner der Formen anzutreffen ist, wäre es für die vergleichende Analyse hinfällig. Zweitens muss es innerhalb der zu taxonomierenden Formen am zahlreichsten auftreten. Drittens darf es nicht bei allen zu systematisierenden Fällen gleichzeitig zu finden sein. Venettes *Merkmal* des *Harnens* ist ein solches, für alle Formen allgemeingültiges Kennzeichen. Dieses *Merkmal* zeigt lediglich an, dass die gewählten Beispiele alle miteinander verbunden sind. Tritt dieser Fall ein, so lässt sich die allgemeine Aussage treffen, dass alle Formen über dieses Kennzeichen verfügen – alle Hermaphroditen können *harnen.* Es dient aber nicht der internen Differenzierung, sondern lediglich der externen Abgrenzung.

Im dritten Schritt stellt Venette all jene Formen zusammen, die dieses *Merkmal* aufweisen. Er geht der Frage nach: Welche Hermaphroditen verfügen über das privilegierte *Merkmal* der *Zeugungsfähigkeit*? Jene, die über das erstgewählte Kennzeichen verfügen, gehören alle zu einer Gruppe. Bei der Suche nach dem ersten *Merkmal* ist es wichtig, dass bestimmte Teile systematisch außer Acht gelassen werden. Venette konzentriert sich vorerst nur auf die *Zeugungsfähigkeit.* Kein anderes Kriterium unterbricht die Findung all jener Hermaphroditen, die über dieses eine Kennzeichen verfügen, denn es ist innerhalb der Methode des Vergleichs nicht sinnvoll, alles miteinander zu vergleichen, sondern anfänglich nur die Gemeinsamkeiten. All die Zwitter, die über das *Merkmal* der *Zeugungsfähigkeit* verfügen, sind über dieses miteinander verbunden und bilden die erste Gruppe.

Im vierten Schritt gelangt Venette über den negativen Ausschluss – alle Hermaphroditen, die nicht *zeugen* können – an das *Merkmal* der zweiten Gruppe. Er sagt, dass die dritte *Art* zur ersten Gruppe gehören muss, denn sie wird niemals über das *Merkmal* der *Menstruation* verfügen. Hierüber produziert er das zweite Kennzeichen und die zweite Gruppe, denn diese beinhaltet alle *Arten*, die über das *Merkmal* des *monatlichen Flusses* miteinander verbunden sind. Das bedeutet, dass das zweite *Merkmal* in einem Abhängigkeitsverhältnis zum ersten Kennzeichen steht, es ohne das erste nicht existieren würde. Wenn also bei zwei oder mehreren Strukturen die Elemente ähnlich sind, dann unterhalten sie eine gemeinsame Beziehung, erhalten eine gemeinsame Bezeichnung und bilden das gemeinsame *Merkmal*. Das zweite *Merkmal*, die *Menstruation*, entsteht über einen negativen Ausschluss, der besagt, dass alle Hermaphroditen, die nicht über die Funktion der *Zeugung* verfügen, über das Kennzeichen des *monatlichen Flusses* miteinander verbunden sind. Weil mit diesen beiden Kennzeichen, der *Zeugungsfähigkeit* einerseits und der *Menstruation* andererseits, alle Hermaphroditen erfasst werden können, wird diese erste Analyseebene geschlossen.

Venettes Methode umfasst also vier Schritte: Sammlung einer beliebigen Anzahl von Zwitterformen, Auswahl eines privilegierten *Merkmals*, Zusammenstellung aller Zwitterformen, die durch das *Merkmal* miteinander verbunden sind, und viertens die Bildung des zweiten *Merkmals* durch negativen Ausschluss. Hierüber entstehen auf der ersten Ebene zwei Gruppen, die durch zwei differente *Merkmal*e getrennt sind. Doch in welchem Verhältnis stehen die übrigen *Merkmal*e zur taxonomischen Struktur? Venette benennt, neben der *Zeugung* und der *Menstruation*, den *Spalt* zwischen *Hintern* und *Scrotum*, den *Riss* im *Scrotum*, die tiefe *Höhle*, die vergrößerte *Klitoris* und die verwirrten Glieder. Diese *Merkmal*e bestimmen die Klassifizierung innerhalb der ersten beiden differenten Gruppen der ersten Ordnungsebene. Gleichzeitig sind sie die *Merkmal*e der zweiten Ordnungsebene. Diese zweite Ebene wird analog zur ersten gebildet. Der erste Schritt, die Sammlung der zu gruppierenden Zwitterformen, ist mit der vorangegangenen Merkmalssystematisierung erfolgt. Im zweiten Schritt werden für jede der beiden Gruppen, die die erste Ordnungsebene bilden, wiederum Kennzeichen bestimmt. Erneut benennt Venette ein *Merkmal*, beispielsweise den *Spalt* zwischen *Hintern* und *Scrotum*. Wiederum stellt er alle Hermaphroditenformen zusammen, die über dieses Kennzeichen verfügen. Auf dieser zweiten Ordnungsebene ist aber darauf zu achten, dass nur jene Hermaphroditen zusammengestellt werden, die bereits das *Merkmal* der ersten Ordnungsebene, die *Zeugungsfähigkeit*, aufweisen.

Die erste Gruppe der ersten Ebene wird also näher bestimmt durch die erste Gruppe der zweiten Ebene – *zeugende* Hermaphroditen, die einen *Spalt* zwischen *Hintern* und *Scrotum* haben. Wenn alle Formen erfasst sind, die das *Merkmal* zweiter Ordnung aufweisen, dann wird im vierten Schritt über einen negativen Abgleich das zweite *Merkmal* der zweiten Ebene bestimmt. Im Fall von Venettes Hermaphroditen ist es der *Riss* im

Scrotum. Abermals werden alle Zwitterformen zu einer Einheit zusammengeführt, die dieses Kennzeichen aufweist – sie bilden die zweite Gruppe auf der zweiten Ebene. Es sind all jene *zeugenden* Hermaphroditen, die einen *Riss* im *Scrotum* aufweisen. Hier taucht ein Unterschied zur vergleichenden Analyse der ersten Ebene auf. Die erste Ebene setzt sich aus lediglich zwei differenten *Merkmalen* zusammen, da alle Formen dem einen oder dem anderen *Merkmal* zugeordnet werden können. Auf der zweiten Ebene bleibt es Venette verwehrt, ausschließlich zwei *Merkmale* zu bestimmen. Nicht alle Hermaphroditen, die dem Kennzeichen der *Zeugungsfähigkeit* entsprechen, lassen sich, so Venette, in – *Spalt* zwischen *Hintern* und *Scrotum* einerseits oder *Riss* im *Scrotum* andererseits – einordnen. Demnach muss eine weitere Gruppe gebildet werden. Alle Hermaphroditen, die nicht über die erstgenannten *Merkmale* verfügen, weisen eine tiefe *Höhle* auf. Sie ist das dritte *Merkmal* auf der zweiten Ordnungsebene und wird über einen negativen Ausschluss bestimmt. Mit der Berufung des dritten Kennzeichens sind alle Zwitterformen, die auf der ersten Ebene über das *Merkmal* der *Zeugung* zusammengefasst worden sind, weiter differenziert. Keine sexuelle Organisation, die über das *Merkmal* der *Zeugung* verfügt, steht außerhalb dieser Klassifikation.

Diese Systematisierung führt Venette gleichfalls für jene Zwitterformen durch, die auf der ersten Analyseebene dem *Merkmal* der *Menstruation* angehören. Er stellt alle Hermaphroditen zusammen, die eine vergrößerte *Klitoris* haben, und scheidet diese von jenen Formen, die vollkommen verwirrte Glieder aufweisen. Am Ende hat er sein Tableau errichtet, das alle bekannten Zwitterformen einschließt und diese hinreichend unterscheidet. Es wäre für Venette möglich, eine dritte, vierte oder fünfte Ordnungsebene einzuführen. Er könnte beispielsweise die erste Gruppe der zweiten Ebene hinsichtlich der Größe der *Rute* unterteilen und hierüber eine erste Gruppe der dritten Ebene produzieren. Es wäre auch denkbar, auf der dritten Ebene mit dem *Merkmal* – Gestalt der *Eichel* – zu beginnen. Dies hätte zur Folge, dass die hierarchische Ordnung erweitert werden würde und eine pyramidenähnliche Verästelung, eine Verzweigung in dritter, vierter oder fünfter Ordnung entstünde. Aus zwei Gründen ist diese Weiterführung nicht notwendig. Zum einen, weil ab einer bestimmten Ebene eine numerisch zufriedenstellende Systematisierung nicht mehr möglich ist. Ein systematischer Vergleich, eine analytische Einteilung, würde sich ab einer gewissen Klasse allen Bemühungen der Ordnung sperren. Nicht umsonst wird die sexuelle Organisation als Ordnungsraum gewählt. Sie verfügt von vornherein über eine überschaubare Anzahl von *Merkmalen*/Elementen – zumindest aber über keine Unmenge an Variablen.[27] Zum anderen ist eine weiterführende Unterscheidung dem Anliegen der systematischen Erfassung abträglich, da ab einer bestimmten Ordnungsebene lediglich die individuelle Organisation erscheint. Ordnung bedeutet aber im Fall von Venettes Tableaus nicht die Differenzierung bis zum letzten

27 Vgl. hierzu Foucaults Ausführungen zur frühen Phase des ‚ärztlichen Blicks': „Jene analytische Methode betrachtete den ‚Fall' nur als Träger von Zeichen, der einer synchronen oder sukzessiven Menge angehörte; aufgrund der Struktur dieser Mengen wurde das Zufällige bzw. Variable annulliert und erst durch die Ausschaltung des Unwesentlichen erhielt der Fall seine lesbare Struktur. Die Klinik war eine Wissenschaft von Fällen, sofern ihr erster Schritt das Durchmustern von Individualitäten war." (GK 1999: 182)

individuellen Glied, sondern die Möglichkeit, die individuellen sexuellen Organisationen, die Hannæus, Clauders, Menzels oder Scultet beschreiben, hinreichend zu gruppieren, sie anzuordnen, sie systematisch im Raum zu verteilen.

Sowohl Venette als auch Aquapendente haben, wenn sie ihre Tableaus der Hermaphroditen aufstellen, aus einer endlichen und ziemlich begrenzten Gesamtheit von Elementen, den *Zeugungs-* und *Geburtsgliedern*, *Merkmale* gewählt, deren Beständigkeit und Variation sie bei allen sich anbietenden Zwittern untersuchen. Weil diese bevorzugte Struktur eng gefasst ist und nur wenige Variablen beinhaltet, werden die Unterschiede rar und die Einzelwesen in kompakten Mengen gruppiert sein. Ihr jeweiliges privilegiertes oder wesentliches *Merkmal* ergibt sich aus der sorgfältigen Besichtigung und Betastung aller zu systematisierenden Formen und dient als Ausgangspunkt für den Vergleich. Beim Abgleichen müssen alle übrigen Formen ausgeschlossen werden, da es innerhalb der taxonomischen Methode des Vergleichs nicht sinnvoll wäre, alles miteinander zu vergleichen. Hierüber werden die gemeinsamen Beziehungen entdeckt und Identitäten offenbaren sich. Dabei ist es wichtig, dass die Methode hinreichend oft angewendet werden kann, sie dient nicht nur dem Vergleich von Strukturen und schafft hierüber ein Tableau, sondern muss von allen Observatoren gebraucht und wiederholt werden können. Dieses geschaffene System ist arbiträr, „weil es auf zwanghafte Weise jeden Unterschied und jede Identität außer acht lässt, die nicht die privilegierte Struktur betreffen.“ (OD 1999: 183) Um die erste Merkmalsbeschreibung herum werden die danach angfertigten Bestimmungen gruppiert und mit fortschreitender Untersuchung lichtet sich das einstige Chaos. Es entsteht eine allgemeine Übersicht, in der sich die Verwandtschaften der Elemente abzeichnen. Hierüber wird ein künstliches System geschaffen, in dem die Einzelwesen/Hermaphroditen ihren Ort finden.

Grundlage und Ergebnis dieser Systematik ist die einfache, für alle nachvollziehbare Sprache, mit ihren repräsentierenden Begriffen. (Vgl. GK 1999: 182) Sie entsteht im Moment der Observation der Einzelwesen, unter den analysierenden Augen und zwischen den vergleichenden Händen der Observatoren. Sie ermöglicht das System des allgemeinen Vergleichs und stabilisiert die Erkenntnis der gleichen und unterschiedlichen *Merkmale*. Erst sie offenbart über die ihr innewohnende Repräsentation die Verwandtschaften zwischen den einzelnen Gliedern, sie eröffnet die analytischen Räume, in denen die einzelnen sexuellen Organisationen niedergelegt sind. Ohne sie könnte Venette kein Tableau aus den differenten Formen errichten. Aber sie ermöglicht auch die Wiederholung, den Nachvollzug durch Dritte. Die Codes werden universell übertragbar, vergleichbar und anwendbar. Die Sprache ist nicht mehr dem System der *Physiognomia*, *Chiromantia* oder *Substantia* entlehnt – es werden keine natürlichen, von Gott gegebenen Zeichen ausgelesen. Vielmehr wird sie willkürlich gesetzt, bildet sich aus den zu beschreibenden Formen, den ertasteten Gestalten. Was gesehen und ertastet wird, bildet die Wörter, die repräsentierenden Begriffe. Doch das Haptische und Visuelle bildet nicht nur die Begriffe, sondern grenzt auch alle anderen sinnlichen Eindrücke aus, denn alles, was nicht gesehen und ertastet werden kann, hat keinerlei Einfluss auf die Sprache beziehungsweise auf die darauf aufbauende Systematik. Die Sprache und die Wörter repräsentieren nur das, was sie zu ihrem Inhalt haben. Anders gewendet: Das Wissen um die Geschlechter des siebzehnten und achtzehnten Jahrhunderts ist nicht mehr durch den unendlichen Reichtum an natürlichen/widernatürlichen Signaturen, deren Ähnlichkeitsbeziehungen ausgelesen werden, gekennzeichnet, sondern von einer Erkenntnisform bestimmt, die mithilfe des Vergleichs arbiträrer *Merkmale*/Zeichen Ordnungssysteme herstellt.

Wie sind diese Beschreibungen der Sprache, der *Merkmale*, der systematischen Ordnung und der taxonomischen Methode im Zusammenhang mit der Erfindung des dichotomen Geschlechts zu verstehen? Wie lässt sich die Annahme aufrechterhalten, nach der das männliche und weibliche Geschlecht nichts als einen Effekt der Hermaphroditen-Observationen darstellt? Bis auf eine Ausnahme entstehen die Tableaus von Venette oder Aquapendente ohne jegliche Vorannahme: Wenn Venette sagt, dass er für sein Tableau alle Historien von Zwittern und Hermaphroditen gesammelt hat, dann weist er darauf hin, dass er über die Namensgebung an seine zu systematisierenden Elemente gelangt ist. Er betrachtet demnach sämtliche Geschichten beziehungsweise Observationen, die dem Kriterium genügen, dass sie von Hermaphroditen handeln, dass sich die verwendeten Observationsberichte ausschließlich um Zwitter drehen. Andere Vorannahmen, beispielsweise jene, nur solche Vivisektionen zu verwenden, die vom gleichzeitigen Vorhandensein der *Zeugungs-* und *Geburtsglieder* sprechen, werden ausgeschlossen. Es dienen der Tableauaufstellung nur diejenigen Berichte, die ganz allgemein von Hermaphroditen oder Zwittern berichten.

Der Bestimmung des Untersuchungsgegenstandes – Berichte von Hermaphroditen – folgt die Auswahl des privilegierten *Merkmal*s. Venette wählt die *Zeugungsfähigkeit*, ohne eine damit verbundene Festlegung bezüglich der Produktion von männlichen oder weiblichen Geschlechtern zu treffen. Er hätte auch ein anderes Kennzeichen bevorzugen können, da es keinen Grund – bis auf das Kriterium der Häufigkeit – gibt, der eine andere Wahl ausschließt. Er wählt demnach sein erstes Kennzeichen ohne Vorannahme, ohne das explizite Ziel, die *Zeugungs-* oder *Geburtsglieder* zu bestimmen. Auch die gewählte Struktur, die sexuelle Organisation, die zur Erarbeitung des Tableaus herangezogen wird, gibt keinerlei Hinweise auf eine mögliche Intention, das männliche oder weibliche Geschlecht zu produzieren. Über den negativen Ausschluss, in Abhängigkeit zum erstgesetzten *Merkmal*, entsteht das zweite Kennzeichen. Alle Einzelwesen, die nicht über das erste *Merkmal* verfügen, sind durch das zweite *Merkmal* bestimmt – im Falle von Venette durch die *Menstruation*, die Gebärfähigkeit.

Was aber könnte der Behauptung entgegnet werden, Venette wolle mit der Wahl der zu ordnenden Strukturen das männliche oder weibliche Geschlecht produzieren? Die Strukturen, die Venette analysiert, bearbeitet er nicht, um die Differenz zwischen Mann und Frau herauszuschälen. Und zwar aus einem Grund: Die Strukturen der sexuellen Organisationen werden verglichen, weil die zu systematisierenden Glieder von vornherein eine Kombinatorik gestatten, die numerisch zu bewerkstelligen ist. Aus der unendlichen Vielfalt werden genau jene *Merkmale* herausgerissen, die arithmetisch zu überschauen sind, die mithilfe des Vergleichs bearbeitet werden können. Diese Strukturen stellen eine begrenzte Vielfalt dar. Wenn man sie miteinander vergleicht, dann erscheinen im Abgleich vom privilegierten *Merkmal* alle weiteren Kennzeichen. Aber diese folgenden Zeichen sind überschaubar, führen die Systematik nicht ins Endlose weiter. Die zu taxonomierende Struktur ist gerade so eng gefasst, sie weist gerade so viele Variablen auf, dass sie noch in einem, die systematischen Anstrengungen vertretbaren Aufwand zu bewerkstelligen ist. (Vgl. OD 1999: 184)[28]

Hier steht weniger ein intentionales, als vielmehr ein systematisches Problem im Vordergrund. Das erste arbiträre *Merkmal*, die Zeugung, wird von Venette jenseits von Intentionen, entsprechend der Rationalität des analytischen Vergleichs, ausgewählt. Und so, wie die Bestimmung des privilegierten *Merkmal*s der Rationalität der verwendeten Methode gehorcht, wird auch das zweite Kennzeichen, die *Menstruation*, entsprechend dem taxonomischen Vorgehen gebildet. Dieses zweite *Merkmal* der ersten Ordnungsebene wird über den negativen Ausschluss produziert. Es steht in einer Abhängigkeit zum ersten Kennzeichen, auf das es gleichzeitig verweist. Keine intentionale, sondern eine rationale Wahl, eine dem systematischen Vergleich gehorchende Prozedur, fördert diese beiden Kennzeichen zutage. Die Verknüpfung der *Merkmale* mit dem, was künftig unter Geschlecht zu verstehen ist, erfolgt im Zuge von Venettes Zuweisung der *Merkmale*. Er sagt es ganz deutlich: Diejenigen, die Kinder *zeugen* können, sind Männer. Hingegen diejenigen, die das *Merkmal* des *monatlichen Flusses* aufweisen beziehungsweise *gebären* können, Frauen sind. Über die *Merkmale*, das privilegierte und das hieraus abgeleitete, wird das dichotome Geschlecht bestimmt. Anders formuliert: Die erste Ordnungsebene bringt das dichotome Geschlecht hervor. Es werden *Merkmale* systematisch entdeckt, die Mann und Frau bestimmen. Auf der zweiten Ebene, jener, der die gesamte Aufmerksamkeit Venettes gehört, werden die Hermaphroditenarten produziert. Alles, was von der ersten, der allgemeinen Ebene abweicht, das umreißt im Folgenden das Hermaphroditische, das Zwitterige. Die Taxonomie Venettes bringt fünf Hermaphroditenarten hervor, produziert aber auch zwei Geschlechterarten – das männliche und das weibliche Geschlecht.

Der Mechanismus der Reduktion führt zur Entdeckung von begrenzten Strukturen. Er lässt den inhaltlich breit gefächerten Begriff Geschlecht, der im sechzehnten Jahrhundert unter anderem die Tier-, Pflanzen-, Monster- oder Menschengeschlechter umfasst, im siebzehnten und achtzehnten Jahrhundert in beschränkter Form auftauchen. Der Begriff Geschlecht umreißt fortan ausschließlich die Strukturen der dichotomen *Zeugungs-* und *Geburtsglieder*, die auf der Grundlage von *Merkmalen* determiniert sind. Die ehemalige Bindungskraft des Geschlechterbegriffs, die Ähnlichkeiten, die er zwischen Mensch und Tier herstellte, geht verloren. Geschlecht umreißt nunmehr die Differenz innerhalb des Menschengeschlechts. Hingegen im sechzehnten Jahrhundert die *Frauenscham* und der *Männerschwanz* keine Aussagekraft im Verlauf der Exegese besitzen, sie im Spiel der Eigenschaftsbestimmungen eines Hermaphroditen keine Beachtung erfahren, kreisen in den Vivisektionsberichten und den Ordnung stiftenden Tableaus die Diskurse ausschließlich um die Strukturen der sexuellen Organisation. Diese Strukturen werden in zwei unterschiedliche Regionen geteilt: in jene Glieder, die zur *Zeugung* notwendig sind, und jene, die das *Gebären* ermöglichen. Geschlecht bedeutet fortan,

28 Etwas Ähnliches beschreibt Foucault auch für die Bestimmung von Krankheitsmerkmalen mithilfe des frühen ‚klinischen Blicks'. Die „alphabetische Struktur der Krankheit garantiert nicht nur, daß man immer auf ein kleinstes Element zurückgehen kann, sondern auch dies, daß die Zahl dieser Elemente endlich und nicht einmal zu groß ist." (GK 1999: 132)

den Unterschied zwischen Mann und Frau zu benennen. Diese Differenz korrespondiert mit einer neuen Geschlechts-Ordnung. Nicht mehr die göttliche Ordnung der natürlichen und widernatürlichen Signaturen dominiert, sondern die Ordnung der geschaffenen *Merkmale*, der männlichen und weiblichen *Zeugungs-* und *Geburtsglieder*. Über die Mechanismen der Reduktion und der Strukturbestimmung kolonialisieren die geschaffenen Dinge der sexuellen Organisation den alten Geschlechterbegriff und lassen ihn im funktionalisierten Zusammenhang, als phänotypisches Geschlecht, neu erscheinen.

Schließlich eine letzte Anmerkung: Laqueurs Aussagen münden in der These, dass sowohl das „Ein-Geschlecht-Modell" als auch das „Zwei-Geschlecht-Modell" kulturell hervorgebracht wurden und werden, da in der Sprache der Wissenschaft die Sprache des sozialen Geschlechts (gender) eingelagert sei. (Vgl. Laqueur 1996: 177) Es zeigt sich jedoch, dass die sexuelle Organisation weniger ein Produkt von kulturellen Einschreibungen ist, als vielmehr ein Effekt der Technik der Vivisektion, aber auch der taxonomischen Methode. Hingegen die Vivisektion einen spezifischen Bereich aus dem ganzheitlichen Leib heraustrennt und die einzelnen Glieder bezeichnet, produziert die taxonomische Methode die Dichotomie. Das dichte Geflecht der Geschlechtsglieder wird über die repräsentierenden, eindeutig zuzuordnenden Begriffe, die die differenten *Merkmale* der sexuellen Strukturen benennen, entzweit. Die Dichotomie der sexuellen Organisation wird über die differenten Kennzeichen, die in den Hermaphroditen-Observationen festgelegt werden, bestimmt. Diese entzweienden *Merkmale* werden mithilfe des taxonomischen Vergleichs, der den Wissensbeständen des siebzehnten und achtzehnten Jahrhunderts gehorcht (vgl. OD 1999: 179ff.), hervorgebracht.

3. Spiele der Wahrheit:[29] Die ehelichen Werke und die Impotenz

> „Denn es wird ja in Ehescheidungen lediglich auf die *dispositionem & structuram organorum externorum*, nicht aber auf die *Impotentiam ad generandum* an und vor sich selbst *reflectiret*."[30]

An der Wende vom sechzehnten zum siebzehnten Jahrhundert benennt Aquapendente in seinen chirurgischen Schriften vier Gründe für medizinische Interventionen an hermaphroditischen Körpern. Sie kreisen einerseits um die drei *männlichen* Hermaphroditenarten, die mithilfe der Chirurgie von der „Unart des Harnlassens nach Weiber-Art" (Aquapendente 1716: 197) befreit werden sollen. Andererseits beziehen sich die medizinischen Einschnitte auf die *weibliche* Hermaphroditenart und sollen Folgendem dienen:

29 Der Titel des Kapitels ist der gleichnamigen Veröffentlichung entnommen: Ewald, François/Waldenfels, Bernhard (1991): Spiele der Wahrheit. Michel Foucaults Denken, Frankfurt/Main: Suhrkamp.

30 Luther, Carl Fridrich (1705): PRODROMUS APOLOGIÆ, oder wahrhaft und gründl. Anzeige des Anfangs und Fortgangs des zwischen Ihm und Herrn Johann Krusen / D. Hochfürstl. Gottorpischen Hoff-Medico und Stadt Physico entstandenen Streits / durch Veranlassung des so genandten Abgenöthigten Berichts / wegen eines Hermaphroditen, zur nöthigen Nachricht und Vorbereitung / mit eilfertiger Feder entworffen: KIEL: Gedruckt bey Barthold Reuther / Academ. Buchdrucker.

Gewährleistung der Penetration, Verhinderung von sodomitischer oder tribadischer Lust sowie Produktion von Schamhaftigkeit, verstanden als Trennung der weiblichen Lust vom weiblichen Körper. Hingegen die Intervention am *männlichen* Hermaphroditen auf die Erlösung von einer Last, dem widernatürlichen Urinieren, ausgerichtet ist, zielen die Einschnitte in den *weiblichen* hermaphroditischen Leib, so Aquapendente, auf die Amputation all dessen, was der Gebärfähigkeit hinderlich ist, was der Realisierung der *ehelichen Liebes-Werke* zuwiderläuft. Gleichwohl Aquapendente, Columbus oder Duval sich gegen die chirurgischen Einschnitte aussprechen und diese nicht praktizieren, kristallisieren sich in den Diskursen über die *weiblichen* Hermaphroditen jene Orte und Strukturen – die sexuellen Organisationen – heraus, die über die Heiratsfähigkeit entscheiden oder ihre Unfähigkeit zur Ehe repräsentieren. Es sind ausschließlich die weiblichen *Geburtsglieder*, deren Beschaffenheit untersucht wird, um über die Möglichkeit der Empfängnis sowie der Heirat urteilen zu können.

Indes in Aquapendentes, Columbus' oder Duvals Berichten ausschließlich dem Problem der Heiratsfähigkeit von *weiblichen* Hermaphroditen nachgegangenen wird, tauchen im siebzehnten und achtzehnten Jahrhundert diverse medizinische und juristische Traktate auf, die nach der Befähigung zur Ehe von *männlichen* Hermaphroditen fragen.[31] Mit diesen Traktaten steht die Frage im Raum, wie die Fähigkeit zum *ehelichen Werk* bei *männlichen* Hermaphroditen geprüft wird? Sollen ihre Heiratsbegehren, ähnlich den *weiblichen* Hermaphroditen, über die Anwendung von chirurgischen Instrumenten reguliert werden oder durch medizinische Gutachten und rechtliche Vorkehrungen? Welche Ein- beziehungsweise Ausschlussmechanismen bestimmen über Heiratserlaubnis oder Heiratsverbot? Wird der bisherige Lebens- und Beziehungsverlauf als Richtschnur angelegt, wird die Konstitution des gesamten Körpers geprüft? Oder zeichnet sich im Fall der hermaphroditischen *Männer* eine analoge Vorgehensweise zu den *weiblichen* Hermaphroditen ab, derzufolge ausschließlich die Organisation und Struktur der *Zeugungs-* und *Geburtsglieder* die Heiratsfähigkeit bestimmen? Und wenn es richtig ist, dass die Fähigkeit zur Ehe bei *weiblichen* und *männlichen* Hermaphroditenarten über die *Zeugungs-* und *Geburtsglieder* reguliert wird, dann stellt sich die Frage, welche Auswirkungen

31 Vgl. hierzu u. a.: Richter, Ernst Evsebius (1731): Casus X. Ein recht rarer Casus, da ein Mensch weder vor Mann noch Weib passiren konte, in: ders.: Ein DIGESTA MEDICA, seu DECISIONES MEDICO-FORENSES, das ist, juristische und medicinische Aussprüche und RESPONSA über allerhand schwere, zweifelhaffte und seltene, in Praxi vorgefallene, in die Medicin und Chirurgie lauffende und causam vulnerationum betreffende Fragen und Fälle, nebst einer Serie casuum propositorum und dienlichen Register, Leipzig und Budißin: verlegts David Richter, Buchbinder, S. 164-165; MÖLLERO, JACOBO (1692): Caput II. De Distinctione & Specibus Hermaphroditorum, in: ders.: DISCURSUS DUO PHILOLOGICO – JURIDICI, PRIOR DE CORNUTIS, POSTERIOR DE HERMAPHRODITIS, EORUMQVE JURE, Uterg; Ex Jure Divino, Canonico, Civili, Consvetudinibus Feudorum, variisq; Historiarum mounmentis, rerumq; antiqvarum Scriptoribus, privatâ industriâ, horis otiosis congestus â M. JACOBO MÖLLERO, Cameræ Electoralis Brandeb. & Regiminis Neo-Marchici Advocato, Patriæq; Franco-Viadrinæ Juris Practico. Francofurti: Typis Christoph. Andreæ Zeitleri, S. 151-159, S. 154.

diese rechtlichen Bestimmungen auf Männer und Frauen mit *natürlichen* Geschlechtern haben.[32]

Diese Fragen sollen mithilfe einer „Scandal"-Chronik (vgl. Luther 1705: 8) beantwortet werden, deren einzelne Fragmente an der Wende vom siebzehnten zum achtzehnten Jahrhundert erscheinen. Es geht um die Auseinandersetzung zwischen Johan Krus, Arzt und Gerichtsgutachter aus Schleswig, sowie Carl Fridrich Luther, einem angehenden Mediziner aus Kiel. Im Mittelpunkt der Auseinandersetzung steht der Hermaphrodit M. W. und die Frage, ob und auf Grundlage welcher Tatsachen dieser *männliche* Zwitter zur Ehe befähigt ist. Die biografischen Hintergründe des Hermaphroditen M. W. gehen nur fragmentarisch aus einem medizinischen Gerichtsgutachten[33] und den Streitschriften hervor: Er lebt 14 Jahre lang in einer Ehe. Im Verlauf dieser Verbindung zeugt er, so Luther, mindestens ein Kind. Nach dem Tod seiner ersten Gattin geht der Hermaphrodit M. W. eine zweite Ehe ein. Dieses eheliche Zusammensein ist jedoch nicht lange vom Glück der Zweisamkeit gesegnet, so Luther, da die angetraute Gattin ihn nach einem halben Jahr verlässt. Im Jahr 1703 steht der Hermaphrodit M. W. vor Gericht. Der Prozess gegen ihn begründet sich aus der Scheidungsklage seiner zweiten Ehefrau, die die Annullierung der Ehe fordert, da der Hermaphrodit M. W. seine ehelichen Pflichten nicht erfüllt hat beziehungsweise sie nicht erfüllen kann. Jener Scheidungsprozess steht am Anfang der Auseinandersetzung zwischen Krus und Luther.

Am 3. November 1703 observiert Johan Krus, auf Order der „Hohen Landes Obrigkeit" sowie des „Ober-Consistorial-Gerichts", in Gegenwart von zwei weiteren Chirurgen den Hermaphroditen M. W. und dessen körperliche Beschaffenheit.[34] Krus soll ein medizinisches Gutachten erstellen, das Auskunft darüber gibt, ob der Hermaphrodit M. W. impotent ist oder nicht. Die Vivisektion ergibt folgendes Bild: „[D]ie *Mammæ cum Papillis* waren vollkommen weiblich groß *Pubis reglo admodum pilosa*, Penis aber mit seinem *Præputio retecto / Glande non perforata* überaus kurz und klein / das *Scrotum duos in se debitæ magnitudinis Testiculos continens* war in der mitten getheilet; und zwar solcher Gestalt / daß ein jeder *Testiculus* in seinem eigenen *receptaculo* allein zu liegen schien. Nachdem nun ein jeder *Testiculus* zur rechten und lincken Seiten war *removiret*

32 Vgl. zur rechtlichen Stellung von Hermaphroditen u. a.: Wacke, Andreas (1989): Vom Hermaphroditen zum Transsexuellen. Zur Stellung von Zwittern in der Rechtsgeschichte, in: Eyrich, Heinz/ Odersky, Walter/Säcker, Franz Jürgen [Hg.]: Festschrift für Kurt Rebmann zum 65. Geburtstag, München: Beck, S. 861-903.

33 Das Gerichtsprotokoll aus dem Jahr 1703 war nicht zugänglich. Auszüge desselben finden sich bei Carl Fridrich Luther zitiert. (Vgl. Luther 1705: 9ff.) Die Rekonstruktion der biografischen Angaben erfolgt hier auf Grundlage von Luther 1705.

34 Der Observationsbericht, der für die Gesichtsverhandlung angefertigt wurde, findet sich bei Luther 1705 in lateinischer Sprache. Johan Krus hingegen, der die Observation durchführte, zitiert sie in deutscher Sprache. Hier wird die deutschsprachige Variante verwendet: Krus, Johan D. (1705): Abgenöthigter Bericht wegen eines so genannten HERMAPHRODITEN, von welchem ein ungegründete mit Unfug angemaßte CENSUR, in einer DISSERTATIONE MEDICA de Pericardii, Pulmonis Et Partium Gentalium Anomaliis, Herr Karol Friderich Luther / Med. Doct. & P. P. Den IX. Jan. Anno MDCCIV. heraus gegeben hat. In einem Send-Schreiben an einen guten Freund entworffen, Schleßwig: gedruckt bey Johann Holwein.

worden / kam unverhofft zum Vorschein *sub Pene* eine *Rima, Pudenda Muliebria æmulans, nec non in utroque latere sic dictæ Alae vel Nymphæ* und in der mitten eine überaus kleine Oeffnung und *ductus* worin ein kleiner Stumpffer *Stylus* oder Sucher 6 Zoll lang ungehindert eingesteckt ward / woraus des gedachten M. W. Urin / wie ich nachgehends selbst gesehen / *excerniret* wird. Es kann aber dieser M. W. wan schon sein *Penis quoad omnes tres Dimensiones Mathematicas desiderata instructus foret magnitudine*, weil er vorn in *glande* gar keine Oeffnung hat und das *foramen* unterwerts mit seinem *Canal sub pene*, auch sehr enge / (verstehe so / daß wann schon *vagina cum utero & ovario* vorhanden / dennoch selbiges den kleinsten *Penem virilem* nicht *admittiren* kann / und NB. von des *Membri virilis parallel*, ja wol gar *extra angulum rectum* entfernet ist / und also der *Liquor genitalis* aus der *Ejaculations-Linie* extra *Uterum* verschüttet wird) weder im *generiren* noch im *concipiren præstanda præstiren*, und muß er folglich als *impotens* erklähret werden.“ (Krus 1705: 3)

Die medizinische Bestimmung und Diagnose ist eindeutig: Der Hermaphrodit M. W. ist ein *männlicher* Zwitter, da er über eine *prävalierende* männliche sexuelle Organisation, mit einer *Eichel*, einer *Rute*, einem geteilten *Scrotum* nebst zweier *Hoden* verfügt. Doch diese sexuelle Struktur ist zur *Zeugung* nicht fähig. Einerseits aufgrund der nicht *perforierten Eichel*, der sehr kurzen *Rutenlänge* und einer zu tief sitzenden Öffnung – sie befindet sich an der *Wurzel* der *Rute* –, aus der das Sperma fließen könnte. Andererseits, und dies ist Folge der beschriebenen Konstitution, würde der männliche *Samen* im Falle der *ehelichen Werke* außerhalb des *Uterus* verschüttet werden und somit der *Zeugung* nicht dienen. Die nicht prominenten weiblichen *Geburtsglieder*, die sich hinter den männlichen *Zeugungsgliedern* offenbaren und mit *Nymphen* besetzt sind, eignen sich gleichfalls nicht zur ehelichen Pflichterfüllung, da sie zu klein sind, um eine männliche *Rute* aufzunehmen. Folglich, so Krus, muss der Hermaphrodit M. W. als impotent erachtet werden. Soviel zur Vivisektion und den Observationsergebnissen, die Krus ans Tageslicht bringt.

Ein Jahr nach dem Scheidungsprozess und der Gerichtsentscheidung – die Ehe wird annulliert, da beklagter Hermaphrodit als impotent gilt und folglich für die ehelichen Pflichten nicht geeignet ist – veröffentlicht Carl Fridrich Luther seine Dissertation.[35] Gegenstand der Lutherschen Promotion ist der Körper eines Schneidergesellen, den er anatomiert, um die außerordentlich *widernatürliche* Struktur und Beschaffenheit einiger Teile seines Körpers zu untersuchen. (Vgl. Luther 1704: 4f.) Die Ergebnisse seiner anatomischen Studie vom Schneidergesellen vergleicht er anschließend mit Krus' Vivisektionsbericht. Luther vergleicht nicht nur, sondern kritisiert sowohl das Krussche Vorgehen zur Bestimmung der Ehefähigkeit als auch das Ergebnis der Observation. Drei Argumente bilden seine Kritik: Erstens, so Luther, wird im Krusschen Bericht die *Menstruationsfähigkeit*, die ein *Merkmal* für die weibliche *Gebärfähigkeit* ist, mit keinem Wort berührt. (Vgl. Luther 1704: 14f.; Krus 1705: 4f.) Zweitens hat Krus es versäumt, das Kind

35 Luther, Carolus Fridericus (1704): DISSERTATIO MEDICA FRIDERICIANA DE PERICARDII, PULMONIS, ET PARTIUM GENITALIUM ANOMALIIS, Nuperrimè Observatis, Quam Publico Examini exponet [...]. RESPONDENTE JOH. CHRISTIAN von Mithoffen / Quedlimburgensi [...]. Kiloni, Typis Bartholdi Reutheri, Academ. Typogr.

aus erster Ehe in seine Argumentation einzubeziehen. Denn wenn es stimmt, dass der Hermaphrodit M. W. in erster Ehe ein Kind gezeugt hat, dann wäre er nicht impotent, sondern sehr wohl der *Zeugung* und zur Ehe fähig. Drittens, und dies ist die unmittelbare Folge des zweiten Kritikpunktes, ist es möglich, dass der zur *Zeugung* notwendige *Samen* zum *Uterus* einer Frau gelangt, obwohl er nicht an der *Eichel*, sondern an der *Wurzel* der *Rute* austritt.

Der Konflikt zwischen Krus und Luther entbrennt an diesen drei Kritikpunkten. Es steht die Frage im Raum, welche Gegebenheiten für die medizinische Begutachtung berücksichtigt werden müssen. Soll ein Hermaphrodit ausschließlich auf Grundlage seiner sexuellen Organisation für ehefähig oder impotent erklärt werden? Oder müssen zur Beantwortung der Frage nach der Ehetauglichkeit weitere Felder beleuchtet werden? Sprechen lediglich die vivisektierten *Zeugungs-* und *Geburtsglieder* die Wahrheit oder ist es notwendig, die Aussagen des Hermaphroditen – erwähnte *Menstruationsfähigkeit*, die Angaben zu seinem biografischen Hintergrund, die Vaterschaft seines Kindes – in der Urteilsfindung zu berücksichtigen? Und wenn die Aussagen des Hermaphroditen M. W. richtig sind, dass er ein Kind gezeugt hat, dann muss die Frage geklärt werden, wie der *Samen* in den Körper der ersten Ehefrau gelangen konnte. Ist die *Zeugungsfähigkeit* an die Bedingung geknüpft, dass der *Samen* direkt im *Uterus* verschüttet wird? Oder reicht es aus, wenn er in der Nähe desselben ausgeworfen wird? Was also entscheidet über die Fähigkeit zum *ehelichen Werk* und welche Bedingungen sind zu erfüllen, um in den Stand der Ehe zu treten?

Die Kritikpunkte nimmt Krus wiederum zum Anlass, um sein Verteidigungstraktat zu verfassen, jenen Bericht aus dem Jahr 1705. Er antwortet Folgendes: Die Frage nach der *Menstruationsfähigkeit* kann zu Lebzeiten des Hermaphroditen nicht geklärt werden, „es sey denn / daß ich blindlings innerliche *partes*; nemlich *Uterum* und *Ovarium* hätte an führen sollen / deren *Existentiam* allhier in diesem *Subjecto* ich so wenig als Herr Luther [...] / vor dem Tode des M. W. erwiesen kan.“ (Krus 1705: 5) Das Argument von Krus ist klar: Es ist möglich, dass die inneren Organe – *Uterus* und *Ovarien* – vorhanden sind. Aber, so Krus weiter, die Frage der Präsenz selbiger, kann erst abschließend beantwortet werden, wenn der Hermaphrodit M. W. tot ist und eine anatomische Sektion die Organisation der Organe offenbart. Die *Menstruation* repräsentiert zwar diese Organe, kann aber nicht eindeutig festgestellt werden beziehungsweise obliegt der Aussage des Hermaphroditen M. W. und damit dem Hörensagen. Dies bedeutet für die Bestimmung der sexuellen Organisation, dass nur jene Glieder der sexuellen Struktur über die Wahrheit derselben Auskunft geben, die visuell und haptisch eindeutig bestimmbar sind. Da die inneren Organe, *Uterus* und *Ovarien*, während der Kruschen Vivisektion nicht sichtbar hervorgetreten sind oder eindeutig ertastet werden konnten, sondern nur Repräsentationsmechanismen – der Aussage des Hermaphroditen M. W., der *monatliche Fluss* sei arhythmisch vorhanden – zu verdanken sind, können sie als Kriterium für die Konstitutionsfestlegung des Hermaphroditen M. W. nicht herangezogen werden. Anders gewendet: Die inneren Organe, *Uterus* und *Ovarien*, existieren im Sinne der Vivisektion nicht, da diese ausschließlich an Visualisierung und haptische Wahrheitsmechanismen gebunden ist. Demnach wird die weibliche sexuelle Organisation für impotent erklärt, weil der Gang der *Scheide* zu klein ist, um eine männliche *Rute* aufzunehmen.

Gebärfähigkeit wird in diesem Fall nicht über die inneren Organe, sondern über die äußeren Glieder des phänotypischen Geschlechts definiert.

Und noch etwas ist interessant: Aus der Krusschen Perspektive sind die Lutherschen Anatomieergebnisse des Schneidergesellen und die Vivisektionsergebnisse der Observation des Hermaphroditen M. W. nicht miteinander vergleichbar, da der Schneidergeselle bereits tot war und folglich seziert werden konnte. Hingegen vermochte Krus nur mithilfe der Technik der Vivisektion handfeste Aussagen über die Disposition des Hermaphroditen M. W. zu treffen, da dieser lebendig war. Leben und Tod erfordern zwei vollkommen unterschiedliche Methoden, die, so Krus, nichts miteinander gemein haben. Ein lebendiger Körper, so könnte man sagen, darf nur observiert werden. Er darf besichtigt und betastet, aber nicht mit dem chirurgischen Messer geöffnet und der Gefahr des Todes ausgesetzt werden. Das Seziermesser und seine Anwendung obliegt ausschließlich der Hand des Anatomen, dessen Wahrheitsfindung am verstorbenen Körper praktiziert wird. Beide Prozeduren verlaufen getrennt voneinander, ihre Ergebnisse sind nicht vergleichbar und gehorchen unterschiedlichen Mechanismen der Wahrheitsfindung.

Der zweite Kritikpunkt Luthers an der Krusschen Vorgehensweise bezieht sich auf die Nichtbeachtung der Vaterschaft des Hermaphroditen M. W. in erster Ehe. „Hierauff dient zur Antwort“, so Krus, „daß wan der Herr Luther des M. W. seiner ersten Frauen Leben und Wandel im gantzen Ehestande untersuchen wolte / so wurde er nach dem Gerücht / gar das Widerspiel gewiß erfahren. Gesetzt aber daß er noch so ruhig mit ihr gelebet / sie auch sie gar keusch dabey gewesen / daß sie wie des Kaysers Martiani Gemahlin Putcheria [...] ihn mit der Condition geheyrathet hätte / daß er mit einem hohen Eyde betheuren solte / sie unberührt zu lassen / damit sie ihre Jungfrauschafft beybehalten mögte; so erweist sich solches gar nicht; das M. W. ein tüchtiger Ehe-Mann sey: Sintemahl allhier in Schleßwig vor einigen Jahren eine Weibs-Persohn / so als Unter-Officier lange in Mannes-Kleidern gedienet und sich ein ander Weib allhier viel Jahr auch sehr geruhig gelebet / indem der Frauen vergönnet worden / daß andere ihm durch sie fast alle Jahr ein Kind mehr zu ernehren / verschaffen mögten / so endlich *cum infamia* sind wieder verschieden worden. Wie? Wan mir und andern einige keusche Frauen / die ihren ersten Männern Kinder zur Welt gebracht haben / bekant wären / welche ihrer jetzigen Männer *Erectionem Penis planè abolitam* gantz und gar dissimuliren und doch mit denselben gar *tranquille* leben / ob sie schon von der offt wiederholten *adpersion* nicht Fruchtbahr werden.“ (Krus 1705: 5f.)

Auch die zweite Antwort von Krus thematisiert das Problem des Hörensagens. Doch nicht in Form der individuellen Selbstaussage, der Beichte des Hermaphroditen M. W. über die Funktion seiner sexuellen Struktur, sondern als Rede Dritter. Wenn aber Dritte über die Lebensverläufe der ersten Ehefrau des Hermaphroditen M. W. berichten, dann werden lediglich Gerüchte (re-)produziert. Krus zufolge habe Luther, der die biografischen Angaben vom Hermaphroditen M. W. in die Entscheidung über seine Impotenz einbeziehe, nichts in der Hand als Gerüchte. Diese Aussagen würden aus medizinischer Perspektive, so Krus, wie Staub zerfallen, überprüfte man sie auf ihre Genauigkeit. Den Aussagen Dritter könne im Zuge der Gutachtenerstellung keine Beachtung geschenkt werden, da sie keine Geständnisse der ersten Ehefrau – der Mutter des Kindes – beziehungsweise der unmittelbar Betroffenen sind, sondern lediglich Nachreden nicht beteiligter Personen. Die medizinische Wahrheit ist in diesem Sinne ausschließlich an die Beichte der involvierten Individuen gebunden. Zur Klärung der Vaterschaft des Hermaphroditen M. W. könnten somit nur die Aussagen der ersten Ehefrau, der Mutter des Kindes, herangezogen werden oder die des Hermaphroditen M. W. selbst. Die Angaben des Letztgenannten speisen sich aus zwei Quellen – seinem Körper beziehungsweise seiner sexuellen Organisation einerseits und seinen verbalen Aussagen andererseits. Die mündlichen Berichte des Hermaphroditen M. W. sind jedoch an eine Bedingung geknüpft: Sie müssen durch die Aussagen der sexuellen Organisation verifiziert werden – bestätigt die sexuelle Klinik des Hermaphroditen M. W. die verbalen Angaben desselben nicht, so werden auch die mündlich vorgetragenen Informationen für die Wahrheitsfindung verworfen.[36]

Dieses Argument, dass die sexuelle Organisation die Referenz für die verbalen Angaben des Hermaphroditen M. W. bilde und letztlich über deren Wahrheitsgehalt entscheide, verknüpft und begründet Krus mit biografischen Notizen einer anderen eheähnlichen Verbindung, die sich in Schleswig zugetragen hat. Es sind jene Berichte, in deren Zentrum eine Frau steht, die in männlichen Offizierskleidern auftritt und mit einer weiteren Frau zusammenlebt.[37] Dieses Zusammensein, so Krus, diene einerseits finanziellen Interessen – der Absicherung der Ernährung. Andererseits würde hier eine tribadische, eine widernatürliche Lust ausgelebt. Drittens, und diesem Problem gehört seine ganze Aufmerksamkeit, kann dieser Lebenswandel von *infamen* Umständen begleitet sein. Es wäre zumindest hypothetisch denkbar, dass diejenige Frau/Ehefrau, die das Kind zur Welt gebracht hat, mit einem anderen Mann die *ehelichen Werke* vollzogen hat. Und es wäre auch möglich, dass die Früchte dieser Zweisamkeit, die aus einer anderen Verbindung stammen, der Person zugesprochen werden, die in Wahrheit die *ehelichen Werke* nicht vollziehen kann. Aus dieser Perspektive betrachtet, so Krus, könnte dem Hermaphroditen M. W. das Kind in erster Ehe untergeschoben worden sein – er würde in Unwissenheit über die tatsächlichen Hintergründe der Vaterschaft leben. Die Geschichten um seine Vaterschaft bleiben daher nichts als Gerüchte, solang nicht erwiesen ist, dass der Hermaphrodit M. W. tatsächlich das besagte Kind gezeugt hat. Diese Aussage kann aber nur durch die erste Ehefrau bestätigt werden, da seine *Zeugungsglieder* wider eine Vaterschaft beschaffen sind. Weil aber, so Krus, die erste Ehefrau des

36 Vgl. zum Problem der individuellen Beichte, den Wahrheitsproduktionen und der Bindung zwischen Beichtvater (Hirte) und beichtendem Individuum (Schaf): Foucault, Michel (2005b): Omnes et singulatim. Zu einer Kritik der politischen Vernunft, in: ders.: Analytik der Macht, Frankfurt/Main: Suhrkamp, S. 188-219.

37 Ob es sich beim Krusschen Beispiel um Catharina Margaretha Linck handelt, deren Biografie Angela Steidele rekonstruiert, ist nicht verifizierbar. Steidele, Angela (2004): In Männerkleidern. Das verwegene Leben der Catharina Margaretha Linck alias Anastasius Lagrantinus Rosenstengel, hingerichtet 1721, Köln [u. a.]: Böhlau. Auch Catharina Margaretha Linck trägt Militärkleider und dient einige Jahre in verschiedenen Regimentern. Zum Problem von Frauen, die im sechzehnten, siebzehnten und achtzehnten Jahrhundert Männerkleider anziehen und die soziale Rolle des Mannes ausfüllen, vgl. u. a.: Dekker, Rudolf/van de Pol, Lotte (1990): In Männerkleidern. Weibliche Transvestiten und ihre Geschichte, Berlin: Wagenbach.

Hermaphroditen M. W. gestorben ist, kann das Problem der Vaterschaft nicht eindeutig geklärt werden und wird von ihm für seine medizinische Beurteilung der Potenz/Impotenz nicht herangezogen.

Schließlich der letzte Einwand von Luther – sein Einspruch gegen die Verabsolutierung der Aussage, dass ein *extra Uterum* verschütteter *Samen* der *Zeugung* nicht dienlich ist. Krus antwortet hierauf wie folgt: „[W]iehohl von seinem *commode vehiculo*, andere sehr gelehrte Medici solche Meinung gar nicht hegen / und noch darzu gar schwer zu erweisen seyn würde / ob eine Frau *Solâ ad persione mariti circa orificium vaginæ externum*, oder *mediante Pene turgente in ipso Coitu* von dem *liquore genitali*, eines andern Mannes sey Schwanger geworden; so stehet dennoch zu behaupten / daß so unmüglich als die Frau / nach der bekannten Fabel, im Bade sitzende von dem verschütteten *semine virili* Schwanger geworden und der blosse Wind die *Equas Lusitanicas*; ebenso unmüglich dieser M. W. seine Frau mit der blosen *adpersion circa orificium vaginæ externum* jemahls habe Fruchtbahr machen können: dann hierzu wird dieser nöthiger Beweißthum vorher erfordert / ob M. W. liquorum genitalem efficacem aut fœcundum besitze / selbigen mit vigeur von sich sprütze / oder ob selbiger perpendiculariter oder Weiber-mäßig wie seine Urin oder Crenam niederfliesse / und ob er Erectionem Penis debitam zu wege bringen könne / so noch keiner von uns erfahren hat.“ (Krus 1705: 6f.)

Zum einen taucht hier das bekannte Argument des Fabelhaften auf. Die Historien aus längst vergangenen Zeiten sind nichts als Fabeln oder Ammenmärchen. Obwohl es schwer zu beweisen ist, dass eine Frau ohne das Zutun eines Mannes nicht schwanger werde, können die im Wasser schwimmenden *Samen*, die im Bade vergossenen, als Ursache für eine Schwangerschaft ausgeschlossen werden – männliche *Samen* im Badewasser machen keine Frau schwanger. Dies bedeutet jedoch nicht, so Krus, dass alle weiteren Samentransfers automatisch zur *Zeugung* führen. Die *Zeugungsfähigkeit* ist an die Konstitution der *Zeugungsglieder* gebunden. Die *Rute* muss eine bestimmte Länge und Größe aufweisen, der *Harn-* und *Samenkanal* muss in der *Eichel* münden, das *Scrotum* darf nicht die *Eichel* verdecken und die *Rute* muss zur Erektion fähig sein. Darüber hinaus, dieses Argument führt Krus erst in seiner Verteidigungsschrift an, muss der *Samen* in einer spezifischen Art und Weise austreten. Er darf nicht fließen, wie der *Harn*, sondern muss *herausgespritzt* werden, um der *Zeugung* zu dienen. Die Observation des Hermaphroditen M. W. hat jedoch ergeben, dass seine *Rute* aufgrund der Größe und Beschaffenheit zur *Zeugung* untauglich ist. Ob er zu einer Erektion fähig ist, ob er gar die *Samen* so austreten lassen kann, wie beschrieben, ist „noch gantz ungewiß“ (Krus 1705: 8).

Abschließend bringt Krus noch einmal die Aussage der Ehefrau ins Spiel, der zweiten Ehefrau vom Hermaphroditen M. W., jener, die sich scheiden lassen will und die Klage eingereicht hat: „[M]an kann aber seiner [des Hermaphroditen M. W., Anm. M. S.] bey weitem nicht so viel als der letzten Frauen Aussage trauen / welche als eine Frau von gutem Gerüchte öffentlich bekandt hat / daß er ihr niemahls habe ehelich beywohnen können“ (Krus 1705: 7). Zwar habe sich der Hermaphrodit M. W., so Krus, der Erektionsfähigkeit gerühmt, er habe sogar seine *Zeugungsfähigkeit* – Vaterschaft – behauptet und doch stehen seine Aussagen im Widerspruch zur Aussage der zweiten Ehefrau, die gerade um Scheidung bittet, da er ihr niemals *ehelich beigewohnt* hat. Krus schenkt der Beichte der zweiten Ehefrau mehr Gewicht, da sich ihre Aussagen mit den Beichten der sexuellen Struktur des Hermaphroditen M. W. decken. Auch hier liegt die medizinische Wahrheit in der Organisation der *Zeugungsglieder* verborgen, die den verbalen Berichten der Ehefrau Nachdruck verleihen und den Aussagen des Hermaphroditen M. W. den Boden unter den Füßen entziehen.

Krus fügt seinem Verteidigungstraktat zwei schriftliche *Relationen* – Rechtsgutachten – an. Erstere stammt aus der Feder eines der beiden Chirurgen, der bei der Krusschen Vivisektion zugegen war. Die zweite *Relation* ist ein vergleichender Kommentar zum Krusschen Vivisektionsbericht und der Lutherschen Dissertation, angefertigt von einem befreundeten Professor der Medizin. Beide *Relationen* kommen zu dem Schluss, dass die „Betrachtung der äusserlichen Configuration der Generations-Parteyen bey M. W. [...] augenscheinlich erweisen [thut] / das Er die Pflicht eines rechtschaffenen Ehemannes nicht abzulegen vermag." (Krus 1705: 9) Beziehungsweise: „Wo aber dennoch M. W. in priori conjugio Kinder gezeuget / muß er nothwendig die Neben-Tritte seines Ehe-Weibes connivendo gebilliget / oder um den süssen Vater-Nahmen zu aquiriren selber den substituten salarirt haben / oder es mußthe bes der Antretung der anderen Ehe seine Mannheit per faicinationem, ut fabula fert, benommen / und er dadurch impotentens geworden seyn / bey so gestalten Sachen aber ist es ihme eine lautere Unmüglichkeit gewesen." (Krus 1705: 14) Krus seinerseits belässt es nicht bei seinem *abgenöthigten Bericht.* Er bittet die Universität, bei der die Luthersche Dissertation vorliegt, selbige einzubehalten und von einer weiteren Publikmachung der Inhalte Abstand zu nehmen. Gleichzeitig zeigt er Luther beim *Consistorial-Gericht* wegen Verleumdung an.

Gleichwohl Krus mit seinen Anliegen scheitert – seine Anzeige und die Forderung nach Nichtveröffentlichung der Lutherschen Dissertation werden abgewiesen –, nimmt Luther den *abgenöthigten Bericht* von Krus zum Anlass, sich gegen die hierin aufgelisteten „Anschuldigungen" und „Verleumdungen" zur Wehr zu setzen und setzt seinen Verteidigungstraktat „PRODROMUS APOLOGIÆ" auf. (Vgl. Luther 1705: 3) Hier beginnt er mit der knappen Rekapitulation dessen, was bisher geschehen ist: Einreichung der eigenen Dissertation, Klage von Krus gegen die Dissertation, Beschwerde von Krus gegen die Universität wegen Veröffentlichung der Dissertation. (Vgl. Luther 1705: 3ff.) Es folgt die Wiederholung und Konkretisierung seiner Kritik an der Krusschen Vivisektion und der hieraus abgeleiteten Entscheidung, den Hermaphroditen M. W. für impotent zu erklären. (Vgl. Luther 1705: 9ff.) Im dritten Teil seines Traktats geht Luther auf die Anschuldigungen ein, die Krus in seinem *abgenöthigten Bericht* gegen ihn erhoben hat.

Zum einen setzt sich Luther mit dem Krusschen Vorwurf auseinander, dass er den Hermaphroditen M. W. nie selbst gesehen oder observiert hat. Insofern, so Krus, wären die Lutherschen Überlegungen nichts als „Hirn-Theorien" (Luther 1705: 27), die nichts mit der Wahrheit der sexuellen Organisation des Hermaphroditen M. W. zu tun haben. Hierauf antwortet Luther wie folgt: „Den ich habe ja nicht ohne alle Observation geurtheilet / sondern des Herrn Krusen eigene Besichtigungs *Relation* zum Grunde geleget. Welche *Relation* er abermals ziemlicher massen verdächtig gemachet / wenn er haben will / ich hätte von Kiehl nach Schleßwig reisen / und diesen raren *Casum* selbst in

Augenschein nehmen sollen. Denn sofern in seiner Relation die *externa dispositio & structura partium in Hermaphrodito observata*, richtig und genau beschrieben worden / so ist der von dem Hrn. Krusen erforderte Augenschein gar nicht nöthig: weil dergleichen *Relationes medicæ* (wenn dieselbe anders auch denen Medicis, wie dergleichen *curieuse Casus* wol erfodern / darüber eine Betrachtung anzustellen / dienlich seyn sollen) von rechtswegen so deutlich und verständlich müssen / daß alles dem Verstande des Lesers gleichsam in *Effigie ad percipienden* vorgestellet wird." (Luther 1705: 27)

Der erste Vorwurf von Krus – Luther hätte von Kiel nach Schleswig fahren müssen, um den Hermaphroditen mit eigenen Augen zu observieren beziehungsweise mit den eigenen Händen die Wahrheit der sexuellen Organisation zu erfassen – wird von Luther entkräftet. Er argumentiert, der Krussche Observationsbericht müsse semantisch so deutlich und verständlich sein, dass alle Leser ihn nachvollziehen und zum Vergleich mit anderen Vivisektionsberichten verwenden können. Beide Argumente, die Unterlassung der eigenhändigen Vivisektion einerseits und die Möglichkeit, ein Objekt – den Hermaphroditen M. W. – mithilfe der semantischen Wiedergabe rekonstruieren zu können andererseits, entsprechen den methodologischen Anforderungen des siebzehnten und achtzehnten Jahrhunderts. Während Krus erklärt, die Wahrheit der sexuellen Organisation trete nur im Augenblick der visuellen Betrachtung und der tastenden Bestimmung der inneren Glieder hervor, also durch die Methode der Vivisektion, beruft sich Luther auf die Ergebnisse dieser Methode. Er sagt, dass die vivisektierte sexuelle Organisation in einen sprachlich nachvollziehbaren Vivisektionsbericht überführt werden muss, der mithilfe von repräsentierenden Begriffen die entsprechende Struktur für alle Leser erfassbar macht. Wenn Luther sich auf die Notwendigkeiten des Nachvollzugs durch Dritte beruft, sagt dies nichts anderes, als dass die Transkription der individuellen Klinik hinreichend allgemein verständlich sein muss, damit alle Leser diese individuelle Struktur erfassen und vergleichen können. Demzufolge tauchen hier keine Gegensätze auf, sondern zwei Teile eines methodologischen Vorgehens: Besichtigung sowie Betastung des Observationsobjektes und Transkription der Ergebnisse in eine repräsentierende, für alle Leser nachvollziehbare Sprache. Die Wahrheit findet sich im Objekt selbst sowie im Observationsbericht der individuellen Klinik. Beide Gegenstände – vivisektierte Organisation und transkribierte Struktur – sind vollkommen identisch, aus beiden tritt die Wahrheit des Geschlechts hervor. Mit anderen Worten: Die methodologische Auseinandersetzung stellt im Sinne des medizinischen Wissensbestandes des siebzehnten und achtzehnten Jahrhunderts keine Differenz dar. (Vgl. GK 1999: 182)

Jenseits dieses Streitpunktes, der keinen methodologischen Unterschied offenbart, kreisen alle weiteren Vorwürfe von Krus um Unstimmigkeiten innerhalb der Vorgehensweise. (Vgl. Krus 1705: 14f.; Luther 1705: 20ff.) Zum einen geht es um die zu befragenden Gegenstände: Wer und was muss innerhalb einer medizinischen Begutachtung Zeugnis ablegen? Wer und was darf in keinem Fall hierzu verhört werden? Krus befragt ausschließlich die sexuelle Organisation des Hermaphroditen M. W. und gleicht sie mit den Beichten der Zeugen ab. Bei ihm stellt die sexuelle Klinik die Referenz für den Wahrheitsgehalt der Zeugenaussagen dar. Nur sie offenbart die Wahrheit des Geschlechts – keine anderen Informationsquellen sollen zur Bestimmung der Impotenz beziehungsweise Heiratsfähigkeit herangezogen werden. Luther hingegen wiederholt in seinem Verteidigungstraktat die Annahme, dass „zur cathegorischen Decision auch die Kundschafft der Manier der Beywohnung nothwendig erfordert wird [...] daß nemlich / ex membro virili non perforato (wie Herr Kruse gethan) die impotentia ad generandum nicht absolutè könne geschlossen werden.“ (Luther 1705: 23) Für Luther stehen die Aussagen der sexuellen Organisation und die *Kundschaften* der Zeugen auf einer Ebene. Keine Referenz, sondern eine gleichwertige Verwendung der zur Verfügung stehenden Informationen wird von Luther gegenüber Krus in Anschlag gebracht. Die von Krus verachteten Aussagen vom Hörensagen – zu Vaterschaft oder Erektionsfähigkeit des Hermaphroditen M. W. – erhalten in der Lutherschen Argumentation einen gleichwertigen Rang gegenüber den Vivisektionsergebnissen. Der erste methodologische Unterschied zwischen Luther und Krus besteht somit in der Verwendung und Gewichtung der zur Verfügung stehenden Informationen.

Doch Luther will nicht nur die Zeugenaussagen des Hermaphroditen M. W. für die Bestimmung der Potenz/Impotenz heranziehen, sondern auch die ‚Kundschafft der Manier de[s] Beywohnen[s]‘. Wenn Luther auf diesen Fragenkomplex rekurriert, dann erweitert er nicht nur das zur Verfügung stehende Spektrum an Informationen, sondern eröffnet eine weitere Bedeutungsdimension der *ehelichen Werke*. Hieraus ergibt sich die zweite methodologische Differenz: Hingegen Krus die Funktion der *ehelichen Werke* in der Vermehrung, dem *Zeugen* und *Gebären* von Kindern, sucht und sich nur auf die *Zeugungs-* und *Geburtsglieder* konzentriert, sagt Luther, dass ein Ehemann, der impotent sei, „seine Frau mit der *replique* des Jacobs befriedigen kan“ (Luther 1705: 20).[38] Die ehelichen Pflichten würden, so Luther, nicht nur in der Vermehrung, sondern gleichfalls in der Befriedigung, in der wechselseitigen Lustverschaffung der Ehepartner, bestehen. Demzufolge eröffnet sich ein neuer Zweck der Ehe: Dieser muss nicht ausschließlich in der Vermehrung liegen, sondern kann auch in der wechselseitigen Lustverschaffung zu finden sein. Wenn aber, so Luther, im Fall der sexuellen Impotenz die Praktiken der lustvollen Befriedigung anerkannt würden, wäre die *Manier der Beiwohnung* ein sehr wichtiger Gegenstand der Befragung. Die Frage nach der wechselseitigen Befriedigung ist für Luther ein wichtiger Untersuchungsgegenstand, da nach seinem Dafürhalten im Fall der Impotenz die eheliche Pflicht zur Vermehrung durch weitere Praktiken substituiert werden kann. Aus dieser Substitutionsmöglichkeit ergibt sich das Luthersche Kriterium für einen Scheidungsgrund: Derjenige, der für impotent erklärt wird und keinerlei Praktiken der Lustverschaffung anwendet, der soll generell für nicht ehefähig erklärt werden. Wer hingegen Lust verschafft, der kommt in vollem Umfang

38 Jakob und Rahel leben laut biblischer Überlieferung mehrere Jahre in einer Ehe zusammen, ohne sich zu vermehren. Insofern liegt die Vermutung nah, dass Luther hier auf lustvolle *eheliche Werke* anspielt, die nicht der Zeugung oder dem Gebären dienlich sind. „Als Rahel sah, dass sie Jakob keine Kinder gebar, wurde sie eifersüchtig auf ihre Schwester. Sie sagte zu Jakob: Verschaff mir Söhne! Wenn nicht, sterbe ich. Da wurde Jakob zornig auf Rahel und sagte: Nehme ich etwa die Stelle Gottes ein, der dir die Leibesfrucht versagt? [...] Nun erinnerte sich Gott an Rahel. Gott erhörte sie und öffnete ihren Mutterschoß. Sie wurde schwanger und gebar einen Sohn. Da sagte sie: Gott hat meine Schmach von mir genommen. Sie nannte ihn Josef (Zufüger) und sagte: Der Herr gebe mir noch einen anderen Sohn hinzu.“ (Mose 1-5: 43)

seinen ehelichen Pflichten nach – er ist ein rechter Ehemann, auch wenn er körperlich für impotent erklärt wurde.

Die dritte methodologische Differenz tritt aus der Krusschen Aussage hervor, seine Aufgabe habe lediglich darin bestanden zu entdecken, ob der Hermaphrodit M. W. impotent sei, nicht aber zu beweisen, dass er ein wahrer Ehemann ist. Luther antwortet auf diesen Einwand: „[E]s scheinet [...] fast daß Hr. Kruse nicht einmahl dem gnädigsten Befehl der hohen Herrschafft eine vollkommene Folge geleistet / indem er zum Beschlus seiner Besichtigungs-Relation pag. 3, nicht bezeuget (wie billig geschehen sollen / und in der anderseitigen Relation gar wohl beobachtet worden) daß M. W. die Pflicht eines rechtschafftenen Ehemanns abzulegen vermöge; sondern nur allein gesaget, daß M. W. [...] einfolglich als impotens müsse erkläret werden." (Luther 1705: 23f.) Im Weiteren führt Luther das Problem des Eides, der Bezeugung des Beschriebenen, in seiner Argumentation an.[39] Während für Krus die Wahrheit des Geschlechts an die Beichten der *Zeugungs-* und *Geburtsglieder* gebunden ist, verlässt sich Luther nicht auf diese Krussche Wahrheit der sexuellen Klinik und die hieraus resultierenden Schlussfolgerungen. Sein methodologisches Vorgehen berücksichtigt eine Vielfalt an Informationen und die Vereidigung sämtlicher am Prozess Teilnehmender – inklusive des Gerichtsgutachters, der seine Ergebnisse beschwören muss. Wahrheitsproduktion und Rechtsprechung benötigen den Schwur, um einzelne Angaben in wahre Aussagen zu transformieren. (Vgl. WjurF 2003: 59f.)

Ein Jahr nach Veröffentlichung der Traktate von Krus und Luther setzt der Theologe Christian Gottlieb Koch ein Schreiben auf, das sich mit der Heiratsfähigkeit des Hermaphroditen M. W., den Argumenten von Krus und den Aussagen von Luther beschäftigt.[40] Der Autor will fragen, „ob die Ehe eines Zwitters und insonderheit M. W. zu recht bestehe oder nicht?" Es soll hierzu dasjenige beleuchtet werden, „was ins geistliche Recht und Theologie läuft" (Koch 1706: 4). Die Argumentation erhält hier eine Wende: Es steht nicht das Problem der Scheidung im Vordergrund, sondern vorerst die Frage nach der generellen Möglichkeit der Ehe eines Hermaphroditen. Sie wird wie folgt beantwortet: „Bey welchen Zwitter", so der Koch, „nun beyde Geschlechte männ- und weibliche gleich sind / und keines derselben *prævaliret* / dem haben die Lehrer mit allem Fug und Recht keine Ehe zugestanden. Dann eine solche Verbindung läufft schnur stracks wieder die Göttliche Einsetz- und Verordnung / kraft welcher ein Mann und ein Weib zusammen / und ein Fleisch sein sollen. Solches kan aber von dem nicht bewerckstelliget werden / der weder Mann noch Weib ist. Es kan auch von einen solchen Zwitter der Endzweck der Ehe / nemlich die Vermehrung des Geschlechts und schuldige Beywohnung / nicht erhalten werden / dahero sie billig vor ungültig zuhalten. Eine andere Bewantniß aber hat es mit denen Zwittern / bey welchen ein Geschlecht vor dem andern *prævaliret* / es sey das männ- oder weibliche Geschlecht. Eines solche Zwitters

39 Vgl. zur Produktion von Wahrheit mithilfe des Eides: Foucault, Michel (WjurF 2003): Die Wahrheit und die juristischen Formen, Frankfurt/Main: Suhrkamp.

40 Koch, Christian Gottlieb (1706): Eines DOCTORIS THEOLOGIÆ Bedencken von der Ehe eines Zwitters oder so genannten Hermaphroditen. M. W. SCHLESWIG: Gedruckt Johann Holwein / Hoch-Fürstl. Hoff-Buchdrucker.

Ehe mag anfänglich einigen besorglich vorkommen / so ist sie dennoch nicht schlechter Dings vor ungültig zu erkennen / sondern bestehet öfters zu recht / wann sich folgende Bedingungen darbey finden. 1. Daß die eheliche Verbindung nach dem *prævalirenden* Geschlechte und also geschehe / daß ein Mann und ein Weib zusammen wohne. 2. Daß ein solcher Zwitter nach dem *prævalirenden* Geschlechte die schuldige Pflicht in der Ehe leisten / und ein tüchtiger Ehemann / oder ein tüchtiges Eheweib seyn könne." (Koch 1706: 4f.) Diese generelle Ordnung der Ehe leitet Koch einerseits aus einer Entscheidung des „Consistorium[s] zu Meissen" und andererseits aus einer Bekanntmachung des „Ober-Consistorium[s] zu Dreßden" ab. (Vgl. Koch 1706: 4)

Im Anschluss hieran erörtert er den Scheidungsfall des Hermaphroditen M. W. mit dem Ergebnis: Weil er über ein *prävalierendes* männliches Geschlecht verfügt – dies habe die Krussche Vivisektion ergeben und werde von Luther nicht in Zweifel gezogen –, müssen alle Entscheidungen von dieser männlichen Struktur abgeleitet werden. Da jedoch dieses männliche Geschlecht nicht der *Zeugung* dienlich ist, der Hermaphrodit M. W. folglich für impotent erklärt wurde, könne er nicht den ehelichen Pflichten nachkommen. (Vgl. Koch 1706: 6) Sechs göttliche, biblische und rechtliche Gebote begründen die Verwehrung einer solchen Ehe: Erstens ist eine derartige Verbindung wider den „von Gott abgezielten Endzweck / nemlich die Vermehrung der Geschlechts" (Koch 1706: 6). Zweitens sagt der Apostel Paulus, dass „der Mann die schuldige Freundschafft leisten Kinder zu zeugen ihr Gehülffe seyn soll." (Koch 1706: 6) Drittens ist eine derartige Ehe eine große Gefahr für die Frau, da sie „vom Satan angestifftete Versuchung zur Unkeuschheit und andern groben Sünden zu besorgen / wann diese schuldig Freundschafft nicht geleistet wird." (Koch 1706: 6f.) Viertens ist eine solche Ehe bereits „in der ersten Kirche vor ungültig erkläret" (Koch 1706: 7). Fünftens haben „berühmteste Theologi und JCti die Ehe der Untüchtigen verworfen." (Koch 1706: 7) Und schließlich sechstens „komt hierzu der Ausspruch des Ober-Consistorii zu Gottrop / welches nach reiffer Uberlegung die Ehe des Zwitters vor null und nichtig erkant hat." (Koch 1706: 7) Der Theologe Koch gibt nicht nur Krus und seinen Schlussfolgerungen aus der Beichte der sexuellen Organisation Recht, sondern unterfüttert die Krussche Ablehnung der Ehefähigkeit mit theologischen und rechtlichen Argumenten.

Einem Problem erweist Koch besondere Aufmerksamkeit: der Lutherschen Forderung, Praktiken der lustvollen Befriedigung als Substitut für die eheliche Pflicht der Vermehrung anzuerkennen. Luthers Vorschlag ist für den Theologen vollkommen ausgeschlossen. Zum einen, da die Frau hierdurch zu satanischen Versuchungen verführt wird. Zum anderen, und dieser Verbotsgrund steht jenseits von Schutzabsichten gegenüber der Frau, weil „die Lust [...] eigentlich aus dem verderblichen Sünden-Fall her [rühret]" (Koch 1706: 11). Die *Ursünde* würde leibhaftig in Form der Lustpraktiken erscheinen. Und so fragt der Theologe: „Diesem allem aber ungeachtet / soll dieser aus der Sünde herspringender und zufälliger Endzweck der Vorzug vor dem von Gott abgezielten heiligen und vornehmsten Endzweck haben [...] wo bliebe doch die eheliche Keuschheit?" (Koch 1706: 11f.) Die eheliche Pflicht ist, daran lässt der Theologe keinen Zweifel, an jene Praktiken der *ehelichen Werke* gebunden, die ausschließlich dem Auftrag Gottes gehorchen – der Vermehrung des Geschlechts. Lust oder gar Befriedigung schließen Gott, seine Gebote und die vielen Apostel aus. Und so folgert Koch, dass die Substitution der

Pflicht der Vermehrung durch die Bereitung von Lust nicht erlaubt ist. Wird einer der beiden Ehepartner für impotent erklärt, so dürfen keine Ersatztechniken zum Einsatz kommen, sondern die Ehe muss geschieden werden. (Vgl. Koch 1706: 12f.) Auch der von Luther für die Beurteilung des Falls geforderten ‚Kundschafft der Manier de[s] Beywohnen[s]' erteilt der Theologe eine Absage. Diese Erweiterung des zur Verfügung stehenden Informationsspektrums – die Rede über Lustpraktiken vor Gericht oder an anderen Orten – beinhaltet in den Augen des Theologen die Gefahr, „daß Lust-Seuchen eingeführet werden." (Koch 1706: 12)

Was folgt aus der Analyse der medizinischen Streittraktate und dem theologischen Kommentar derselben? Welche Vorannahmen gehen der Feststellung der Ehefähigkeit beziehungsweise der Eheuntauglichkeit von Hermaphroditen voraus? Erstens: Das erste medizinische Gutachten, das Krus auf Befehl des Gerichts erstellt, dient einzig der Beantwortung der Frage: Ist der Hermaphrodit M. W. impotent, also *zeugungs-* bzw. *gebärunfähig*, oder ist er für die Ehe tauglich? Die Frage wird also nicht vom Gericht beantwortet, sondern an einen externen medizinischen Gutachter weitergegeben. Sie obliegt einzig und allein der Einschätzung des medizinischen Sachverständigen.

Zweitens: Genau an diesem Punkt – der Erstellung der medizinischen Expertise – entbrennt der Streit zwischen Krus und Luther. Alles dreht sich um die Frage, welche Informationen in die Beurteilung einfließen sollen. Darf nur die sexuelle Organisation observiert werden oder müssen weitere Zeugen im Verlauf der medizinischen Begutachtung herangezogen werden? Krus spricht sich dezidiert für die erste Variante aus. Es sollen ausschließlich die *Zeugungs-* und *Geburtsglieder* untersucht werden, denn nur sie beichten die Wahrheit über die sexuelle Organisation. Wenn Dritte befragt werden, dann sind nur diejenigen Aussagen zur Beantwortung der richterlichen Frage heranzuziehen, die die Beichten der sexuellen Struktur bestätigen. Diese Aussagen dienen, im Sinne von Krus, der nachträglichen Bestätigung die Beichten der *Geburts-* und *Zeugungsglieder*. Selbst wenn Luther zur medizinischen Begutachtung Dritte befragen will, so wird er durch den Theologen Koch dahingehend widerlegt, dass aus theologisch-rechtlicher Perspektive ein solches Vorgehen nicht gestattet ist. Der medizinische Gutachter soll auf Grundlage der Vivisektion der sexuellen Organisation das *wahre* Geschlecht feststellen und eine Artbestimmung des Hermaphroditen vornehmen. An die Befragung der *Zeugungs-* und *Geburtsglieder* sind drei Bedingungen geknüpft. Einerseits werden die zu observierenden Glieder nur mithilfe der Technik der Vivisektion betrachtet und betastet. Es sind die – mehr oder weniger – außen liegenden Glieder, die Teile des phänotypischen Geschlechts, die die Personenstandszugehörigkeit bestimmen. Die inneren Organe spielen keinerlei Rolle innerhalb der Geschlechtsbestimmung, da sie nur unter Lebensgefahr für den Hermaphroditen zu konsultieren sind. Andererseits werden Zeugenaussagen, die im Verlauf der Begutachtung getätigt werden, nur Berücksichtigung finden, insofern sie die Beichten der sexuellen Organisation bestätigen. Alle weiteren Angaben, beispielsweise die biografischen, wie die Vaterschaft des Hermaphroditen M. W., werden stets in Referenz zur sexuellen Struktur bewertet oder vollkommen verworfen. Die letzte Bedingung bezieht sich auf jene Zeugenaussagen, die sich um die Funktionen der *Zeugungs-* und *Geburtsglieder* drehen. Auch diese Angaben werden ausschließlich in Referenz zur sichtbaren und tastbaren sexuellen Klinik beurteilt. Zwar behauptet der

Hermaphrodit M. W., dass seine *Rute* erektionsfähig ist, die Wahrheit liegt aber in den Gliedern selbst verborgen. Diese aufzufinden obliegt allein dem medizinischen Experten, der als unabhängiger Gutachter auftritt.

Drittens: Die Geschlechtsbestimmung des Hermaphroditen M. W. findet im Moment der Scheidungsklage statt. Erst zu diesem Zeitpunkt wird er mit rechtlicher Gewalt und medizinischer Expertise konfrontiert. Sämtliche Argumente, die Krus und Luther austauschen beziehungsweise die vom Theologen kommentiert werden, beziehen sich auf eine Observation, die am Ende der Ehe durchgeführt wird. Dies bedeutet aber im Umkehrschluss, dass der Hermaphrodit M. W. zwei Ehen ohne jeglichen Einspruch vonseiten der Justiz oder der Medizin eingegangen ist beziehungsweise eingehen konnte. Unabhängig davon, ob seine biografischen Angaben für die Feststellung seiner Ehefähigkeit oder Impotenz herangezogen werden, wird die Gültigkeit seiner Eheschließungen im Grundsatz nicht angezweifelt. Dies lässt zugleich die Schlussfolgerung zu, dass der Hermaphrodit M. W. seinen Personenstand und sein Geschlecht bereits vor der ersten Eheschließung, unabhängig von Kirche, Justiz und Medizin, selbst gewählt hat – den männlichen Personenstand und das männliche Geschlecht. Es wird weder im Zusammenhang der ersten Eheschließung, noch in Bezug auf die zweite Vermählung von Instanzen berichtet, die Einspruch gegen die Verbindung eingelegt haben. Die freie Wahl des Personenstandes und des Geschlechts entspricht der gängigen Praxis des siebzehnten, achtzehnten und in Teilen auch des neunzehnten Jahrhunderts. (Vgl. Wacke 1989: 882ff.)[41] Bis auf eine Ausnahme, die Zedler in seinem Lexikon ausführt: „Wenn aber ein Geschlechte das andere nicht überwiegt, sondern ein Mensch aequaliter von beyden Geschlechten participiret; so hat er die Macht selbsten, ein gewisses Geschlechte zu erwählen. Denn es wäre allerdings monstrosum beyderley Geschlechte zugleich sich zu bedienen. Alleine in diesem letztern Falle erfordert die Praxis des Zwitters Eidschwur,

41 Das „Allgemeine Landrecht für die Preußischen Staaten" (ALR), das am 1. Juni 1794 in Kraft tritt, führt folgende fünf Paragrafen auf, die sich auf die Rechte „der Zwitter" beziehen: „§. 19. Wenn Zwitter geboren werden, so bestimmen die Aeltern, zu welchem Geschlechte sie erzogen werden sollen. §. 20. Jedoch steht einem solchen Menschen, nach zurückgelegtem achtzehnten Jahre, die Wahl frey, zu welchem Geschlecht er sich halten wolle. §. 21. Nach dieser Wahl werden seine Rechte künftig beurtheilt. §. 22. Sind aber Rechte eines Dritten von dem Geschlecht eines vermeintlichen Zwitters abhängig, so kann ersterer auf Untersuchung durch Sachverständige antragen. §. 23. Der Befund der Sachverständigen entscheidet, auch gegen die Wahl des Zwitters, und seiner Aeltern." ALR (1794): ALLGEMEINES LANDRECHT FÜR DIE PREUSSISCHEN STAATEN. ERSTER THEIL. ZWEYTE AUFLAGE. BERLIN, BEY GEORGE JACOB DECKER UND SOHN, KÖNIGL. GEH. OBERHOFDRUCKERN, S. 19. Erst das „Bürgerliche Gesetzbuch" (BGB), das am 1. Januar 1900 seine bindende Kraft erhält, löst diese Rechtsvorschriften ab, da es keine Vorschrift über Zwitter oder Hermaphroditen enthält. (Vgl. Wacke 1989: 869) Venette, der keine Altersangaben macht, führt zur Geschlechtswahl aus, dass die „weltlichen gesetze" den Zwittern auferlegt haben, „daß sie eines von beyden geschlechtern erwehlen, damit sie in dem einen dieser beyden qualitäten, des mannes oder der frauen gelegenheit haben, sich entweder mit einem mann oder frau zu vereinigen" (Venette 1738: 515).

daß er dieses Geschlechte nie Mahls verändern wolle“.[42] Den Hermaphroditen wird also die Wahlfreiheit in Bezug auf ihren Personenstand überlassen. Sie dürfen sich entscheiden, ob sie als Mann oder als Frau angerufen werden wollen, sie dürfen verfügen, welche Rechte sie für sich reklamieren wollen und welche sie zugunsten des anderen Personenstandes abtreten möchten. Selbst die Hermaphroditenart, bei der kein *prävalierendes* Geschlecht erkennbar ist, darf frei über den jeweiligen Personenstand entscheiden. Entsprechend dieser Wahl kann eine Ehe eingegangen werden. An die Vermählung eines Zwitters, so der Theologe, sind lediglich zwei Bedingungen geknüpft: Die Ehe muss, ausgehend vom gewählten/*prävalierenden* Geschlecht des Hermaphroditen, eine Verbindung aus *zeugendem* Mann und empfangender Frau darstellen – eine gleichgeschlechtliche Ehe ist auszuschließen. Die zweite Voraussetzung besteht darin, dass ein solcher Zwitter nach dem gewählten Geschlecht die schuldige Pflicht in der Ehe leisten kann. Er soll entweder als tüchtiger Ehemann oder tüchtige Ehefrau auftreten und die Vermehrung innerhalb der Verbindung gewährleisten. (Vgl. Koch 1706: 4f.) Diese Ehe, aber auch die Wahl des Personenstandes beziehungsweise des Geschlechts, hat solange Bestand, bis der Hermaphrodit mit dem Gesetz – aus Gründen der Geschlechtswahl – in Konflikt gerät, er angezeigt wird. Wenn er wider den geleisteten Eid handelt oder wider die eheliche Pflicht agiert, wird er die Gewalt des Gesetzes spüren. In diesem Moment wird er vonseiten des Rechts zur Klärung seines *wahren* Geschlechts gezwungen. Er muss sich einer medizinischen Untersuchung, der Vivisektion, unterziehen. Im konkreten Scheidungsfall des Hermaphroditen M. W. wird sein *prävalierendes*, sein *wahres* Geschlecht, nicht vor der Eheschließung, sondern erst im Verlauf des Scheidungsprozesses von externen Gutachtern bestimmt und sein Personenstand festgelegt. Diese Personenstandsbestimmung ist ausschließlich an die sexuelle Organisation gebunden. Ist es ein Mann, dann müssen die sexuellen Strukturen von der *Zeugungsfähigkeit* berichten. Soll der Personenstand einer Frau eingenommen werden, dann muss die sexuelle Klinik von der Fähigkeit zum *Gebären* erzählen.

Viertens: Darüber hinaus tritt innerhalb der „Scandal“-Chronik die Definition dessen hervor, was unter den ehelichen Pflichten zu verstehen ist. Diese Festlegungen der ehelichen Pflichten sind ein Effekt der Auseinandersetzungen um den Scheidungsprozess des Hermaphroditen M. W. und besagen Folgendes: Wer als ein Mann angerufen wird und die Rechte und Pflichten des Mannes für sich in Anspruch nimmt, der muss *zeugen* können und innerhalb der Ehe für die Vermehrung sorgen. Wer hingegen die Rechte und Pflichten einer Frau bekleidet, der muss *gebären* können und innerhalb der Ehe seinen Teil zur Vermehrung beitragen. In der heiligen Institution der Ehe, so Koch, dürfen sich nur solche Personen zusammenfinden, die mit entgegen gesetzten sexuellen Strukturen ausgestattet sind. Es ist unumgänglich, dass ein Mann und eine Frau in der Ehe zusammengeführt werden, da nur sie sich vermehren und durch die *freundschaftliche*

42 Zedler, Johann Heinrich (1735a): Hermaphroditus, Androgynus, Zwitter, Zwey-Dorn, franz. Hermaphrodite, in: ders.: Grosses vollständiges Universal-Lexicon Aller Wissenschaften und Künste, welch bißhero durch menschlichen Verstand und Witz erfunden und verbessert worden. Zwölffter Band, H. – He., Halle und Leipzig: In Verlag Johann Heinrich Zedlers, S. 1723-1725, S. 1724. Ganz ähnlich argumentiert Venette in seinem Traktat über die Hermaphroditen. (Vgl. Venette 1738: 518)

Beiwohnung zur Vergrößerung der Familie beitragen können. Im Gegenzug sind alle diejenigen Verbindungen auszuschließen, die nicht der Vermehrung dienlich sind – tribadische Beziehungen oder Paarkombinationen, die sodomitische Praktiken vollziehen. Gleichzeitig muss die Pflicht des *Beiwohnens* frei von jeglicher Lust oder sexueller Befriedigung sein. Die Ehe dient allein der heterosexuellen, lustfreien Vermehrung.[43] Diese positiven Einschlüsse und negativen Ausschlüsse beinhalten all jene Vorkehrungen, die das Allianzdispositiv umreißen. (Vgl. WzW 1998: 129ff.) Sie regeln alle für die Ehe relevanten Bestimmungen, die im siebzehnten und achtzehnten Jahrhundert zur Vermehrung der Familie und der Bevölkerung als wichtig erachtet werden.[44] Alle Personen, die über ein *natürliches* Geschlecht verfügen, sowie die *männlichen* oder *weiblichen* Hermaphroditen sind an diese Vorkehrungen gebunden.

Schließlich eine fünfte und letzte Folgerung aus dem bisher Gesagten: Wenn Zedler oder der Rechtsgelehrte Baldus davon berichten, dass, „wenn man nicht wisse, zu welchem Geschlechte man einen Zwitter rechnen solle, könne man ihm erlauben hierinne selbst eine Wahl zu treffen, aber er müsse sich durch einen Eid zu der Unterlassung des Gebrauches derjenigen Geschlechtsglieder verpflichten, die dem gewählten nicht angehören“,[45] so ist der viel kritisierten These Foucaults zuzustimmen, der zufolge die Hermaphroditen ein Recht auf freie Entscheidung ihrer Geschlechter- beziehungsweise Personenstandswahl inne haben. (Vgl. ÜHerm 1998; Foucault 2005) Dies wird an bereits analysierten Fällen deutlich: Hannæus berichtet von einem Hermaphroditen, der auf den Namen Pierre getauft wird, sich in seiner Jugend entscheidet, den Personenstand zu wechseln und den Namen Pétronille annimmt. Mit 21 Jahren glaubt er, gute Gründe zu haben, sein erstes Geschlecht zurück zu fordern und unterzieht sich freiwillig einer medizinischen Untersuchung. (Vgl. Hannæus 1766) Scultet bekundet, dass Martha/Caspar Lechna zunächst auf den Namen Caspar getauft wird, mit zunehmendem Alter aber von ihren Eltern den Namen Martha erhält, den sie sich später vom Richter des Dorfes bezeugen lässt, da sie annimmt, ihr weibliches Geschlecht *prävaliere*. (Vgl. Scultet 1756) Schließlich Duvals Fall der Marie/Marin le Marcis: Marie lebt einige Wochen mit Jeanne le Febvre zusammen. Erst im Moment, da sie ihren Personenstandswechsel an-

43 Das Plädoyer des Theologen für eine heterosexuelle und lustfreie Vermehrung, die nur über die Ehe gewährleistet werden kann, begründet sich nicht nur aus der Angst vor der Ursünde. Vielmehr deuten sich hier Überschneidungen von religiösen und ökonomischen Themen an. Die Bedeutung der Familie wird von den Merkantilisten des achtzehnten Jahrhunderts erkannt, da sie im Sinne der ökonomischen Theorie zur Stärkung der Nation durch die Reproduktion beiträgt. Die Stärke einer Nation steht in einem Abhängigkeitsverhältnis zur Bevölkerungszahl: Je größer die Bevölkerungszahl, desto stärker die Nation. Vgl. hierzu: OD 1999; WzW 1998.

44 Vgl. zum Problem der Entdeckung der Bevölkerung u. a.: Foucault, Michel (2004): Sicherheit, Territorium, Bevölkerung. Vorlesung am Collège de France (1977–1978), Frankfurt/Main: Suhrkamp; Mackensen, Rainer/Reulecke, Jürgen [Hg.] (2005): Das Konstrukt „Bevölkerung“ vor, im und nach dem „Dritten Reich“, Wiesbaden: VS.

45 Die Feststellung von Baldus wird von Albrecht Haller wiedergegeben: Haller, Albrecht von (1782): Vorlesungen über die gerichtliche Arzneiwissenschaft. Aus einer nachgelassenen lateinischen Handschrift übersetzt, erster Band, Bern: bey der neuen typographischen Gesellschaft, S. 221.

zeigt und als Mann eine Frau ehelichen will, wird der Prozess gegen sie eingeleitet. (Vgl. Duval 1612) Die bereits erwähnte Kritik an Foucault lautet unter anderem: „It is simply not true, as Michel Foucault, the noted French historian, claims, that prior to the eighteenth century sex was a juridical rather than a medical category and depend upon the free choice of the hermaphrodite rather than on the expert opinion of a doctor.“ (Daston/Park 1985: 3)[46] Diese Beurteilung hat vor dem Hintergrund der aufgeführten Beispiele und der von Zedler beziehungsweise Baldus benannten Rechtsgrundlagen keinen Bestand. Wenn ein Hermaphrodit in seinem einmal frei gewählten Geschlecht lebt, ohne von Dritten denunziert, angezeigt oder verklagt zu werden, kann er die gewählten Rechte und Pflichten, die an seinen Personenstand geknüpft sind, wahrnehmen. Dies aber unter einer Voraussetzung: Hermaphroditen müssen eines der beiden Geschlechter wählen. Die rechtlichen Bestimmungen fordern im Fall einer Eheschließung diese Entscheidung. Entsprechend den Vorkehrungen des Allianzdispositivs, hat er das Recht, eine Ehe einzugehen, Kinder zu *zeugen/gebären* und sich zu vermehren, ohne dass er eine Einschränkung vonseiten einer externen Instanz erfährt. Nur in dem Fall, dass ein Hermaphrodit wegen sodomitischer beziehungsweise tribadischer Handlungen oder angesichts der Nichterfüllung seiner ehelichen Pflichten angezeigt wird, treten die Geschlechtsbestimmer in sein Leben.[47] Sie, die Mediziner, Chirurgen oder Wundärzte entscheiden erst in diesem Moment über das *wahre* Geschlecht des angeklagten Hermaphroditen.

46 Vgl. hierzu weiter: (Daston/Park 1985: 6); Daston/Park 1995; (Park 1997: 174f.). Die Kritik wurde jüngst von Krämer wiederholt. Krämer, Fabian (2005): „Under so viel wunderbarlichen und seltsamen Sachen ist mir nichts wunderbarlichers unnd seltsamers fürkommen“. Vom ‚Auftauchen‘ des Hermaphroditen in der Frühen Neuzeit, in: 1-0-1 [one ‘o one] intersex. Das Zwei-Geschlechter-System als Menschenrechtsverletzung, hrsg. von der Neuen Gesellschaft für Bildende Kunst, Berlin: Vice-Versa, S. 150-157. Krämer, der in seinem Aufsatz die Argumente von Daston und Park reproduziert, ist an einer Stelle „kreativ“. Um Foucault zu widerlegen und die Kritik zu verstärken, zitiert er den hier verwendeten Hermaphroditenartikel aus Zedlers Lexikon. Dabei lässt er diejenige Textpassage von Zedler aus, die von der Wahlfreiheit der Hermaphroditen berichtet. (Vgl. Krämer 2005: 151)

47 Die Stellung der medizinischen Sachverständigen bestimmt das ALR wie folgt: „§. 22. Sind aber Rechte eines Dritten von dem Geschlecht eines vermeintlichen Zwitters abhängig, so kann ersterer auf Untersuchung durch Sachverständige antragen. §. 23. Der Befund der Sachverständigen entscheidet, auch gegen die Wahl des Zwitters, und seiner Aeltern.“ (ALR 1794: 19) Ähnlich äußert sich Venette: (Venette 1738: 518f.).

4. Juridische Diskurse und die Produktion von Devianz: Traktate über die Hermaphroditin Sempronia

> „But the Civil Law does not regard Hermaphrodites as Monsters, it permits them to make a Choice of either of the two Sexes for the Business of Copulation, either in the Capacity of Men or Women; but if the Hermaphrodite does not perform his Part agreeable to Nature, the same Law inflicts the Punishment due to Sodomy, because he has abus'd one Part, contrary to Natures Laws. This must be determin'd by the Predominancy of the Parts, for there are some Hermaphrodites so very vigorous as to embrace Women, and others whose Parts are so dispos'd as to receive with pleasure the Caresses of Men".[48]

Die Krisenfigur Marie/Marin le Marcis taucht an der Wende vom sechzehnten zum siebzehnten Jahrhundert als Ereignis von medizinischen und juridischen Diskursen auf und wird durch zwei Problemfelder strukturiert. Die medizinischen Diskurse wuchern um die Anrufungsproblematik. Soll sie als Frau angerufen werden, weil ihr Leib ein von natürlichen Zeichen gesättigter ist? Oder soll sie als Hermaphrodit bestimmt werden, weil ihre sexuelle Organisation eine Mischung aus männlichen und weiblichen *Zeugungs-* und *Geburtsgliedern* repräsentiert? Was sagen die Zeichen beziehungsweise was ist das *wahre* Geschlecht von Marie/Marin le Marcis? Dies sind die Streitfragen zwischen der medizinischen Kommission und Duval. An die medizinischen Diskussionen schließen sich juristische Einschätzungen an. Wenn der Leib von Marie le Marcis die Zeichen eines weiblichen Leibes trägt, dann hat sie einen strafrechtlich relevanten, einen sodomitischen Akt mit Jeanne le Febvre vollzogen. Der Vorwurf lautet: Zwei Leiber, die aufgrund ihrer natürlichen Signaturen als Frauen angerufen werden, haben sich der Sodomie schuldig gemacht, weil sie die *ehelichen Werke* wider die Natur durchführten. Für dieses Vergehen sieht das Gesetz die Todesstrafe vor. Wenn Marie/Marin le Marcis hingegen die geschlechtlichen *Merkmale* eines Mannes aufweist – Duvals Einspruch vor Gericht gründet sich aus der Tatsache, dass er eine Verbindung aus männlichen und weiblichen Gliedern ertastet hat –, dann kann sie/er nicht als Sodomitin verurteilt und hingerichtet, sondern muss als Hermaphrodit angerufen und freigesprochen werden.

Das Ergebnis der medizinischen und juristischen Auseinandersetzung ist bekannt: Weil Duval in Marie/Marin le Marcis männliche *Zeugungs-* und weibliche *Geburtsglieder* ertastet, an ihrem Leib aber weibliche Signaturen entdeckt, wird sie zu einem *weiblichen* Hermaphroditen erklärt. Die Erfassung der männlichen Glieder schützt Marie/

48 Giles, Jacob (1718): Tractatus de Hermaphroditis: or, a Treatise of Hermaphrodites containing I. A Description of the several Sorts of Hermaphrodites; and how the Law regards them in respect to Matrimony [...], in: Meibomius, John Henry: A treatise Of the USE of FLOGGING In Veneral Affairs. ALSO Of the Office of the LOINS and REINS. Written to the Famous Christianus Cassius, Bishop of Lubeck, and Privy-Councellor to the Duke of Holstein [...]. London, Printed for E. Curll, in Fleet-Street. Price 3 s. Where may be had, The Cases of Impotency; and Eunuchism and Onanism Display'd, in 7 Vols. price 18, S. 1-88, S. 5f.

Marin le Marcis einerseits vor der Verurteilung als Sodomitin. Andererseits wird sie aufgefordert – bei Todesstrafe –, die Verbindung mit Jeanne le Febvre, deren Besitz konfisziert wird, aufzulösen. Kurz gesagt: Marie/Marin le Marcis wird nicht wegen Sodomie verurteilt, aber ihr wird jeglicher sexueller Kontakt zu irgendeiner Person bis zum fünfundzwanzigsten Lebensjahr verboten.

Der Gerichtsprozess hinterlässt nicht nur Spuren im beziehungsweise am Körper von Marie/Marin le Marcis, sondern wirft Fragen auf. Wird sie/er deshalb freigesprochen, weil Duval das Gericht mit einem unbekannten Gegenstand, dem *wahren* Geschlecht konfrontiert? Kann es auf diese neue Tatsache, die sexuelle Organisation, nicht mit dem tradierten Rechtskanon antworten? Offenbart sich hier eine Lücke, eine Sprachlosigkeit der Rechtssprechung, die im Anschluss, in Reaktion auf den Prozess geschlossen werden muss? Oder ist der Freispruch vom Sodomievorwurf als ein Urteil zu verstehen, dass gerade in Einlassung auf das *wahre* Geschlecht gefällt wird? Reagiert Recht auf unbekannte Gegenstände, schreibt es sich fort, ändert und wandelt es sich im Sinne eines reaktiven Prozesses auf rechtsfreie Räume? Oder produziert es vielmehr deviante Subjekte, die über Forderungen und Verbote zu spezifischen und vollkommen neuen Lebensweisen angehalten werden? Und wenn es stimmt, dass die Rechtssprechung Devianz produziert, dann stellt sich die Frage, welche Tragweite die medizinischen Diskurse, die das *wahre* Geschlecht der Hermaphroditen hervorbringen, innerhalb der Rechtssetzung haben. Die benannten Fragen sollen anhand der Analyse eines Rechtsstreits, der in der Mitte des achtzehnten Jahrhunderts entbrennt, ihre Antworten finden.

Am 16. August 1740 wird der Gemeindearzt zu Hanau, Friedrich Cregut, in das dort ansässige Armenhaus für junge Mädchen gerufen.[49] Er soll auf Befehl des ersten Vorstehers des Hauses die Aufseherin Sempronia untersuchen. Benannte Sempronia soll ein *männlicher* Hermaphrodit sein und nicht nur dieses Gerücht sorgt für Unruhe im Armenhaus. Es steht darüber hinaus der Verdacht im Raum, dass die 52 Jahre alte Sempronia mit der 15-jährigen Caja „Unzucht getrieben" (Cregut 1743: 52) hat. Dieser Verdacht stützt sich auf die Erzählungen von zwei achtjährigen Kindern des Armenhauses, die vier Wochen vor Creguts Untersuchung Folgendes ausgesagt haben: „a. Daß die Sempronia Morgens frühe, als die zwey Mägdlein schon auf gewesen / zu der Caja ein Mägdlein von fünffzehen Jahren in die Kammer gegangen, sie aufzuwecken. b. Die Kinder hätten durch den Riß einer Thür gesehen / daß die Sempronia bey der Caja neben in dem Bett [...] gelegen, c. Die Sempronia hätte die Cajam geküsset. d. Die Kinder hätten auch von jener ein starkes Schnauffen gehöret." (Cregut 1743: 17f.)

Cregut fällt die Aufgabe zu, den Vorwurf der Unzucht mit Schutzbefohlenen aus medizinischer Perspektive zu verifizieren oder zu falsifizieren. Hierzu führen er und die vereidigte Hebamme de Villerme eine Vivisektion durch. Anschließend fertigen sie ein

49 Vgl. hierzu: Cregut, Friedrich (1743): Gründliche Wiederlegung Eines Ungegründeten angebrachten FACTI, MUTILATI RESPONSI, Irrigen und nichtigen DECISI Welches unter dem Titulo De SODOMIA & c. Vor einiger Zeit in den Druck gegeben worden, Der Ehr und Wahrheit~liebenden Welt vor Augen gestellet, Franckfurth am Mayn: Bey Stoks seel. Erben und Schilling.

Observationsprotokoll an.[50] Die Vivisektion endet mit folgendem Ergebnis: „Der *Habitus Corporis* ist stark, *quadratus*. Die Stimme wie eines Mannes. Es war kein *Vestigium* eines Barts zu sehen. Sie hat Brüste wie *sexus sequior*. Die *vulva* war natürlich äusserlich anzusehen, sehr haaricht. An dessen lincken Seite auswendig wurde man gewahr eine Dickung, der Grösse einer länglichten Baumnuß. An beyden Beinen waren viele *Varices* oder Ader-Kröpff. Auf Befragung, ob sie geheurathet gewesen oder ein Kind gehabt? hat sie *negative* geantwortet [...]. Nach gehabter Unterredung muste sie sich auf ein Bett legen, und da man die *Labia Vulvæ* von einander mit denen Fingern gethan, præsentirte sich ein *Membrum Virile* in *cavitate vulvæ* ungefehr so dick, als bey einer Manns-Person von mittelmäßiger Grösse 17. biß 18. Jahr alt. Daß *Membrum* gieng nicht *extra vulvam*, hatte einen Kopff wie bey Manns-Personen, und dieser eine Oeffnung. Als man aber das *Membrum* mit denen Fingern gehalten / und begehret / daß die Person ihren s. v. Urin von sich lassen sollte, so gieng der Urin nicht durch gedachte Oeffnung / sondern aus der *Vulva*, wie bey Weibs-Personen. Das *Membrum* war *situirt* / wo die *Clitoris* bey Weibs-Personen zu finden. In der lincken Seite des *labii sinistri vulvæ*, unter dem *Membro*, war etwas in der Grösse einer Mittel-Gattung Welscher Nuß anzufühlen / auf der rechten Seite aber ist nichts dergleichen zu finden gewesen.“ (Cregut/Villerme 1743: 49f.)

Aus der Vivisektion folgt, dass Sempronia eine hermaphroditische sexuelle Organisation hat. Doch wie steht es um das zweite Gerücht, demnach Sempronia unzüchtige Handlungen mit einem jungen Mädchen vollzogen haben soll? Auf diese Frage antwortet Cregut in seinem medizinischen Bericht.[51] „Es *prævalirt* aber *Sexus Fœmininus*, weilen die *Vulva* vorhanden / und die Person nicht *per membrum virile*, sondern wie bey dem Weiblichen Geschlecht geschieht, den *s. v. Urinam* von sich *ex sinu pudoris* gelassen hat [...]. Um nun über gedachten *Casum* ein *Judicum* zu fällen, welches in *Medicina Forensi solidè* gegründet seye, so *judicire* NB. daß dieser *Casus* von keiner Wichtigkeit seye, und daß kein *Crimen Sodomiticum* begangen worden noch *probbiliter* habe begangen werden können. Was den ersten anbelangt / so ist der *Casus* von keiner *Importance* 1.) weilen die Person ein *Imperfectus Hermaphroditus*. 2.) Weilen dieselbe allem Ansehen nach *ad seminis ejaculationem impotens*, zumahlen das *Tuberculum externe visum*, und daß in der lincken Seite unter dem *Membro*, oder einem *Membro virili* gleichförmiges Gewächs / daß der Grösse einer Mittel-Gattung Welscher Nuß, noch lang nicht

50 Das Observationsprotokoll aus dem Jahr 1740 fügt Cregut seiner Veröffentlichung von 1743 als An- beziehungsweise Beilage hinzu. Es ist von Cregut und der Hebamme de Villerme unterschrieben. Das Protokoll wird im Weiteren als eigenständige Publikation betrachtet. Cregut, Friedrich/de Villerme (1743): Beyl. Num. II. Visum Repertum, in: ders.: Gründliche Wiederlegung Eines Ungegründeten angebrachten FACTI, MUTILATI RESPONSI [...]. Franckfurth am Mayn: Bey Stoks seel. Erben und Schilling, S. 49-50.

51 Auch den medizinischen Bericht aus dem Jahr 1740 fügt Cregut seiner Veröffentlichung von 1743 als An- beziehungsweise Beilage hinzu. Der Bericht wird im Weiteren als eigenständige Publikation betrachtet. Cregut, Friedrich (1743a): Beyl. Num. III. Medicinischer Bericht, in: ders.: Gründliche Wiederlegung Eines Ungegründeten angebrachten FACTI, MUTILATI RESPONSI [...]. Franckfurth am Mayn: Bey Stoks seel. Erben und Schilling, S. 50-52.

beweisen, daß diese *corpora Testiculi naturaliter conformati & ad seminis secretionem apti nati* seye. 3.) Die *Urethra* oder *Canal* durch das *Membrum virile* den s. v. *Urinam* nicht durchlassen. Aus welchen Umständen erhellet / daß es nicht wahrscheinlich seye / daß ein *Crimen Sodomiticum* habe begangen werden können." (Cregut 1743a: 51)

Was lässt sich aus dem medizinischen Abschlussbericht von Cregut ableiten? Einerseits stützt er seine Aussagen, analog zu Johann Krus' Vorgehensweise im Fall des Hermaphroditen M. W., ausschließlich auf die sexuelle Klinik. Wie Krus, so geht auch Cregut davon aus, dass nur diese Struktur die Wahrheit offenbart, nur sie über jeden Verdacht erhaben ist und nur aus dieser Quelle das medizinische Urteil entspringt. Im Fall der Sempronia ist es, so Cregut, aufgrund der sexuellen Organisation nicht wahrscheinlich, dass sie unzüchtige/sodomitische Handlungen unternommen hat. Andererseits lässt sich ableiten, dass die Begriffe Unzucht und Sodomie von Cregut synonym verwendet werden. Sein Auftrag vom Vorsteher des Armenhauses lautet, so Cregut, zu prüfen, ob Sempronia eine unzüchtige Handlung begangen hat. In seinem medizinischen Abschlussbericht, der eine Antwort auf die Frage des Armenhausvorstehers darstellt, verwendet er hingegen den Begriff der Sodomie. Aus dieser begrifflichen Überschneidung resultieren zwei Problemfelder.

Zwar verwendet Cregut die Formulierung *Crimen Sodomiticum*, geht aber dieser Problematik in seiner Untersuchung nicht nach. Es wäre zu vermuten, dass Cregut, nachdem er feststellt, dass Sempronia ein *unvollkommener* Hermaphrodit ist, folgende Abwägung vornimmt: Dem medizinischen Hermaphroditen-Tableau des siebzehnten und achtzehnten Jahrhunderts entsprechend, müsste er klären, ob Sempronia ein *männlicher* oder ein *weiblicher* Hermaphrodit ist. In dem Fall, dass Sempronia als ein *männlicher* Hermaphrodit bestimmt wird, müsste der Sodomieverdacht ausgeschlossen werden, da sie nicht als Frau mit einem Mädchen sexuelle Handlungen getrieben hat. Der Unzuchtsvorwurf hingegen müsste untersucht werden, da sie sich als Mann mit einem minderjährigen Mädchen eingelassen hat. Im entgegen gesetzten Fall, dass Sempronia ein *weiblicher* Hermaphrodit ist, müsste der Unzuchtsverdacht ausgeschlossen und stattdessen der Sodomievorwurf erhoben werden. Cregut nimmt die Artenbestimmung vor und erklärt die Sempronia zu einem weiblichen Hermaphroditen. Den sich hieran anschließenden Vorwurf der sodomitischen Tat – der *weibliche* Hermaphrodit Sempronia soll sich mit einem Mädchen vergnügt haben – verfolgt er jedoch nicht weiter. Vielmehr konzentriert er seine Untersuchung auf die männlichen *Zeugungsglieder* und trifft ausschließlich Aussagen, die sich auf deren Impotenz beziehen: Sempronia ist einerseits impotent, weil der kleine sichtbare Höcker und das Gewächs, das aussieht wie eine *Welsche Nuß*, nicht als Testikel angesehen werden können – es existieren keine Hoden. Andererseits ist sie für impotent zu betrachten, weil der Kanal, der durch die *Rute* verläuft, weder den *Harn*, noch den männlichen *Samen* transportieren kann. Die männlichen *Zeugungsglieder* sind zwar rudimentär nachweisbar, sie dienen aber nicht dem Vermehrungszweck. Weil Sempronia keine *Hoden* hat und weil sie zu einer *natürlichen Ejakulation* nicht fähig ist, muss sie für impotent erklärt werden. Ihre sexuelle Organisation weist keinerlei männliche Funktionsfähigkeit auf, demzufolge sie keine Unzucht mit der Caja begangen haben kann. Somit beantwortet Cregut in seinem medizinischen Abschlussbericht nur eine, die ihm gestellte Frage, ob Sempronia Unzucht mit einem ihr schutzbefohlenen Mädchen begangen hat. Die Antwort fällt negativ aus, weil die Wahrheit lediglich aus der sexuellen Organisation spricht: Sempronia ist ein *weiblicher* Hermaphrodit, der über keinerlei männliche Funktionen verfügt. Alle weitergehenden Fragen, wie jene nach einer möglichen sodomitischen Tat, werden nicht an Cregut gerichtet und daher von ihm nicht beantwortet.

Zwei Jahre später greift der Rechtsprofessor Johann Wolfart diese Begebenheit wieder auf. Wolfart, der seine Studenten über die gesetzlichen Sodomieregelungen unterrichtet, hat zu diesem Zweck eine Sammlung aller ihm bekannten Rechtsvorschriften zusammengestellt. Diese rechtlichen Vorkehrungen analysiert er und diskutiert sie anschließend an einem speziellen Fall, dem der Sempronia. Die Sammlung von Sodomieregelungen veröffentlicht er und fügt dem Traktat seine Untersuchungsergebnisse hinzu, die die Begebenheiten im Armenhaus zu Hanau ins strahlende Licht des Rechts setzen sollen.[52] Das Wolfartsche Traktat umfasst drei Bögen, knapp 24 Seiten, in denen sämtliche Äußerungen zum Thema Sodomie zusammengetragen sind. Diese bündelt er zu drei Fragen, die der Analyse des Falls der Sempronia vorangestellt werden. Wolfart fragt, ob „1. Von der Sempronia mit der Caja ein Crimen Sodomiticum probabiliter habe begangen werden können, und 2. Solches auch denen vorwalthenden Umständen nach von ihr begangen worden? ingleichen 3. Ob der Vorfall quæst von einer besondern Wichtigkeit seye und eine weithere richterliche Untersuchung verdiene?“ (Wolfart 1742: 27)

Für die Fallanalyse stehen Wolfart drei Quellen zur Verfügung. Zum einen das besagte Vivisektionsprotokoll von Cregut und der Hebamme de Villerme. Zum anderen der medizinische Abschlussbericht von Cregut. Zum Dritten, und dieses Protokoll soll im Weiteren für Verwirrung und Unruhe sorgen, eine Niederschrift vom Stadtschultheiß Wolfart, dem Bruder des Juraprofessors Johann Wolfart.[53] Dieses Protokoll, das vom besagten Stadtschultheiß zu Hanau aufgenommen wird, hat seinen Ursprung in der allgemeinen Meldepflicht von ungewöhnlichen Geburten. Jede Hebamme, so geht es aus einer Hebammen-Ordnung des siebzehnten Jahrhunderts hervor, muss beschwören, dass sie erstens in Furcht vor Gott handele und sich zweitens nicht der Trunksucht hingebe.[54] Drittens, dass sie in lebensgefährlichen Situationen einen Arzt zurate zieht und

52 Wolfart, Johanne Henrico (1742): TRACTATIO JURIDICA DE SODOMIA VERA & SPURIA HERMAPHRODITI, Von ächter und unächter Sodomiterey eines Zwittern, Auctore JOHANNE HENRICO WOLFART J. U. L. & in Illustri Athenæo Hanoviensi Professore Publico. Francofurti ad Mœnum, Apud, JOH. FRID. FLEISCHER.

53 Das Protokoll des Stadtschultheißen Wolfart ist nicht in den hier verwendeten Quellen erhalten. Dass es existiert hat, geht aus der Tatsache hervor, dass sowohl Johann Wolfart als auch Friedrich Cregut sich auf diese Niederschrift beziehen.

54 Vgl. Schnurrn von Lendsidel, Baltasar (1651): Kunst- vnnd Wunder-Buch: Darinnen Allerhand nutzliche Sachen / Wunder- vnd Kunststücke beriffen / Insonderheit Von Zubereitung der Confecten / von Kochen / Vögeln / Fischen: von Küchen-Baum- vnnd Würtzgaten; Von Wein / Essig / vnd Bier: Von Artzneyen für Menschen vnd Rosse: Von Destillation vnd gebranten Wassern: Von Kindbetterinnen vnd Hebammen [...]. Franckfurt / Bey Johann Pressen, S. 521. Vgl. hierzu auch: Storchens, D. Johann (1746): Unterricht vor Heb~Ammen, nach den neuesten Accoúchers und selbst eigener Erfahrung entworfen, mit vielen Observationibus erläutert, und durch nöthige Kupfer deutlich gemacht [...]. Gotha: verlegts Christian Mevius.

zum „vierdten / wann ein vnnatürliche / seltzame / vnd ungewöhnliche Mißgeburt vorkompt / daß ihr diß der Gebehrenden Frawen nit anzeigen / sondern solches allsbald der Obrigkeit vermelden sollet vnd wollet." (Schnurrn von Lendsidel 1651: 522) Dieser Meldeanordnung kommt die Hebamme de Villerme nach und informiert den Stadtschultheiß über die Vorkommnisse im Armenhaus sowie die körperliche Konstitution der Sempronia. Das in diesem Zusammenhang erstellte Protokoll weicht in einem Punkt vom Vivisektionsbericht und dem medizinischen Abschlussbericht ab. Hingegen Cregut ausdrücklich den sichtbaren Höcker beziehungsweise das Gewächs, das aussieht, wie eine *Welsche Nuß*, nicht als *Testikel* beziehungsweise *Hoden* bestimmt, findet sich diese (Um-)Deutung in der Niederschrift des Schultheißen. Sempronia, so das Protokoll, habe zwei *Testikel*. Diese Voraussetzungen bilden die Grundlage für die Wolfartsche Analyse.

Für die Beantwortung seiner ersten Frage – hat die Sempronia mit der Caja ein *Crimen Sodomiticum* begehen können – spielt Wolfart drei Argumentationsmöglichkeiten durch. Ausgangspunkt der jeweiligen Argumentation ist die sexuelle Organisation der Sempronia. Die erste Variante setzt die Sempronia in die *Classe* der *vollkommenen* Hermaphroditen, da die identifizierten *Testikel* ein Hinweis dafür wären, dass weder das eine noch das andere Geschlecht *prävaliere*. Für den ersten Fall, dass sie als ein „Hermaphroditum perfectum" zu erachten ist, wäre „die Caja von Ihr unter der Gestalt eines Mannes beschlaffen worden." (Wolfart 1742: 27f.) Doch diese Variante, die voraussetzt, dass die Sempronia als ein *perfekter* Hermaphrodit bestimmt wird, hätte keine strafrechtliche Relevanz, da selbige „noch keines von beyden Geschlechten verschwohren, nicht contra sed secundum naturam sexus gehandelt, mithien auch kein crimen sodomiticum sondern bloßhien ein stuprum oder dargegen [...] ein solches delictum, quod pœnam solummodo extraordinariam meretur, begangen haben würde." (Wolfart 1742: 28) Demnach kann ein Hermaphrodit, der aus medizinischer Perspektive als *vollkommener* Hermaphrodit betrachtet wird, erst dann strafrechtlich belangt werden, wenn er eines der beiden Geschlechter gewählt beziehungsweise beeidet hat und anschließend gegen diese Wahl verstößt. Anders gewendet, ein Hermaphrodit, der in die *Classe* der vollkommenen Zwitter gesetzt wird, genießt, bis er seine Wahl getroffen hat, eine einzigartige rechtliche Sonderstellung. Bis zu seiner Personenstandswahl, die erst durch seinen Eid rechtskräftig wird, kann er wegen Sodomie strafrechtlich nicht belangt werden, da er, so die Konstruktion, nicht gegen seine Personenstandswahl verstößt.

Die zweite Variante, die Wolfart durchspielt, geht davon aus, dass die Sempronia in „die Classe derer unvollkommenen Zwittern [gebracht wird], worbey sexus fœmininus prævaliret" (Wolfart 1742: 28). Für diesen Fall, dass sie als ein *weiblicher* Hermaphrodit betrachtet wird – Cregut hat genau diese Bestimmung auf Grundlage der Aussage ihrer sexuellen Organisation vorgenommen –, müsse von einer sodomitischen Handlung ausgegangen werden. Denn wenn eine Frau mit einer anderen eine „fleischliche Vermischung" unternimmt, so ist dieses Handeln für „ein wahres, eigentliches und wesentliches crimen sodomiticum zu achten" (Wolfart 1742: 28). Würde dieser Auslegung gefolgt, so kennen die juridischen Texte nur ein Urteil: die Todesstrafe. Weil diese Bestrafung die äußerste Form der Körperzüchtigung, der Entkörperung, darstellt, ist das, was unter *fleischlicher Vermischung* zu fassen ist, genauestens definiert. Im Falle der Hermaphroditen ist es derjenige Akt, „so eine Weibs~Person vermittelst eines an ihren partibus genitalibus habenden und einem membro virili gleichenden Gewächßes (obschon hierauß ebenmäßig kein Semen ejaculiret, noch der s. v. Urin gelassen werden kan) mit einer andern von ihrem Geschlecht treibet“ (Wolfart 1742: 29). Diese Bestimmung nimmt die Wendung der *fleischlichen Vermischung* wortwörtlich, da hier von einem *membro virili gleichen Gewächs* ausgegangen wird. Demnach sind sodomitische Akte, wenn sie auf *weibliche* Hermaphroditen bezogen werden, an die Verwendung *penisartiger* Glieder gebunden.[55] Was im Umkehrschluss bedeutet, dass der Gebrauch von nicht *fleischlichen*, nicht körperlichen Gegenständen, beispielsweise aus Leder hergestellten männlichen Gliedern nicht unter das Verdikt des Sodomieverbots fällt.[56] Zwar wird die Produktion von weiblicher Lust, die jenseits des Vermehrungszwecks angesiedelt ist, als sündhaftes Laster betrachtet – Koch, der den Scheidungsfall des Hermaphroditen M. W. aus theologischer Perspektive beurteilt, stellt es gar der *Ursünde* gleich. Doch hat der Einsatz solcher nicht *fleischlichen Hilfsmittel* im Falle der weiblichen Hermaphroditen keine Verurteilung wegen sodomitischer Lust zur Folge. Aus dem Gesagten resultiert, dass die Sempronia in Rahmen eines Gerichtsverfahrens wegen Sodomie zum Tode verurteilt werden würde. Zum einen, weil sie als *weiblicher* Hermaphrodit bestimmt ist. Zum anderen, weil von keinerlei Hilfsmittelanwendung berichtet wird, sie also mithilfe ihres männlichen Gliedes agiert haben muss.

Die dritte Variante von Wolfart ähnelt in ihren Schlussfolgerungen der ersten. Wolfart sagt, dass, wenn die Sempronia als *unvollkommener* Hermaphrodit betrachtet werden würde, der aber *zeugen* könnte, sie als *männlicher* Zwitter einzuschätzen und nicht der Sodomie schuldig wäre. Denn „wann sie durch besagtes membrum ein wahres Semen virile zu emittiren und darmit zu generiren in dem Stande wäre“, dann würde sie „ganß frey seyn“ (Wolfart 1742: 29). Für diese Variante würden die zu Testikeln (um-)gedeuteten Gewächse das entscheidende Argument darstellen. Sie repräsentierten die *Zeugungsfähigkeit* eines Mannes. Diese und die Gestaltung der Rute entscheiden, ob ein Hermaphrodit zu einem *männlichen* oder *weiblichen* Zwitter erklärt wird.

Was folgt für Wolfart aus seinen Geschlechterspielen? Die erste Frage, ob die Sempronia ein *Crimen Sodomiticum* hat begehen können, wird von ihm positiv beantwortet. Einerseits ist das männliche Glied, so wie es im Vivisektionsprotokoll von Cregut und de Villerme beschrieben steht, für die Vermehrung untüchtig, da es viel zu klein ist, um der *Zeugung* zu dienen – ein Argument, dass bereits Krus für seine Bestimmung des Hermaphroditen M. W. in Anschlag gebracht hat. Andererseits ist es zwar möglich, dass die Gewächse in Form einer *Welschen Nuß Testikel* repräsentieren. Ob sie jedoch wahre

55 Das impotente, nicht funktionstüchtige penisartige Gewächs wird von einigen Medizinern des siebzehnten und achtzehnten Jahrhunderts als Klitoris bezeichnet. Andere hingegen sprechen explizit von einem weiblichen Penis. Diese begriffliche Uneindeutigkeit nimmt Laqueur in Anspruch, um zu zeigen, dass das „Ein-Geschlecht-Modell“ bis zum Ende des achtzehnten Jahrhunderts existiert. (Vgl. Laqueur 1996: 173ff.)

56 Catharina Margaretha Linck alias Anastasius Lagrantinus Rosenstengel verwendete einen solchen Gegenstand. Sie „verfertigte sich ein ‚von Leder gemachtes ausgestopfftes Männliches Glied‘, an das sie ein ‚Beütel von Schweine Blasen gemacht‘ hatte.“ (Steidele 2004: 49)

Hoden sind, kann nur, wie bereits Krus sagt, nach dem Tod und in Folge einer anatomischen Sezierung eindeutig festgestellt werden. Die hypothetische Möglichkeit allein besagt nichts über das tatsächliche Vorhandensein und nichts über die Funktionsfähigkeit derselben. Weil aber der eindeutige Nachweis fehlt, dass Sempronia zur *Zeugung* fähig ist, ihr männliches Glied jedoch für tribadische Zwecke groß genug ist – es ist von der Größe eines 18jährigen Mannes –, schließt Wolfart, „daß *Sempronia* vermittelst ihres *Membri virilis* mit andern Weibs-Personen garwohlen habe *consuesciren* und auff solche Weiße eine *Sodomiam* begehen können." (Wolfart 1742: 30) Demnach hätte die Sempronia aus Gründen ihrer körperlichen Konstitution eine sodomitische Handlung begehen können.

Die zweite Frage, ob Sempronia sich tatsächlich eines solchen Vergehens schuldig gemacht hat, wird von Wolfart verneint. Zur Begründung seiner Einschätzung gibt er vier Tatsachen an. Zum einen existieren keinerlei Geständnisse von Sempronia, da sie zum Hergang in Cajas Kammer nicht befragt wurde. Sie hat weder selbst Auskunft gegeben, noch wurden irgendwelche Anstrengungen unternommen, die mögliche Tat zu rekonstruieren. Zweitens, so Wolfart, beruht die Unruhe über den Vorfall in Cajas Kammer allein auf den Erzählungen der beiden Mädchen, die Sempronia am Bett der Caja beobachtet haben wollen. Aber diese unmündigen Kinder können in besonders „peinlichen Sachen und, wann sie annoch *Infantiæ proximi* sind, keine Zeugen abgeben" (Wolfart 1742: 30). Drittens, und dieser Fakt ist besonders zu beachten, variieren die Aussagen der achtjährigen Mädchen sehr stark. Es lässt sich keine einheitliche Linie in den Erzählungen der Kinder finden. Viertens könne die Mattigkeit, die Caja nach dem Vorfall verspürte, auch von anderen Gründen herrühren. Würde der Fall vor Gericht verhandelt, hätte dieses keinerlei Aussagen von Sempronia zur Verfügung und müsste sich allein auf die Erzählungen der minderjährigen Mädchen stützen. Da diese jedoch keine zulässigen Zeugen abgeben, existieren faktisch keine verwertbaren Zeugenaussagen und eine Verurteilung allein auf Grundlage eines medizinischen Gutachtens ist nicht statthaft. Und so kommt Wolfart zu dem Schluss, dass unter besagten Umständen ein *Crimen Sodomiticum* aus formalen Gründen ausgeschlossen werden muss.

Die dritte Frage – ob der Vorfall von besonderer Wichtigkeit ist und eine richterliche Untersuchung verdient – wird von Wolfart bejaht und relativiert zugleich seine Einschätzung, ob der Sempronia die Tat nachzuweisen ist. Es sei bedauerlich, dass der Mediziner Cregut die Sache nicht ans Gericht weitergeleitet hat, denn die „gantz besonders merckwürdige Umstände bey der sache obwalthen [...] erhebliche Indicia, [...] eines solchen begangenen criminis" (Wolfart 1742: 30f.). Wenn „dieser Vorfall dem Richter der Ordnung nach so gleich angezeiget", die Sempronia und die Caja „gleichsahm auff der Stelle an ihren *partibus genitalibus* besichtigt" (Wolfart 1742: 31) und die Zeugen, die Beschuldigte sowie das Opfer sofort befragt worden wären, so hätten die Ereignisse in Cajas Kammer in einem Gerichtsverfahren rekonstruiert werden können. Allein die Indizien sprechen ihre eigene Sprache und diese Sprache, die nur der Rechtsgelehrte zu deuten weiß, hätte eine richterliche Untersuchung erfordert, in deren Verlauf die Wahrheit ans Licht gekommen wäre. Das erste Indiz sieht Wolfart in der weiblichen sexuellen Organisation der Sempronia. Weitere Indizien bilden für ihn die Schilderungen über die Ereignisse in der Kammer der Caja, die nicht erdichtet sein können. Die Fakten, dass die Sempronia ins Zimmer der Caja gekommen ist, sie die Caja geküsst hat und sich ein starkes Schnaufen vernehmen ließ, sprechen für ein sodomitisches Vergehen. Als letztes Indiz führt er die starke morgendliche Erschöpfung der Caja an. All diese Fragen hätten im Verlauf einer Gerichtsverhandlung durch weitere Zeugenaussagen geklärt werden können. „So erscheinet und ergiebt sich hieraus allenthalben zur Genüge, daß mehrermeldte Sempronia wegen eines, wo nicht gäntzlich vollbrachten, jedoch wenigstens *attentirten criminis sodomitici* höchst verdächtig seye, und dahero hiervon so schlechterdings nicht loßgesprochen werden könne." (Wolfart 1742: 32) Dieser Vorfall ist also, so die Antwort auf die dritte Frage, von besonderer Wichtigkeit. Er verdient eine gerichtliche Untersuchung, da Sempronia „sonsten in dem wiedrigen Fall und bey einer ihr fernerweit zu gestattenden Freyheit mehrere andere unschuldige Mädgere auf eine gleiche sündliche und abscheuliche Art *debauchiren*, oder auch mit andern erwachsenen geilen Weibs-Personen ein solches *abominables delictum* in dem verborgenen treiben und wiederhohlen könte." (Wolfart 1742: 32)

Ein Jahr nach Veröffentlichung des Wolfartschen Traktats antwortet Cregut mit seiner *gründlichen Wiederlegung des Ungegründeten* juristischen Schreibens. Cregut setzt sich in 26 Paragrafen mit den Vorwürfen von Wolfart auseinander und fügt seiner Widerlegung 11 Beilagen an, um seine Aussagen, teils durch Kollegen, teils durch Rechtsgelehrte, zu bekräftigen. In ähnlicher Form hatte einige Jahre zuvor Johann Krus seinen *Bericht wegen eines so genannten Hermaphroditen* aufgebaut. Und nicht nur die Form erinnert an die Krussche Vorgehensweise, auch der Cregutsche Versuch, die Veröffentlichung des Wolfartschen Traktats zu verhindern, entspricht dem Vorgehen, das Krus in Bezug auf Luthers Dissertation wählte.

Das erste Argument von Cregut, das er gegen Wolfart anbringt, formuliert er im Paragraf 12: „Es kann niemand läugnen, daß die *quæstio de differentia Hermaphroditorum ad Forum Medicum* gehöre, dannenher ist die Decision dieser Frage nicht von Herrn Prof. Juris Hanoviensi zu erwarten, insonderheit da er in Medicina Forensi, wie es der Augenschein klar zeigt, nicht sufficient geübt ist." (Cregut 1743: 11) Diese Feststellung dient einerseits der Abgrenzung gegenüber den Rechtswissenschaften und besagt, dass nicht die Juristen über jene Wissensbestände und Techniken verfügen, die zur Bestimmung der Hermaphroditenart notwendig sind, sondern die Mediziner – im speziellen Fall die Forensiker. Andererseits deutet die Erwähnung der Forensik auf eine Differenzierung innerhalb der Medizin hin. Die Aufgabengebiete besagter Disziplin bestehen spätestens seit Paul Zacchia in der systematischen Identifizierung, Analyse und Rekonstruktion krimineller Handlungen.[57] Zacchia ist nicht nur (Mit-)Begründer der Gerichtsmedizin,

57 Vgl. zur Rolle von Paul Zacchia als (Mit-)Begründer der Gerichtsmedizin u. a.: Haberling, Wilhelm (1937): Paul Zacchias. Der Begründer der gerichtlichen Medizin (1584–1669), in: Diergart, Paul [Hg.]: Proteus. Verhandlungsberichte und Abhandlungen der Rheinischen Gesellschaft für Geschichte der Naturwissenschaft, Medizin und Technik, Bd. 2, Bonn: Neuendorff, S. 281-282. Vgl. zur Erfindung der Gerichtsmedizin u. a.: Kleemann, Werner J. (2004): Die gerichtliche Medizin an der medizinischen Fakultät vor der Gründung des Institutes, in: ders./Graefe, Adelgunde/Müller, Rudhard Klaus [Hg.]: 100 Jahre forensische Toxikologie im Institut für Rechtsmedizin in Leipzig, Leipzig: MOLINApress, S. 6-23.

sondern erstellt einen Kanon der Hermaphroditenarten, der mit Venettes Hermaphroditen-Tableau identisch ist.[58] Die Absage von Cregut an den Juristen Wolfart ist grundsätzlich: Die Untersuchung der körperlichen Konstitution obliegt allein der Medizin.

Aus diesem Argument leitet Cregut einen weiteren Kritikpunkt an Wolfart ab. Im Paragraf 13 bestimmt er folgenden Widerspruch: „Ist dann das eins, zwey *Testiculos* haben und dieselbe nicht haben? Seynd die *Testiculi* nicht *partes essentiales organorum genitalium sexus masculini*? Wann dergleichen bey der Sempronia wären gefunden worden, wie hätte ich dann mit Grund urtheilen können, daß bey ihr *sexus fœmininus prævaliret*?" (Cregut 1743: 12) Wolfart, der in seinem Traktat drei mögliche Formen der sexuellen Organisation von Sempronia durchspielt, bezieht in zwei seiner Varianten die zu *Testikeln* (um-)gedeuteten Gewächse ein, deren Form an eine *Welsche Nuß* erinnern. Nur durch diese (Um-)Deutung ist es ihm möglich, Sempronia als perfekten Hermaphroditen zu bestimmen beziehungsweise sie in die *Classe* der *männlichen* Hermaphroditen zu setzen. Grundlage dieses Vorgehens ist, so Cregut, das dritte Protokoll, das aus der Feder des Stadtschultheißen stammt, der weder bei der Vivisektion der Sempronia anwesend war, noch über medizinische Kenntnisse verfügt. Darüber hinaus hat dieses Protokoll keinerlei Relevanz für die medizinische Beurteilung des Falls, da es weder von Cregut noch von der Hebamme de Villerme unterschrieben ist. Cregut gibt der Einschätzung von Wolfart insofern Recht, dass *Testikel* eindeutig eine männliche sexuelle Organisation repräsentieren. Weil diese aber vom Mediziner beziehungsweise von der Hebamme an der Sempronia nicht ertastet werden konnten, existieren sie auch nicht. Folglich ist die Sempronia in die *Classe* der *weiblichen* Hermaphroditen zu setzen, denn in den Augen Creguts hat der Jurist Wolfart weder über die Artbestimmung nachzudenken, noch auf unautorisierte Berichte zurückzugreifen. Die Spiele der sexuellen Wahrheit obliegen dem medizinischen Experten und werden allein durch ihn bezeugt.

Im Paragraf 14 setzt sich Cregut mit dem Problem der Denunziation auseinander. Er sagt: Dass „niemand in der Welt *denunciret*, daß die Sempronia mit der Caja einen *Actum Sodomiticum* begangen oder *attentiret* habe, ist eine unwiedersprechliche Wahrheit." (Cregut 1743: 13) Hingegen Wolfart die Erzählungen der achtjährigen Mädchen als Denunziation, als Anzeige wertet, zumindest aber in ihnen hinreichend viele Indizien entdeckt, die auf eine sodomitische Handlung hinweisen, bezieht sich Cregut auf die Anweisung des Vorstehers des Armenhauses. Dieser befiehlt nicht die Untersuchung eines Falls von Sodomie, sondern die Beurteilung eines möglichen unzüchtigen Treibens. Allein dieser Frage geht Cregut in seiner Vivisektion nach, diese Problematik durchzieht sein Protokoll und seinen medizinischen Abschlussbericht. Cregut schließt diesen Vorwurf aus, weil seine tastende Suche nach männlichen Gliedern, die eine Vorausset-

58 ZACCHIÆ, PAOLO (1666): QUÆSTIONUM MEDICO-LEGALIUM TOMI TRES. EDITIO NOVA, AVARIIS MENDIS PVRGATA, PASSIMQVE INTERPOLATA, ET NOVIS REGENTIORVM Authorum Inventis ac Observationibus aucta, Cura JOHN. DANIELIS HORSTII [...]. OPVS OMNIBVS MEDICINÆ ET IVRUS VTRIVS QVE PERITIS, nec non Tribunalium (Ecclesiastici, Civilis) Assessoribus maximè necessarium. Præter Indices Librorum, Titulorum et Quæstionum annexus est Index Rerum Notabilium locupletissimus. Cum Privilegio Sacræ Cæs. Majest. & Christianiss. Gall. Regis. FRANCOFURTI, Sumptibus JOANNIS BAPTISTÆ SCHÖNWETTERI, S. 241f.

zung für Unzucht gewesen wären, erfolglos bleibt. Er lässt sich demnach nicht auf generelle Aussagen ein, sondern antwortet lediglich auf den fraglichen Umstand, ob die Sempronia Unzucht mit der Caja getrieben habe.

Im Paragraf 18 antwortet er auf die Frage, warum nicht auch die Caja observiert wurde, wie folgt: Die Kinder hätten den Vorfall schon vier Wochen zuvor erzählt. „[D]ie Besichtigung, wann man auch Ursach dazu gehabt hätte, vergebens vorgenommen worden wäre“ (Cregut 1743: 16). Zum einen, weil sich alle Spuren eines unzüchtigen Treibens nach einer so langen Zeit längst verflüchtigt hätten beziehungsweise sie zerstört worden wären. Zum anderen, und hierauf hat Cregut bereits hingewiesen, leidet die Caja dauerhaft unter epileptischen Anfällen. Diese in einer gesonderten Untersuchung zu attestieren, sei nicht nötigt gewesen. Einerseits, da sie allen Angestellten des Armenhauses bekannt sind. Andererseits, da Cregut als betreuender Arzt des Armenhauses diese Epilepsie häufig bei der Caja diagnostiziert hat. Diese Anfälle, so Cregut weiter, würden einerseits erklären, warum die Caja sich an nichts erinnern kann und keine Aussagen zum Geschehen in ihrer Kammer traf. Zum anderen erklären sie das laute Schnaufen, das die achtjährigen Mädchen aus der Kammer der Caja hörten. Diesen Indizien, so Cregut, sei er in seiner medizinischen Untersuchung nachgegangen. Er habe die Aussagen der Kinder geprüft und sie für unwichtig erachtet, da sie sehr stark voneinander abwichen und keine weiteren Hinweise enthielten, um die Frage der Unzucht aus medizinischer Perspektive zu klären.

Schließlich kommt Cregut im Paragraf 22 auf den von Wolfart geäußerten Zusammenhang zu sprechen, wonach Hermaphroditen sich durch eine ausgeprägte *Geilheit* auszeichnen würden. „Worauf aber nachfolgende *Reflexion* zu machen, daß, wie es bey anderen Menschen in *puncto* Üppigkeit und Geilheit *variirt pro diversitate Naturæ* und *Morum*, also ist es auch mit denen Hermaphroditen beschaffen, von welchen man eben nicht gewisslich *affirmiren* kann, daß sie alle zur Geilheit *inclinirten.*“ (Cregut 1743: 21) Weder jene Personen, so Cregut, die als Hermaphroditen angerufen werden, neigen zu einer übermäßigen *Geilheit*, noch speziell die Sempronia. Im Gegenteil, Sempronia, die seit dreißig Jahren im Armenhaus arbeitet, sei noch nie durch ein solches Verhalten aufgefallen. Auch die Frage vom Stadtschultheiß, ob die Sempronia jemals mit ähnlichen Vorwürfen konfrontiert gewesen wäre, musste, laut Protokoll, negativ beantwortet werden. Um die Schüchternheit und Zurückhaltung der Sempronia unter Beweis zu stellen, führt Cregut an, dass sich die männliche *Rute* der Sempronia während der Vivisektion nicht hat zeigen wollen. Sie zog sich vor Scham ins Innere des Körpers zurück – ein Argument, das bereits Duval in Bezug auf Marie/Marin le Marcis anführt.

Noch im selben Jahr verfasst Wolfart ein weiteres Traktat und antwortet auf die Cregutsche Verteidigung.[59] Zwei Thesen bilden die Grundlage seiner Argumentation: Erstens sei die von Cregut vorgenommene Besichtigung nicht „auf vorgängige rich-

59 Wolfart, Johanne Henrico (1743): Bescheidene Beantwortung des gegen seine TRACTATIONEM JURIDICAM de Sodomia vers & spuria Hermaphroditi, besonders aber das solcher beygefügte denen Rechten und Umständen der Sache durchaus gemäße RESPONSUM jüngsthin divulgirte ohnbeschreidene und nichts weniger dann den Rahmen einer gründlichen Widerlegung verdienende IMPRESSUM. Frankfurt am Mayn.

terliche Verordnung, sogleichen mit nichten in gehöriger Ordnung, sondern auf eine illegale Weise geschehen“ (Wolfart 1743: 7). Zweitens müsse „in solchen Fällen, wo Medici und Chirurgi von der *potentia vel impotentia coeundi* bloßhin aus der äusserlichen Beschaffenheit derer *Partium genitalium* urtheilen wollen“ davon ausgegangen werden, dass die *Zeugungs*- und *Geburtsglieder* „betrügen können“ (Wolfart 1743: 7). Mit seiner ersten These greift Wolfart seinen Kontrahenten Cregut auf der formalen Ebene an und stellt seine Handlungen als jenseits der rechtlichen Regelungen dar. Die zweite These zielt auf die medizinische Expertise im Allgemeinen und Creguts Entscheidungskompetenz im Besonderen ab.

Zunächst zur Kritik am formalen Vorgehen: Wolfart sagt zum einen, dass Cregut „aller vernünftigen und rechtlichen Ordnung nach“ die Sache hätte „zum ordentlichen Richter verweisen sollen“. Er wäre „verpflichtet gewesen, nur erwehnte *Inspection* auf keine andere Weise, als *auctoritate judiciali* vorzunehmen“ (Wolfart 1743: 13). Zum anderen obliegt die Entscheidung, ob und in welcher Form eine Denunziation vorgetragen worden ist, nicht dem Mediziner. Es sei auch dessen Sache nicht, eine Entscheidung zu fällen beziehungsweise eine Beurteilung darüber kundzutun, ob ein unzüchtiges oder sodomitisches Vergehen begangen worden ist. Wichtig ist nur dies, „daß solche Umstände gegen selbige angegeben worden; nach welchen hierauf ein Richter oder anderer Rechtsverständiger, von deme allein dergleichen Urtheile zu erwarten sind, zu schließen hat.“ (Wolfart 1743: 22) Weil „dergleichen cognition keineswegs einem Medico zustehet“ (Wolfart 1743: 24), darf nur der Richter eine juristische Untersuchung anordnen und eine Entscheidung treffen. Zudem geht Wolfart auf das Cregutsche Argument ein, dass dieser auf Befehl des Armenhausvorstehers gehandelt und lediglich dessen Frage beantwortet habe. In einem so schwerwiegenden Fall, wie es der von Sempronia ist, stehe es außer Frage, „daß die so zu nennen beliebte Herren des Armen-Haußes in solchen *criminal*-Fällen nicht das Mindeste zu befehlen haben“ (Wolfart 1743: 24).

Die zweite These, die sich auf die medizinische Expertise bezieht, bearbeitet Wolfart, indem er von der medizinischen Wahrheitsproduktion – den Beichten der *Zeugungs*- und *Geburtsglieder* – auf die juridischen Formen der Wahrheitsproduktion abzielt: „[A]ber von eines Richters *legalitæt* und Ambts-Klugheit ist ein gantz anderes und dieses zu vermuten, das Er die Fragen nach denen Umständen der Sache mit sorgfältiger Vermeydung aller ohnerlaubten suggestionen würde eingerichtet haben, und hätten die Kinder hierauf ohnen alle Beysorge einer *corpruptions morum* befragt, auch diese also von Ihnen beantwortet werden können.“ (Wolfart 1743: 16) Wolfart beschwört, im Gegensatz zur medizinischen Expertise, das Bild des klugen und weisen Richters, der ohne Suggestion oder Beeinflussung die Wahrheit ans Tageslicht bringt. Wären die Kinder von einem Richter vernommen worden, der besagte Eigenschaften besitzt, dann hätte ihre „Aussage desto stärckern Glauben verdient [...], wann selbige über solche Umstände und Dinge ausgefallen wäre, von welchen sie vor sich noch kein Bild oder Vorstellung in Ihrer Seele haben können“ (Wolfart 1743: 16). Mit anderen Worten: Wolfart, der in seinem ersten Traktat die Aussagen der Kinder wegen ihrer Minderjährigkeit und Unwissenheit nicht zulassen wollte, vertraut die Kinder dem klugen Richter und dessen Fragetechnik an. Denn nur die Aussagen der unmittelbar beteiligten Personen können Aufschluss über den wahren Tathergang geben. Nur dem Richter kann es im Verlauf eines Prozesses gelingen, die variierenden und teilweise widersprüchlichen Aussagen der Kinder zu lesen und richtig zu interpretieren.

Wolfart schließt seinen zweiten Traktat, seine Antwort auf Creguts Verteidigungsbericht, mit der Frage: „Warum ich aber *ad 9num* in meinem gedruckten *Responso*, daß man sich zu der Sempronia einer solchen *Sodomitischen* That gar wohl versehen können, gesetzt, und zugleich hiervon die *ration* angeführet, daß Weibsleute von Ihrer Arth und bey welchen eine dergleichen *aberratio naturæ* anzutreffen, zu einer solchen ohnerlaubten Geilheit ohnedieß starck *incliniren*" (Wolfart 1743: 29)? Auf diese an sich selbst gerichtete Frage antwortet er unter Einbeziehung seiner im ersten Traktat gesammelten Rechtsverordnungen, die Auskunft über sodomitische Handlungen geben: „[D]azu habe ich mit dem *allegirten Simone in tr. de Imp. Conjug. Cap. 2. Thes. 2. No. 9. & 10.* und denen von Ihme angezogenen bewährten *Authoribus* um deßwillen einen guten Grund gehabt, weilen dergleichen bevorab mit einer eigenen *Glande* versehene ausserordentliche *Membra* nach ihrer besonderen *Strucktur* und Theilen besonders zur Brunst und Geilheit reitzen, mit solchen ohnordentlichen Regungen des Fleisches aber eine selbigen gemäße und erst durch die Vernunft zu bezwingende verkehrte Neigung und Begierde der Seele verknüpft gehet; von welcher Ubereinstimmung der Gestalt und Beschaffenheit derer Gliedmassen und des gantzen Leibes mit denen natürlichen Neigungen der Seele allenfalls einen weitern überzeugenden Unterricht der vortreffliche *Hr. Wolf. in Philosoph. pract. univ. p. 2. §. 908 & seq.* geben kan." (Wolfart 1743: 29) Wolfart stellt in seiner Antwort, die er mit den Autoritäten seines Faches beglaubigt, eine Verbindung zwischen äußerlichen Gliedern des Körpers und der im Körperinneren wohnenden Seele her. Die *Zeugungs-* und *Geburtsglieder* der sexuellen Organisation repräsentieren nicht nur ihre jeweilige Funktion – *zeugen* oder *gebären* –, sondern repräsentieren darüber hinaus die *natürlichen Neigungen der Seele.* An dieser Stelle offenbart sich der Bruch zwischen dem Wissen des sechzehnten Jahrhunderts und den Wissensbeständen des siebzehnten und achtzehnten Jahrhunderts in seiner fundmentalen Kraft. Die Verbindung zwischen den natürlichen Zeichen, die auf dem Leib liegen und die Eigenschaften anzeigen, existieren nicht mehr. Vielmehr ist das, wovon Wolfart spricht, die repräsentierende Kraft der arbiträren Zeichen: Die *besondere Struktur* der Glieder der sexuellen Organisation von Sempronia – die mit einer *Eichel* versehene außerordentliche *Membra* – bildet das Zeichen. Diese ungewöhnliche Struktur repräsentiert *Brunst* und *Geilheit* als die *Neigungen der Seele.* Weil diese unordentlichen, widernatürlichen *Regungen des Fleisches* und die, die *Vernunft bezwingende Begierde der Seele* miteinander verknüpft sind, sollen diese *verkehrten Neigungen der Seele* korrigiert werden. Mit dieser repräsentierenden Verbindung von Fleisch und Seele offenbart sich ein neues Feld für juridische Interventionen. Nicht mehr der Leib wird malträtiert und zerstückelt, sondern das, was künftig die Seele genannt wird, erscheint als bevorzugter Ort des pädagogischen Eingriffs.[60]

60 Mitte des achtzehnten Jahrhunderts beginnt, so Foucault, eine Periode, in der eine Verschiebung hinsichtlich des Zieles der Strafoperationen einsetzt. Nicht mehr ausschließlich der Körper ist es, auf den sich die Straftechniken richten, sondern im zunehmenden Maße die Seele. (Vgl. ÜS 1994: 25f.) Nicht zufällig erwähnt Cregut in seinem Traktat, dass die „Königliche Majestät in Preußen [...]

Was offenbaren die drei Traktate sowie die medizinischen Gutachten und welche Effekte zeitigen sie? Im Wesentlichen sind es sieben Felder, um die sich die Diskussionen drehen: Die Art, wie Informationen ausgetauscht werden, auf welcher Grundlage Wissen erhoben wird und wie sich Zuständigkeiten gestalten. Darüber hinaus verweisen die Traktate auf unterschiedliche Formen von Wahrheitsproduktion, die medizinische und die juristische, und geben Einblicke in Techniken juridischer Prüfungen. Zudem produzieren sie eine neue Art der Devianz, die an eine kriminelle Seele gebunden ist, und zeigen Interventionsstrategien auf, die sich auf den neuen Gegenstand – die Seele – richten.

Erstens: In den Traktaten um Marie/Marin le Marcis, Pierre/Pétronille oder den Hermaphroditen M. W. wird davon berichtet, dass die Rechtsinstanzen erst in dem Moment von den betreffenden Personen erfahren, da sie entweder denunziert und angezeigt werden oder diese freiwillig ihren Personenstand klären lassen wollen. Dies bedeutet im Umkehrschluss, dass die betreffenden Personen bis zu diesem Zeitpunkt weder hinsichtlich ihrer sexuellen Organisation mit der Justiz konfrontiert werden, noch ihr Personenstand durch ein Gericht festgelegt wird. Hingegen in diesen Berichten keinerlei Aussagen getroffen werden, ob ihr jeweiliger Fall von besonderer Wichtigkeit ist, ob er ein gewöhnliches oder anormales Vergehen darstellt, drehen sich die Diskussionen zwischen Cregut und Wolfart um diesen strittigen Punkt. Cregut behauptet, der Fall der Sempronia sei von keiner besonderen Wichtigkeit und müsse deshalb nicht an die Gerichte weitergeleitet werden. Wolfart vertritt die gegenteilige Meinung und spricht sich dafür aus, dass die Ereignisse im Armenhaus sehr wohl einem Richter gemeldet werden müssen. Insofern thematisieren die Traktate folgende Fragen: In welcher Situation müssen die Gerichte angerufen werden? Welche Indikatoren sprechen für eine meldepflichtige, eine anormale Begebenheit? Wie wird das Gericht von etwaigen Vergehen in Kenntnis gesetzt? Und schließlich: Wer muss die Gerichte informieren? Es geht also um die Frage des In-Kenntnis-setzens der Rechtsinstanzen in außergewöhnlichen Fällen. Die Fragen des Wissenstransfers zwischen verschiedenen Institutionen in Fällen anormaler Vergehen finden ihre Beantwortung in einer Art Funktionszuweisung. Wolfart sagt, dass weder der Vorsteher des Armenhauses noch der Arzt Cregut im Moment der Entdeckung eines ungewöhnlichen Ereignisses irgendeine Untersuchungs- und Entscheidungsgewalt innehaben. Bis auf eine: Sie müssen den Vorfall an die Obrigkeit weiterleiten. Der Vorsteher des Armenhauses hat, wenn der Verdacht auf ein außergewöhnliches Geschehen aufkommt oder dieser Verdacht an ihn herangetragen wird, nicht den zuständigen (Haus-)Arzt zu informieren, sondern den Vorfall sofort an die Gerichte zu melden. Gleiches gilt für den Mediziner Cregut. Auch er darf in Fällen ungewöhnlicher Vergehen keine Untersuchung einleiten, sondern muss seinen Verdacht an die Rechtsinstanzen übermitteln. Wolfart ist an dieser Stelle sehr deutlich, wenn er sagt, dass es unwichtig sei, ob ein außergewöhn-

die Torturam gäntzlich abgeschafft haben“ (Cregut 1743: 20). Das, was Foucault zufolge Seele genannt wird, „ist keine Substanz; sie ist das Element, in welchem sich die Wirkungen einer bestimmten Macht und der Gegenstandsbezug eines Wissens miteinander verschränken; sie ist das Zahnradgetriebe, mittels dessen die Machtbeziehungen ein Wissen ermöglichen und das Wissen die Machtwirkungen erneuert und verstärkt.“ (ÜS 1994: 42)

liches Vorkommnis gegenüber dem Vorsteher des Armenhauses oder gegenüber dem Mediziner denunziert wurde oder nicht. Entscheidend ist einzig und allein, dass der Verdacht einer kriminellen Tat entflammt ist. In diesem Moment, so Wolfart weiter, wird die Klärung und Verfolgung der Frage ausschließlich ein Problem der Strafbehörden sein. In diesem Sinn handelt nur die Hebamme de Villerme den Vorstellungen Wolfarts entsprechend. Sie kommt, als sie dem Stadtschultheiß von den Geschehnissen im Armenhaus berichtet und diese zur Anzeige bringt, ihrer rechtlich festgelegten Meldepflicht nach. Sie handelt ihrem Eid entsprechend, wenn sie dem Stadtschultheiß das Vivisektionsprotokoll und den medizinischen Abschlussbericht übergibt sowie das Erinnerungsprotokoll diktiert. Die Richtlinien der Hebammenordnung deuten also die Argumentationsrichtung an: keine Untersuchung, sondern Meldung der außergewöhnlichen Vorkommnisse. Der Effekt dieser Debatte besteht in der Produktion von Informationseinheiten, die unabhängig voneinander agieren können und müssen. Es wird eine Aufteilung der Zuständigkeiten hergestellt: Die Hebamme wacht am Bett der *Gebärenden*, entscheidet, ob eine ungewöhnliche Geburt stattgefunden hat und ob sie den Vorfall melden soll. Der Arzt sitzt am Bett des Kranken, entscheidet, ob ein außergewöhnliches Krankheitsbild aufgetaucht ist – Ansteckungsgefahr, Lustseuche oder etwa die seelische Neigung zur *geilen Brunst* – und ob er den Vorfall melden muss. Schließlich der Vorsteher im Armenhaus: Auch er überwacht seine ihm anvertrauten Kinder, kontrolliert, ob anormale Ereignisse für Unruhe sorgen und ob diese der Obrigkeit gemeldet werden müssen. Alle Informanten sollen unabhängig voneinander – jeder an seinem Platz – entscheiden, ob außergewöhnliche Ereignisse geschehen sind, und diese Vorkommnisse an die Gerichte weiterleiten. Der erste Effekt ist also ein fein abgestimmtes Netz von Informationsquellen, das sicherstellt, dass die Obrigkeit, die Gerichte oder, etwas allgemeiner, die juridische Macht mit Wissen ausgestattet wird. Dieses Verhältnis kann als eine Zuständigkeitspyramide, sozusagen als ein Organigramm beschrieben werden, an dessen Spitze die Obrigkeit steht und Informationskanäle zu den einzelnen Einheiten – Hebamme, Arzt oder Vorsteher – unterhält.

Zweitens: Die Formulierungen *außerordentliches*, *ungewöhnliches* oder *herausragendes Vorkommnis* sind sehr vage. Dahingegen weisen die Ausführungen der Hebammenordnungen eine deutlichere Sprache auf. Denn was unter einer *ungewöhnlichen Geburt*, einer *außergewöhnlichen Körperbildung* zu verstehen sei, wird in den Hebammenordnungen näher bestimmt – rechtlich kodifiziert. Es geht also um die Frage, was als *außerordentliches* oder *ungewöhnliches Vorkommnis* gilt. Wolfart stellt seinem ersten Traktat 24 Seiten voran, auf denen er sämtliche ihm bekannten Rechtsvorschriften zu sodomitischen Handlungen zusammenführt. Sie bilden die Grundlage für die Bestimmung dessen, was unter einer sodomitischen Tat zu verstehen ist. Und nicht nur sie ermöglichen die Bildung von Indikatoren, die für die Identifikation von kriminellen Handlungen notwendig sind. Darüber hinaus gibt er eine Reihe von Indizien an, die für ein sodomitisches Vergehen sprechen: Sempronia saß auf Cajas Bett und küsste sie. Es war lautes Schnaufen zu vernehmen und die Caja war nach dem Vorfall in ihrer Kammer sehr matt und abgeschlagen. Sowohl die Geschehnisse in der Kammer als auch der Ausdruck des Körpers – die Abgeschlagenheit und Mattigkeit – bilden Indikatoren für eine sexuelle, im Fall der Sempronia, für eine kriminelle Handlung. Die Hebammen, Ärzte oder Vorsteher sollen also nicht nur unabhängig voneinander agieren und *ungewöhnliche* Fälle melden, sie müssen auch wissen, was meldepflichtig ist, was unter einem *außergewöhnlichen Vorkommnis*, unter einer kriminellen Tat zu verstehen ist. Dieses Wissen wird ihnen über Rechtsvorschriften an die Hand gegeben, die es ermöglichen, dass eine Meldung über eine kriminelle Handlung erfolgt. Der Effekt ist die rechtliche Kodifizierung. Diese sorgt nicht nur dafür, dass die Hebammen, Ärzte oder Armenhausvorsteher wissen, was unter einer anormalen, einer kriminellen Handlung zu verstehen ist, sondern ermöglichen die vereinheitlichte Entscheidung darüber, ob ein Vergehen angezeigt werden muss.

Drittens: Sowohl Cregut als auch Wolfart versuchen zu bestimmen, in welche *Classe* die Sempronia gehört, zu welcher Hermaphroditenart sie zu zählen ist. Hingegen Cregut das Observationsobjekt betastet und beschaut, liest Wolfart die Protokolle und bewertet deren repräsentierende Systematisierung. Beide vereint das Ziel, die Struktur der sexuellen Organisation zu ergründen und die Frage zu beantworten, ob die sexuelle Klinik so beschaffen ist, dass der Anfangsverdacht Bestand hat, oder ob aufgrund der sexuellen Struktur die richterliche Untersuchung wegen sodomitischer Handlungen ausgesetzt werden muss. Zwischen Cregut und Wolfart entzündet sich ein Streit, der um die Fragen kreist, wann eine solche Untersuchung vorgenommen werden muss. Auf wessen Befehl hin wird sie durchgeführt? Und schließlich, von wem darf sie absolviert werden? Mit der Festschreibung der Meldepflicht, auf Grundlage rechtlich kodierter Indikatoren für eine kriminelle Tat, ist in dieser Phase einer juristischen Untersuchung keine medizinische Begutachtung vorgesehen – der Mediziner und die Hebamme haben die Vorkommnisse ausschließlich an die Gerichte zu melden. Aber wenn die Denunziation oder Anzeige bei Gericht erfolgt ist, müssen die Rechtsinstanzen den Fall prüfen. Erst zu diesem Zeitpunkt wird auf Befehl des Gerichts auf medizinisches Wissen zurückgegriffen. Sowohl das Vorgehen im Scheidungsfall des Hermaphroditen M. W. – Krus sagt, er habe auf Anweisung des *Ober-Consistorial-Gerichts* die Observation durchgeführt – als auch die Wolfartschen Beschreibungen zeigen, dass medizinisches Wissen erst auf Anordnung der Rechtsinstanzen einbezogen wird. Die Einholung medizinischer Expertisen wird genau an dieser Stelle der Untersuchung notwendig, da die körperliche Verfasstheit beziehungsweise die individuelle sexuelle Klinik über die Zulässigkeit der Anzeige entscheidet. Wie im Scheidungsfall des Hermaphroditen M. W., so muss auch im Fall der Sempronia die medizinische Untersuchung klären, was die individuelle sexuelle Organisation beichtet. Sind ihre Glieder so beschaffen, dass der an die Person herangetragene Vorwurf gerechtfertigt ist, oder widerspricht die sexuelle Klinik der Anklage? Die sich hier offenbarende *Wahrheit* des Geschlechts stellt einen wesentlichen Schritt innerhalb der juristischen Überprüfung dar. Denn wenn, so Wolfart, die sexuelle Organisation der Sempronia eine männliche Funktion aufweist, dann kann sie wegen des sodomitischen Vergehens nicht angeklagt werden. Da die sexuelle Organisation jedoch von keinerlei männlicher Funktion beichtet, ist die Sempronia als ein Hermaphrodit einzuschätzen, bei dem das weibliche Geschlecht *prävaliert*. Allein diese Festlegung, die an die medizinische Expertise gebunden ist, bildet den ersten tragfähigen Hinweis für die weitere juristische Verfolgung. Und noch etwas ist wichtig: Es schließt sich der Bogen eines Tauschgeschäfts zwischen Recht und Medizin. Der erste Teil des Handels besteht in einer Art Kompetenzentzug: Nicht der Arzt bestimmt, ob ein anormales Ereignis vorliegt, sondern die Justiz mithilfe der Hebammen- und Ärzteordnungen. Im Gegenzug muss der Mediziner im Verlauf einer juristischen Prüfung feststellen, ob aus medizinischer Perspektive die körperlichen Voraussetzungen für eine kriminelle Tat gegeben sind. Cregut betont dies, wenn er sagt, dass man von einem Juristen nicht erwarten kann, dass er die Artbestimmung eines Hermaphroditen vornimmt. Dies bedeutet, dass auf der einen Seite Zuständigkeit entzogen, auf der anderen Seite Autorität zugestanden, geradezu als notwendig erachtet wird. Der Effekt dieses Tauschgeschäfts liegt einerseits in der funktionalen Integration der Medizin in den Verlauf einer juristischen Untersuchung, andererseits im Zugriff auf spezialisiertes Wissen, das dem Recht vollkommen fremd ist. Darüber hinaus verweisen die Ein- und Ausschlussmechanismen auf die Erfindung der Forensik, der Rechtsmedizin, die am Ende des siebzehnten Jahrhunderts auf dem Spielfeld der medizinischen und juristischen Wahrheitsproduktion erscheint.

Viertens: Im Scheidungsfall des Hermaphroditen M. W. betont Krus, dass er für seinen medizinischen Bericht auf keinerlei Zeugenaussagen zurückgreift, die nicht die Beichten der sexuellen Organisation bestätigen. Ganz ähnlich argumentiert Cregut, wenn er sagt, dass die Aussagen der minderjährigen Mädchen keine Relevanz für seine Begutachtung haben. Wolfart hingegen bezieht sich explizit auf die Erzählungen der Kinder und will aus ihnen zumindest Indizien für eine sodomitische Tat ableiten. Es geht also um die Produktion von Wahrheit – medizinischer und juridischer. Alles kreist um die Fragen: Wer darf befragt werden? Wann darf er verhört werden? Wie sollen die Zeugen befragt werden? Zu welchen Problemfeldern müssen Zeugen konsultiert werden? Hingegen die Mediziner Cregut und Krus ausschließlich die *Wahrheit* des Geschlechts in den *Zeugungs-* beziehungsweise *Geburtsgliedern* suchen und keinerlei Zeugenaussagen zur Beurteilung beachten, die nicht mit der Beichte der Glieder korrespondieren, spricht sich der Jurist Wolfart für die Befragung all jener aus, die zur Klärung dienlich scheinen. Verhört werden soll die Angeklagte, die Sempronia. Gleichfalls kommt man aus juristischer Perspektive nicht umhin, Auskunft von denjenigen zu verlangen, die den Vorfall zur Anzeige gebracht haben. Überdies müssen die Experten konsultiert werden, die den zu verhandelnden Fall beispielsweise aus medizinischer Sicht begutachten. Schließlich ist es nötig, diejenigen zu befragen, die den Vorfall beobachtet haben – im Fall der Sempronia sind es die achtjährigen Mädchen. Auch wenn die minderjährigen Kinder in Fall einer *peinlichen Strafsache* nicht als Zeugen fungieren sollen, so liefern doch ihre Erzählungen wichtige Indizien, um den Fall durch weitere Zeugenaussagen oder Geständnisse Dritter beurteilen zu können. Genau für diesen Fall setzt Wolfart das Bild des klugen und weisen Richters in seiner Argumentation ein. Dieser Richter besitzt die Technik der suggestionsfreien Befragung, die es ihm erlaubt, die Wahrheit in Erfahrung zu bringen. Nur ein Richter verfügt über diese Technik und kann auch in komplizierten oder außergewöhnlichen Fällen die Wahrheit zwischen den Zeilen, zwischen sich widersprechenden Aussagen lesen. Und hier offenbart sich eine entscheidende Differenz zwischen medizinischer Observation und juristischer Prüfung: Zeugen dienen nicht zur Klärung der geschlechtlichen *Wahrheit*, sie dienen nicht der Erstellung der sexuellen Klinik im Verlauf der medizinischen Begutachtung. Befragungen von Zeugen werden erst im Verlauf der richterlichen Anhörung durchgeführt und obliegen dem Geschick sowie der Beurteilung des Richters. Nur der Richter weiß die rechten Fragen an die einzelnen Personen zu stellen und die Antworten aus juristischer Perspektive zu deuten. Er befragt den medizinischen Gutachter nach dessen ärztlicher Meinung, konsultiert die Zeugen des Geschehens zu berichten, was sie beobachtet haben, und er erwartet Auskunft von den Denunzianten, warum sie den Vorfall gemeldet haben. Die Befragung der Zeugen ist notwendig, so Wolfart, da sich die medizinische *Wahrheit* des Geschlechts aus juristischer Perspektive als höchst ambivalent darstellt. Die Glieder des Geschlechts können den medizinischen Gutachter täuschen. Die Zeugen hingegen werden den klugen Richter niemals betrügen, denn er verfügt über die wahre Technik der Befragung. Der Effekt offenbart sich in der Festschreibung der medizinischen Expertise. Zum einen muss ein Mediziner auf Grundlage rechtlicher Kodifizierung einen Vorfall melden. Zum anderen wird sein Wissen auf Befehl des Gerichts in Anspruch genommen. Darüber hinaus fungiert der medizinische Experte als Zeuge, der die *Wahrheit* des Geschlechts bekundet. Seine Aussagen werden aber ins Verhältnis zu allen anderen Zeugenaussagen gesetzt, denn nur auf diese Weise kann, wie Wolfart sagt, über das Spiel der unterschiedlichen Bezeugungen am Ende der Verhandlung ein gerechtes Urteil verkündet werden. Im Spiel der Wahrheiten stellt die Zeugenaussage der medizinischen Expertise lediglich eine unter vielen weiteren Bezeugungen dar. Die Bestimmung des Personenstandes oder der Schuldfrage ist an die juristischen Techniken der Wahrheitsproduktion gebunden.

Fünftens: Die Traktate von Cregut und Wolfart lassen skizzenhaft den Verlauf einer spezifischen Wahrheitsproduktion, eines „Examens" (vgl. WjurF 2003: 86) erscheinen: die juristische Prüfung. Diese steht im Gegensatz zur mittelalterlichen „Enquete", der Untersuchung.[61] Hingegen die Krisenfigur Marie/Marin le Marcis das Ereignis einer *Enquete* darstellt, offenbaren die Diskurse um Sempronia die Züge einer juristischen Prüfung. Ein solches *Examen* wird hier in fünf Schritte unterteilt: Anzeige des Vorfalls bei Gericht, Vorbereitung und Formulierung der Anklageschrift, Einholung der medizinischen Expertise, Befragung der Zeugen durch das Gericht und schließlich die Urteilsverkündung. Der erste Teil einer solchen Prüfung besteht in der Anzeige einer möglichen Straftat. Um eine kriminelle Handlung überhaupt strafrechtlich verfolgen zu können, muss sie bei Gericht angegeben werden. Hierfür dienen besagte Informationskanäle, die einen möglichen Verdacht an die Gerichte weiterleiten und deren Entscheidungsgewalt eng an rechtlich kodierte Ordnungen gebunden ist. Im Rahmen eines *Examens* geht es grundsätzlich um eine „permanente Überwachung von Menschen durch jemanden, der Macht über sie ausübt – Lehrer, Meister, Arzt, Psychiater, Gefängnisdirektor – und der dank dieser Macht nicht nur die Möglichkeit hat, sie zu überwachen, sondern auch Wissen über sie anzusammeln." (WjurF 2003: 86) Der zweite Teil der Prüfung bezieht sich auf die Verfassung einer Anklageschrift. Um die Anschuldigungen gegen Sempro-

61 Die *Enquete* „war ein Verfahren, mit dessen Hilfe man in der gerichtlichen Praxis in Erfahrung zu bringen versuchte, was geschehen war. Es ging darum, ein in der Vergangenheit liegendes Ereignis durch Zeugnis von Menschen zu vergegenwärtigen, die aus irgendeinem Grunde dazu befähigt schienen, etwa weil sie über ein bestimmtes Wissen verfügten oder dem Ereignis selbst beigewohnt hatten." (WjurF 2003: 86)

nia beurteilen zu können, formuliert Wolfart drei Fragen, die er im Verlauf seiner Darlegung klären will. Weil die Sempronia eines sodomitischen Vergehens beschuldigt wird, ist zu prüfen, ob sie ein solches Verbrechen hat begehen können? Wenn ja, hat sie es tatsächlich begangen? Und schließlich geht es darum, wie die gesammelten Fakten zu beurteilen sind. Diese drei Fragen strukturieren alle weiteren Teile des Verfahrens und geben dessen allgemeinen Rahmen vor. Sie repräsentieren sowohl Wissensformen der mittelalterlichen *Enquete* als auch des modernen *Examens*. Die Fragen: „Ist das getan worden?", „Wer hat es getan?" oder „Ist etwas vorhanden?" (WjurF 2003: 87) gehören der *Enquete* an. Dahingegen sind jene Fragen, die auf eine Normalität ausgerichtet sind – gewöhnliches oder außergewöhnliches Ereignis –, an das *Examen* gebunden. (Vgl. WjurF 2003: 87) Der dritte Teil der juristischen Prüfung beantwortet die erste Frage. Verfügt Sempronia über die körperlichen Voraussetzungen, um die Anschuldigung aufrecht erhalten zu können? Diese Frage richtet sich an einen externen Gutachter, der zu klären hat, ob die körperliche Beschaffenheit der Sempronia den Verdacht erhärtet oder entkräftet. Wenn sie positiv beantwortet wird – im Fall der Sempronia wird sie entsprechend erwidert –, dann folgt der vierte Teil der juristischen Prüfung, die Befragung der Zeugen. Genau auf diesen Teil bezieht sich Wolfarts zweite Frage. Der Richter untersucht mithilfe der Zeugenbefragung, ob der/die Angeklagte die Tat tatsächlich begangen hat. Befragt werden nun die Gutachter, die Beobachter des Ereignisses, die Denunzianten oder jene, die zur Klärung der Frage dienlich scheinen. Dieser Untersuchungsteil ist ganz den Prozeduren der alten Enquete, der Untersuchung, verpflichtet. Sie versucht, ein in der Vergangenheit liegendes Ereignis durch Zeugnis von Menschen zu vergegenwärtigen. Der fünfte und letzte Schritt umreißt die Urteilsfindung durch das Gericht. Hier ist allein der Richter und nicht der medizinische Gutachter gefragt. Dem Vorsitzenden der Untersuchungskommission fällt die Aufgabe zu, aus den Angaben der angeklagten Person, den Antworten des medizinischen Gutachters und den Aussagen aller weiteren Zeugen ein Urteil zu bilden. Auf Grundlage dieser Details und im Abgleich der zur Verfügung stehenden Rechtssprechung – Wolfart stellt seinem Traktat den gesamten Rechtskanon zur Sodomie voran – wird das Urteil gesprochen. Welches Urteil schlägt Wolfart vor? Er sagt, weil die Sempronia nicht gänzlich eines sodomitischen Vergehens überführt wurde, sie aber zumindest ein solches versucht hat, kann sie nicht vollkommen freigesprochen werden. Wichtig aber ist, so Wolfart, dass solche Frauen ein solches anormales Begehren permanent aufweisen und deshalb überwacht werden müssen. Dieses von Wolfart gesprochene Urteil repräsentiert wiederum die Wahrheitsproduktion des *Examens*. Es ist gebunden an ein „Überwachungs- und Prüfungswissen, in dessen Zentrum die durch eine lebenslange Kontrolle des Einzelnen realisierte Norm steht" (WjurF 2003: 87). Sempronias Verhalten ist außergewöhnlich, jenseits der Normen des Begehrens, und muss demnach vollkommen überwacht werden. Diese Spielregeln der juristischen Wahrheitsproduktionen sind also ein Echo vergangener Tage und zugleich von Mechanismen unterlegt, die im siebzehnten und achtzehnten Jahrhundert evident sind. Vorerst sind die Prüfungen an einen Ort gebunden, die Gerichte. Doch die *Examen* werden im neunzehnten Jahrhundert in allen Bereichen Wissen und sehr spezifische Subjektformen produzieren. (Vgl. WjurF 2003: 90ff.)

Sechstens: Marie le Marcis wird als Sodomitin betrachtet, weil ihr Leib als ein mit weiblichen Signaturen ausgestatteter angesehen wird und weil sie sich als Frau mit einer anderen Frau fleischlich vereint hat. Aufgrund Duvals Entdeckung, dass Marie/Marin le Marcis in ihrem Leib ein verborgenes *Zeugungsglied* aufweist, wird sie nicht wegen Sodomie verurteilt. Der Effekt der Auseinandersetzungen um Marie/Marin le Marcis' Leib besteht in der umrisshaften Entdeckung der dichotomen *Zeugungs-* und *Geburtsglieder* beziehungsweise der Skizzierung des *wahren* Geschlechts. Im Verlauf der juristischen Untersuchung steht weder die rechtliche Grundlage des Sodomieverbots, noch die Anwendung desselben zur Disposition: Wenn Marie aufgrund ihrer Leib-Zeichen zweifelsfrei als Frau erkannt wird, dann muss sie auf Grundlage der rechtlichen Bestimmungen zum Tode verurteilt werden, da eine fleischliche Verbindung von Frau und Frau als wider die Natur angesehen wird. Wenn Wolfart sagt, dass die Sempronia mit der Todesstrafe konfrontiert werden muss, für den Fall, dass sie als Hermaphrodit bestimmt wird, bei dem das weibliche Geschlecht *prävaliert*, dann hat sich an der grundsätzlichen Rechtsauffassung nichts geändert. Es gilt sowohl für das sechzehnte als auch für das siebzehnte und achtzehnte Jahrhundert: Wenn zwei Frauen sich miteinander fleischlich vereinen, dann erfüllt diese Handlung den Straftatbestand der Sodomie und muss mit dem Tod geahndet werden. Die Differenz zwischen beiden Fällen offenbart sich jedoch in der Urteilsbegründung. Marie/Marin le Marcis wird nicht wegen Sodomie verurteilt, weil ihr Leib ein männliches Glied aufweist, was gegen ihre ausschließlich weibliche Konstitution spricht. Wolfart hingegen sieht genau in diesem männlichen Glied der Sempronia die eigentliche Gefahr. Zwar ist es nicht zur *Zeugung* fähig – eine Frage, die im Zusammenhang von Marie/Marin le Marcis' Begutachtung nicht untersucht wird –, aber dieses Glied kann zum anormalen Begehren eingesetzt werden. Und Wolfart geht noch einen Argumentationsschritt weiter: Das funktionsuntüchtige, das anormale männliche Glied ist in seiner Existenz ein Indikator für anormales Begehren. Wer demnach, so Wolfart, über ein solches Glied verfügt, wird prinzipiell anormale sexuelle Lüste ausleben. Diese Konsequenz zieht er einerseits aus den juristischen Abhandlungen, die er seinem ersten Traktat voranstellt. Andererseits beruft er sich auf eine repräsentierende Verbindung. Sie existiert zwischen den äußerlichen *Zeugungs-* oder *Geburtsgliedern* und dem Wesen der Seele. Die besondere Struktur der *Zeugungs-* und *Geburtsglieder* bildet das arbiträre Zeichen für *Brunst* sowie *Geilheit* und repräsentiert die *Neigungen der Seele.* Alle weiblichen Personen, die über eine solche anormale Struktur verfügen, werden stets unschuldige Mädchen oder Frauen auf sündige Art verführen und sie zu anormalen Handlungen verleiten. Der Effekt dieser Sodomiedebatte besteht in der Ablösung einer ausschließlichen Bestimmung, was unter Sodomie zu verstehen ist. Sodomie oder Unzucht werden unter dem allgemeinen Begriff des anormalen, des kriminellen Verhaltens subsumiert. Die Traktate kreisen um unzüchtiges und sodomitisches Verhalten, produzieren jedoch darüber hinaus die Verbindung zwischen sexueller Klinik und krimineller Seele. Kriminelles Verhalten tritt in Erscheinung, weil die unordentlichen, widernatürlichen *Regungen des Fleisches* sowie die *verkehrte Neigung und Begierde der Seele* miteinander verknüpft sind. Die Diskurse wuchern also nicht mehr nur um die fleischliche Paarung, um sodomitisches oder unzüchtiges Begehren, sondern um das kriminelle Individuum. Dieses deviante Subjekt wird über seine kriminelle Seele bestimmt, die in der anormalen Anordnung der *Zeugungs-* und *Geburtsglieder* ihre Repräsentation findet. Durch sie wird das deviante Subjekt erkennbar.[62]

Siebtens: Wenn Marie le Marcis und Sempronia als Sodomitinnen verurteilt würden, drohte ihnen die Todesstrafe in Form von malträtierenden Prozeduren. Diese Strafprozeduren agieren über ein feines Netz an kalkulierten Foltertechniken und stellen das durch die Straftat angegriffene Recht wieder her. (Vgl. ÜS 1994: 64f.) Der weibliche Hermaphrodit Marie/Marin le Marcis wird jedoch bis zu ihrem fünfundzwanzigsten Lebensjahr zu einem Leben in sexueller Abstinenz. Nur der Verstoß gegen diese Auflage würde mit der Todesstrafe geahndet. Diese Verfügung repräsentiert die Straftechnik der Isolation. Andererseits verweist eine Anmerkung von Cregut – Sempronia hat innerhalb ihrer dreißig Jahre andauernden Tätigkeit im Armenhaus zu keiner Zeit unter dem Verdacht gestanden, anormale sexuelle Handlungen mit Schutzbefohlenen vollzogen zu haben – auf die Technik der andauernden Überwachung. Diese Techniken – Isolation und Überwachung –, die für kriminelle Subjekte vorgesehen sind, zielen auf etwas vollkommen Anderes als den Körper ab. Sie sollen die *Neigungen der Seele* korrigieren beziehungsweise selbige unterrichten. Sie richten sich also auf das, was als Seele benannt wird – verstanden als ein Wirkungsfeld von Macht und Wissen. Insofern zielt die affirmative Anmerkung von Cregut – die mörderische Tortur der peinlichen Körperstrafen wurde endlich abgeschafft – genau auf diese Entdeckung des neuen Interventionsfeldes. Der Wandel der Straftechniken resultiert einerseits aus der Entdeckung der *Seele*, andererseits aus der effektiveren Strafmöglichkeit, da die *Seele* pädagogisierbar ist. Die neuen Straftechniken versuchen, an der *Seele* der kriminellen Subjekte zu arbeiteten. Einerseits müssen die devianten Subjekte einer ständigen Überwachung ausgeliefert werden. Sempronia könnte, so der Gedanke Creguts, im Armenhaus vom Vorsteher sowie allen weiteren Bediensteten kontrolliert werden. Andererseits können die Verurteilten isoliert werden, was die Trennung des Verurteilten von schlechten Einflüssen bezweckt. Das kriminelle Individuum muss sein Gewissen und so die Stimme des Guten wieder finden. (Vgl. ÜS 1994: 158) Überwachung und Isolierung sind die neuen Straftechniken, die auf eine Pädagogisierung und Resozialisierung des kriminellen Subjektes ausgerichtet sind. Ein Rest an peinlichen Körperstraftechniken wird in den modernen Mechanismen verbleiben, aber immer stärker in ein Strafsystem des Körperlosen, des Seelenfixierten integriert.

62 Vgl. hierzu auch: Lorenz, Maren (1999): Kriminelle Körper – gestörte Gemüter. Die Normierung des Individuums in Gerichtsmedizin und Psychiatrie der Aufklärung, Hamburg: Hamburger Ed.

5. Von wahren und falschen Hermaphroditen: Anna Wilde und Marguerite/Arnaud Malaure

> „Die vierdte und letzte / seynd in beeden kräfftig und können so wol deß Mannes / als auch deß Weibes Geschäffte (den Beyschlaff belangend) ohn alle Fehler und Mängel / wie Paræus, Chir. I. 24 c 44 dafürhält / verrichten. Denn sie haben und besitzen beederley Geburts-Glieder allerdings gantz und vollkommen“.[63]

Ein diskursives Ereignis ist bis zu diesem Zeitpunkt noch nicht oder nur in Andeutungen thematisiert und analysiert worden: die *wahren* oder *vollkommenen* Hermaphroditen. Diese Kategorie, die unter anderem in Venettes Tableau der Hermaphroditen auftaucht, polarisiert im siebzehnten und achtzehnten Jahrhundert die Geschlechtsbestimmer. Auf der einen Seite finden sich in den Abhandlungen über Zwitter jene Stimmen, die sich entschieden für diese Kategorie aussprechen. Beispielsweise führt Georg Arnaud in seiner Abhandlung über die Hermaphroditen mehrere Überlieferungen an, die von der Existenz der *vollkommenen* Hermaphroditen zeugen: „Aber nichts in dieser Art gleicht der Erzählung des Pontanus, welche durch die glaubwürdigsten Schriftsteller seiner Zeit bezeugt wird. Im Jahr 1496 wurde eine Frau ein Mann, nachdem die schon ein Kind gebohren hatte, und die gab nochmals Beweiß von dem Vermögen als Mann zu zeugen. Diese Erscheinung wird denen, welche vollkommene Hermaphroditen für möglich halten, nicht sehr sonderbar scheinen. Bey dieser Frau wurden die männlichen Zeugungsglieder erst nach der Niederkunft entwickelt.“ (Arnaud 1777: 30) Arnaud kommt zu dem Schluss, dass „Realdus Columbus, Casp. Bauhin, Joh. Schenck, Martin Schurig und andere Naturforscher [...] die Wirklichkeit der Hermaphroditen [bestätigen].“ (Arnaud 1777: 10f.)

Doch so wie die Kategorie der *vollkommenen* Hermaphroditen im siebzehnten und achtzehnten Jahrhundert als wahr angenommen wird, so umstritten ist sie andererseits. Diderot, der sich gegen den Wahrheitsgehalt dieser Kategorie ausspricht, führt in seiner „Encyclopédie“[64] folgende Argumente gegen die Existenz der wahren Hermaphroditen an: „Mais y a-t-il de véritables hermaphrodites? On pouvoit agiter cette question dans les tems d'ignorance; on ne devroit plus la proposer dans des siecles éclairés. Si la nature s'égare quelquefois dans la production de l'homme, elle ne va jamais jusqu'à

63 PFIZER, JOHANNEM NICOLAUM (1691): Zwey sonderbare Bücher / Von der Weiber Natur / Wie auch Deren Gebrechen und Kranckheiten. Aus den bewährtesten / so wol alten / als neuern Natur- und Artzney- Kunst- Erfahrnen / mit Fleisse zusammen verfasset / Samt einem Anhang / Von den Zufällen und Kranckheiten der Kinder. Anjetzo mit curieusen und aus denen neuesten Authorn gezogen Erfind- und Anmerckungen bereichert und vermehrt. Altdorff / Gedruckt bey Heinrich Meyern. In Verlegung Wolfgang Moritz Endters Buchhändlers in Nürnberg, S. 278.

64 Diderot, Denis (1765): § HERMAPHRODITE, in: ders.: ENCYCLOPÉDIE, OU DICTIONNAIRE RAISONNÉ DES SCIENCES, DES ARTS ET DES MÉTIERS, PAR UNE SOCIÉTÉ DE GENS DE LETTRES. MIS EN ORDRE ET PUBLIÈ PAR M^{r}. ***. TOME HUITIÈME. H = IT, A NEUFCHASTEL, CHEZ SAMUEL FAULCHE & Compagie, Libraires & Imprimeurs, S. 165-177.

faire des métamorphoses, des confusions de substances, & de assemblages parfaits des deux sexes. Celui qu'elle a donné à la naissance, & même peut-être à la conception, ne se change point dans un autre; il n'y a personne en qui les deux sexes soient parfaits, c'est-à-dire qui puisse engendrer en soi comme femme, & hors de soi comme homme, tanquam mas generare ex alio, & tanquam fœmina generare in se ipso, disoit un canoniste. La nature ne confond jamais pour toûjours ni ses véritables marques, ni ses véritables sceaux; elle montre à la fin le caractere qui distingue le sexe; & si de tems à autre, elle le voile à quelques égards dans l'enfance, elle le décele indubitablement dans l'âge de puberté." (Diderot 1765 : 165) Und nicht nur Diderot lehnt die Kategorie ab. Bereits einige Jahre zuvor sprechen sich James Parsons und Fabricius ab Aquapendente – er nimmt die *vollkommenen* Zwitter nicht in sein Tableau der Hermaphroditen auf – gegen die Annahme aus, dass es *vollkommene* Hermaphroditen geben würde.[65] Auch jenseits des medizinischen Diskurses wird die Existenz der *wahren* Hermaphroditen in Zweifel gezogen. Unter anderem durch Paul Zacchia, der die Kategorie in Abrede stellt. (Vgl. Zacchia 1666: 244)

Diese gegensätzlichen Positionen bestimmen die Diskussionen des siebzehnten und achtzehnten Jahrhunderts: Hingegen Arnaud an Begriffen wie *Zeugungs-* und *Geburtsglieder* oder *Zeugungs-* und *Geburtsfähigkeit* festhält und in den Historien von *wahren* Zwittern hervorhebt, dass die betreffenden Hermaphroditen als Mann und als Frau agierten, greift Diderot in seiner Gegenargumentation auf andere Kategorien zurück. Er behauptet, dass die *Natur* niemals die *tatsächlichen Zeichen und Siegel* für immer verwechselt und am Ende den wahren *Charakter*, der Mann und Frau unterscheidet, hervorbringen würde. Es komme zwar vor, dass die *Natur* den *Charakter* in der Kindheit nicht zeige, doch in der Lebensphase der *Pubertät* decke sie ihn zweifelsohne auf. (Vgl. Diderot 1765: 165) Und wenn sich Diderot auf die Kategorien von Arnaud bezieht, dann nur soweit, dass die *Natur* zwar manchmal in der Schöpfung der Menschen abweicht, aber niemals vollkommene Vermischungen von *Substanzen* und Verbindungen zweier Geschlechter produzieren würde. Indessen Diderot, wenn er von den Abweichungen der *Natur* spricht, auf die von Wolfart geäußerten Bedenken zurückgreift, nach denen die *Natur* den Betrachter der *Zeugungs-* und *Geburtsglieder* täuschen kann, hält Arnaud an der Wahrheit der sexuellen Organisation fest.

Aus dieser Gegenüberstellung lassen sich mehrere Fragen ableiten: Zum einen steht die Frage im Raum, ob die Kategorie der *wahren* Hermaphroditen erst im siebzehnten Jahrhundert auftaucht oder, wie der Bericht von Arnaud suggeriert, die *vollkommenen* Hermaphroditen bereits im fünfzehnten und sechzehnten Jahrhundert existieren. Und wenn es richtig ist, dass sie ein Ereignis des klassischen Zeitalters darstellen, ist zu fragen, wie sie erscheinen und an welche Bedingungen sie geknüpft sind. Darüber hinaus soll geklärt werden, mit welchen Argumenten sich Diderot gegen die Kategorie der *wahren* Hermaphroditen ausspricht. Was verbirgt sich hinter seiner Umschreibung:

65 Vgl. zur Kritik an der Kategorie der *wahren* oder *vollkommenen* Hermaphroditen u. a.: (Aquapendente 1716: 195f.); Parsons, James (1741): A Mechanical and Critical ENQUIRY INTO THE NATURE OF HERMAPHRODITES [...], London: Printed for J. WALTHOE, over-against the Royal Exchange in Cornhill.

Charakter des Geschlechts? Wird der *Charakter* von den Kennzeichen der *Zeugungs-* und *Geburtsglieder* abgeleitet oder ist diese Kategorie an andere Ereignisse, beispielsweise die Wolfartsche *Seele*, gebunden? Und wenn es stimmt, dass parallel zur Wahrheit der sexuellen Organisation eine Wahrheit des *Charakters* verläuft, dann stellt sich die Frage: Welches sind die *tatsächlichen Siegel*, die den *wahren* Geschlechtscharakter näher bestimmen und zum Vorschein treten lassen?

Zunächst zu den *vollkommenen* Hermaphroditen: Das zweite Beispiel, das Arnaud in seiner Abhandlung anführt, um zu zeigen, dass *wahre* Hermaphroditen existieren, entnimmt er Bauhins Kompendium über die Hermaphroditen. Er sagt: „Nicht allein zu unsern Zeiten finden sich dergleichen Leute in den Klöstern. Schon Casp. Bauhin erzählt, daß im Jahre 1473 ein hermaphroditischer Mönch zu Issoire in Auvergne gelebt hätte, bey dem beyde Geschlechter vollkommen vereinigt gewesen. Er wurde schwanger und gebahr ein Kind zu gehöriger Zeit. Man hat folgende Verse auf diese Begebenheit gemacht: Mas, Mulier, Monachus, mundi mirabile Monstrum. Eine genaue Beschreibung der Geburtstheile wäre unterrichtender gewesen als dieser Vers." (Arnaud 1777: 33) Berichte in dieser Form, die Gegebenheiten aus dem fünfzehnten und sechzehnten Jahrhundert nacherzählen, finden sich in vielfältigen Varianten. Erzählt werden unter anderem Geschichten von einer Frau, die „zwei oder drei Kinder gehabt, und dieselben auch gesäuget hat. [...] [D]a ihr Mann nach Ostindien gefahren, [wurde sie] in das Waisenhaus zu Leyden über die Waisenmädchen zur Aufsicht bestellt. Einige Zeit nachher nahm man wahr, daß drei, vier oder mehrere von den ältesten von 16, 17, bis 18 Jahren, schwanger geworden, welche alle einmüthig bekannt, daß ihre Zuchtmeisterin der Vater ihrer Leibesfrucht sei."[66] Oder jene Erzählung, die in den „Philosophical Transactions" abgedruckt ist: „The 13th. [Observation] is of a certain Man that after his Wifes Death sucked his Child at his own Breasts, Anno 1633. which he confirms by a Credible Testimony."[67]

Schließlich ein Observationsbericht, der eine Vivisektion des siebzehnten Jahrhunderts beschreibt: „Es war ein armes Kind, daß sich vor Geld sehen ließ [...]. Es nannte sich Anna Wilde, war im Jahr 1674. zu Ringwood in der Grafschaft Middleser geboren [...]. Es waren die Hoden, von ansehnlicher Größe, die in zwey Säckchen eingeschlossen, die etwas gefalten, und wenig hervorragend waren. Sperrte man sie etwas von einander, so bildeten sie zwey Schamlefzen. Es war die große Spalte da, und hierin sah

66 Weber, Friedrich August [Hg.] (1784): ONOMATOLOGIA MEDICO-PRACTICA Encyklopädisches Handbuch für ausübende Aerzte in alphabetischer Ordnung ausgearbeitet von einer Gesellschaft von Aerzten, zweiter Band, Nürnberg: im Verlage der Paspischen Buchhandlung, S. 1097.

67 Boccone, Paul (1695): Osservationi Naturali, ove si contengono materie Medico-Fisiche, &c. Natural Observations, containing several Medico-Physical and Botanical Matters, with divers Natural Productions, Several sorts of Phosphori, Subterraneous Fires in Italy, and other Curious Subjects, in Familiar Letters, by Signor Paul Boccone, M. D. Printed at Bononia in 12° 1684, in: PHILOSOPHICAL TRANSACTIONS. Giving some ACCOUNT OF THE Present Undertaking, Studies, and Labours OF THE INGENIOUS, in many Considerable Parts of the WORLD. VOL. XVIII. For the Year 1694. LONDON: Printed for S. Smith and B. Walford, Printers to the Royal Society, at the Prince's Arms in St. Paul's Church-yard, S. 33-37, S. 34.

man die Nymphen und ein oder zwey von den myrthenförmigen Märzchen [...]. Man fand keine Clitoris, aber statt derselben eine undurchbohrte Ruthe, die man für die Clitoris hätte ansehen können. Man hielt sie für ein Mädchen bis ins dreyzehnte Jahr, da die Ruthe, welcher bisher verborgen gewesen war, bey sehr starken Brodkneten, plötzlich hervorbrach, und die Verwandlung verursachte. Diese Ruthe erhob sich zuweilen, und erlangte die Größe von vier Zoll. An der Ruthe sah man die Vorhaut, und das Bändchen wie bey Mannspersonen. In der Gegend aber, wo die Oefnung des Harngangs hätte seyn sollen, sah man eine sehr feine Haut, welche denselben so bedeckte, daß nichts hinaus konnte. So viel man wahrnehmen konnte, war die Scheide nicht sehr von dem gewöhnlichen Bau verschieden. Man konnte den Finger hinein bringen, daher mußte das Jungfernhäutchen, wenn eins da war, zerstört seyn, und es konnte nicht anders zerstört werden, als wenn der Finger gekrümt hinein gebraucht wurde, wegen der Haut, welche die Hälfte der Spalte bedeckte. [...] Die monatliche Reinigung war im siebenzehnten Jahr erschienen, und floß, nach dem Bericht des Mädchens wie gewöhnlich. [...] Sie hatte sich, nach ihrer Aussage mit Manns- und Frauenpersonen belustigt; in Gegenwart der Letztern wäre die Ruthe steif geworden, welches ihr viel Vergnügen verschaft hätte; bey den Mannspersonen aber wäre sie schlaff geblieben [...]. Kurz ich kann nicht entscheiden, ob es eine Manns- oder Frauensperson war [...]; und nach diesem konnte man sie zum weiblichen Geschlecht rechnen, oder zu beyden, oder zu gar keinem.“[68]

Ein Vergleich der vier Berichte offenbart Gemeinsamkeiten und diverse Unterschiede. Einerseits erhalten sowohl die Historien als auch das Vivisektionsprotokoll einen gemeinsamen Kontext: Sie werden als Berichte über *wahre* oder *vollkommene* Hermaphroditen ausgewiesen – ein schwangerer Mönch, ein *säugender* Vater, eine *zeugende* Mutter und ein Mädchen mit männlichen *Zeugungsgliedern*. Andererseits beschreiben sie, jeder für sich, eine Art Metamorphose: Ein Mönch wird schwanger und bringt als Frau Kinder zur Welt, ein Vater säugt nach dem Tod seiner Frau das Kind, eine Mutter von zwei Kindern zeugt mit drei Mädchen Nachkommen und ein junges Mädchen bekommt während des Teigknetens ein männliches Glied. Darüber hinaus offenbaren die ersten drei Historien einige Gemeinsamkeiten. Zum einen sind es Nacherzählungen von Ereignissen, die sich in der Vergangenheit zugetragen haben. Diese Begebenheiten des fünfzehnten und sechzehnten Jahrhunderts werden nun aus der Perspektive des siebzehnten Jahrhunderts wiedergeben. Zum anderen bestimmen sie die Vollkommenheit der Hermaphroditen über repräsentierende Funktionen: Der Mönch wird dem männlichen

68 Erstmals veröffentlicht: SAMPSONII, D. HENRICI (1681): Observatio CLXVIII. De HERMAPHRODITA SINGVLARI, in: MISCELLANEA CURIOSA MEDICO-PHYSICA ACADEMIÆ NATURÆ CURIOSORUM, EPHEMERIDUM MEDICO-PHYSICARUM GERMANICARUM ANNUS TERTIUS, Anni scilicer M DC LXXII [...]. Accessit APPENDIX, in qua nonnulla lectu haud indigna aut ingrata occurrent. LIPSIÆ & FRANCOFURTI, sumptibus JOHANNIS FRITZSCHII. Typis JOHANN-GEORGII DRULMANNI, S. 277-278. Im Weiteren wird die deutschsprachige Übersetzung verwendet: Sampson, D. Heinrich (1777): Observation 168. Von einem Hermaphroditen, in: Arnaud, Georg: Anatomisch~Chirurgische Abhandlung über die Hermaphroditen. Aus dem Französischen übersetzt. Nebst sechs Kupfertafeln. Straßburg, Verlegts, Amand König, Buchhändler, S. 27-29, S. 27ff.

Geschlecht zugeordnet und gebärt als Frau ein Kind. Ein Vater, der gleichfalls dem männlichen Geschlecht angehört, säugt sein Kind und repräsentiert über diese Funktion das weibliche Geschlecht. Schließlich wird von einer Mutter berichtet, die dem weiblichen Geschlecht zugeordnet ist, mit drei Mädchen drei Kinder zeugt und hierüber die Attribute des männlichen erhält.

Jenseits der Gemeinsamkeiten treten Unterschiede hervor. Zum einen sind die Historien aus dem fünfzehnten und sechzehnten Jahrhundert Nacherzählungen, die mit Zitatfragmenten angefüllt werden. Der Bericht von Sampson hingegen ist eigenhändig verfasst, da Sampson die Vivisektion selbst durchführt und sie in jenem Protokoll wiedergibt. Zum Zweiten entsprechen die Historien in ihrer Struktur jenen Berichten, die im siebzehnten Jahrhundert als Fabeln abgetan werden, da sie nicht den Kriterien eines Vivisektionsprotokolls entsprechen. Arnaud sagt recht deutlich: ‚[E]ine genaue Beschreibung der Geburtstheile wäre unterrichtender gewesen als der Vers.' Das Vivisektionsprotokoll von Sampson hingegen repräsentiert den klassischen Aufbau und die Vorgehensweise einer Observation des siebzehnten und achtzehnten Jahrhunderts. Zum Dritten werden aus derselben zeitlichen Perspektive in die Historien des fünfzehnten und sechzehnten Jahrhunderts Geschlechtszuordnungen hineingelesen über die repräsentierenden Funktionen Schwangerschaft, *Zeugung* und *Säugung*. Das Vivisektionsprotokoll des siebzehnten Jahrhunderts dagegen spricht einerseits von *Hodensäcken* und *Hoden* sowie *Ruten* und *Eicheln*, die für einen Mann stehen. Andererseits berichtet es von großen *Spalten*, *Schamlefzen*, *Nymphen* oder *Scheiden*, die eine weibliche sexuelle Organisation repräsentieren. Anders formuliert: Männlichkeit und Weiblichkeit erscheinen in den wiedergegebenen Historien des sechzehnten Jahrhunderts über die repräsentierenden Funktionen, hingegen sie im Vivisektionsprotokoll über die Glieder der sexuellen Organisation produziert werden. Doch weil die Begriffe Schwangerschaft, *Zeugung* oder Säugung im siebzehnten Jahrhundert eine repräsentierende Funktion angenommen haben – sie verweisen in der (Re-)Lektüre auf sexuelle Organisation der *Zeugungs-* und *Geburtsglieder* –, folgen auch sie kohärent dem Wissen des siebzehnten und achtzehnten Jahrhunderts.

Genau an dieser Stelle offenbart sich ein weiteres Mal der fundamentale Riss zwischen dem Wissen des fünfzehnten und sechzehnten Jahrhunderts einerseits und dem des siebzehnten und achtzehnten Jahrhunderts andererseits. Arnaud benennt das Problem in seiner Replik auf Caspar Bauhins Historie deutlich, wenn er sagt, dass eine detaillierte Beschreibung der *Zeugungs-* und *Geburtsglieder* für eine genaue Bestimmung hilfreicher gewesen wäre. Doch genau diese geforderte Unterrichtung können die Historien des sechzehnten Jahrhunderts nicht leisten. Sie geben keine observierten, betasteten und taxonomierten *Zeugungs-* oder *Geburtsglieder* wieder, weil diese als Wissensbestände nicht existieren. Diese Tatsache, dass die Historien des fünfzehnten und sechzehnten Jahrhunderts keine genaue Unterrichtung einer sexuellen Organisation produzieren können, weil die *Zeugungs-* und *Geburtsglieder* nicht existieren, ist jedoch für Arnaud nicht denkbar. Die zitierten Historien sind reproduzierte Berichte, die mit wortwörtlichen Einschüben aus den Originaltexten angereichert werden. Es sind Interpretationen aus der Perspektive des siebzehnten und achtzehnten Jahrhunderts. Jene Begriffe, die für Arnaud oder Sampson Männlichkeit oder Weiblichkeit repräsentieren – *Zeugung* oder Vaterschaft beziehungsweise Schwangerschaft, Entbindung oder *Säugung* –, besitzen diese anzeigende Kraft im fünfzehnten und sechzehnten Jahrhundert nicht. Erzählungen von schwangeren Mönchen oder säugenden Männern werden hier nicht unter der Kategorie der *wahren* Hermaphroditen zusammengefasst, sondern tauchen in den Kompendien der Wunder- und Monstergeschichten auf. Im siebzehnten und achtzehnten Jahrhundert hingegen werden sie in den Kanon jener Berichte eingeordnet, die von *vollkommenen* Hermaphroditen künden. Mit anderen Worten: Die Begriffe *Zeugung* oder Schwangerschaft besitzen im siebzehnten und achtzehnten Jahrhundert eine repräsentative Kraft, sie offenbaren eine Geschlechtszuordnung. Diese Kraft trägt die Kategorie des *wahren* Hermaphroditen an die Historien des fünfzehnten und sechzehnten Jahrhunderts heran. Es sind also nachträgliche Interpretationen, die in der (Re-)Lektüre die Kategorie der *wahren* Hermaphroditen in die Wunderberichte des fünfzehnten Jahrhunderts hineinlesen und hierüber eine Art Kontinuität erzeugen. Diese Kette der Einzelwesen, die über die Kontinuität der Kategorie entsteht, verweist auf die Anstrengungen des achtzehnten Jahrhunderts, eine Naturgeschichte zu schreiben. (Vgl. OD 1999: 165ff.)

Hier schließt sich ein zweites Problem an. Das anonyme Flugblatt von Zürich, die Historien von Paracelsus oder Licetus erzählen von Hermaphroditen, die eine Verbindung aus zwei Leibern sind, die nicht zusammengehören – sie sind ein monströses Zeichen. Jeder dieser Leiber ist mit gottgegebenen Zeichen ausgestattet. Diese Signaturen zeugen von den Eigenschaften. Sie geben Auskunft über die Anrufung, verraten aber nichts über *Zeugungs-* beziehungsweise *Gebärfähigkeit* und erzählen nichts von der Fähigkeit des *Säugens*. Jeder Leib, der als eine Kombination von weiblichen und männlichen Signaturen auf die Welt kommt, ist ein Hermaphrodit, ein wunderliches Zeichen. Die Kategorie – *wahrer* oder *vollkommener* Hermaphrodit – ist im fünfzehnten und sechzehnten Jahrhundert nicht denkbar, da alle Leibverbindungen aus männlichen und weiblichen Zeichen als Monster, als Hermaphroditen, angerufen und verbrannt werden.

Drittens: Die Kategorie des *wahren* Hermaphroditen taucht erstmals in den Tableaus der Hermaphroditenarten auf. Sie stellt eine Merkmalskombination aus weiblichen und männlichen sexuellen Organisationen dar. Wie die *männlichen* und *weiblichen* Hermaphroditenarten, die über *Merkmale* wie *Geburts-* und *Zeugungsfähigkeit*, Ausprägung der *Geburts-* oder *Zeugungsglieder* sowie Aufbau und Struktur derselben definiert sind, werden auch die *vollkommenen* Hermaphroditen über derartige funktionale und phänotypische Geschlechtsmerkmale bestimmt. Im Unterschied zu den *weiblichen* und *männlichen* Arten werden unter der Kategorie der *wahren* Hermaphroditen all jene Zwitter zusammengefasst, bei denen die phänotypischen Geschlechtssätze vollständig sicht- und tastbar sind und die Funktionen der *Zeugung* und der *Empfängnis* in einem Körper nachgewiesen werden können. (Vgl. Abb. 44-47) Die Kategorie ist an die gleichen *Merkmale* gebunden, die im Tableau der Hermaphroditenarten alle anderen sexuellen Kliniken bestimmen. Gleichzeitig lassen sich diese sexuellen Organisationen, die über Vollständigkeit der männlichen und weiblichen Glieder sowie deren Funktionen definiert sind, weder der einen noch der anderen Zwitterart zuordnen. Sie gehorchen aufgrund ihrer phänotypischen Geschlechtsmerkmale und der doppelten Funktionsfähigkeit nicht der Dichotomie von weiblich versus männlich und müssen zu einer gesonderten *Classe* zusammengefasst werden. Die *Merkmale* des Tableaus produzieren also die Kategorie der

Abb. 44: Zwei vollkommene Hermaphroditen. (Arnaud 1777)

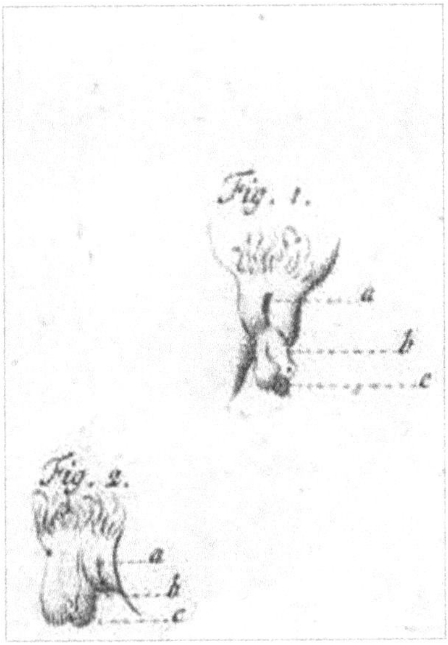

Abb. 45: Sexuelle Organisationen von zwei vollkommenen Hermaphroditen (Arnaud 1777)

wahren Hermaphroditen. Sie ist eine Erfindung des siebzehnten und achtzehnten Jahrhunderts und Effekt der taxonomischen Versuche, die Hermaphroditen zu klassifizieren. Weil sie ein Produkt der Artenunterteilung ist, wird sie ausschließlich über die repräsentierenden *Zeugungs-* und *Geburtsglieder* definiert.

Viertens: Die *wahren* Hermaphroditen sind nicht nur eine vollkommen neue Kategorie, die im siebzehnten und achtzehnten Jahrhundert aus dem Tableau der Hermaphroditen hervorgeht. In diese Kategorie ist gleichzeitig das Scheitern des Tableaus der Zwitterarten eingeschrieben. Wie ist es möglich, so fragen Diderot, Parsons oder Zacchia, die Kritiker dieser Kategorie, dass zwei vollständig ausgebildete weibliche und männliche phänotypische sexuelle Organisationen an einem Körper miteinander vereint sind? Diese Frage entzündet sich an zwei spezifischen Gliedern: der männlichen *Rute* und der weiblichen *Klitoris*. Es ist wohl wahr, so die Kritiker, dass bestimmte Hermaphroditen über *Hoden* und *Hodensäcke* einerseits und über *Scheiden* und *Schamlefzen* andererseits verfügen. Ein gleichzeitiges Vorhandensein von *Rute* und *Klitoris* sei jedoch unmöglich. Entweder, so die Kritiker, würde eine funktionsfähige *Rute* sicht- und tastbar oder es findet sich eine *Klitoris*, die zwar vergrößert und in ihrer Gestalt einer *Rute* ähnlich, dennoch aber nichts als eine *Klitoris* ist. Gleichwohl die *Klitoris* am Ende des sechzehnten Jahrhunderts entdeckt (Laqueur 1996: 81f.) beziehungsweise wiederentdeckt (Park 1997) wird, zieht sich die Diskussion, was unter diesem weiblichen Glied zu verstehen sei und wie es sich von der männlichen *Rute* unterscheiden lässt, durch das gesamte siebzehnte und achtzehnte Jahrhundert hindurch. Hingegen im siebzehnten Jahrhundert zwei „anscheinend widersprüchliche Darstellungen [...] ganz problemlos nebeneinander

Abb. 46: „Figure 1. Hermaphrodite dans qui le sexe féminin semble dominer.“ (Diderot 1777a: 125)

Abb. 47: „Figure 2. Hermaphrodite dans qui le sexe mâle domine.“ (Diderot 1777a: 125)

[existierten]“ (Laqueur 1996: 83), ein *vollkommener* Hermaphrodit sowohl den vollen weiblichen als auch den kompletten männlichen Satz an sexuellen Gliedern besitzt, wird in der Mitte des achtzehnten Jahrhunderts die Kategorie der *wahren* Hermaphroditen infrage gestellt. Und nicht nur die Kategorie der *wahren* Hermaphroditen gerät ins Wanken. Auch an den Rändern des phänotypischen Geschlechtes beginnen erste Erosionsprozesse zu wirken und die Wahrheit der sexuellen Organisation infrage zu stellen. Repräsentieren die *Zeugungs-* und *Geburtsglieder*, die äußerlich sichtbaren Teile der sexuellen Organisation, tatsächlich die Wahrheit des Geschlechts? Täuschen sich nicht vielmehr die Observatoren in ihrem Wahrheitsgehalt? Ist also die ausschließliche Konzentration auf diesen Teil des Körpers für die Bestimmung des Geschlechts ausreichend? Diese Fragen, die im achtzehnten Jahrhundert stetig lauter werden, untergraben die ursprüngliche Evidenz der phänotypischen sexuellen Organisation.

Eine Stimme, die sich vehement gegen die Kategorie der *wahren* Hermaphroditen und die Evidenz der sexuellen Organisation ausspricht, ist Marguerite/Arnaud Malaure, der Hermaphrodit von Toulouse.[69] Ende des siebzehnten Jahrhunderts wendet sie sich

69 In den Quellen, die im Weiteren analysiert werden, variieren die Namensgebungen. Neben dem französischen Namen Marguerite/Arnaud Malaure findet sich in den deutschsprachigen Quellen die entsprechende Übersetzung Margarethe/Arnold Malaure. Wieder andere Quellen sprechen von Arnauld Malause oder einfach schlicht von Mallaure. Aus Gründen der Einheitlichkeit wird hier

mit einer Bittschrift an den König von Frankreich.[70] In ihrer Petition schildert sie ihren bisherigen Lebensweg, die Verfahren ihrer Personenstandsbestimmung, begehrt vom französischen König die Aufhebung des falschen Urteils und bittet ihn um den Erhalt eines „Lettre de cachet".[71]

In ihrer Bittschrift beschreibt Malaure, wie sie nach der Geburt ihre Eltern verlor und bei einer Amme aufwuchs. Sie berichtet, dass sie bei der Taufe den Namen Marguerite erhalten habe und in christlicher Liebe erzogen worden sei. Im Jahr 1686, als sie zwanzig Jahre alt war, erkrankte sie. Weil keine Hausmedizin helfen wollte, wurde sie ins Hospital von Toulouse gebracht und ward von einem Mediziner untersucht. Dort wurde erstmals ihr „Zustand" von einem Arzt wahrgenommen, welcher „sie für einen Zwitter" hielt – einen Hermaphroditen, der „vielmehr von dem männlichen, als dem weiblichen Geschlechte hatte." (Malaure 1748: 409)

die französische Schreibweise durchgängig verwendet. Jenseits der Quellen, die das Ereignis Marguerite/Arnaud Malaure erscheinen lassen, existieren diverse moderne Analysen des überlieferten Stoffes. Vgl. hierzu u. a.: Gonzalez-Crussi, Francisco (1987): Three Forms of Sudden Death. AND OTHER REFLECTIONS ON THE GRANDEUR AND MISERY OF THE BODY, London: Picador, S. 43ff.; Graille, Patrick (2001): Les hermaphrodites. Aux XVIIe et XVIIIe siècles, Paris: Les Belles Lettres, S. 124ff.; Harris, Joseph (2005): Hidden Agendas. Cross-Dressing in 17th-century France, Tübingen: Narr, S. 36ff.

70 Die Bittschrift von Marguerite/Arnaud Malaure ist einem Prozessbericht von Gayot de Pitaval vorangestellt und wird hier als eigenständige Quelle betrachtet. Malaure, Marguerite (1735): AU ROI, in: Pitaval, Gayot de: FILLE RÉPUTÉ'E FAUSSEMENT HERMAPHRODITE, in: ders.: CAUSES CELEBRES ET INTERESSANTES, AVEC LES JUGEMENS QUI LES ONT DECIDE'ES. Par Mr. GAYOT DE PITAVAL, Avocat au Parlement de Paris. TOME QUATRIEME. A LA HAYE, Chez JEAN NEAULME, S. 345-354. Im Weiteren wird die deutsche Übersetzung verwendet: Malaure, Margarethe (1748): Bittschrifft der Margarethe Malaure an den König, in: Pitaval, Gayot von: Eine Frauensperson, die fälschlich für einen Zwitter gehalten wird, in: ders.: Parlementsadvoc. zu Paris, Erzählung sonderbarer Rechtshändel, sammt deren gerichtlichen Entscheidung. Aus dem Französischen übersetzt. Vierter Theil. Mit Königl. Poln. und Churf. Sächs. allergnädigstem Privilegio. Leipzig. Verlegts Gottfried Kiesewetter, Buchhändler in Stockholm, S. 404-415.

71 Die „Lettre de cachet" sind eine spezifische Institution im achtzehnten Jahrhundert. „Die Gesuche um den Erlass einer *lettre de cachet* stammen in den allermeisten Fällen aus den niedrigeren Ständen. Man bittet den König – oder in Paris faktisch den Polizeichef – um die Lösung eines familiären Problems." Foucault, Michel (2005c): Das goldene Zeitalter der *lettres de cachet*, in: ders.: Schriften in vier Bänden. Dits et Ecrits, Bd. IV, 1980–1988, Frankfurt/Main: Suhrkamp, S. 421-423, S 422. „Zeitweise ist die Pariser Polizei hilflos: Jeder Schlag gegen den riesigen Ameisenhaufen Paris gibt den Blick auf eine Vielzahl anderer Plätze frei, die man säubern müsste. Justiz und Polizei sind dem nicht gewachsen, im Gegensatz zu dem Eindruck, den Edikten, Bestimmungen, Verordnungen oder theoretische Schriften über die Polizei eröffnen. Im 18. Jahrhundert gibt es ganz gewiß eine Polizeitheorie, aber nicht wirklich eine Polizei. In diese Situation kann die Lettre de cachet eindringen und die Leerstellen nutzen, die das offizielle Rechtsystem gelassen hat. Es ist sogar eine Erleichterung, wenn die königliche Order dazu dient, jemanden vorführen zu lassen: Ihre Wirksamkeit ist so beträchtlich, dass der willkürliche Aspekt kaum ins Blickfeld gerät." Farge, Arlette/Foucault, Michel (1989): Familiäre Konflikte. Die „Lettres de cachet" aus den Archiven der Bastille im 18. Jahrhundert, Frankfurt/Main: Suhrkamp, S. 271.

Der Vivisektionsbericht ist in jenem Brief von Veay, Arzt zu Toulouse, an St. Ussans enthalten, den Aghonby 1687 in den „Philosophical Transactions" auszugsweise veröffentlicht. (Vgl. Aghonby 1687) Die Untersuchung bringt folgendes Ergebnis: „Son visage est feminin & assez agreable, la gorge bien jolie, & les mammelles aussi bien faites qu'on les puisse desirer a une fille, les fesses & les cuisses grandes comme aux femmes, les parties honteuses tout comme celles d'une femme, mais elle n'est percée que de la profondeur de deux petits travers de doigts; & au milieu de cette fente, il pend un membre viril d'une grosseur fort considerable, & qui dans l'erection luy sort au dehors d'enuiron huit pouces. Ce membre est bien formé, hormis qu'il n'a point de prepuce, & qu'il n'est pas accompagné de testicules apparens. L'urine & la semence en sortent comme aux hommes, & ce qu'il y a de particulier, c'est que le sang menstrual coule aussi par ce méme conduit de la Verge." (Aghonby 1687 : 282) Der Bericht endet mit dem Hinweis: „Il n' y avoit pas a hesiter la dessus, parce que notre Hermaphrodite peut fort bien faire la fonction d'homme, & point du tout celle de femme." (Aghonby 1687: 283) Weil es für die im Fall der Malaure befragten Ärzte keinen Zweifel in dieser Angelegenheit gab – der Hermaphrodit konnte sehr gut die Funktionen des Mannes erfüllen, die einer Frau hingegen nicht –, entschlossen sie sich gemeinschaftlich, Malaure Männerkleider tragen zu lassen. Weiterhin sollte sie ihren Namen Marguerite ablegen und sich fortan Arnaud nennen. (Vgl. Aghonby 1687: 283)

Malaure berichtet weiter, dass das Vivisektionsergebnis in Toulouse veröffentlicht wurde. Vor dem darauf folgenden öffentlichen *Geschrei* floh sie nach Bordeaux. Dort angekommen wechselte sie wiederum ihre Kleider, nannte sich wie ehedem Marguerite und nahm, wie in Toulouse, eine Stellung als Dienstmädchen an. Sie diente bis zum Jahr 1691, als sie von einem Mann, der sie als Arnaud Malaure aus Toulouse identifizierte, angezeigt wurde. Wiederum wurde sie in ihre Heimatstadt gebracht, musste Männerkleider tragen sowie den Männernamen annehmen und wurde für ihren eigenmächtigen Kleider- und Personenstandswechsel inhaftiert. Es folgten abermals medizinische sowie juristische Untersuchungen. Vom Konsul zu Toulouse wurde sie schließlich auf Grundlage des folgenden Vivisektionsberichts in den Stand eines Hermaphroditen gesetzt.

Dieser Vivisektionsbericht liegt in Form eines Briefes von Monsieur de Saint Vallier, der 1766 veröffentlicht wird, vor. (Vgl. Vallier: 1766) „Dans ce lieu là, la partie propre à l'homme, qui au temps de sa naissance avoit été prise pour une excrescence, s'étant fait appercevoir, on mit Mallaure parmi les hommes ; & au sortir de Hôtel-Dieu, il fut condamné (par Sentence des Capitouls du 21. Juillet 1691) sur le rapport des Médecins & Chirurgiens à prendre l'habit d'homme & la nom d'Arnauld Mallaure. Il a toujours conservé la voix & la délicatesse d'une fille; & est sujet tous les mois à des écoulements périodiques qui se font par la partie propre à l'homme, & qui du reste sont semblables à ceux des femmes." (Vallier 1766 : 15) Auf Grundlage dieses Observationsergebnisses wurde Malaure im „Heumonat" desselben Jahres vom Toulouser Konsul mit folgender Verordnung belegt: Sie sollte sich Arnaud nennen, als eine Mannsperson kleiden und „mit Verbothe, bey Strafte des Staupbesens keine Weibskleider" (Malaure 1748: 407) tragen.[72] Die Drohung der körperlichen Zucht – nicht der Todesstrafe – veranlasste Malaure, der Verordnung Folge zu leisten.

Die kommenden Jahre waren, so Malaure, von Wanderschaft, einem Leben in Armut und ständigem Hadern mit dem verordneten Personenstand geprägt. Die Stellung eines Lakaien blieb ihr verwehrt und so musste sie von Almosen leben. „Sie empfand im Innersten des Herzens, daß sie ein Mädchen war; sie sah sich mit Vergnügen in diesem Stande; während gewisser Augenblicke hielt sie sich für eine Mannsperson, und dieser Gedanke bekümmerte sie, weil sich die *Natur* dawider setzte, und sie gehorchte dem Gesetze, das man ihr auferlegt hatte, mit Widerwillen" (Malaure 1748: 410f.). Malaure berichtet, dass Momente kamen, da sie sich selbst als Zwitter ansah – als Angehörige einer Menschenklasse, die, wie sie sagt, mit Abscheu betrachtet wurde: „Bin ich ein Frauenmensch, bin ich eine Mannsperson, oder bin ich ein Zwitter? Es ist keine grausamere Marter des Gemüthes als die Ungewissheit des Standes; es ist nichts betrübter, als der Zustand, wenn man keinen hat. Man kann sich die kränkenden Betrachtungen nicht alle vorstellen, welche sie die sinnreiche Einbildung sich zu martern, preis gab, davon ihr jede einen neuen Schmerz verursachte" (Malaure 1748: 411). Dieser Seelen-Marter, dieser körperlosen Strafprozedur, wurde in Paris – der Stadt der Wissenschaften, wie sie von Malaure bezeichnet wird – ein Ende bereitet. Sie wurde von den Ärzten Helvetius, Doktor der *Arzneykunst*, und Saviard, *geschworener Wundarzt* des Hotels Dieu besichtigt und erhielt die Gewissheit, dass sie eine wahre *Weibsperson* sei.

Von dieser Vivisektion berichtet Diderot in seiner „Encyclopédie": „Enfin, M. Saviard se trouvant presque le seul homme de l'art qui fût incrédule, se rendit aux pressantes sollicitations que lui firent ses confreres de jetter les yeux, & d'examiner ce prodige en leur présence. Il ne l'eût pas plûtôt vû, qu'il leur déclara que ce garçon avoit une decente de matrice; en conséquence, il réduisit cette descente, & la guérit parfaitement. Ainsi l'énigme inexplicable d'*hermaphrodisme* dans ce sujet, se trouva développé plus clair que le jour." (Diderot 1765: 166)[73] Beide, sowohl Helvetius als auch Saviard, kamen zu dem Schluss, dass Malaure ausschließlich die *Merkmale* einer Frau trage, und stellten ihr entsprechende medizinische Gutachten aus.[74]

72 Der Staupbesen war ein Reisigbündel, das zur Staupe, der öffentlichen Züchtigung, verwendet wurde. Es war meist ein Birkenreisigbündel, in das mitunter scharfkantige Metallsplitter oder Steine eingearbeitet wurden. Eingesetzt wurde er als Leibesstrafe zur Züchtigung, nicht zur Tötung. Vgl. hierzu: Breithaupt, Wilhelm (1938): Die Strafe des Staupenschlags und ihre Abschaffung im Gemeinen Recht, zugleich ein Beitrag zur Geschichte der Zuchthauses, Jena: Rechts- und wirtschaftswissenschaftliche Dissertation.

73 Ein weiterer Verweis auf diese Untersuchung findet sich im „Encyklopädischen Handbuch" für Ärzte. Marguerite/Arnaud Malaure „wurde durch Saviard untersucht, und als eine Weibsperson befunden, die einen Vorfall des Uterus (Hysteroptosis) hatte. Saviard heilte diesen Vorfall, und damit hatte die Hermaphroditenschaft ein Ende." (Weber 1784: 1105)

74 Vgl. hierzu den ausführlichen Observationsbericht: Saviard, Barthélemy (1702): Nouveau recueil d'observations chirurgicales faites par Mr Saviard, avec quelques remèdes particuliers dont il s'est servy au traitement des maladies qui le composent [...]. A Paris: chez Jacques Collombat, S. 71ff.

Malaure, die sich in ihrer Bittschrift auf keinerlei medizinische Gutachten stützte, forderte am Ende ihrer Petition an den König von Frankreich „den Stand und die Kennzeichen, welche ihr der Consuln zu Toulouse, mit Verleugnung der Natur, geraubet" (Malaure 1748: 412) hat, zurück. Zur Begründung führte sie folgende Argumente an: „Es ist eine große Frage, ob es wahrhaftige Zwitter giebt. Allein sie gehöret mehr für die Neugierigen, als daß es nöthig ist, sie hier zu untersuchen. Die allersicherste Meynung ist, daß die Natur, wenn sie sich zuweilen in der Hervorbringung des Menschen zu verirren scheint, niemals so weit geht, daß sie Verwandlungen, oder vollkommene Zusammensetzungen oder Mischungen der zweyen Geschlechter, die nimmer bestehen können, machet; woraus folget, daß das Geschlecht, welches bey der Geburt, und wenn man weiter zurück gehen will, bey der Empfängniß gegeben hat, sie niemals verändert; daß es keinen Menschen giebt, bey welchen die beyden Geschlechter vollkommen wären, welche in sich als die Weiber empfangen, und außer sich als die Männer zeugen könnten; und daß die Natur niemals auf immer weder die wahren Merkzeichen und Siegel vermenget, daß sie allezeit das Kennzeichen, welches das Geschlecht unterscheidet, giebt; und daß wenn die es manchmal in der Kindheit versteckt, es sich bey zunehmendem Alter offenbaret." (Malaure 1748: 409)

Die Aussagen über die *wahren* Hermaphroditen, jene von Malaure und die von Diderot, ähneln sich wie Zwillinge.[75] Beide behaupten, dass die *Natur* niemals vollkommene Vermischungen zweier Geschlechter produziere, dass die beiden Geschlechter keinesfalls vollkommen vereinigt sein können und dass sie niemals ihre tatsächlichen Zeichen noch ihre tatsächlichen Siegel für immer verwechseln würde. Am Ende zeige der *Charakter* (vgl. Diderot) die Geschlechtszugehörigkeit an. Selbst wenn die *Natur* hierfür etwas mehr Zeit benötigt, so deckt sie den Geschlechtscharakter zweifelsohne im Lebensalter der *Pubertät* wieder auf. Was aber ist unter diesem *Charakter* zu verstehen? Diese Frage tritt in Malaures Bittschrift zutage und kann mithilfe einer Verteidigungsschrift des Juristen Pitaval, die er seinem Bericht über die Malaure anhängt, ergründet werden.[76]

75 Diese Tatsache – die fast wortwörtliche Übereinstimmung der Argumentation (vgl. Malaure 1735: 349; Malaure 1748: 409; Diderot 1765: 165) – ist insofern interessant, da sich Diderot auf „un canoniste" beruft. Dies lässt zwei Schlüsse zu: Entweder hat Diderot bei Malaure abgeschrieben, da Malaure eher spricht als Diderot. Oder beide, sowohl Malaure als auch Diderot, beziehen sich auf dieselbe Quelle, jenen unbekannten Kanonisten. Sollte Ersteres der Fall sein, dann würde Diderot den Diskurs eines Hermaphroditen zum diskursiven Ereignis machen. Mit anderen Worten: Der außerhalb des medizinischen und juridischen Diskurses stehende Hermaphrodit wird zum Kanonisten, seine Aussage zum Diskurs gemacht. Im zweiten Fall würde der diskursfremde Beitrag von Malaure nichts als eine Reproduktion des kanonischen Aussagekorpus des siebzehnten und achtzehnten Jahrhunderts darstellen. Die Konsequenz der reinen Reproduktion wäre, dass die kanonischen Aussagen auch die Aussagen des diskursfremden Sprechers bestimmen – „Wen kümmerts, wer spricht?" Foucault, Michel (1988): Was ist ein Autor? in: ders.: Schriften zur Literatur, Frankfurt/Main: Fischer, S. 7-31, S. 7.

76 Im Gegensatz zur deutschen Übersetzung, in der die Verteidigungsschrift gesondert ausgewiesen und als ein separater Teil des Pitavalschen Traktats angesehen wird, weist in der französischen Ausgabe nur eine Randnotiz auf diesen Teil hin. Er trägt die Überschrift: „Mémoire pour une personne

In der Verteidigungsschrift Pitavals wird die Skepsis gegenüber der *Natur*, die Malaure und später Diderot formulieren, aufgenommen: Die *Natur*, die die Kennzeichen zur Unterscheidung der Geschlechter hervorbringt, würde manchmal von ihrer ordentlichen Form abweichen. Sie verhüllt unter dem Gewand einer Frau eine *wahre Mannsperson* oder verbirgt unter dem äußerlichen Schleier eines Mannes eine *richtige Frau*. „Allein dieses Aeußerliche, die Schaalen machen den Stand eines Weibsbildes nicht." (Pitaval 1748a: 424) Und so wie die Äußerlichkeiten nichts über die *wahre* Frau aussagen, so kann an ihnen auch kein *wahrer* Mann erkannt werden – ein „mit Sande bedeckter Diamant, ist allzeit ein Diamant." (Pitaval 1748a: 424) Doch wie lässt sich eine Frau bestimmen, wenn nicht über ihre *Geburtsglieder*? Wie soll ein *wahrer* Mann jenseits der *Zeugungsglieder* erkannt werden? Welche Indikatoren sollen gewählt werden, wenn die Kennzeichen der *Natur* keine zuverlässigen Quellen der Wahrheit darstellen?

Hierauf antwortet Pitaval: „Die Verachtung der Gefährlichkeiten, die Stärke der Leibesbeschaffenheit, die Liebe zur Arbeit, die Fertigkeit sich den Beschwerlichkeiten der allermühsamsten Reisen, und allen denjenigen, die sich im menschlichen Leben darbiethen, auszusetzen, entscheiden sein Geschlecht [...]. Es ist gewiß, daß das Herz und der Geist eines Mannes, man redet von einem Manne, der seinem Geschlechte Ehre machet, von dem Herzen und Geiste einer Frau, die dem ihrigen Ehre bringet, unterschieden sind. Ihre Grundsätze, ihre Empfindungen sind nicht einerley." (Pitaval 1748a: 425) In seiner Neubestimmung hält Pitaval an der Zweiteilung der Menschen in Mann und Frau fest, löst sie jedoch von der Kategorie der sexuellen Organisation ab und bindet sie an Regungen des Herzens, des Geistes und der *Seele*. Es ist die Freude an der Arbeit, die Kraft, Stärke und Ausdauer, mit der ihr nachgegangen wird, und die Rastlosigkeit, sich den Klippen des Lebens zu stellen, die im Sinne Pitavals die Zugehörigkeit zum einen oder zum anderen Geschlecht ausmachen.

„Das harte und arbeitsame Leben ist des Mannes Erbtheil; das angenehme und ruhige Leben ist der Frauen Loos. Die Furchtsamkeit, welche den Mann verunehret, verunehret die Frau nicht. Die kleinsten Umstände, die geringsten Kleinigkeiten der Haushaltung, schicken sich für den Verstand einer Frau und sind dafür gemacht" (Pitaval 1748a: 425). Der Mann, so Pitaval, nimmt das Schwert in die Hand, blickt den Gefahren des Lebens fest ins Auge und zieht voll Tapferkeit in die Welt hinaus. Seine Körper- und Willensstärke lässt ihn die Unwegsamkeiten auf einem gefahrvollen Weg erdulden. Der Frau aber ist die Spindel gereicht. Ihr Gemüt hat seinen Platz im Haus, denn nur hier kann sie ihr Los, das ruhige Leben, fristen, sich ihren Leidenschaften hingeben und ihrem Gemüt

habillée en homme, soupçonnée d'être fille." (Vgl. Pitaval 1735: 361) Da die Verteidigungsschrift in der deutschen Ausgabe als eingeständiger Teil fungiert, wird sie hier als solcher betrachtet. Im Weiteren wird die deutschsprachige Übersetzung verwendet: Pitaval, Gayot von (1748a): Vertheidigungsschrift für eine Person, die als ein Mann gekleidet und in dem Verdachte war, daß sie eine Frau wäre, in: ders.: Eine Frauensperson, die fälschlich für einen Zwitter gehalten wird, in: ders.: Parlementsadvoc. zu Paris, Erzählung sonderbarer Rechtshändel, sammt deren gerichtlichen Entscheidung. Aus dem Französischen übersetzt. Vierter Theil. Mit Königl. Poln. und Churf. Sächs. allergnädigstem Privilegio. Leipzig. Verlegts Gottfried Kiesewetter, Buchhändler in Stockholm, S. 422-428.

entsprechend wirken. Ein Mann „hat allezeit einen Abscheu vor der Spindel gehabt, und beständig große Lust zum Degen." (Pitaval 1748a: 426) Diese Eigenschaften von Mann und Frau, die *Erbanteile* eines jeden Mitglieds der menschlichen Gesellschaft, sind für Pitaval derart evident, dass er sie für die Personenstandsbestimmung eines Hermaphroditen zugrunde legt. Über diese *Merkmale* lasse sich, so Pitaval, eine eindeutige Zuordnung der Geschlechter treffen.

Der Fall der Marguerite/Arnaud Malaure ist mindestens in dreifacher Hinsicht interessant. Zum einen, da parallel zu den medizinischen Geschlechtsdiskursen, die die *Zeugungs-* und *Geburtsglieder* hervorgebracht haben, ein nichtmedizinischer Geschlechtsdiskurs verläuft, der etwas wie den *Charakter* der Geschlechter produziert. Dieser nichtmedizinische Diskurs setzt im Fall der Malaure den medizinischen aus. Zum anderen, da im Zusammenhang der Metapher *Seelenmarter* eine Art Widerstand entsteht, der im Zusammenspiel von Setzungen und Widersetzungen das Subjekt Marguerite Malaure hervorbringt. Zum Dritten ist die Begründung Saviards, mit der er die Malaure zur Frau erklärt, überraschend, da er auf ein im Körperinneren liegendes Organ zurückgreift und nicht auf die sexuelle Organisation der phänotypischen *Zeugungs-* und *Geburtsglieder*.

Erstens: Sowohl Malaure als auch der Jurist Pitaval sprechen von den Geschlechtern. Doch was ist unter diesen Geschlechtern zu verstehen? In den Ausführungen von Malaure fällt auf, dass sie nicht von ihrer sexuellen Organisation, sondern von Gefühlen, Neigungen und Tätigkeiten spricht: Sie fühle sich zu *Mannspersonen* hingezogen, empfinde sich als eine Frau, sei glücklich über den Stand einer *Frauensperson* und gehe mit Freude der Tätigkeit einer Dienstmagd nach. All diese Regungen, so Malaure, haben ihr nachdrücklich gezeigt, dass sie eine Frau sei. Auch Pitaval ignoriert die medizinischen Kategorien und bewegt sich, wie Wolfart, mit seiner Aussetzung der Wahrheit der sexuellen Organisation innerhalb des juridischen Diskurses: Die täuschenden *Zeugungs-* und *Geburtsglieder* sagen nichts über die tatsächlichen *Siegel* von Mann und Frau aus. Er greift in seiner Argumentation die Beweismittel Malaures auf, die begründen, weshalb sie eine Frau ist, und integriert ihre Beschreibungen in einen moralisch-naturgeschichtlichen Diskurs.

Frauen und Männer, so Pitaval, fühlen nicht nur unterschiedlich, sondern differieren vor allem in ihren Neigungen und Tätigkeiten. Aus Pitavals Ausführungen lassen sich folgende *Merkmale* ableiten: Männer suchen die Gefahr, lieben harte Arbeit, entdecken gern die Ferne und agieren mit dem Schwert. Frauen ihrerseits weisen hierzu entgegen gesetzte *Merkmale* auf: Sie meiden die Gefahr, gehen leichten Tätigkeiten nach, suchen Beschäftigung im Haus und führen die Spindel. Diese *Merkmale* bilden die arbiträren Zeichen, die Mann und Frau bezeichnen und voneinander unterscheiden, denn die Empfindungen, Neigungen und Tätigkeiten, so Pitaval, sind bei Mann und Frau *nicht einerley*. Ähnlich wie Venette, der in seinem Tableau der Hermaphroditen die *Merkmale Zeugungs-* und *Gebärfähigkeit* mit dem Mann und der Frau verbindet, so produziert Pitaval mithilfe von *Merkmalen* – Gefühl, Neigung und Tätigkeit – den *Charakter* von Mann und Frau. Hingegen der medizinische Geschlechtsbegriff mit der Herstellung der sexuellen Organisation korrespondiert, entsteht in den Pitavalschen Ausführungen das, was im siebzehnten und achtzehnten Jahrhundert der *Charakter* der Geschlechter genannt wird. Dieser *Charakter* ist nicht an die Körperregion der sexuellen Organisation gebunden, sondern an die Regungen von *Herz*, *Geist* und *Seele*, die sich in den Gefühlen, Tätigkeiten und Neigungen zeigen. Pitaval zufolge deuten diese *Merkmale* auf die Geschlechtszugehörigkeit. Sie bezeichnen, was Mann und was Frau ist, und bilden die Scheidelinie zwischen den Geschlechtern.[77]

Ein letztes Glied in der Pitavalschen Argumentation fehlt noch: die unabänderliche Kontinuität, der kollektive Nachweis. Es mag so sein, dass eine Frau in häuslicher Ruhe der Beschäftigung mit der Spindel nachgeht oder ein Mann in der fernen Weite der Welt, mit Schwert und Degen in der Hand, die Gefahr sucht. Doch sind diese Aussagen auf alle Frauen und sämtliche Männer übertragbar? Zur Beantwortung dieser Frage führt Pitaval den Begriff des *Loses* ein: Die *Charaktere* seien das *Los* der Frauen und der Männer. Sie werden von Generation zu Generation weitergegeben und sind untrennbar mit dem jeweiligen Geschlecht verbunden. Die sich hier offenbarenden Schicksalskonstruktionen, das *Los* der Frauen und der Männer, werden über eine naturgeschichtliche Argumentation produziert. Pitaval zufolge wird der *Charakter* von der *Natur* in das jeweilige Geschlecht hineingelegt, er ist *Erbteil* des Mannes und der Frau. Damit wird eine lineare Generationenkette hergestellt, die von den Anfängen des Menschengeschlechts bis in die Gegenwart von Pitaval reicht. Nur diese Beständigkeit der *Natur* garantiert die unabänderliche Wahrheit der Geschlechtercharaktere. Zwar gestehen Diderot, Malaure oder Pitaval der *Natur* Irrungen und Abweichungen zu, doch schließlich wird sie die *wahren Siegel* des Geschlechts – den *Charakter* – zeigen. Kurz gesagt: Der Geschlechtscharakter beinhaltet die Idee einer kontinuierlichen Weitergabe von divergierenden, sich wechselseitig ausschließenden *Merkmalen*, die Mann und Frau sehr spezifisch bestimmbar machen.

Dieser Begriff des Geschlechtscharakters verläuft im siebzehnten und achtzehnten Jahrhundert parallel zum medizinischen Geschlechtsbegriff der *Zeugungs-* und *Geburtsglieder*. Er gründet sich jedoch nicht auf den repräsentierenden Gliedern der sexuellen Organisation, sondern auf den repräsentierenden *Merkmalen* des *Charakters*, den Gefühlen, Tätigkeiten und Neigungen. Diese bestimmen die Unterscheidung von Mann und Frau. Jenseits dieser Differenz der parallel verlaufenden Geschlechtsbegriffe existieren zwei Gemeinsamkeiten, die sie vom Geschlechterbegriff des fünfzehnten und sechzehnten Jahrhunderts unterscheiden. Zum einen unterliegen Erstere einem Repräsentationsverhältnis. Sie sind nicht, wie im fünfzehnten oder sechzehnten Jahrhundert, an *gottge-*

77 Vgl. zur Erfindung der Geschlechtscharaktere u. a.: Hausen, Karin (1976): Die Polarisierung der „Geschlechtscharaktere". Eine Spiegelung der Dissoziation von Erwerbs- und Familienleben, in: Conze, Werner [Hg.]: Sozialgeschichte der Familie in der Neuzeit Europas. Neue Forschungen, Stuttgart: Klett, S. 363-393. Vgl. dazu weiterführend: Honegger, Claudia (1991): Die Ordnung der Geschlechter. Die Wissenschaften vom Menschen und das Weib, 1750–1850, Frankfurt/Main [u. a.]: Campus; Schiebinger, Londa (1993): Schöne Geister. Frauen in den Anfängen der modernen Wissenschaft, Stuttgart: Klett-Cotta; Bock, Gisela (2000): Frauen in der europäischen Geschichte. Vom Mittelalter bis zur Gegenwart, München: Beck; Opitz, Claudia (2002): Aufklärung der Geschlechter. Revolution der Geschlechterordnung. Studien zur Politik- und Kulturgeschichte des 18. Jahrhunderts, Münster [u. a.]: Waxmann; Schmale, Wolfgang (2003): Geschichte der Männlichkeit in Europa (1450–2000), Wien [u. a.]: Böhlau.

gebene Signaturen gebunden, sondern an arbiträre Zeichen. Die Mediziner des siebzehnten und achtzehnten Jahrhunderts produzieren beziehungsweise reproduzieren einen Gegenstand des Wissens, sie bringen die sexuelle Organisation hervor beziehungsweise erfinden sie. Dies allein aufgrund ihrer Methode, der Reduktion von Komplexität und dem Herausgreifen und Betasten weniger *Merkmale* aus einer willkürlich gewählten Region. Ganz ähnlich verlaufen die Zuschreibungen in Pitavals naturgeschichtlich-moralischem Diskurs. Die willkürlich gewählten Tätigkeiten – Führen des Schwerts oder Spinnen mit der Spindel – und Neigungen – Eroberungen des fremden Landes oder Haushaltsführung im Heim – werden als *Merkmale* bestimmt, die den *Charakter* des jeweiligen Geschlechts repräsentieren. Die *Zeugungs-* oder *Geburtsglieder* beziehungsweise die Tätigkeiten und Neigungen bilden willkürlich gesetzte Zeichen, die auf die Geschlechtszugehörigkeit verweisen. Zum anderen ist in diese beiden Geschlechtsbegriffe eine Binarität eingeschrieben. Während im fünfzehnten und sechzehnten Jahrhundert die Vielfalt der Geschlechter und ihrer Eigenschaften betont wird, umreißen die Geschlechtsbegriffe des siebzehnten und achtzehnten Jahrhunderts die dichotomen Geschlechtsglieder oder die binären *Merkmale* des *Charakters*. Beide Geschlechtsbegriffe, der der Glieder und der des *Charakters*, haben eine normierende Funktion: Sie bestimmen das, was einen normalen Mann und eine normale Frau ausmacht.

Hieraus folgt, dass der Geschlechtsbegriff, den Malaure und Pitaval verwenden, in keinem Kohärenzverhältnis mit jenem Geschlechterbegriff steht, der im fünfzehnten und sechzehnten Jahrhundert existiert. Vielmehr hat er methodologische Ähnlichkeiten zum medizinischen Geschlechtsbegriff des siebzehnten und achtzehnten Jahrhunderts. Die Differenz zwischen beiden besteht einzig in der Wahl der *Merkmale*. Und noch etwas ist wichtig: Der Geschlechtsbegriff, der an den Charakter gebunden ist, kann den medizinischen aussetzen. Malaures Selbstzeugnis, die Bittschrift an den König von Frankreich, verfolgt das eine Ziel: Er soll von ihrer selbst gewählten Personenstandssetzung überzeugt werden und mithilfe eines „Lettre de cachet“ die Anordnung des Parlaments zu Toulouse aufheben. In ihren Ausführungen fällt jedoch auf, dass sie keine Details aus dem medizinischen Abschlussbericht der Pariser Ärzte Helvetius und Saviard erwähnt. Sie begründet ihre selbst gewählte Personenstandssetzung allein mithilfe jener *Merkmale*, die den Geschlechtscharakter umreißen. Aufgrund ihrer Petition und der dort verfolgten Argumentation wird das Urteil vom Konsul zu Toulouse aufgehoben und Malaure in den Stand einer Frau gesetzt. Ähnlich geht Pitaval vor, wenn er in seiner Verteidigungsschrift nicht den medizinischen Geschlechtsbegriff verwendet, sondern auf den Charakter abhebt, der die *wahren Siegel* der Geschlechter offenbare. Der Geschlechtscharakter stellt also ein Gegenbild zur Wahrheit der sexuellen Organisation dar. Die Bittschrift von Marguerite/Arnaud Malaure und die Verteidigungsschrift von Pitaval zeigen: Wer auf Grundlage seiner sexuellen Organisation als anormal angerufen wird, kann über die Äußerungen seines Geschlechtscharakters wieder in den Stand einer Frau oder eines Mannes gesetzt werden. Es kommt hier also zu einer Aussetzung des medizinischen Geschlechtsbegriffs der *Zeugungs-* und *Geburtsglieder*.

Zweitens: Das Gericht zu Rouen verordnet Marie/Marin le Marcis ein Leben in sexueller Abstinenz. Sie darf sich weder mit dem einen noch mit dem anderen Geschlecht einlassen. Dieser Forderung sich beugend, so Duval, geht le Marcis dem Beruf eines

Schneiders nach und lebt, der richterlichen Anweisung entsprechend, in Isolation. Marguerite/Arnaud Malaure hingegen wird nicht einmal, sondern mindestens dreimal untersucht und muss eine gerichtliche Prüfung über sich ergehen lassen. Unabhängig und durch mehrere Jahre voneinander getrennt, bestimmen die ersten beiden medizinischen Experten, ausgehend von der Wahrheit des phänotypischen Geschlechts, die männlichen *Zeugungsglieder* als den *prävalierenden* Teil der sexuellen Organisation. Sie setzen Malaure in die *Classe* der *männlichen* Hermaphroditen und empfehlen das Tragen von Männerkleidern. Im Anschluss an die zweite Observation wird sie vom Konsul zu Toulouse, auf Grundlage des zweiten medizinischen Gutachtens, in den Stand eines Mannes gesetzt. Im Gegensatz zu Marie/Marin le Marcis darf sie sich, entsprechend den ehelichen Bestimmungen des Allianzdispositivs, mit Frauen verbinden. Diese Anordnung zielt demnach nicht auf die völlige Isolation, sondern auf Integration. Ihr wird ein Platz innerhalb des gesellschaftlichen Feldes zugewiesen: Sie kann, sie muss als Mann an den Spielen der Geschlechter teilnehmen – ein Leben außerhalb dieser Kategorie und den hiermit korrespondierenden Funktionen ist nicht möglich.

Malaure aber sagt, dass sie sich im *Innersten des Herzens* als eine Frau *fühle* und sich mit *Vergnügen* in diesem Stand sieht. Dieses Spannungsfeld, die Diskrepanz zwischen dem gesetzten Personenstand, der sie als Mann bestimmt, und den eigenen Regungen, die sie *als Frauensperson fühlen* lassen, beschreibt Marguerite/Arnaud Malaure als anhaltende *Seelenmarter*. Ihre Aussagen sind von der ständigen Auseinandersetzung geprägt, den rechtlichen Auflagen zu folgen und sich ihren inneren Regungen zu widersetzen oder aber die öffentlichen Anforderungen fallen zu lassen, das innerste Gefühl nach Außen zu kehren und die Rolle einer Frau anzunehmen. Diese Widersprüchlichkeit – öffentliche und subjektive Personenstandsbestimmung – wird unaufhörlich aufgeladen, gestützt und unterfüttert. Der Bericht von Malaure erzählt von vielfältigen Setzungen – Erziehung zur Frau, Bestimmung der männlichen sexuellen Organisation oder Anordnung des männlichen Personenstandes – und vielfältigen Formen des sich Widersetzens – Flucht aus Toulouse, widerrechtliches Tragen von Frauenkleidern, Anstellung als Dienstmagd, Nichtannahme einer Anstellung als Lakai, freiwillige Konsultation der Ärzte Helvetius und Saviard sowie das Bittschreiben an den König von Frankreich. Malaure wird permanent in einen Stand gesetzt und widersetzt sich ununterbrochen diesen Setzungen: ein Prozess, der sie zwischen den Kategorien *Frauensperson*, *Mannsperson* und Hermaphrodit pendeln lässt. Der Effekt dieser widerständigen Machtspiele ist das Subjekt Marguerite Malaure, das in der ersten Person Singular fragt: ‚Bin ich ein Frauenmensch, bin ich eine Mannsperson, oder bin ich ein Zwitter?‘ Die Frage wird von ihr selbst dahingehend beantwortet, dass sie sich als Frau empfindet und dementsprechend auch eine Frau ist.[78] Ausdruck dieses Selbst-Bewusstseins ist Malaures Bittschrift an den König von Frankreich. Diese Petition reiht sich in eine lange und spezifische Tradition ein, wie Farge und Foucault sagen: „Alles, was das Zusammenleben ausmacht, kann so ausgesprochen – und aufgeschrieben werden. Aber man erzählt das

78 Die gesamte Bittschrift von Malaure ist in der dritten Person Singular verfasst. Nur an dieser Stelle wechselt sie in die erste Person Singular. (Vgl. Malaure 1748)

nur, weil man sich an den König oder an seine Vertreter wendet. Weil man davon ausgeht, daß er da ist und sich um alles kümmert [...]. Kurz, man präsentiert dem König sich und die anderen. Man produziert sich vor ihm." (Farge/Foucault 1989: 278) Malaure präsentiert sich in ihrem Schreiben als Frau und fordert vom König ihren ursprünglichen Stand zurück.[79]

Die interventionistischen Anordnungen der Mediziner und des Konsuls von Toulouse produzieren in ihrer Wirkung das, was Malaure ihre *Seelenmarter* nennt. Sie setzen, ausgehend von der körperlichen Konstitution der Malaure, ein Spiel von Vorstellungen frei, das diskret, aber mit zwingender Gewissheit im Geist von Marguerite/Arnaud Malaure zirkuliert: Wer oder was bin ich, so die *marternde* Frage. Und aus der stetigen Sorge um sich selbst wird die Gewissheit des eigenen Selbst. Wo es Macht gibt – die medizinischen und juristischen Setzungen –, gibt es Widerstand, könnte mit Foucault gesagt werden. (Vgl. WzW 1998: 116) Subjetivierungsprozesse sind nicht nur an Anrufungsmechanismen gebunden, sondern können sich auch als Setzungen des Selbst realisieren, die wiederum an Aussagesysteme gebunden sind.[80] Die Produktivität von Macht und/oder Widerstand ist im Fall der Malaure evident – sie äußert sich im: *Ich bin eine Frau.*

Drittens: Marguerite/Arnaud Malaure und Pitaval gehen in ihren Argumentationen nicht auf medizinische Vivisektionsprotokolle ein. Sie fokussieren im Gegenteil ihre Ausführungen auf die Wahrheit des Geschlechtscharakters. Diese Beharrlichkeit des Aussetzens der medizinischen Wahrheit ist insofern interessant, da die Aussagen von Saviard die Selbstsetzung der Malaure – ich bin eine Frau – aus medizinischer Perspektive unterstützen würden. Doch wie begründet Saviard seine Bestimmung, die Malaure sei als eine Frau anzurufen? Er lässt in seine Argumentation etwas vollkommen Neues, etwas Unerhörtes, etwas völlig Unbekanntes einfließen. Malaure wird von ihm nur deshalb zur Frauensperson erklärt, weil sie über ein, wie Saviard sagt, sehr spezifisch weibliches und vor allem innen liegendes Organ verfügt: den *Uterus*. Zwar ist der *Uterus* hervorgetreten oder heraus gefallen, die sexuelle Organisation der Malaure beschreibt also eine Pathologie, die mit *Hysteroptosis* bezeichnet wird. An der Tatsache, dass die innen liegende *Gebärmutter* ein weibliches Organ ist, ändert die Pathologie, so Saviard, jedoch nichts.

Was aber macht die Saviardsche Bestimmung – Malaure soll als Frau angerufen werden, weil sie über einen *Uterus* verfügt – zu einem einzigartigen Ereignis? Es ist das Kriterium, der *Uterus* an sich. Saviard stützt seine Analyse nicht, wie die Mediziner zu Toulouse, auf die phänotypischen Geschlechtsglieder, sondern auf ein gewöhnlich innen

79 Vgl. zur Wirkung von Selbstzeugnissen u. a.: Piller, Gudrun (2007): Private Körper. Spuren des Leibes in Selbstzeugnissen des 18. Jahrhunderts, Köln [u. a.]: Böhlau; Greyerz, Kaspar von (2007): Selbstzeugnisse in der Frühen Neuzeit. Individualisierungsweisen in interdisziplinärer Perspektive, München: Oldenbourg.

80 Vgl. zum Problem von Widerstand und Subjektivierung u. a.: Daiber, Dirk (1999): Subjekt – Freiheit – Widerstand. Die Stellung des Subjekts im Denken Foucaults, Konstanz: Hartung-Gorre; Hauskeller, Christine (2000): Das paradoxe Subjekt. Widerstand und Unterwerfung bei Judith Butler und Michel Foucault, Tübingen: Edition diskord.

liegendes Organ. Nicht die trügerischen Glieder der sexuellen Organisation geben den Ausschlag, Malaure als Frau zu bestimmen, sondern die sichtbar nach außen getretene *Gebärmutter* bildet das buchstäbliche Zeichen für die Weiblichkeit der Marguerite Malaure. Saviard sieht in dem herausgefallenen Hals der *Gebärmutter* – eine Pathologie des Gewöhnlichen – und stellt die Ordnung, die die *Natur* vorgesehenen hat, über einen operativen Eingriff wieder her. Die Mediziner des neunzehnten und zwanzigsten Jahrhunderts, die dieses Ereignis in ihre Kompendien aufnehmen und kommentieren, sind sich in einem Punkt einig: Saviard hat die Wahrheit gesagt, als er das scheinbar männliche *Zeugungsglied* als *Uterus* bestimmte.[81] Und mit den Medizinern des zwanzigsten Jahrhunderts stellt sich die Frage: Wie ist es möglich, dass die Toulouser Ärzte ein phänotypisches männliches Geschlechtsglied sehen, der Pariser Arzt aber hiervon abweicht und in dem Gebilde ein inneres Organ entdeckt? Waren die einen blind und/oder schlecht ausgebildete Mediziner aus der Provinz? Diese pejorativen Fragen nach Blindheit und Unvermögen verkennen jedoch das Problem und müssen somit negativ beantwortet werden. Und dies aus zwei Gründen: Sowohl die Methode als auch die Technik von Saviard widersprechen dem medizinischen Wissen seiner Zeit.

Wenn Saviard den *Uterus* als Kriterium für die Bestimmung von Weiblichkeit verwendet, dann spricht er von einem *Merkmal*, das der medizinischen Taxonomie, dem methodologischen Wissen seiner Zeit vollkommen fremd ist. Nicht der Gegenstand an sich, nicht der *Uterus* ist unbekannt, sondern das Kriterium ist als *Merkmal* der sexuellen Organisation nicht vorgesehen. Sicher, in den anatomischen Traktaten der Frühen Neuzeit wuchern die Diskurse um den *Uterus* und nicht nur Laqueur zeigt, wie die *Gebärmutter* in den weiblichen Körper eingeschrieben wird.[82] Dieser Einschreibungsprozess hält jedoch bis zum Anfang des neunzehnten Jahrhunderts an. Wie fremd der Medizin das Kriterium des *Uterus* für die Bestimmung der Frau ist, zeigt unter anderem Barbara Duden, wenn sie die Patientinnengeschichten eines Eisenacher Arztes analysiert.[83] Duden argumentiert, dass die Differenz der Geschlechter im siebzehnten und achtzehnten Jahrhundert nur graduell ist, keinesfalls aber als fundamental begriffen werden kann. Es gibt, so Duden, keinen normierten Frauenkörper, in den der *Uterus* als weibliches Kriterium eindeutig eingeschrieben ist.[84] Kurz, der *Uterus* der Frau bildet im

81 Vgl. hierzu u. a.: Neugebauer, Franz Ludwig von (1908): Hermaphroditismus beim Menschen, Leipzig: Verlag von Dr. Werner Klinkhardt.

82 Vgl. hierzu u. a.: Laqueur 1996; Stukenbrock 2001; Schirrmeister, Albert [Hg.] (2005): Zergliederungen. Anatomie und Wahrnehmung in der frühen Neuzeit, Frankfurt/Main: Klostermann.

83 Duden, Barbara (1991a): Geschichte unter der Haut. Ein Eisenacher Arzt und seine Patientinnen um 1730, Stuttgart: Klett-Cotta.

84 Im achtzehnten Jahrhundert gibt es keinen „allgemeinen Körper der Frau als Norm" (Duden 1991a: 140). Selbst die Menstruation, die in den Geschlechterdiskursen der Moderne als Kennzeichen eines weiblichen Geschlechts angesehen wird und deren Anwesenheit von der Existenz einer *Gebärmutter* zeugt, bildet kein hinreichendes Kriterium für einen weiblichen Körper. Denn auch Männer können die Menstruation bekommen: Männer entlassen „teils beinahe regelmäßig, teils gelegentlich Blutflüsse aus verschiedenen Orten; aus der Nase, aus der goldenen Ader, aus einer Wunde, als blutiges Spucken" (Duden 1991a: 136).

siebzehnten und achtzehnten eher ein „Geheimnis" als ein Kriterium zur Bestimmung von Weiblichkeit.[85]

Johan Krus wird einige Jahre nach Saviard sagen, wenn er sich mit Luther über die Technik der Vivisektion auseinandersetzt, dass die inneren Organe keinerlei Relevanz für die Bestimmung der Wahrheit der sexuellen Organisation haben. Luther hingegen, der in dieser Auseinandersetzung aus der Perspektive seiner anatomischen Studien argumentiert, wird für die innen liegenden Organe als Kriterium für die Bestimmung der sexuellen Organisation plädieren. Wenn aber die innen liegenden Organe für die Bestimmung der Wahrheit der sexuellen Organisation herangezogen würden, in diesem Punkt sind sich Krus und Luther einig, dann müsste der Körper der zu observierenden Person geöffnet werden. Doch dieser sezierende Eingriff würde das zu untersuchende Individuum der Gefahr des Todes aussetzen. Allein diesen Schritt lehnt Krus ab und mit ihm die Geschlechtsbestimmer des siebzehnten und achtzehnten Jahrhunderts. Die Technik der Vivisektion ist allein auf die sichtbaren und tastbaren Teile der sexuellen Organisation ausgerichtet. Sie beichten über ihre repräsentierenden Glieder, ob das männliche oder das weibliche Geschlecht *prävaliert*, ob ein Hermaphrodit impotent oder ob die Fähigkeit zum *Zeugen* beziehungsweise *Gebären* ausgeprägt ist. Diese Fragen, nur sie müssen im Verlauf einer Vivisektion geklärt werden, beantworten die Mediziner allein auf Grundlage des äußerlich sichtbaren und tastbaren phänotypischen Geschlechts. Dieses Geschlecht, das aus der taxonomischen Methode und der Technik der Vivisektion hervorgeht, das über diese beiden Komponenten im siebzehnten und achtzehnten Jahrhundert produziert und reproduziert wird, steht diametral zu jenem Geschlecht, das im neunzehnten und zwanzigsten Jahrhundert hergestellt werden wird und dessen Vorboten sich im Saviardschen Kriterium des *Uterus* ankündigen.

Saviards Kriterium wirft also erste Schatten auf das phänotypische Geschlecht und lässt skizzenhaft die Konturen des biologischen Geschlechts der Moderne erahnen. Und doch werden weitere siebzig Jahre vergehen, bis an den Rändern des phänotypischen Geschlechts Erosionsprozesse sichtbar werden. Saviard sagt aus der Perspektive des biologischen Geschlechtsdiskurses der Moderne die Wahrheit. Aber seine Aussage ist nicht im *Wahren* des naturgeschichtlichen Diskurses seiner Zeit angesiedelt, denn die naturgeschichtlichen Gegenstände und Begriffe werden nach ganz anderen Diskursregeln gebildet.[86] Insofern sagen die Toulouser Ärzte die Wahrheit ihrer Epoche, wenn sie Marguerite/Arnaud Malaure, aufgrund der Methoden und Techniken, die dem naturgeschichtlichen Diskurs entsprechen, in die *Classe* der *männlichen* Hermaphroditen setzen. Jede Disziplin,

85 Vgl. Flügge, Sybilla (2002): Geheimnisse der Frauenzimmer. Das Wissen der Hebammen in der Frühen Neuzeit, in: Engel, Gisela/Rang, Brita/Reichert, Klaus/Wunder, Heide [Hg.]: Das Geheimnis am Beginn der europäischen Moderne, Frankfurt/Main: Klostermann, S. 454-465.

86 Vgl. hierzu: (ODis 2003: 25). Foucault beschreibt unter anderem am Beispiel von Mendel, dessen Aussagen von den Botanikern seiner Zeit nicht als wahre Aussagen anerkannt werden, wie der Diskurs „zugleich kontrolliert, selektiert, organisiert und kanalisiert wird – und zwar durch gewisse Prozeduren, deren Aufgabe es ist, die Kräfte und die Gefahren des Diskurses zu bändigen, sein unberechenbar Ereignishaftes zu bannen, seine schwere und bedrohliche Materialität zu umgeben." (ODis 2003: 11)

so Foucault, ob Naturgeschichte oder Biologie, kennt ihre Grenzen, an denen sich wahre und falsche Aussagen scheiden. „Die Disziplin ist ein Kontrollprinzip der Produktion des Diskurses. Sie setzt ihr Grenzen durch das Spiel einer *Identität*, welche die Form einer *permanenten Reaktualisierung der Regeln* hat.“ (ODis 2003: 25).

Schließlich eine letzte Anmerkung, die sich auf das Ereignis Marguerite/Arnaud Malaure bezieht. Machen die Diskurse, die um Malaure herum wuchern, sie zu einer Krisenfigur? Ändert sich innerhalb der Aussagen, die sich um sie gruppieren, die Grammatik des Wissens? Nein. Es ist zwar bereits angedeutet worden, dass in die Kategorie der *wahren* Hermaphroditen das Scheitern des Tableaus der Zwitterarten eingeschrieben ist. Diese Erosion wird sich an der phänotypischen Bestimmung der weiblichen und männlichen sexuellen Organisationen festmachen. Denn weil die Kategorie des *vollkommenen* Hermaphroditen über den vollständigen weiblichen und den kompletten männlichen Satz an sexuellen Gliedern definiert wird, diese Gleichzeitigkeit ihrer Präsenz aber unmöglich scheint, werden die phänotypischen Geschlechtsglieder ihre uneingeschränkte Bedeutung für die Bestimmung der sexuellen Wahrheit verlieren. Gleichzeitig, und dies deutet Saviards Kriteriensetzung an, werden künftig die inneren Organe den Stützpunkt für die Wahrheit des biologischen Geschlechts bilden.[87] Doch bis das Zeitalter der Moderne anbricht und sich mit ihm das Wissensfeld der Biologie errichtet, werden die Kontrollprinzipien des Diskurses, der Disziplin der Naturgeschichte, den Ausuferungen Grenzen setzen. Sie werden über die Form der ‚permanenten Reaktualisierung der Regeln‘ das Wissensfeld der Naturgeschichte aufrechterhalten, stützen und reaktivieren. Die Vivisektionsprotokolle von Krus und Cregut, die beide nach Saviards Untersuchung aufgesetzt werden, entstehen allein aus der kontrollierenden und begrenzenden Wirkung des naturgeschichtlichen Diskurses. Sie zeigen keine Änderung innerhalb der Grammatik der Naturgeschichte an. Insofern sind die Aussagen von Saviard, die sehr wohl einem anderen Aussagefeld angehören, ein singuläres Ereignis innerhalb des medizinischen Wissensfeldes des siebzehnten und achtzehnten Jahrhunderts, das keinen unmittelbaren Umbruch andeutet, sondern im Gemurmel des naturgeschichtlichen Diskurses verstummt. Oder mit Foucault gesprochen: „Es ist immer möglich, dass man im Raum eines wilden Außen die Wahrheit sagt; aber im Wahren ist man nur, wenn man den Regeln einer diskursiven ‚Polizei‘ gehorcht, die man in jedem seiner Diskurse reaktivieren muss.“ (ODis 2003: 25) Und selbst wenn Marguerite/Arnaud Malaure und Pitaval sich gegen die Wahrheit der sexuellen Organisation wenden und stattdessen vom Geschlechtscharakter sprechen, so befinden sie sich doch innerhalb des naturgeschichtlichen Wissensfeldes. Zwar verläuft der Diskurs des Geschlechtscharakters parallel zu jenem, der von der sexuellen Organisation spricht, doch gehorchen beide der Grammatik der Naturgeschichte. Demnach ist Marguerite/Arnaud Malaure keine Krisenfigur, die an den Bruchzonen der Wissensraster auftaucht oder einen Grammatikwechsel andeutet. Vielmehr ist sie ein Ereignis, das vor der Folie des Wissens und der Praktiken des siebzehnten und achtzehnten Jahrhunderts erscheint.

87 Vgl. Dosse, François (1999): Geschichte des Strukturalismus. Das Feld des Zeichens 1945–1966, Bd. I, Frankfurt/Main: Fischer, S. 489.

IV. Krisenfiguren II

1. Die medizinisch-chirurgische Produktion der ‚Frau': Der ‚ärztliche Blick' und die chirurgischen Interventionen

> „[W]ie die Anmerkungen der Naturkündiger beweisen, so sind die meist vorgefundenen nur weibliche Misgeburten oder Zwitter gewesen, und man kann mit Gewißheit setzen, daß unter zehen bis zwanzig derselben kaum ein männliches angetroffen worden."[1]

Das siebzehnte und achtzehnte Jahrhundert, so wurde bisher argumentiert, kennt fünf Hermaphroditenarten: die drei *männlichen*, die *weiblichen* und die *vollkommenen* Zwitter. Diese werden über die taxonomische Methode bestimmt und mithilfe von phänotypischen Geschlechtsmerkmalen im Tableau der Hermaphroditen systematisiert. Doch an den Rändern des Tableaus blitzen erste Erosionsmomente auf, die die *Merkmale* der *Zeugungs-* und *Geburtsglieder* infrage stellen und mit ihnen die Wahrheit des phänotypischen Geschlechts. Einige Zeugen dieses Zerfalls sind benannt: Diderot, Parsons, Zacchia oder Saviard. Sie hinterfragen die Kategorie der *vollkommenen* Hermaphroditen oder bestimmen das *wahre* Geschlecht anhand des im Körperinneren liegenden *Uterus*.

Aus diesem Spannungsfeld tritt in der Mitte des achtzehnten Jahrhunderts eine Figur hervor, die als diskursives Ereignis die naturgeschichtlich-medizinischen Abhandlungen dominiert: Michel Anne Drouart.[2] In den zahlreichen Vivisektionsberichten zu Drouart zeigen sich die ersten Konturen eines radikalen Bruchs innerhalb des medizinischen Wissens, die sich in der Auflösung des Tableaus der Hermaphroditenarten manifestieren. (Vgl. Heuermann 1767: 232) Und nicht nur die Vivisektionsberichte um die Krisenfigur Drouart künden von der beginnenden Erosion des naturgeschichtlich-medizinischen Wissensfeldes. Im gleichen Moment, da das Ereignis Michel Anne Drouart in den medizinischen Abhandlungen für Unruhe sorgt, ertönen erste Sentenzen der chirurgischen Geschlechtsbestimmer: Georg Arnaud und der Chirurg Jean Jacques Louis Hoin künden in ihren Berichten von der Praktik chirurgischer Eingriffe am hermaphroditischen Körper.

1 Heuermann, D. George (1767): Bemerkung von einigen in Seeland befindlichen Misgeburten, welche man gemeiniglich Zwitter (Hermaphroditi und Androgynos) benennet, in: ders.: Vermischte Bemerkungen und Untersuchungen der ausübenden Arzeneiwissenschaft, zweiter Band, mit Kupfern, Koppenhagen und Leipzig: verlegtes Gabriel Christian Rothens Wittwe und Probst, S. 231-238, S. 232.

2 Vgl. hierzu auch: Bullough, Vern L./Bullough, Bonnie (1993): Challenges to the Hierarchy, in: dies.: Cross Dressing, Sex, and Gender, Philadelphia: University of Pennsylvania Press, S. 113-144.

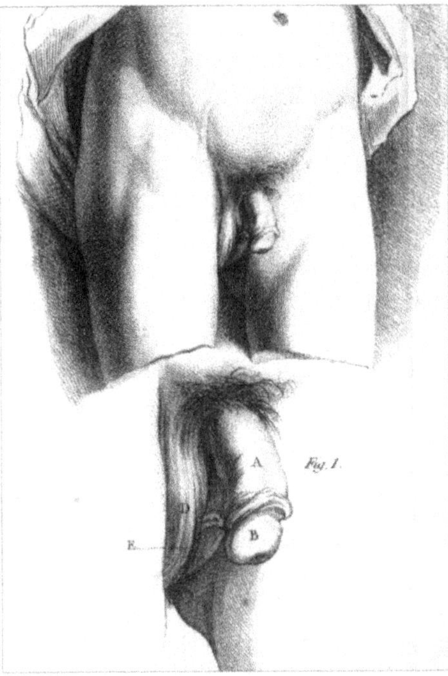

Abb. 48: Michel Anne Drouart (Morand 1754)

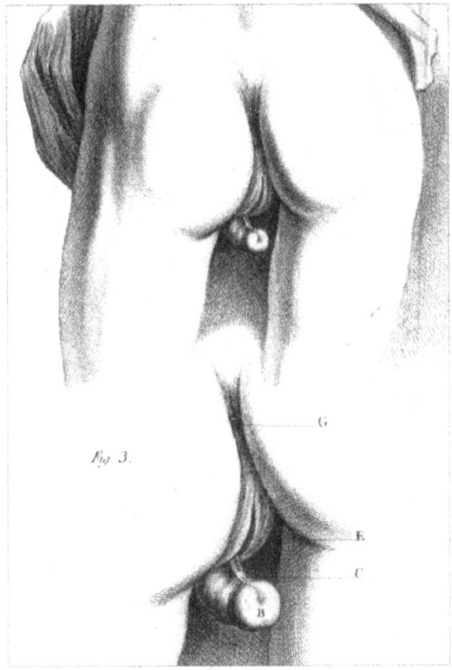

Abb. 49: Michel Anne Drouart (Morand 1754)

Die medizinische Biografie der Michel Anne Drouart und die chirurgischen Traktate über Anne Grand-Jean sowie einen anonymen Hermaphroditen sollen anhand folgender Fragen analysiert werden: Welche Momente innerhalb der Traktate um den Hermaphroditen Drouart machen ihn zu einem krisenhaften Ereignis? Sind es, wie im Fall von Marie/Marin le Marcis, die unterschiedlichen Techniken, die vollkommen unterschiedliche Gegenstände produzieren? Oder breiten sich die krisenhaften Momente auf der Ebene der Merkmalsrepräsentation aus, wie es die Aussagen von Diderot, Parsons, Zacchia oder Saviard andeuten? Und wenn es stimmt, dass sich ein Umbruch auf der Ebene der Merkmalsrepräsentation ereignet, dann stellt sich die Frage, in welchem Verhältnis diese zu den ersten chirurgischen Interventionen am hermaphroditischen Körper steht.

Vorerst zu Michel Anne Drouart und ihren Reisen in die Welt der Geschlechtsbestimmer: Der erste Bericht, der das Ereignis Michel Anne Drouart produziert, wird von Sauveur François Morand verfasst.[3] Sein Vivisektionsprotokoll, dem mehrere Abbildungen hinzugefügt sind (vgl. Abb. 48 & 49), ist in dreifacher Hinsicht wichtig: Zum einen stellt es den Ausgangspunkt einer Vielzahl weiterer Observationsberichte dar. Zum anderen ist es eine der ausführlichsten und detailreichsten Beschreibungen der sexuellen

3 Morand, Sauveur François (1754): Description d'un Hermaphrodite, que l'on voyoit à Paris en 1749, in: Histoire de l'Académie Royale des Sciences. Année M. DCCL. Avec les Mémoires des Mathématique & de Physique, pour la même Année. Tirés des Registres de cette Académie. A Paris, de l'imprimerie Royale. M. DCCLIV, S. 109-115.

Organisation des Hermaphroditen Drouart. Zum Dritten dient es allen folgenden Vivisektionsberichten als Referenzpunkt. Weil das Protokoll den Ursprung des Ereignisses und die Referenz für alle weiteren Ereignisbeschreibungen darstellt, wird es hier etwas ausführlicher wiedergegeben. Morand beginnt mit der Benennung einiger biografischer Daten: Der Hermaphrodit Drouart ist zum Zeitpunkt seiner ersten Observation 16 Jahre alt. Es wird berichtet, dass er als Kind armer Eltern in der Pariser Kirchengemeinde Sainte Marguerite geboren und getauft wurde. Die Eltern sahen ihn als Mädchen an und kleideten ihn entsprechend. Er galt solange als Mädchen, bis sich das Gerücht ausbreitete, dass er ein Hermaphrodit sei. Seit diesem Moment zeigte sich Drouart allen Schaulustigen, die hierfür bezahlen konnten.

Die Vivisektion besagt im Wesentlichen Folgendes: „Droüart [sic!] a une verge placée où elle l'est naturellement dans un mâle *(A, voyez les figures)*, au bas de la commissure des os pubis, couverte des tégumens ordinaires, avec les deux corps caverneux, un gland *(B)* toûjours découvert, & assez de prépuce pour le recouvrir presque en entier, à sa partie supérieure. Ce glande n'est pas plus large à la couronne qu'à la pointe; il n'est point percé, il a seulement à sa point, & un peu au dessous, une petite dépression à recevoir une lentille, laquelle, diminuant de largeur, est continue avec une rainure ou sillon à la peau *(C)*, propre à recevoir la convexité du canal de l'urètre, s'il y étoit. Deux plis de peau, qui font les bords de la rainure, forment une espèce de double frein plus court que la verge, qui la tient courbée en dessous, & le gland très-incline en bas. [...] Une portion de peau, plus épaisse & plus ronde que ne le seroient les lèvres d'une vulve, accompagne de chaque côte *(D)* & depuis la raicine de la verge, la gouttière où manque l'urètre; & dans leur jonction, cela représente assez exactement la fente ou vulve féminine *(E)*, totalement cachée par la verge lorsqu'elle est pendante. Il n'y a sûrement point de testicules sous cette peau, & cependant, en la prenant dans toute son épaisseur, on touche sensiblement, depuis les anneaux & des deux côtés, une espèce de cordon spermatique, dont on peut distinguer les trois vaisseaux, qui semblent se perdre dans la peu. Cette Structure posée, il est bien difficile que les soient dans le ventre. Il y a deux pouce & demi de distance du bout du gland à une ouverture cachée par la fente qui a été décrite, & qu'on aperçoit en écartant les deux portions de peau qui descendent des deux côtés de la verge, & qui représentent les lèvres de la partie féminine. Cette ouverture, aux nymphes près qui manquent, représente à peu près l'entrée du vagin d'une petite fille qui vient au monde, & porte à sa partie inférieure une caroncule ronde, grosse comme un pois *(F)*, d'un rouge vif, sans aucune membrane ni partie de membrane circulaire. Ce petit vagin permet sans peine l'introduction du petit doigt, avec lequel on en touche le fond, qui fait un cul-de-sac arrondi comme le seroit le bout d'une portion de gand partie saillante en forme d'orifice; cependant il faut qu'il soit percé au fond, & qu'il y ait un canal plus long que le vagin même, puisqu'une bougie que l'on y a mis devant moi, y est entrée plus quatre pouces. C'est dans ce vagin que s'ouvre le conduit des urines, mais on ne sait point précisément dans quel endroit; car quelque effort que l'on fasse pour découvrir le méat urinaire en ouvrant l'orifice, on ne peut l'apercevoir“ (Morand 1754: 109ff.).

Die Ergebnisse aus Morands Vivisektionsbericht spiegeln sich in einem Observationsprotokoll wider, das ein halbes Jahr später von Jean Claude Mertrud aufgesetzt

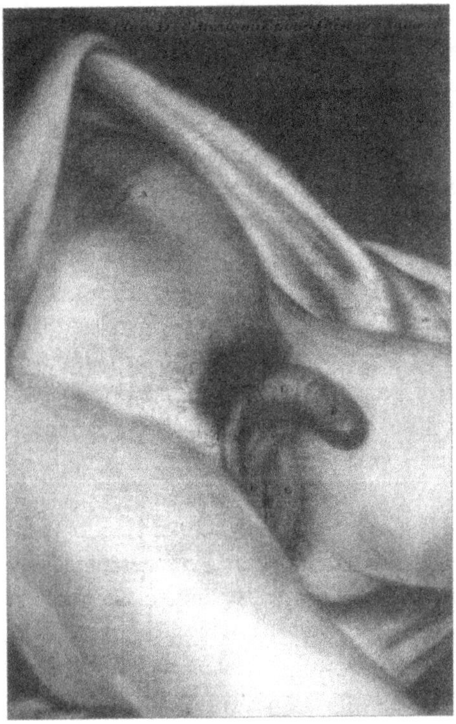

Abb. 50: Michel Anne Drouart (Gautier 1752)

wird.[4] Seine Observation beschreibt, wie zuvor jene von Morand, dass Michel Anne Drouart eine zwei Daumen große, undurchbohrte *Rute* hat, die mit einer Vorhaut versehen ist. Die *Schwellkörper* und die *Eichel* der *Rute* seien so entwickelt, wie es bei Knaben dieses Alters üblich ist. Ungewöhnlich findet Mertrud, wie zuvor Morand, dass die *Eichel* nicht *perforiert* ist und die *Vorhaut* ein *Band* bildet, welches die *Rute* nach unten beziehungsweise nach hinten zieht. Er beschreibt, wie auch Morand, dass zwischen den *Falten* dieses *Bandes*, die eine *Hautgabel* bilden, ein kleines *Gewächs* zu sehen ist. Diese *Knospe* sei aber bei allen kleinen Mädchen üblich. Unterhalb der *Hautgabel* werden die großen *Schamlippen* sichtbar und hier sei auch die Öffnung der *Vulva* zu erkennen. Wenn in die *Vagina* ein Finger oder eine Sonde eingeführt wird, weist sie eine Tiefe von vier Daumen auf. Abschließend beschreibt Mertrud, dass bei Drouart keine *Hoden* sichtbar oder ertastbar wären und dass sich der *Harnkanal* dort befindet, wo er gewöhnlich bei Frauen sei. (Vgl. Mertrud 1770: 190)

Zwei Jahre nach Morand und Mertrud veröffentlicht Jacques Gautier d'Agoty das Observationsprotokoll von Morand ein weiteres Mal.[5] Er druckt Morands Bericht nicht nur ab und ergänzt ihn mit einer farbigen Kreidetafel, sondern nimmt den Hermaphroditen

4 Mertrud, Jean Claude (1770): Dissertation de M. Mertrud, Chirurgien Ordinaire du Roi, Juré à Saint Côme, de l' Académie Royale de Chirurgie, & Démonstrateur en Anatomie & Chirurgie au Jardin du Roi, au Sujet de l'Hermaphrodite dont il vient d'être fait mention, in: Mercure de France, tome LVIII, Janvier-juin 1750, QU Æ COLLIGIT SPARGIT. SLATKINE REPRINTS, GENÉVE. M. DCCLXX, S. 189-193.

5 Gautier d'Agoty, Jacques (1752): Observation VI. Sur une question de Médicine concernant les Hermaphrodites, in: Observations sur l'histoire Naturelle, sur la physique et sur la peinture. Avec des planches imprimées en couleur. Cet Ouvrage renferme les Secrets des Arts, les nouvelles découvertes, & les disputes des Philosophes & des Artistes modernes. Année 1752. Tome premier. II. Partie. A Paris, Chez Delaguette, rue S. Jacques, à l'Olivier. Avec approbation et privilège du Roy. Les Planches en couleur se distribuent séparément chez M. Gautier, Pensionnaire du Roy, rue de la Harpe, S. 68-73.

Drouart in seinen ‚ärztlichen Blick‘.[6] (Vgl. Abb. 50) Das Vivisektionsergebnis lautet wie folgt: „L'Hermaphrodite Drouart (représenté dans la Planche de cette partie) a réellement l'apparence des deux Sexes, mais dans le fond, ce n'est qu'une fille, Ce qu'il y a de singulier dans ce sujet, c'est que le Sexe qui paroît en elle le plus dominant n'est pas son Sexe véritable, mais un clitoris allongé, muni d'un gland imperforé, qui, par sa figure & sa grosseur imite parfaitement la partie de l'homme: c'est sous cette verge qu'on apperçoit les parties du Sexe féminin, dont l'entrée est extrêmement petite & les lévres point saillantes. Mais du reste on distingue très bien le meat urinaire, l'entrée du vagin & les nymphes; le tout cependant dans une petitesse proportionnée à la grandeur de cette partie, qui a du se diminuer par l'accroissement de ce de ce monstrueux clitoris; ce qui prouve encore que ce clitoris n'est pas une véritable verge, c'est sans doute le défaut d'urètre & celui des testicules qui devroient l'accompagner, de sorte que ce prétendu Hermaphrodite n'est qu'une fille pourvue d'un grand clitoris [...]. [C]ependant je croirois que non seulement celui-ci, mais tous les Hermaphrodites en général sont dans le fond des filles mal-configurées.“ (Gautier d'Agoty 1752: 72f.)

Was zeigen diese drei Beschreibungen der sexuellen Organisation Michel Anne Drouarts? Die Mediziner führen eine, dem Wissen des siebzehnten und achtzehnten Jahrhunderts entsprechende, Vivisektion durch. Und nicht nur die verwendete Technik ist dieselbe, auch die Beschreibungen der phänotypischen Geschlechtsglieder sind fast identisch. Die sexuelle Organisation der Michel Anne Drouart erscheint als eine Verbindung von phänotypischen *Merkmalen*, die die Observatoren in ähnlicher Art und Weise festschreiben. Doch jenseits der Übereinstimmungen offenbaren sich mehrere Unterschiede, die die drei Observationsprotokolle trennen. Hingegen Morand zu dem Ergebnis kommt, dass das männliche Geschlecht *prävaliere* – „le sexe masculin domine“ (Morand 1754: 112) – und er Drouart in die *Classe* der *männlichen* Hermaphroditen setzt, kommt Mertrud zu einem anderen Observationsergebnis. Die Sicherheit, die Morands Bericht durchzieht, ist in Mertruds Beschreibung nicht zu finden. Er hat den Eindruck, dass einerseits die männlichen Glieder dominieren und andererseits die weiblichen *Merkmale prävalieren*. Schließlich kommt er zu dem Schluss, dass die endgültige Bestimmung des *wahren* Geschlechts nicht möglich sei, da Drouart sich in einem Lebensalter befinde, in dem die sexuelle Organisation noch nicht ihre volle Entwicklung erfahren habe. Drouart sei, so Mertrud, erst sechzehn Jahre alt und in der Lebensphase der Pubertät. Deshalb wäre die körperliche und seelische Entwicklung noch unvollkommen. Gautier d'Agoty wiederum kann diese Auffassung von Mertrud nicht teilen. Der Hermaphrodit Drouart sei in Wahrheit kein Zwitter, sondern ein *missgebildetes* Mädchen. Und nicht nur Drouart sei kein Hermaphrodit, sondern alle Personen, die als Zwitter angesehen werden, seien in Wahrheit nichts anderes als *missgestaltete* Frauen.

6 Der Begriff des ‚ärztlichen Blicks‘ wird hier von Foucault übernommen. Die Medizin ist nur für einen kurzen Augenblick durch diese „Souveränität des Blicks gekennzeichnet“. Er umschreibt die „Läsionen des Organismus und die Kohärenz der pathologischen Formen [...]. Die Krankheit fügt sich ganz in den Körper ein und ihre logische Verteilung folgt von Anfang an den anatomischen Massen. Das Auge braucht mit seinem Blick nur noch sein angestammtes Recht auf die Wahrheit durchzusetzen.“ (GK 1999: 19)

Die Aussagen von Morand und Gautier d'Agoty offenbaren ein krisenhaftes Moment im Fall des Hermaphroditen Drouart. Morand sieht in dem rutenartigen Gebilde eine männliche *Rute* – sie repräsentiert zusammen mit der *Eichel* und der *Vorhaut* das, was im siebzehnten und achtzehnten Jahrhundert als männliche sexuelle Organisation bestimmt wird. Gautier d'Agoty hingegen sieht in dem rutenartigen Gebilde eine verlängerte *Klitoris*. Nicht die äußere Form ist für seine Zuordnung entscheidend, sondern das Vorhandensein der einzelnen Glieder, deren pathologische Struktur und deren Funktion. (Vgl. GK 1999: 19f.) Gautier d'Agoty sagt, dass der Fehler dieser angeblich männlichen *Rute* darin besteht, dass der *Urinkanal*, die *Urethra*, nicht durch die *Rute* verläuft, sondern dort platziert sei, wo sie bei einer weiblichen sexuellen Organisation zu finden ist. Und noch etwas ist wichtig: Die *Hoden*, die den *Urinkanal* begleiten müssten, sind nicht vorhanden. Somit kann, laut Gautier d'Agoty, das Zusammenspiel von *perforierter Rute*, *Urethra* und *Hoden* innerhalb dieser sexuellen Organisation nicht funktionieren. Die *Rute* ist daher keine männliche, sondern muss als eine weibliche *Klitoris* angesehen werden und der angebliche Hermaphrodit ist, so Gautier d'Agoty, nichts anderes als ein Mädchen, das eine vergrößerte *Klitoris* aufweist. (Vgl. Gautier d'Agoty 1752: 73f.)

In den „Histoire de l'Académie Royale des Sciences" wird von einer weiteren Untersuchung berichtet, die Monsieur Cruger, der erste königliche Chirurg Dänemarks, 1753 an Michel Anne Drouart durchführt.[7] Crugers Beschreibung ist in wesentlichen Punkten dem Observationsprotokoll von Morand und dem Bericht von Mertrud ähnlich. Die Unterschiede offenbaren sich an zwei Stellen. Zum einen ist der Hermaphrodit inzwischen ungefähr neunzehn Jahre alt und hat, so Cruger, eine stärker ausgeprägte *Rute*. Der zweite Unterschied bezieht sich auf die Benennung eines im Körperinneren liegenden Organs: „Dans l'énumération des parties, il parle de l'orifice du vagin, qui répond, dit-il, à la matrice; il suppose donc l'existence de cette partie, mais sans en donner d'autres raisons que les fleurs menstruelles qu'elle avoit depuis deux ans, quoique très-imparfaitement. Enfin quoiqu'il prétende que le sexe féminin domine chez elle il conclud cependant qu'à parler exactement, ce sujet n'est ni homme ni femme." (Anonym 1762: 45f.) Kurz, Cruger vermutet einen *Uterus*, weil die Form der *Vagina* und der *Menstruationsfluss* für ihre Existenz sprechen. In dem selben Artikel wird von einer zweiten Observation im Jahre 1755 berichtet, bei der die Genfer Ärzte Monsieur Sabourin, Monsieur Guyot sowie Monsieur Jallabert zu dem Ergebnis gelangen: „le sexe féminin domine dans ce sujet." (Anonym 1762: 46) Doch obwohl das weibliche Geschlecht *prävaliert*, wollen auch sie sich genauso wenig wie Cruger festlegen, ob der Hermaphrodit Drouart ein Mann oder eine Frau ist.

Wie die ersten drei erwähnten Mediziner – Morand, Mertrud und Gautier d'Agoty – wenden auch die folgenden Observatoren – Cruger, Sabourin, Guyot und Jallabert – die Technik der Vivisektion an. Sie observieren und betasten die außen liegenden Glieder

7 Anonym (1762): Observations Anatomiques II., in: Histoire de l'Académie Royale des Sciences. Année M. DCCLVI. Avec les Mémoires de Mathématique & de Physique, pour la même Année. Tirés des Registres de cette Académie. A Paris, de l'imprimerie Royale. M. DCCLXII, S. 45-46.

der sexuellen Organisation. Sie bestimmen *Ruten*, *Vaginen*, *Nymphen* oder *Schamlippen*. Doch ein *Merkmal*, das sie benennen, unterscheidet sich fundamental von den phänotypischen Geschlechtsgliedern und produziert das zweite krisenhafte Moment des Ereignisses Drouart: den *Uterus*. Cruger, so der Bericht, vermutet bei dem Hermaphroditen Drouart einen *Uterus* aufgrund von zwei Umständen: Zum einen sagt er, dass die Form der *Vagina* der *Mündung* einer *Matrize* entspricht. Als zusätzlichen Indikator benennt er den *Menstruationsfluss*, der seit zwei Jahren unvollkommen vorhanden sei. Allein aus diesen Umständen schließt er auf die Anwesenheit eines *Uterus*. Sabourin, Guyot und Jallabert sind sich, was die Existenz der *Matrize* betrifft, unsicher. Ihre Beschreibung der äußerlich sichtbaren Glieder mündet nicht in der Schlussfolgerung, es existiere ein *Uterus*. Im Gegenteil, selbst wenn sie einen Sucher in die *Vagina* einführen und das Innere mithilfe des medizinischen Instruments erforschen, können sie keinen *Uterus* bestimmen. Trotzdem benennen sie ihn als *Merkmal*: Der *Menstruationsfluss* sei zwar unregelmäßig zu beobachten, aber er wäre vorhanden. Zwar wollen sich Cruger, Sabourin, Guyot und Jallabert nicht auf einen Personenstand festlegen, die Aussage aber, dass bei Drouart das weibliche Geschlecht *prävaliert*, ist ihnen gemein. Ob sie die *Matrize* als alleiniges *Merkmal* für diese Bestimmung in den Vordergrund stellen, geht aus ihren Aussagen nicht hervor. Und doch erweitern sie die Merkmalspalette der weiblichen sexuellen Organisation um das Kriterium eines im Körperinneren liegenden Organs, den *Uterus*.

In den darauf folgenden Jahren wird sich der Hermaphrodit Drouart in weiteren Städten aufhalten und besichtigen lassen. 1761 und 1762 ist er beispielsweise in Dijon. Dort fertigt der Chirurg Jean Jacques Louis Hoin zwei Vivisektionsprotokolle an.[8] Aus seinem Bericht geht hervor, dass er Michel Anne Drouart in die *Classe* der *weiblichen* Zwitter setzt, da die *Merkmale* des weiblichen Geschlechts *prävalieren* und sie regelmäßig ihren *Menstruationsfluss* hat. (Vgl. Hoin 1772: Lix) Im Jahr 1763 trifft sie im Schlesischen Kolleg zu Brieg ein und wird von dem Mediziner Gottfried Heinrich Burgharts observiert.[9] Auch Burgharts setzt den Zwitter Drouart in die *Classe* der *weiblichen* Hermaphroditen, da bei ihr das weibliche Geschlecht *prävaliere*: „Zog man die Lippen etwas auseinander, so stellte sich die Clitoris, mit allem Zugehör, in richtiger Form, und die Nymphen, wie sie seyn sollten, ohne von ihrer eigenthümlichen Gestalt, und billigen Grösse anzugehen, dem Auge dar.“ (Burgharts 1763: 19) Zwei Jahre nach Burgharts wird Heinrich Friedrich Delius den Hermaphroditen Drouart in Nürnberg

8 Hoin, Jean Jacques Louis (1761): NOUVELLE DESCRIPTION DE L'HERMAPHRDITE DROUART, Tel qu'on le voit à Dijon en Août 1761, A DIJON. De l'Imprimerie D'ANTOINE DE FAY, Et se vend chez la Veuve COIGNARD, Libraire, Place St. Etienne, S. 1-8; Hoin, Jean Jacques Louis (1772): HERMAPHRODITE, in: MÉMOIRES DE L'ACADÉMIE DE DIJON. TOME SECOND. A DIJON, Chez CAUSSE, Imprimeur-Libraire du Parlement, de la Ville & de l'Académie, place St. Etienne. Et A Paris, chez LEJAY, Libraire, rue Saint Jacques. M. DCC. LXXII. AVEC APPROBATION ET PRIVILEGE DU ROI, S. Lvj-Lix.

9 Burgharts, D. Gottfried Heinrich (1763): Gründliche Nachricht an seinen Freund * * * Von einem neuerlich gesehenen Hermaphroditen, Wobey zugleich etwas von der Medicinischen Mode erwähnet wird, Breslau und Leipzig: bey Daniel Pietsch und Compagnie.

untersuchen.[10] Inzwischen ist Drouart über dreißig Jahre alt und die *Zeugungs-* sowie *Geburtsglieder* haben sich, wie Delius sagt, entsprechend entwickelt. Eine *Klitoris* kann er nicht entdecken, sondern „ein ganz ansehnliches männliches Glied mit seiner Eichel und Vorhaut, welche vor und rückwärts gestreift werden konnte. Es hatte ganz und gar keine Aehnlichkeit mit einer verlängerten Clitoris." (Delius 1765: 401) Infolge dieser Vivisektion kommt er zu dem Schluss, dass beim Zwitter Drouart das männliche Geschlecht dominiere, gleichwohl er „für dieses Geschlecht nicht voll tun kann" (Delius 1765: 404), Drouart also impotent ist.

Ein Erinnerungsprotokoll aus dem Jahr 1767, das von Antoine Ferrein aufgesetzt ist, verbindet die beiden benannten Krisenmomente.[11] „M. Ferrein a même observé sur le nommé Michel, dont nous avons déjà parlé, que lorsqu'on manioit les tégumes des aines, on sentoit deux cordons qui sortoient par l'ouverture des anneaux, & alloient se perdre près du pli de la cuisse; & que la figure de ces cordon & leur situation, ne permettoient pas de douter que ce ne fussent le ligament ronds de la matrice." (Ferrein 1770: 43) Ferrein greift mit dieser Beschreibung die Vermutungen von Cruger, Sabourin, Guyot und Jallabert auf und unterfüttert deren vage Aussagen. Nicht nur die Form der *Vagina* beziehungsweise deren *Mündung* lassen einen *Uterus* vermuten, sondern auch die Konturen der *Leistenbeuge*. Denn während Ferrein die Haut der *Leistenbeuge* abtastet, spürt er zwei *Stränge*, die, so seine Aussage, die *Bänder* des *Uterus* darstellen. (Vgl. GK 1999: 162f.) Sein Resümee besteht in der generalisierenden Aussage: „Les Anciens, dans le nombre desquels on compte Léonide & Paul Æginete, reconnoissoient des Hermaphrodites mâles & des Hermaphrodites femelles, & ils avouoient que ces derniers étoient les plus communs; en effet, tous ceux dont on a fait des observations suivies & bien contrastées, sont de cette dernière espèce; on n'y aperçoit, à la verge près, que les parties extérieures de la femme, quelquefois seulement un peu défigurées par l'accroissent de cette prétendue verge, que les Auteurs les plus éclairés reconnoissent pour le clitoris considérablement accru, & auquel cet accroissement extraordinaire a donné une fausse apparence de la verge virile. Malgré cette fausse ressemblance, & l'accroissent qui la cause, ces prétendus verges masculines out toujours les caractères essentiels du clitoris; on n'y trouve ni le canal ni la substance spongieuse de l'urètre" (Ferrein 1770: 42). Mit dieser Behauptung wiederum aktualisiert Ferrein die Setzung von Gautier d'Agoty: Der scheinbare Hermaphrodit Drouart sei in Wahrheit eine *missgebildete* Frau, da die angebliche männliche *Rute* nichts anderes als eine vergrößerte *Klitoris* ist. Diese *Rute* sei deshalb eine *Klitoris*, weil sie weder einen *Urinkanal* aufweise, noch die *schwammige Substanz* einer *Urethra*. Und Ferrein wiederholt die These von Gautier d'Agoty, demnach alle Hermaphroditen in Wahrheit *missgestaltete* Frauen seien.

10 Delius, Heinrich Friederich (1765): III. Nachricht von dem besondern Hermaphroditen Drouart, in: Fränkische Sammlungen von Anmerkungen aus der Naturlehre Arzneygelahrtheit Oekonomie und den damit verwandten Wissenschaften, einundvierzigstes Stück, Nürnberg: bei George Peter Monat, S. 393-405.

11 Ferrein, Antoine (1770): Sur les Hermaphrodite, in: Histoire de l'Académie Royale des Sciences. Année M. DCCLXVII. Avec les Mémoires de Mathématique & de Physique, pour la même Année. Tirés des Registres de cette Académie. A Paris, de l'imprimerie Royale. M. DCCLXX, S. 42-43.

Die krisenhaften Momente des Ereignisses Michel Anne Drouart sind evident. Gleichwohl die Observatoren die gleiche Technik verwenden, gelangen sie zu vollkommen unterschiedlichen Ergebnissen. Es variieren in den Vivisektionsprotokollen die produzierten *Merkmale*, die Setzungen des *prävalierenden* Geschlechts und die Anrufungsfragen. Mit diesen drei Momenten der Differenz kristallisieren sich die ersten Vorläufer eines fundamentalen Bruchs heraus. Er lässt sich an drei Problemfeldern illustrieren: Zum einen an dem Repräsentationsverlust der männlichen *Rute* beziehungsweise der Merkmalsdefinition dessen, was künftig als *Klitoris* benannt wird; zum anderen an der Etablierung des *Merkmals* Uterus; und schließlich an der Aussetzung des Tableaus der Hermaphroditen.

Vorerst zum Verlust der Aussagekraft der männlichen *Rute*: Wenn siebzig Jahre zuvor Johan Krus und Fridrich Luther sich miteinander streiten, welche *Geständnisse* für die Bestimmung der sexuellen Organisation erhört werden müssen und welche Glieder die Wahrheit des Geschlechts offenbaren, dann sind sie sich zumindest in einem Punkt einig: Unter Verwendung der Technik der Vivisektion *prävaliert* beim Hermaphroditen M. W. das männliche Geschlecht, da die *Rute*, die hier ein männliches *Merkmal* ist, das dominante Glied der sexuellen Organisation darstellt. Zwar wird diese *Rute*, analog zu Michel Anne Drouart, als undurchbohrt beschrieben, weshalb die sexuelle Organisation des Hermaphroditen M. W. als impotent bezeichnet wird, doch an der Aussagekraft des *Merkmals* ändert diese fehlende *Perforation* nichts. Hinter diese Merkmalsbestimmung gehen weder die von Krus angeführten medizinischen Gutachten, noch der Theologe Christian Gottlieb Koch, der den Scheidungsfall des Hermaphroditen M. W. kommentiert, zurück. Eine *Rute* ist ein *Merkmal* der männlichen sexuellen Organisation und dieses *Merkmal*, das über die taxonomische Methode hergestellt und in die Körper eingeschrieben wird, ist für die Geschlechtsbestimmer des siebzehnten und beginnenden achtzehnten Jahrhunderts in seiner Bedeutung nicht anzuzweifeln.

Diese Stabilität des *Merkmals* ist im Fall der Michel Anne Drouart nicht gegeben, denn die unterschiedlichen Setzungen der Geschlechtsbestimmer werden aus genau dem Glied, dem rutenähnlichen Gebilde, abgeleitet. Morand und Delius sehen darin ein männliches *Zeugungsglied* und setzen den Hermaphroditen Drouart in die *Classe* der *männlichen* Zwitter. Und wie einige Jahre zuvor Krus in Bezug auf den Hermaphroditen M. W. ausführt, so sagt auch Delius, dass Drouart aufgrund seiner nicht *perforierten Rute* als impotent anzusehen ist. Gautier d'Agoty oder Ferrein hingegen betrachten das rutenähnliche Glied als weibliche *Klitoris* und bestimmen über dieses *Merkmal* die Zugehörigkeit zum weiblichen Geschlecht. Sie bezeichnen das nicht *perforierte* rutenähnliche Gebilde nicht als *Rute*, die auf Impotenz verweist, sondern als *Klitoris*. Die *Rute*, als bisher beständiges *Merkmal* der Geschlechtsbestimmung, verliert demnach ihre Eindeutigkeit und büßt die repräsentierende Kraft ein, die die Grundlage für die Produktion der Wahrheit der geschlechtlichen Zugehörigkeit bildete. Wenn Gautier d'Agoty und Ferrein sagen, dass die *Rute* kein *Merkmal* der männlichen sexuellen Organisation darstellt, sondern im Gegenteil eine vergrößerte *Klitoris* und somit ein *Merkmal* der weiblichen sexuellen Organisation ist, dann wird der Signifikanz des ehemals eindeutig männlichen *Merkmals* die Grundlage entzogen. Und mit dem Bedeutungsverlust des *Merkmals* ist auch die Wahrheit der phänotypischen *Zeugungs-* und *Geburtsglieder* grundsätzlich infrage gestellt.

Doch geht mit dem beschriebenen Bedeutungsverlust des *Merkmals* – männliche *Rute* – tatsächlich die Auflösung der Wahrheit der sexuellen Organisation einher? Oder zeitigt der Umstand dieses spezifischen Repräsentationsverlustes zwei Effekte, die die Wahrheit des dichotomen Geschlechtsbegriffs verfestigen? Die Diskussionen der Geschlechtsbestimmer drehen sich um das rutenähnliche Gebilde. Sowohl Morand und Delius als auch Gautier d'Agoty und Ferrein deuten denselben Teil der sexuellen Organisation. Gautier d'Agoty, der als erster von der Deformation der *Rute* spricht, führt hierzu aus, dass der *Urinkanal* nicht durch das rutenähnliche Gebilde verläuft. Stattdessen entdeckt er die *Urethra* dort, wo sie gewöhnlich bei einer weiblichen sexuellen Organisation zu finden ist. Ganz ähnlich argumentiert Ferrein. Auch er sagt, dass der *Rute* von Drouart der *Urinkanal* fehlt und die *schwammige Substanz* der *Urethra* nicht zu entdecken sei. Genau diese Schlüsse bilden das erste Kriterium für die Bestimmung der männlichen *Rute* beziehungsweise der weiblichen *Klitoris*: Eine männliche *Rute* muss von einer *Urethra* durchzogen sein und die *schwammige Substanz* der *Urethra* aufweisen. Eine weibliche *Klitoris* hingegen weist keinen *Urinkanal* auf. Das zweite Kriterium für die Bestimmung des einen wie des anderen Gliedes macht Gautier d'Agoty an einer funktionalen Verbindung fest. Er sagt, dass im Fall der sexuellen Organisation der Drouart der *Urinkanal* nicht mit den *Hoden* gekoppelt ist, weshalb das rutenähnliche Gebilde keine männliche *Rute* sein kann. Seine Argumentation zielt demnach auf ein Zusammenspiel von *perforierter Rute*, *Urethra* und *Hoden* ab und produziert hierüber die zweite Abgrenzung zwischen den differenten Gliedern. Eine *Rute* ist nur für den Fall als eine männliche *Rute* zu betrachten, da sie *perforiert* ist, von einem *Urinkanal* durchzogen wird und diese *Urethra* eine Verbindung mit den *Hoden* aufweist. Eine *Rute*, der diese Koppelung fehlt, muss hingegen eine weibliche *Klitoris* sein. Gautier d'Agoty und Ferrein etablieren demnach zwei vollkommen neue Kriterien zur Bestimmung der männlichen *Rute* beziehungsweise der weiblichen *Klitoris*. Sie definieren hiermit aber nicht nur die zwei Glieder, sondern stabilisieren die Wahrheit des dichotomen Geschlechts: Künftig werden all diejenigen Personen, die eine weibliche *Klitoris* aufweisen – ein äußerlich sichtbares Glied, das nicht *perforiert* ist und an dem keine *schwammige Substanz* der *Urethra* haptisch wahrgenommen werden kann – Frauen genannt. Hingegen all diejenigen, an denen eine männliche *Rute* nachweisbar ist – ein äußerlich sichtbares *perforiertes* Glied, an dem die *schwammige Substanz* der *Urethra* zu ertasten ist und das eine Verbindung von *Urinkanal* mit den *Hoden* aufweist – als Mann angerufen werden. Mit anderen Worten: Die Wahrheit der *Zeugungs-* und *Geburtsglieder* wird über die Neudefinition von männlicher *Rute* und weiblicher *Klitoris* nicht aufgelöst, sondern konsolidiert, in Form der dichotomen, phänotypischen *Merkmale* der Geschlechtszugehörigkeit.

Das zweite Anzeichen für einen fundamentalen Bruch offenbart sich in der Benennung des *Uterus* und der damit einhergehenden Erweiterungen der *Merkmale* der weiblichen sexuellen Organisation um ein im Körperinneren liegendes Organ. Wie fünfzig Jahre zuvor Saviard, der die *Zeugungs-* und *Geburtsglieder* nicht beachtet, sondern sich bei seiner Geschlechtsbestimmung der Marguerite Malaure auf die sichtbar nach außen getretene *Matrize* stützt, so bringen die Mediziner Cruger, Sabourin, Guyot, Jallabert und Ferrein nun den *Uterus* ins Spiel der sexuellen Wahrheit ein. Saviard sieht in dem nach außen getretenen Gebilde den Hals einer *Gebärmutter* – eine Argumentation, die auch Cruger anführt. Zwar beschreibt Cruger keinen herausgetretenen Hals eines *Uterus*, sondern sieht in der Öffnung der weiblichen *Vagina* die *Mündung* der *Matrize*, an der Schlussfolgerung ändert sich jedoch nichts: Sowohl die Saviardsche Malaure als auch Crugers Michel Anne Drouart verfügen über einen *Uterus*. Neben dieser optischen Bestimmung schließen Sabourin, Guyot, Jallabert auf die Existenz des *Uterus* aufgrund des regelmäßigen *Menstruationsflusses*. Und Ferrein führt den *Uterus* über eine haptische Beweisführung in seinen Vivisektionsbericht ein – er ertastet ihn.

Wie fremd dieses weibliche *Merkmal* der medizinischen Taxonomie des siebzehnten und achtzehnten Jahrhunderts ist, zeigt sich in den Widerständen gegenüber Saviards Vorgehen und dem Fall der Marguerite/Arnaud Malaure. Johan Krus wird einige Jahre nach Saviard sagen, dass die inneren Organe keine Bedeutung für die Bestimmung der Wahrheit der sexuellen Organisation haben, da keine zuverlässige Methode existiert, um sie an einem lebenden Menschen nachzuweisen. Zwar ist die *Gebärmutter* dem medizinischen Wissen des siebzehnten und achtzehnten Jahrhunderts nicht vollkommen unbekannt, doch der methodologisch fundierte Nachweis fehlt, weshalb der *Uterus* und mit ihm sämtliche inneren Organe keine *Merkmale* für die sexuelle Organisation darstellen. Die Existenz der inneren Organe könnte über den sezierenden Eingriff nachgewiesen werden, doch diesen Eingriff lehnen Krus und mit ihm diverse andere Mediziner ab, da die Gefahr des Todes für den zu Untersuchenden zu groß wäre. Demnach steht den Medizinern des siebzehnten und achtzehnten Jahrhunderts nur die Observation der sichtbaren und tastbaren Glieder der sexuellen Organisation zur Verfügung.

Diese Absolutheit ist in den Aussagen der Mediziner, die Michel Anne Drouart observieren und einen *Uterus* bestimmen, nicht mehr zu finden. Zwar arbeiten auch Cruger, Sabourin, Guyot, Jallabert oder Ferrein mit der taxonomischen Methode und wenden die Vivisektionstechnik an, doch ihre Ausführungen weisen nicht mehr die methodologische Strenge auf. Sie sehen, wie Saviard, in den äußeren Gliedern Hinweise für die Existenz des *Uterus* und machen über ihren ,ärztlichen Blick' das im Körperinneren liegende Organ sichtbar. Sie schließen aufgrund des *Menstruationsflusses*, dass im Inneren des Körpers etwas existieren muss, was dieses Ereignis hervorbringt. Und sie ertasten am Körper die Konturen des Gegenstandes, der in den anatomischen Folianten in vielfältigen Beschreibungen kartografiert und abgebildet ist: die Form der *Matrize*, die *Bänder* der *Gebärmutter* oder die *Ringe* des *Uterus*. (Vgl. GK 1999: 172f.)[12] Der Einschreibungsprozess des *Uterus* in den weiblichen Körper befindet sich hier auf seinem Höhepunkt, denn die *Gebärmutter* wird im Fall der Michel Anne Drouart erstmals als *Merkmal* der weiblichen sexuellen Organisation mehrfach benannt und als Kriterium zur Bestimmung eines Hermaphroditen anerkannt. Die *Gebärmutter* ist kein ,Geheimnis' mehr (vgl. Flügge 2002), sondern ein Kriterium zur Bestimmung von Weiblichkeit. Und

12 In der ,Klinik' des ,ärztlichen Blicks' soll das Unsichtbare sichtbar werden. „Die Hautgrenze – in der Anatomie vor Mitte des 18. Jahrhunderts nur ausnahmsweise und zumeist an der Leiche durchstoßen – wird zum dauernden Hindernis für den am lebenden Körper forschenden und das verborgene ,Wesen' der Krankheit bekämpfenden Arzt. Der Blick liest nicht mehr ab, er dringt in die Tiefe. Er muss sich den Körper öffnen." Gehring, Petra (2004): Foucault – Die Philosophie im Archiv, Frankfurt/Main [u. a.]: Campus, S. 36.

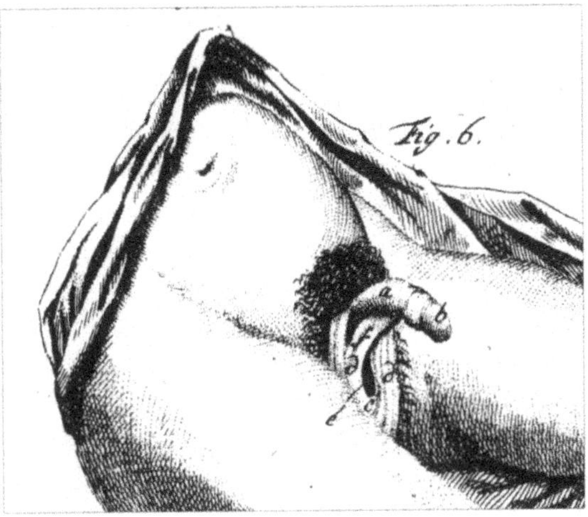

Abb. 51: Michel Anne Drouart (Heuermann 1767)

mit diesem Einschreibungsprozess stößt die Disziplin der Naturgeschichte an ihre Grenzen, da die ursprünglich *falschen* Aussagen zu *wahren* Aussagen werden. Das Kontrollprinzip des naturgeschichtlichen Diskurses, die ‚permanente Reaktualisierung' (vgl. ODis 2003: 25) der taxonomischen Regeln, verliert an Wirkung und nimmt neue Entitäten auf.

Der dritte Teil des radikalen Umbruchs besteht in der Auflösung des Tableaus der Hermaphroditenarten. Fabricius ab Aquapendente benennt am Anfang des siebzehnten Jahrhunderts vier *Arten* der Zwitter, die *weiblichen* und die drei *männlichen*. Venette stellt am Anfang des achtzehnten Jahrhunderts, in Anlehnung an Aquapendente, sein Tableau auf und ergänzt es durch eine fünfte *Art*, die *vollkommenen* oder *wahren* Hermaphroditen. Das Tableau der Hermaphroditen produziert über seine Einteilung in *Classen* die Beschreibungsform des *prävalierenden* Geschlechts – ein Geschlecht dominiert das andere. Nach diesem Tableau klassifizieren alle Geschlechtsbestimmer jene sexuellen Organisationen, die sie als hermaphroditische ansehen. Scultet setzt seinen Hermaphroditen Martha/Caspar Lechna in die *Classe* der *weiblichen* Zwitter, da das weibliche Geschlecht *prävaliert*. Krus hingegen sagt, dass bei seinem Hermaphroditen M. W. das männliche Geschlecht dominiert und weist ihn einer der drei *Classen* der *männlichen* Zwitter zu. Sampson wiederum wird im Fall der Anne Wilde kein *prävalierendes* Geschlecht feststellen und sein Observationsobjekt als *wahren* Hermaphroditen anrufen.

Diese Klassifizierungen tauchen auch im Zusammenhang mit Michel Anne Drouart auf: Morand und Delius bestimmen bei ihr das männliche Geschlecht als dominant und setzen sie in die *Classe* der *männlichen* Hermaphroditen. Burgharts und Hoin wiederum lassen sich gleichfalls auf die Vorgaben des Tableaus der Hermaphroditen ein und setzen Drouart in die *Classe* der *weiblichen* Hermaphroditen. Doch diese Setzungen werden von drei weiteren Medizinern aufgebrochen und unterlaufen. Heuermann wird, ähnlich wie Gautier d'Agoty und Ferrein, in seinem Observationsbericht, dem er eine Kupfertafel angefügt (vgl. Abb. 51), sagen: „Es war dies eine Frauensperson, die zwar männlich gekleidet, im Grunde aber doch nichts, als eine weibliche Misgeburt war" (Heuermann 1767: 237). Auch Heuermann entdeckt in der angeblich männlichen *Rute* nichts als eine vergrößerte *Klitoris*. Und auch er formuliert, analog zu Gautier d'Agoty und Ferrein, die generalisierende These: Alle Personen, die für Hermaphroditen angesehen werden, sind in Wahrheit *missgestaltete* Frauen. (Vgl. Heuermann 1767: 232) Diese Aussage, die in der Mitte des achtzehnten Jahrhunderts in den Hermaphroditen-Traktaten auftaucht und sich hartnäckig hält, löst die alte Ordnung des Tableaus der Hermaphroditenarten auf.[13] Und nicht nur das Tableau der Hermaphroditen verliert seine taxonomische Kraft. Auch die Kategorie Hermaphrodit/Zwitter wird obsolet. Denn was bedeutet es, wenn alle Hermaphroditen in Wahrheit *missgestaltete* Frauen sind? Zum einen, dass die Anrufungsformen, die Kategorien *männlicher*, *weiblicher* oder *wahrer* Hermaphrodit nicht mehr existieren. Zum anderen aber, dass unter die Kategorie *Frauensperson* nunmehr alle Individuen fallen, die keine *wahren Mannspersonen* mit einer *wahren* männlichen *Rute* sind. Der Grund für die Auflösung des Tableaus und der Kategorie der Hermaphroditen liegt also in der Stabilisierung der Wahrheit des phänotypischen und zugleich dichotomen Geschlechts. Denn nur dasjenige Individuum wird ein *wahrer* Mann genannt, das eine der Definition entsprechend gestaltete männliche *Rute* besitzt. Diejenige Person, die eine solche *Rute* nicht aufweist, muss eine Frau sein, da das rutenähnliche Gebilde als eine weibliche *Klitoris* gedeutet wird. Ein Jenseits dieser Zweiteilung wird nicht gedacht, denn eine doppelte Präsenz der unterschiedlichen Geschlechtsglieder ist vollkommen ausgeschlossen.

Doch welche Wirkungen zeitigen die Änderung der Merkmalszuweisungen und die Auflösung des Tableaus der Hermaphroditen? Und welche Konsequenzen für die Rechtspraxis resultieren aus der Stabilisierung des dichotomen Geschlechts? Ein Fall, mit dem diese Fragen beantwortet werden können, ist die Rechtssache des Hermaphroditen Anne Grand-Jean.[14] Dieser wird im Jahre 1732 auf den Namen Anne getauft, in Mädchen-

13 James Parsons, einer der Kritiker der Kategorie der *wahren* Hermaphroditen, ist einer der erster Mediziner, die alle Hermaphroditen als missgestaltete Frauen betrachten. Er sagt: „[N]o hermaphrodital Nature can exist in human Bodies; and, in fine, that those Subjects hitherto so accounted, were only Females in all Respects" (Parsons 1741: 145).

14 Vgl. Champeaux, Claude (1765): RÉFLEXIONS SUR LES HERMAPHRODITES, RELATIVEMENT A ANNE GRAND-JEAN, Qualifiée telle dans un Mémoire de M. VERMEIL, Avocat au Parlement. A AVIGNON, & se vend A LYON, Chez CLAUDE JACQUENOD fils, Libraire, grande rue Merciere; Simon, Edouard Thomas (1765): L'Hermaphrodite, Ou Lettre De Granjean, A Françoise Lambert, Sa Femme, Suivie D'Anne De Boulen, A Henry VIII, Roi D'Angleterre, Son Epoux: Heroïde Nouvelle Et De Deux Idilles / [S***]. A Grenoble Et se vend A Paris. Chez Cailleau, Libraire, rue S. Jacques, à S. André. La Veuve Valleyre, Quai de Gêvres, près le Pont-au-Change, à la Nouveauté; Vermeil, François Michel (1765): MÉMOIRE POUR ANNE GRAND-JEAN, CONNU SOUS LE NOM DE JEAN-BAPTISTE GRANDJEAN, accusé et appellant, contre Monsieur le procureur général, accusateur et intimé. Question: „Un hermaphrodite qui a épousé une fille, peut-il être réputé profanateur du sacrement de mariage, quand la nature qui le trompoit, l'appellait à l'état de mari?", A Paris: Imprimerie de Louis Cellot. Im Weiteren wird auf zwei deutschsprachige Übersetzungen zurückgegriffen. Georg Arnaud publiziert den Fall in seinen Anatomisch-Chirurgischen Abhandlungen als eigenständiges Traktakt: Arnaud, Georg (1777a): Vertheidigung der ANNE GRANDJEAN, die unter dem Namen JOH. BAPTIST GRANDJEAN bekannt, als Beklagte, wider den Hr. General Procurator, als Kläger, in: ders.: Anatomisch~Chirurgische Abhandlung über die Hermaphroditen. Aus dem Französischen übersetzt. Nebst sechs Kupfertafeln, Straßburg: Verlegts, Amand König, Buchhändler, S. 66-110; Mauléon, Loyseau de/Jérôme, Alexandre (1777): Dritter Rechtsfall. Die Rechtssache des Grand Jean, oder der Prozeß eines Hermaphroditen, in: dies.: Berühmte Rechts-Händel bey verschiedenen Parlamentern in Frankreich, Erster Theil, Berlin: bey Gottlieb August Lange, S. 141-172. Jenseits der Quellen existieren einige moderne Analysen des überlieferten Stoffes. Vgl. hierzu u. a.: Darmon, Pierre (1985): Ambiguous situations.

kleider gesteckt und zusammen mit anderen *Gespielinnen* erzogen. Im vierzehnten Lebensjahr bemerkt sie eine eigenartige Zuneigung zu ihren Freundinnen und vertraut sich ihrem Vater an. Dieser empfiehlt ihr, sich beim Beichtvater Rat zu holen. Der Beichtvater legt ihr nahe, die Frauenkleider gegen Männersachen zu tauschen, um so dem Vorwurf der *Sünde* gleichgeschlechtlicher Liebe zu entgehen. (Vgl. Arnaud 1777a: 67; Mauléon/Jérôme 1777: 147) Grand-Jean verliebt sich in eine ihrer Freundinnen, die den Namen Legrand trägt und macht erste Erfahrungen in ihrer männlichen Rolle. Die zweite körperliche Annäherung an eine Frau erfährt Grand-Jean mit Franziska Lambert und schnell wird aus ihnen ein Liebespaar. Sie wollen heiraten und Grand-Jean will die Pflichten eines Ehemanns übernehmen. Voraussetzung für die Hochzeit ist die Lossprechung durch den Vater, der auf die Verfügungsgewalt über Anne Grand-Jean verzichten muss. Anlässlich der feierlichen Lossprechung, die im Hause eines Richters geschieht, wechselt Anne ihren Namen und wird fortan Johann Baptist genannt. Ihm werden alle Rechte eines männlichen Bürgers zugestanden und er kann im Alter von 28 Jahren heiraten. (Vgl. Arnaud 1777a: 68; Mauléon/Jérôme 1777: 149)

Nach der Hochzeit verlässt das Ehepaar die Heimatstadt Grenoble und zieht nach Lyon. Dort angekommen treffen sie die erste Liebe von Grand-Jean – die Legrand. Diese erzählt Franziska Lambert, warum deren Ehe bisher kinderlos geblieben sei und offenbart ihr, dass Grand-Jean ein Hermaphrodit sei. Die Ehefrau Franziska Lambert bespricht dies mit ihrem Beichtvater, der ihr zur Auflösung der Ehe rät, da ihr Mann die Pflichten eines Ehemannes nicht erfüllen könne. (Vgl. Arnaud 1777a: 68; Mauléon/Jérôme 1777: 151) Grand-Jean und seine Ehefrau Franziska beschließen gemeinsam, Auskunft von höherer Stelle einzuholen. Da die Obrigkeit, der königliche *Procurator*, von diesem Fall inzwischen Kenntnis genommen hat, zitiert er Grand-Jean vor ein Gericht und verurteilt ihn wegen *Schändung* des Sakraments der Ehe zu drei Tagen Pranger. Anschließend soll er wegen Entweihung des Sakraments der Ehe durch Köpfung hingerichtet werden. Grand-Jean legt Widerspruch ein und wendet sich an eine höhere Rechtsinstanz, das Gericht zu Paris. Dieser zweite Gerichtsprozess klärt anhand eines Vivisektionsberichtes, wie die Beschaffenheit der sexuellen Organisation von Grand-Jean ist, und fragt, nach welchen Gesetzen zu klären sei, ob er die Sakramente der Ehe entweiht hat.

Das Observationsergebnis besagt: „In summitate mentulae, vel membri virilis apparet glans cum preputio, sed no est glans perforata, ideoque nullum semen per hac emitti potest." (Mauléon/Jérôme 1777: 155f.) Die Ärzte sprechen sich einhellig dafür aus, dass die *Rute* des Grand-Jean eine *Eichel* und eine *Vorhaut* hat. Doch weil diese *Eichel* nicht *perforiert* ist und keinen *Samen* verschütten kann, ist die *Rute* keine männliche, sondern eine *vergrößerte* weibliche *Klitoris*. Grand-Jean ist demnach kein Hermaphrodit, sondern eine *missgebildete* Frau. Zu diesem Schluss kommen nicht nur die observierenden Ärzte, sondern auch die Kommentatoren des Falls: „Ich halte also davor, daß diejenigen die gemeiniglich vor Zwitter gehalten werden, Weibs-Persohnen sind, die eine

Marcis, Grandjean, Hermaphrodites, in: ders.: Trial by Impotence. Virility and Marriage in Pre-Revolutionary France, London: Chatto & Windus, S. 40-58; (Gonzalez-Crussi 1987: 195f.); Krimmer, Elisabeth (2003): In the Company of Men. CROSS-DRESSED WOMEN AROUND 1800, Detroit: Wayne State University Press, S. 39f.

ausserordentliche Clitoridem, oder Rute haben.“ (Mauléon/Jérôme 1777: 141; vgl. Arnaud 1777a: 107)

Als rechtliche Grundlage geben die Gesetzestexte drei mögliche Scheidungsgründe vor. Erstens: die weitere Heirat, obwohl noch ein Bund der Ehe mit einem anderen Partner besteht. Zweitens: die Unfähigkeit, die ehelichen Pflichten auszuüben, denn die „Ehe ist gestiftet um dem Vaterlande Bürger, und der Welt Einwohner zu verschaffen“ (Arnaud 1777a: 79). Drittens: Wenn die *Zeugungs-* oder *Geburtsglieder* bei den *ehelichen Werken* so eingesetzt werden, wie sie nicht bestimmt sind, denn dann „versündigt man sich am Vaterlande, [...] [was] als Diebstahl an der Natur angesehen, als ein Laster vor den Augen Gottes“ erachtet wird. (Arnaud 1777a: 79)

Das Ehepaar wird geschieden, da Grand-Jean das Sakrament der Ehe unrechtmäßigerweise eingegangen ist. Von dem Vorwurf der *Schändung* des *ehelichen Sakraments* wird Grand-Jean hingegen freigesprochen. Sie wird also nicht mehr mit dem Tode bedroht, muss aber drei Auflagen erfüllen: Sie soll zukünftig nur noch Frauenkleider tragen, darf sich nicht mehr mit Franziska Lambert treffen und soll bei Androhung von Strafe jeglichen Kontakt zu irgendeiner anderen Frau meiden. Hingegen Marie/Marin le Marcis am Anfang des siebzehnten Jahrhunderts jeglicher Kontakt zu einer anderen Person vom Gericht untersagt wird, darf sich Anne Grand-Jean mit *Mannspersonen* einlassen. Nur der Umgang mit Personen des weiblichen Geschlechts wird vom Richterspruch ausgeschlossen.

Warum aber wird sie vom Vorwurf der *Schändung* des Ehesakraments freigesprochen? „Wenn ein Mensch“, so der Verteidiger, „sich für tüchtig hält, dem Endzwecke der Ehe ein Genüge zu leisten, wenn die Natur, die so manchmal eigensinnig zu seyn pfleget, ihn weder diese Trägheit, noch die beständige fühllose Kälte empfinden läßt, die man ein völliges Unvermögen [...] zu nennen pflegt; so kann er sich des Sakraments der Ehe für würdig halten, welche er zu übernehmen wünschet. Wenn er hernach etwa in der Ehe sich untüchtig fühlte, so ist er kein Schänder derselben, er kann nicht als ein solcher bestraft werden.“ (Mauléon/Jérôme 1777: 161) Zur Begründung dieser These werden „moralische“ und „physische“ Beweise angeführt. (Vgl. Mauléon/Jérôme 1777: 162/164) Die *moralischen* Beweise besagen, dass Grand-Jean sich stets an die Anweisungen der Eltern hielt und dem Rat seines Beichtvaters folgte. Er hielt sich stets an sein gewähltes Geschlecht, das durch einen Richter von Grenoble bestätigt wurde, und trieb nie Unfug mit seinen Rechten als Mann. „Der Irrthum des Grand-Jean war also ein allen Menschen gewöhnlicher Irrthum. Ist er strafbar, so ist die ganze Welt strafbar.“ (Mauléon/Jérôme 1777: 163) Die *physischen* Beweise zielen einerseits auf die geistige Beschaffenheit ab – „Grand-Jean war ein sehr schwacher Kopf.“ (Mauléon/Jérôme 1777: 164) Andererseits verweisen sie auf die Empfindungen des Grand-Jean: „Er urtheilte, daß er daß wäre, was er zu seyn fühlte.“ (Mauléon/Jérôme 1777: 165) Wie, so fragt der Verteidiger, hätte Grand-Jean sich als *Frauensperson* sehen können, wenn er sich doch seit der Pubertät als *Mannsperson* empfand? Trieb es ihn nicht seit diesem Zeitpunkt stets in die Armen von Frauen? Handelte er nicht, seit er in Männerkleidern durch die Welt zog, wie ein *wahrer* Mann? Und hatte er nicht bei den *ehelichen Werken* gespürt, dass in ihm eine *Mannheit* stecke? (Vgl. Mauléon/Jérôme 1777: 165) Die Fragen des Verteidigers von Grand-Jean zielen, wie auch die Ausführungen von Marguerite/Arnaud Malaure und die Argumentation des Juristen Pitaval, auf die Betonung des Geschlechtscharakters ab. Wie Malaure und Pitaval siebzig Jahre zuvor verteidigt der Anwalt von Grand-Jean die Wahl des Personenstandes seines Mandanten mit dem Argument des empfundenen Geschlechts. Doch im Gegensatz zur Malaure darf Grand-Jean sein gewähltes Geschlecht nicht beibehalten. Vom Vorwurf der absichtlichen *Schändung* der *ehelichen Sakramente* wird er jedoch aufgrund des Arguments, dass der gefühlte Charakter des Geschlechts ihm sagte, er sei ein Mann, freigesprochen. (Vgl. hierzu auch Foucault 2004: 104f.)

Der Rechtsfall der Anne Grand-Jean zeigt zwei Kontinuitäten und eine Diskontinuität auf. Die erste Kontinuität besteht in der ungebrochenen Fortschreibung des neu errichteten medizinischen Axioms: Alle Hermaphroditen sind in Wahrheit *missgebildete* Frauen, weil die angeblich männliche *Rute* eine *verlängerte Klitoris* ist. Dieser Diskurs begrenzt sich also nicht nur auf die Aussagefelder zu Michel Anne Drouart, sondern zeitigt seine Wirkung auf dem gesamten Feld der taxonomischen Geschlechtsbestimmung. Die zweite Kontinuität betrifft den naturgeschichtlich-moralischen Diskurs. Wie Pitaval, der die Argumente der Malaure in einen moralisch-naturgeschichtlichen Zusammenhang überführt, so bewegen sich auch die *moralischen* und *physischen* Beweise des Verteidigers des Grand-Jean innerhalb dieses Diskursfeldes. Die Diskontinuität wiederum zeigt sich an folgendem Umstand: Marguerite Malaure begründet ihr gewähltes Geschlecht mit dem Umstand, sie habe sich stets als *Frauensperson* gefühlt. Mit diesem Argument kann sie sich gegen die Festlegungen der Mediziner zu Toulouse durchsetzen und erhält vom König Frankreichs einen „Lettre de cachet“, der ihr das gewählte Geschlecht und den selbst bestimmten Personenstand gewährt. Die Rechtmäßigkeit dieses Erlasses unterfüttert Pitaval in seiner Verteidigungsschrift. Johann Baptist Grand-Jean wird diese Möglichkeit nicht eingeräumt. Er muss nach dem Richterspruch sein gefühltes Geschlecht, seinen empfundenen Personenstand und seine gewählten Männerkleider ablegen und künftig als Frau leben. Innerhalb des Produktionsfeldes des *wahren* Geschlechts dominiert fortan die Wirkung des neuen medizinischen Axioms, der Diskurs von den *missgebildeten* Frauen. Dieser hat den naturgeschichtlich-moralischen Diskurs des Geschlechtscharakters zurückgedrängt.

Und noch etwas kann im Zusammenhang der Rechtssache Grand-Jean aufgezeigt werden: die Anfänge einer neuen medizinischen Praktik. Georg Arnaud, der den Fall in seiner „Anatomisch-Chirurgischen Abhandlung“ veröffentlicht, setzt zu dem Bericht einige medizinische Kommentare – unter anderem diesen: Der Chirurg Jean Jacques Louis Hoin „[würde] keine Schwierigkeit [...] gefunden haben, ein Frauenzimmer, durch einen Einschnitt in das Schambändgen, daraus zu machen u.s.w.“ (Arnaud 1777a: 108) Hoin schlägt also einen chirurgischen Eingriff vor, der sich direkt auf die sexuelle Organisation der Grand-Jean richtet und das Ziel verfolgt, operativ eine Frau herzustellen. Wie aber könnte sich eine solche Produktion gestalten?

Im Supplementband der Diderotschen Enzyklopädie ist ein zweiter Artikel zum Schlagwort „Hermaphrodite“ angeführt.[15] Hierin werden die Ausführungen des ersten

15 Diderot, Denis (1777): § HERMAPHRODITE, in: ders.: SUPPLEMENT À L' ENCYCLOPEDIE, OU DICTIONNAIRE RAISONNE DES SCIENCES, DES ARTS ET DES METIERS, PAR UNE

Artikels entsprechend dem neuen medizinischen Diktum überarbeitet und durch weitere Fälle, wie dem der Michel Anne Drouart, ergänzt. Darüber hinaus taucht ein Begriff auf, der in diesem Zusammenhang vollkommen neu ist: „Opération“ (Diderot 1777: 365). Diderot führt hierzu aus: „On voit par cette observation de quelle conséquence sont les ressources de la chirurgie. Si la nature s'écarte dans ses productions, elle peut être quelquefois redressée & mise dans le bon chemin par cet art capable de la ramener à elle-même, pourvu que les malades aient assez de confiance pour se prêter aux soins des chirurgiens.“ (Diderot 1777: 365) Die *Natur*, so Diderot in seinen ersten Anmerkungen zum Thema der Hermaphroditen, würde sich manchmal bis zum Lebensalter der Pubertät Zeit lassen, um die *wahren* Siegel und den *wahren Charakter* eines Menschen zu offenbaren. (Vgl. Diderot 1765: 165) Im zweiten Artikel führt er aus, dass die *Natur* in einigen Fällen nicht nur etwas mehr Zeit benötige, sondern dass sie sogar von ihren Normen abweiche. Dieser *Natur* auf Abwegen kann nur die Kunst der Chirurgie helfen, denn sie kennt den Pfad zum rechten Weg zurück und ermöglicht ihr, sich wieder auf sich selbst zu besinnen. Im Anschluss an seine Thesen zur *Natur* beziehungsweise zur Chirurgie folgt ein Operationsbericht, den Diderot der „Anatomisch-Chirurgischen Abhandlung“ von Arnaud entnimmt.

Arnaud berichtet darin, dass ihn ein Hermaphrodit in Frauenkleidern aufsuchte und sich über einen Bruch in der rechten *Weiche* beklagte. Um eine genaue Diagnose zu erstellen, so Arnaud, untersuchte er nicht nur die Leistenregion, sondern observierte auch die sexuelle Organisation. Dabei entdeckte er, dass nicht die *Weichen* gebrochen waren, sondern die *Mutterscheide* keine Öffnung besaß. „[W]eil sie keine andre Oefnung hatte, dem Monatsfluß den freyen Ausfluß nicht gestattete, der daher den Weg alle Monat durch den After nehmen musste“, hatte die Patientin große Schmerzen und es war zu vermuten, „daß sich das Blut in der Scheide anhäufte, wo es so lange zurückgehalten wurde bis eine hinlängliche Menge vorhanden war, um die Höhe des gemeinschaftlichen Ganges zu erreichen, welcher meiner Meynung nach von hier aus in den After gieng.“ (Arnaud 1777: 21) Und noch etwas verursachte körperliche Qualen: Die *Rute* war „an der Spitze nicht durchbohrt [...]. Da der Durchgang für den männlichen Saamen gänzlich verschlossen war, so war es gar nicht zu verwundern, daß diese Person mehr Schmerzen als Vergnügen beym Steifwerden der Ruthe empfand. Denn sie gab das Steifwerden der Ruthe als den Grund der Schmerzen an, und verlangte das Abschneiden derselben.“ (Arnaud 1777: 21f.)

Arnaud beruft eine Ärztekommission, die eine weitere Observation durchführt. Gemeinsam entschließen sie sich zu einem chirurgischen Eingriff, um die Beschwerden der Frau zu lindern. Doch nicht die *Rute* wollen sie amputieren, so wie es die Patientin wünscht, sondern die geschlossene *Mutterscheide* soll geöffnet werden. Die Operation wird wie folgt beschrieben: „Ich ließ die Kranke auf den Rand des Bettes sitzen, die Beine und Schenkel auseinander gesperrt, die auf den Knien der Gehülfen ruheten; ich

SOCIETE DE GENS DE LETTRES. MIS EN ORDRE ET PUBLIE PAR M*** [...]. TOME TROISIEME [F = MY]. A AMSTERDAM, Chez M. M. REY, Libraire. M. DCC. LXXVII, S. 359-365, S. 365.

fasste die Haut, welche die Scheide bedeckte, in die Quere mit dem Daumen und Zeigerfinger der linken Hand, und ließ dasselbe auch an der andern Seite vornehmen; ich durchschnitt darauf die Haut mit einem geraden Bistouri, in senkrechter Linie dem After zu. Beym ersten Schnitt fand sich eine Art zellichten Gewebes, welches ich aus der Wunde zog, und gänzlich mit der Scheere aufschnitt. Durch diesen zweyten Einschnitt konnte ich den Finger ins zellichte Gewebe bringen, er drang ohne Widerstand in eine Höhlung, welche von allen für die Scheide gehalten wurde, diese Höhlung war zwey und einen halben Zoll tief, und ohngefähr zwey im Umfange. Ich fühlte sie mit Scharpie an einen Faden gebunden aus.“ (Arnaud 1777: 24)

Der operative Eingriff ist, so Arnaud, von Erfolg begleitet. In den folgenden Tagen kann der *Scharpie* durch eine *Wicke* ersetzt werden, die die geschnittene *Scheide* beziehungsweise die *Schamlippen* auseinandersperrt. Weitere sechs Tage später wird die *Wicke* durch einen *Schwamm* ersetzt. Nach vierzehn Tagen entlässt Arnaud seine Patientin mit einer hinreichenden Menge an *Ersatzschwämmen*. Die Menstruationsblutung, so Arnaud, konnte nun ungehindert durch die gemachte *Scheide* abfließen und „währte bloß drey Tage, während welcher die Kranke den Gebrauch des Schwamms einstellte [...]. Dies dauerte fort bis im sechsten Monat, da sich die Oefnung ganz schloß, und das Blut seinen Weg wiederum durch den After nahm.“ (Arnaud 1777: 25) Alle Beschwerden, über die die Patientin vor dem Eingriff klagte, treten wieder ein. Die *Frauensperson* konsultiert Arnaud ein zweites Mal. Dieser rät ihr zur Wiederholung des Eingriffs, da nur so ihre Schmerzen gelindert werden könnten. Eine zweite Operation, so Arnaud, lehnte sie jedoch ab, denn sie wolle sich lieber „die Ruthe, oder wie sie sagte, das Stück Fleisch welches ihrer Meynung nach ihr Uebel verursachte, abschneiden lassen [...]. Ich konnte sie nicht überzeugen, daß dieses Abschneiden unnütz sey, ihre Unschuld erlaubte nicht weiter zu gehen.“ (Arnaud 1777: 26) Hingegen die Patientin auf der Amputation beharrt, lässt Arnaud von seiner Meinung, die *Scheide* müsse ein weiteres Mal geschnitten werden, nicht ab. Ohne Einigung trennen sich ihre Wege. Sein nüchternes Fazit: „Ich muß gestehen, daß wenn ich nicht den Schwamm zur Zeit der Reinigung hätte wegnehmen lassen, so hätte sich die Oefnung vielleicht nicht geschlossen, und dem Ausfluß würde es nicht geschadet haben, denn eine Kerze in der Harnröhre verhindert nicht immer den Ausfluß des Harns.“ (Arnaud 1777: 26)

Dieser Operationsbericht ist aus zwei Gründen wichtig. Zum einen ist es der erste Bericht von einer chirurgischen Intervention an einem Hermaphroditen beziehungsweise an einer *missgebildeten* Frau. Zum anderen entspricht er jener Operationsmethode, die der Chirurg Hoin vorschlägt, um aus Anne Grand-Jean ein *Frauenzimmer* zu schneiden und somit das *prävalierende* Geschlecht eindeutig herzustellen.

Die Frage, ob ein Hermaphrodit operiert werden soll und vor allem wie ein solcher Eingriff ausgeführt werden kann, wird bereits zweihundert Jahre vor Arnaud erörtert. Columbus berichtet von einem *weiblichen* Hermaphroditen, der ihn bittet, die bei den *ehelichen Werken* störende *Rute* zu amputieren. Auch Duval erzählt von einem Fall, da das störende Glied abgeschnitten werden soll. Doch beide lehnen diesen Eingriff ab, weil eine solche chirurgische Intervention die zu operierende Person einer erhöhten Lebensgefahr aussetzen würde. Schließlich wird Aquapendente in seinen „Chirurgischen Schriften“ sein Tableau der vier Hermaphroditenarten aufstellen und zwei Operationsmethoden vorschlagen. Die erste Methode bezieht sich auf die drei *männlichen* Zwitterarten und besagt, dass die weibliche *Scham* herausgeschnitten werden soll. Der zweite Eingriff bezieht sich auf die eine *weibliche* Hermaphroditenart. In diesem Fall, da die *Rute* nur rudimentär ausgeprägt ist, soll sie amputiert werden, um die ungezügelte Lust, die Aquapendente in dieser *Rute* vermutet, zu entfernen. (Vgl. Aquapendente 1716: 197) Diese beiden Methoden münden letztlich in der Formel: Es muss alles abgeschnitten werden, was zu viel, was bei den *ehelichen Werken* hinderlich ist. Doch auch Aquapendente wird, genau wie Columbus und Duval, diese Eingriffe ablehnen, da der zu operierende Hermaphrodit während oder infolge des chirurgischen Eingriffs leicht sterben könnte.

Anfang des achtzehnten Jahrhunderts veröffentlicht Peter Dionis ein chirurgisches Kompendium, in dem sämtliche Operationsmethoden zusammengefasst sind, die bis zu diesem Zeitpunkt existieren.[16] Die Operationen, die der sexuellen Organisation zugehörig sind, unterscheidet er in: „Operationen an der Ruthe / oder Männlichem Glied“ sowie „Operationen an der Weiblichen Schaam“ (Dionis 1712: 250; 273). Schließlich kommt er auf chirurgische Eingriffe zu sprechen, die an Hermaphroditen ausgeführt werden können. Er erklärt, dem Tableau der Hermaphroditenarten entsprechend, welche Zwitterarten existieren, um schließlich zu fragen: „Was zu thun. Hier kan man nun nicht vorschreiben / was man bey diesen Zuständen die fast alle von einander unterscheiden sind / zu thun habe; sondern es kann nur dieses gemeldet werden / daß deß Chirurgi Ammt weiter sich nicht erstrecke / daß er das Unnütze wegnehme / und die Theile so er vor überflüssig hält / abschneide; oder doch / daß er dasjenige Glied / dessen Gebrauch sollte verbotten seyn / kräncke / damit das Andere desto frischer werde.“ (Dionis 1712: 283)

Die Ähnlichkeiten zwischen der Argumentation von Aquapendente und den Überlegungen von Dionis sind evident. Beide behaupten, dass es unterschiedliche Methoden gibt, um an Hermaphroditen operativ zu intervenieren: *Prävaliert* das männliche Geschlecht, müssen die *Geburtsglieder* entfernt werden. Wenn hingegen das weibliche Geschlecht dominiert, sollen die *Zeugungsglieder* amputiert werden. Auch das Operationsziel ist identisch: Es muss alles, was den *ehelichen Werken* im Wege steht, entfernt werden. Hingegen sich aber Columbus, Duval und Aquapendente dezidiert gegen derartige Eingriffe aussprechen, findet sich eine solche Ablehnung bei Dionis nicht. Und neben Dionis finden sich im achtzehnten Jahrhundert weitere Mediziner, die einen finalen Trennungsschnitt am hermaphroditischen Körper vollziehen wollen.[17] Doch diese

16 Dionis, Pierre (1708): COURS D'OPERATIONS DE CHIRURGIE, Démontrées au Jardin Royal, A Bruxelles, Chez Les Freres T'Serstevens, Libraires proche les RR. PP. Dominicains. Et Antoine Claudinot, Libraire sur la Cantersteen à l'Image S. Paul. Im Weiteren wird die deutschsprachige Übersetzung verwendet: Dionis, Pierre (1712): Chirurgische OPERATIONES Oder: Außführlicher Unterricht Zur Wund-Artzney, Mit vielen und zum Theil gantz neu inventirt chirurgischen Instrumenten / auch sonsten denen Chirurgis zu wissen nöthigen Sachen / in Kupffer sehr deutlich fürgebildet. Auß dem Frantzsösischen übersetztet von SELINTES. Mit Königl. Polnisch- und Chur-Fürstl. Sächs. allergnädigst. Privilegio. Augspurg, zu finden bey Paul Kühtzen.

17 Vgl. hierzu u. a.: Schurig, Martin (1729): Schurigio Muliebria historico-medica, hoc est partium genitalium muliebrium consideratio physico-medico-forensis. qua pudendi muliebris partes tam externae, quam internae, scilicet uterus cum ipsi annexis ovariis et tubis fallopianis, nec non varia

Vorschläge der Chirurgie, die allesamt auf die Amputation des *Unnützen* zielen, verhallen bis zur Mitte des achtzehnten Jahrhunderts im Getöse jener Diskurse, die von der Todesgefahr für den zu korrigierenden Hermaphroditen sprechen. Weder zur Klärung noch zur Produktion des *wahren* Geschlechts werden sezierende oder schneidende Eingriffe realisiert.

Dies ändert sich schlagartig mit dem Bericht von Arnaud. Er trennt nicht etwas ab, sondern schneidet in die sexuelle Organisation ein und fügt über den Einschnitt etwas hinzu: Er schafft eine künstliche *Vagina*, statt die störende *Rute* abzuschneiden. Diese Hinzusetzung eines phänotypischen *Merkmals* ist insofern bemerkenswert, da sein *weiblicher* Hermaphrodit, respektive die *missgebildete Frauensperson*, etwas Ähnliches verlangt wie der *weibliche* Hermaphrodit von Columbus. Sie beklagt sich über eine schmerzende *Rute* und verlangt, dass diese amputiert werden soll, da sie beim Beischlaf störe. Eine Amputation der undurchbohrten *Rute* lehnt Arnaud jedoch, zusammen mit dem Ärztekollegium, ab. Die Gründe hierfür werden nicht benannt. Doch deutet die Tatsache, dass Arnaud die undurchbohrte *Rute* nicht künstlich öffnet und hierüber ein männliches *Merkmal* schafft, sondern stattdessen eine künstliche *Vagina* produziert, darauf hin, dass er in dem rutenähnlichen Gebilde eine vergrößerte *Klitoris* sieht?[18]

Diese Frage nach dem Motiv von Arnaud ist insofern nicht relevant, als es hier die Praktik ist, die von dem neuen Diktum der Medizin zeugt, demzufolge alle Hermaphroditen *missgebildete* Frauen sind. Er entscheidet sich nicht für die Herstellung einer künstlichen *Rute*, sondern für die Produktion einer künstlichen *Vagina*, mit dem Effekt, dass dem rutenartigen Gebilde eine neue Bedeutung zugewiesen wird: Es ist spätestens nach dem Einschnitt keine undurchbohrte männliche *Rute* mehr, sondern eine vergrößerte weibliche *Klitoris*. Anders formuliert, selbst wenn Arnaud und sein Ärztekollegium vor der Operation keine *Klitoris* in dem rutenähnlichen Gebilde gesehen haben, dann wird zumindest über den chirurgischen Einschnitt eine solche Merkmalszuweisung, eine derartige Bedeutung, erzeugt. Wissen und Praktik stehen demnach in einem sich wechselseitig bedingenden Verhältnis. Was nichts anderes heißt, als dass entsprechend der Wahrheit des dichotomen Geschlechts ausschließlich phänotypische *Zeugungs-* und *Geburtsglieder* chirurgisch produziert werden beziehungsweise dass über chirurgische

de clitoride et tribadismo, de hymene et mymphotomia seu feminarum circumcisione et castratione selectis et curiosis observationibus traduntur, Dresden, Leipzig: apud Christoph Hekel b. filium.

18 Die Perforation der männlichen Rute gehört zu den bekannten chirurgischen Eingriffen, die im achtzehnten Jahrhundert praktiziert werden. Dionis beschreibt in seiner chirurgischen Abhandlung diesen Eingriff wie folgt: „Man machet diese Oeffnung an dem Ort / wo sie seyn solte / mit einem langen / spitzen / und einem hefft versehenen Myrthen-Blatt Q oder auch wohl mit der Lancette R. [M]an muß [...] so tieff hinein stechen / biß der Urin heraus kommt / als welches der Zweck ist / den man ihm hier vorsetzt." (Dionis 1712: 265) Vgl. zu weiteren Eingriffsformen an der männlichen *Rute*: Heuermann, D. Georg (1754): Das zehende Capitel. Von den Operationen, die am männlichen Gliede vorkommen, in: ders.: Abhandlungen der vornemsten Chirurgischen Operationen am menschlichen Cörper mit Abzeichnungen der hiezu erforderlichen nöthigen und neuen Instrumenten, Erster Band, Copenhagen und Leipzig: bey Friedrich Christian Pelt, S. 678-704.

Praxis Bedeutungen hergestellt werden, die wiederum auf die Wahrheit der phänotypischen Taxonomie verweisen und diese stabilisieren.

Arnaud ist der erste Mediziner, der einen Eingriff durchführt und detailliert beschreibt, der nicht auf die Entfernung einzelner Glieder der sexuellen Organisation abzielt, sondern in die sexuelle Klinik die phänotypischen *Merkmale* hinein schneidet – mit dem Messer des Chirurgen wird eine künstliche *Vagina* hergestellt. Und nicht nur der Erfolg dieser Prozedur – Arnaud spricht von einer Heilung – wird von ihm betont, sondern die Wiederholbarkeit. Diese scheint wie ein bleiernes Gesetz auf dem *weiblichen* Hermaphroditen zu liegen, denn wenn sich die *missgebildete Frauensperson* ein zweites Mal an Arnaud wendet, so spricht sich Arnaud dezidiert für die Durchführung derselben Prozedur aus. Dass diese Operationsmethode als alternativlos erachtet wird, zeigen die Aussagen des Chirurgen Hoin und Diderot. Ersterer führt aus, so zitiert Arnaud, dass er mit dieser Methode, dem ‚Einschnitt in das Schambändgen', aus der Anne Grand-Jean eine Frau machen könnte. Diderot seinerseits hebt die Alternativlosigkeit in seiner Enzyklopädie hervor, wenn er den Bericht als einziges Beispiel für einen operativen Eingriff an einem Hermaphroditen benennt. Über diese Alleinstellung macht Diderot die Methode von Arnaud zum Modell für alle weiteren Eingriffe – er lässt die Operation als einzige Möglichkeit erscheinen, die zur Intervention am hermaphroditischen beziehungsweise am *missgebildeten* Frauen-Körper anwendbar ist.[19] Schließlich eine letzte Anmerkung: Mit der Veröffentlichung des Arnaudschen Berichts an diesem privilegierten Ort, dem Wissensspeicher Diderots, wird er (enzyklop-)ediert und, mit Foucault gesprochen, in einen Kanon der wahren Aussagen aufgenommen – die Methode ist in das Wahre, das Denk- und Sagbare eingetreten. (Vgl. ODis 2003: 25)

19 Die verwendete Methode ist stets dieselbe: Mit einem Bistouri wird eine künstliche Scheide geschnitten. Vgl. hierzu u. a.: Roux (1773): VII. Journal de Medecine. Tome XXXVII, in: Richter, D. August Gottlieb [Hg.]: Chirurgische Bibliothek. Des zweyten Bandes drittes Stück. Göttingen und Gotha gedruckt und verlegt bey J. C. Dieterich, S. 82-83; Oberteufer, Joh. Georg (1802): 2. Beobachtung. Von Verwachsungen der Mutterscheidenöffnung, und dem gänzlichen Mangel der Scheide und Gebärmutter, in: Stark, D. Johann Christian [Hg.]: Neues Archiv für die Geburtshülfe, Frauenzimmer- und Kinderkrankheiten mit Hinsicht auf die Physiologie, Diätetik und Chirurgie. Zweyten Bandes. Viertes Stück. Jena bey Wolfgang Strahl, S. 627-629; Oberteufer, Joh. Georg (1802a): 3. Beobachtung. Verwachsung der Harnröhre, der Mutterscheide und des Mastdarms, in: Stark, D. Johann Christian [Hg.]: Neues Archiv für die Geburtshülfe, Frauenzimmer- und Kinderkrankheiten [...]. Zweyten Bandes. Viertes Stück. Jena bey Wolfgang Strahl, S. 629-630.

2. Die medizinisch-chirurgische Produktion des ‚Mannes‘: Der ‚ärztliche Blick‘ und die chirurgischen Interventionen

> „Aus allem bisher Gesagten folgt nun ohne weiters, daß es immer nur Männer waren, die man für Hermaphroditen ansah, und daß es immer nur Männer sind, an welchen die hier abgehandelte Art von Mißbildung der Zeugungstheile vorkommt.“[20]

Bisher wurden vier Krisenmomente beschrieben, die den fundamentalen Bruch zwischen dem Wissen des siebzehnten und achtzehnten Jahrhunderts einerseits und dem des neunzehnten und zwanzigsten Jahrhunderts andererseits kennzeichnen: Die Stabilisierung zweier phänotypischer *Merkmale* – männliche *Rute* und weibliche *Klitoris* –, die Benennung und Sichtbarmachung eines neuen *Merkmals* zur Bestimmung der Wahrheit des Geschlechts – der *Uterus* –, das medizinische Axiom – alle Hermaphroditen sind *missgebildete* Frauen – sowie die hieraus resultierende Auflösung des Tableaus der Hermaphroditenarten. Die hier benannten Aussagefelder erscheinen erstmals in den klinischen Berichten um Michel Anne Drouart, manifestieren sich in den Diskursen um Anne Grand-Jean und werden über jene Praktiken stabilisiert, die in den chirurgischen Traktaten beschrieben werden.

Doch verweist die Stabilisierung der medizinischen Aussagen auf eine neue Kontinuität innerhalb des medizinischen Wissens? Kann aus der Manifestierung der krisenhaften Momente geschlossen werden, dass der radikale Umbruch zwischen dem Wissen des siebzehnten und achtzehnten beziehungsweise des neunzehnten und zwanzigsten Jahrhunderts abgeschlossen ist? Offenbaren die medizinischen Diskurse des ausgehenden achtzehnten und beginnenden neunzehnten Jahrhunderts jenen Mechanismus, den Foucault mit der Neubeschreibung der ‚weißen Felder‘ bezeichnet, die das alte Wissensraster freigelassen hat? Oder haben sich vorerst lediglich die Konturen jener ‚wießen Felder‘ gezeigt, die die medizinisch-naturgeschichtlichen Diskurse nicht erfasst haben? Kurz gefragt: Ist der radikale Bruch abgeschlossen oder taucht in den medizinischen Traktaten des beginnenden neunzehnten Jahrhunderts eine neue Diskontinuität auf, die die vorläufige Stabilisierung als ein temporäres Zwischenspiel erscheinen und den Umbruch in eine zweite Phase treten lässt?

Eine vorläufige Antwort bildet die, diesem Kapitel vorangestellte, Behauptung von Johann Feiler: Alle Hermaphroditen sind immer nur Männer gewesen, die eine spezifische *Missbildung* an den *Zeugungsgliedern* aufweisen. (Vgl. Feiler 1820: 96) Doch nicht nur Feiler zeugt von einer Diskontinuität, wenn er zum einen die medizinische Erzählung von den *missgebildeten* Frauen in die neue Wahrheit von den *missgebildeten* Männern umkehrt und er zum anderen die Wahrheit der phänotypischen Geschlechtsglieder ins Spiel bringt. Auch das Erscheinen einer zweiten Krisenfigur, des Hermaphroditen Maria Dorothea Derrier, verweist auf einen anhaltenden Umbruch. Und mit

20 Feiler, Johann (1820): Über angeborene menschliche Missbildungen im Allgemeinen und Hermaphroditen insbesondere. Ein Beitrag zur Physiologie, pathologischen Anatomie, und gerichtlichen Arzneiwissenschaft, Landshut, bei Philipp Krüll, Universitätsbuchhändler, S. 96.

den medizinischen Traktaten um den Hermaphroditen Derrier betritt zu Beginn des neunzehnten Jahrhunderts eine zweite Operationsmethode die Bühne des chirurgischen Feldes, die sich auf den hermaphroditischen beziehungsweise *missgebildeten* Körper richtet.

Wenn es demnach richtig ist, dass auf die temporäre Stabilisierung eine weitere Diskontinuität folgt und der elementare Umbruch anhält, dann stellen sich folgende Fragen: Was macht das Krisenereignis Maria Dorothea Derrier aus? Rankt sich die Krise, wie im Fall der Michel Anne Drouart, um die Repräsentationsverhältnisse der *Zeugungs-* und *Geburtsglieder*? Oder sind die krisenhaften Momente in den medizinischen Traktaten um Maria Dorothea Derrier an die Benennung und Sichtbarmachung der im Körperinneren liegenden Organe gekoppelt? Schließlich steht die Frage im Raum, wie die neuen chirurgischen Praktiken mit der vollkommen neuen Aussage verbunden sind, dass alle Hermaphroditen in Wahrheit nur *missgebildete* Männer seien?

Das erste Kapitel im Fall der Krisenfigur Maria Dorothea Derrier wird im Jahr 1801 von Christoph Wilhelm Hufeland geschrieben.[21] Hufeland erzählt, dass die 22-jährige Tochter von Tagelöhnern in die Berliner Charité geschickt wurde, um sich gegen Krätze behandeln zu lassen. „[Z]ufällig [wurde] im Bade folgende ungewöhnliche Formation der Geburtstheile" bemerkt. (Hufeland 1801: 170) Diese Entdeckung bietet Hufeland die Gelegenheit, die sexuelle Klinik der Derrier in seinen ‚ärztlichen Blick' zu nehmen: „Die Ruthe ist von ansehnlicher Größe, sehr gut und vollkommen formirt, bis auf einen kleinen Theil freystehend, mit einer völlig gebildeten Vorhaut versehen, die sich über die Eichel vor- und zurückschieben lässt, auch bekommt sie zuweilen, besonders gegen Morgen, schwache Erektionen [...]. Es fehlt jedoch an der Ruthe der gewöhnliche Harngang, ob sich gleich in der Mitte der Eichel am gewöhnlichen Orte eine kleine rothe Vertiefung zeigt. Die weiblichen Geburtstheile sind übrigens in folgender natürlichen Beschaffenheit vorhanden. Die großen Lefzen ganz natürlich, die kleinen nur schwach angedeutet, die Oeffnung der Harnröhre unter der Ruthe, die Mutterscheide, welche aber so enge ist, daß man kaum einen Federkiel hineinbringen kann, auch das Becken ist ganz weiblich gebildet. Seit einigen Jahren ist die monatliche Reinigung in ihrer gehörigen Ordnung; von Testikeln ist keine Spur." (Hufeland 1801: 170f.) Hufelands Bericht endet mit der Feststellung: „Da nun offenbar die Haupttheile und Eigenschaften der Weiblichkeit vorhanden sind, und die wesentlichen Theile der Mannheit, die Testikel fehlen, so ist diese Person für nichts anders, als für ein weibliches Geschöpf mit einer monströsen Clitoris zu halten" (Hufeland 1801: 171f.).

Noch im selben Jahr erscheint ein zweiter Bericht über die Derrier, der von Christian Ludwig Mursinna verfasst wird.[22] Mursinna fertigt eine Kupfertafel von Derriers sexueller Klinik an und beschreibt die einzelnen Glieder sehr ausführlich. (Vgl. Mursinna

21 Hufeland, Christoph Wilhelm (1801): Beschreibung und Abbildung eines zu Berlin beobachteten weiblichen Hermaphroditen, in: ders. [Hg.]: Journal der practischen Arzneykunde und Wundarzneykunst [...]. Zwölfter Band. Drittes Stück. Mit einem Kupfer. Berlin: In Ungers Journalhandlung, S. 170-172.

22 Mursinna, Christian Ludwig (1801): XVI. Von einer besonderen Naturbegebenheit, in: Journal für die Chirurgie, Arzneykunde und Geburtshülfe von Christian Ludwig Mursinna, Erster Band drittes Stück, Berlin: in der Felischischen Buchhandlung an der langen Brücke, S. 555-559.

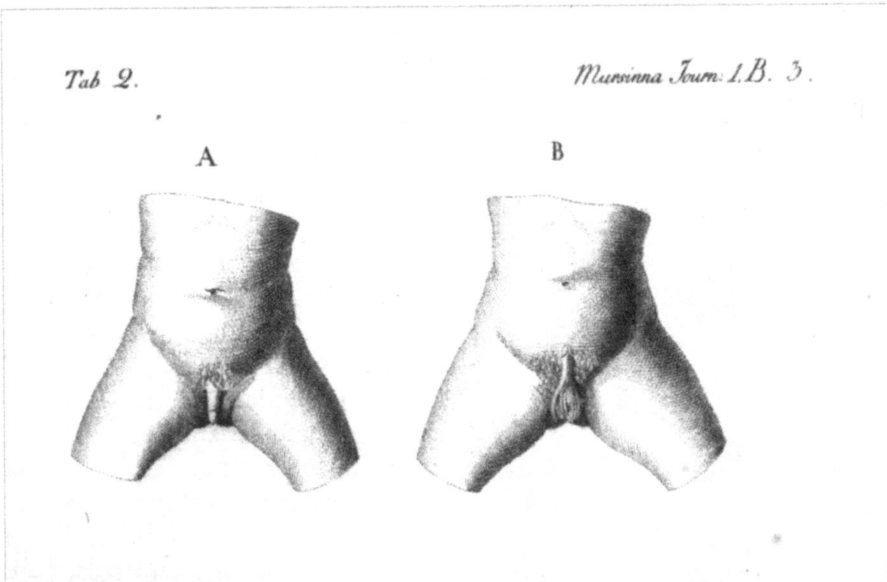

Abb. 52: Maria Dorothea Derrier (Mursina 1801)

1801: 555ff.; Abb. 52) Dieser Bericht ähnelt in wesentlichen Elementen dem Untersuchungsprotokoll von Hufeland. Er beschreibt die Beschaffenheit „der männlichen ähnliche Ruthe“ und „daß sie keine Oeffnung hatte“, er schildert „den wirklichen Eingang der Scheide“, der ihm verweigerte, den „Muttermund zu erreichen“ und dass die Derrier „im achtzehnten Jahre ihre Reinigung erhalten [...] hätte.“ (Mursinna 1801: 555ff.) Schließlich bestimmt er das *wahre* Geschlecht der Derrier: „Diese Person hatte nun eine große Aehnlichkeit mit einem sogenannten Hermaphroditen. Da sie aber außer der größern Ruthe und dem äußeren Ansehen nichts ähnliches mit dem Manne, auch keine Hoden hat; so ist sie allerdings zum weiblichen Geschlecht zu zählen.“ (Mursinna 1801: 558)

Die Aussagen von Hufeland und Mursinna verweisen in dreifacher Hinsicht auf die Kontinuität jenes medizinischen Diktums, das sich in der Mitte des achtzehnten Jahrhunderts etabliert. Zum einen stellen sie die Wahrheit des Geschlechts über die Observation der sichtbaren Merkmale der *Zeugungs-* und *Geburtsglieder* her. Dabei konzentriert sich der Produktionsprozess auf die Bestimmung des rutenähnlichen Gebildes, das nicht *perforiert* ist, von keiner *Urethra* durchzogen wird und keine Verbindung zu den *Hoden* aufweist, da diese nicht auffindbar sind. Demnach identifiziert Hufeland das rutenähnliche Gebilde, analog zu den Aussagen von Gautier d'Agoty, Ferrein oder Heuermann, als eine missgestaltete *Klitoris*. Zum Zweiten wird behauptet, dass die Derrier große Ähnlichkeiten mit den sogenannten Hermaphroditen aufweise. Eine Einordnung in eine der fünf *Classen* der Zwitterarten wird jedoch nicht vorgenommen. Im Gegenteil, die Referenz zum Tableau der Hermaphroditen existiert in den Ausführungen nicht, weshalb die Derrier ausschließlich zum weiblichen Geschlecht gezählt wird – eine Dominanzkonstellation wird nicht aufgestellt. Zum Dritten verwenden die untersuchenden

Abb. 53: Maria Dorothea Derrier (Monorchis 1801)

Ärzte die Technik der Vivisektion, doch die ‚ärztlichen Blicke' lassen auch den *Uterus* auftauchen. Mursinna benennt Teile der *Gebärmutter*, die sich zwar seinem medizinischen Instrumentarium entziehen, an deren Existenz er dennoch nicht zweifelt. In ihrer Schlussfolgerung, der *Uterus* müsse vorhanden sein, da die *monatliche Reinigung* seit dem achtzehnten Lebensjahr zyklisch verläuft, sind sich jedoch beide einig.

Der dritte Bericht über die Derrier erscheint ebenfalls im Jahr 1801 und wird von F. F. Monorchis verfasst.[23] Ein detailliertes Vivisektionsprotokoll veröffentlicht Monorchis nicht. Stattdessen fügt er seinem Traktat eine Kupfertafel (vgl. Abb. 53) hinzu und führt sein Publikum in das Wissen über die Hermaphroditen ein: „[D]iese Erscheinung trifft man nur in den eyerlegenden Thieren an; denn im menschlichen Geschlechte, und in allen lebendig gebährenden Arten, wo die zeugende Kraft ursprünglich getheilt, und zwei Subjecten überlassen ist, kann sie sich niemals simplificiren, und in einem einzigen vereinigen" (Monorchis 1801: 7). Und nicht nur die Existenz der Hermaphroditen wird entsprechend Gautier d'Agoty, Ferrein, Heuermann oder Mauléon und Jérôme in Abrede gestellt, sondern auch die Geschlechtsbestimmung folgt deren Aussagen: „Unser Gast in der Charité giebt den neuesten Beweis, dass fast alle Hermaphroditen nur Mädchen sind, bei welchen sich die Werkzeuge ihres Geschlechts zu sehr entwickelt haben, und über die gewöhnlichen Gränzen erstrecken." (Monorchis 1801: 7) Die Kontinuität des medizinischen Aussagefeldes – knapp vierzig Jahre liegt das Krisenereignis Michel Anne Drouart zurück – scheint evident: Hufeland, Mursinna und Monorchis behaupten, dass es keine Zwitter gebe und dass diejenigen, die hierfür gehalten werden, zu den Frauen zu rechnen seien.

Dies ändert sich schlagartig mit einem Artikel von Johann Christian Stark.[24] Sein Bericht über Maria Dorothea Derrier ähnelt, was die Bestimmung der äußerlich sicht-

23 Monorchis, F. F. (1801): Von dem neuangekommnen Hermaphroditen in der Charité zu Berlin im Jahre 1801 und von Zwittern überhaupt [...]. Mit einer Kupfertafel. Berlin, Bei Johann Wilhelm Schmidt. Der Name Monorchis ist höchstwahrscheinlich ein Pseudonym. Hierfür spricht unter anderem die Bedeutung des Begriffs Monorchis: (griech.) monos*: einzeln;* orchis*: Hoden.*

24 Stark, D. Johann Christian (1801): Nro. VI. Kurze Beschreibung eines sogenannten Hermaphroditen oder Zwitters, welcher aber mehr zum männlichen, als weiblichen Geschlechte zu rechnen ist, nebst einer Vorerinnerung von dem Herausgeber, in: ders. [Hg.]: Neues Archiv für die Geburtshülfe,

baren *Merkmale* betrifft, jenen Beschreibungen, die Hufeland und Mursinna notiert haben. Drei ‚ärztliche Augenblicke‘ Starks produzieren jedoch den Unterschied und kennzeichnen die krisenhaften Momente des Ereignisses Derrier. Zum Ersten sagt Stark: „Ich glaube sicher vermuthen zu dürfen, dass es ein Testikel war, der noch hinter dem Bauchring sass. Auf der linken Seite war dieses weniger merkbar. Da ich aber vorher Personen gesehen habe und untersucht habe, deren Testikel noch innerhalb des Bauchrings in dem Unterleibe sassen, so fand ich diese Beschaffenheit jenen ganz ähnlich.“ (Stark 1801: 547) Zum Zweiten berichtet Stark: „Endlich hat sie mir auf wiederholtes und bestimmtes Fragen mehrmalen deutlich versichert: dass sie zwar einmal aber nur ein einzigmal nach einem Fall und einer Krankheit etwas blutiges aus der Oefnung kommen gesehen, welches aber auch oft bey Mannspersonen in andern Fällen zuweilen aus der Harnröhre erfolgt, daraus darf man durchaus nicht auf das Daseyn des Monatlichen schliessen.“ (Stark 1801: 550) Zum Dritten führt Stark aus: „Dagegen hat sie öfter einen nach ihrer Beschreibung wahren Saamenschleim unter Erektionen während des Schlafs abgehen sehen, nach dem ich und andere sie auf diese Erscheinung aufmerksam gemacht haben.“ (Stark 1801: 551) Schließlich formuliert Stark seine Geschlechtsbestimmung: „Aus allen diesen ist der höchst wahrscheinliche Schluss zu machen, dass diese Person kein wirklicher Hermaphrodit, sondern eine missgestaltete Mannsperson sey.“ (Stark 1801: 551) Die ersten Umrisse der krisenhaften Momente sind evident: Maria Dorothea Derrier wird nicht mehr ein weibliches Geschlecht zugeschrieben, sondern ihre sexuelle Organisation verweist darauf, dass sie ein Mann sei. Die *Hoden*, die Hufeland und Mursinna nicht entdecken konnten, will Stark ertastet haben. Den *Menstruationsfluss*, den Hufeland und Mursinna als zyklisch auftretendes Phänomen beschreiben, schließt Stark aufgrund seiner mehrmaligen Befragung aus. Hingegen beobachten Derrier und die betreuenden Ärzte einen regelmäßigen *Samenfluss*.

Wie aber werden diese Unterschiede hergestellt? Ignoriert Stark die bisher gültigen Definitionen der beiden phänotypischen *Merkmale* – *Klitoris* und *Rute*? Wendet er eine vollkommen neue Methode an? Und wenn es stimmt, dass sich die Methode ändert, dann stellt sich die Frage, ob mit diesem Wandel neue Techniken korrespondieren, die künftig die Wahrheit des Geschlechts zutage fördern. Vorerst spricht Stark sich dezidiert gegen die Technik der Vivisektion aus: „In den frühen und älteren Zeiten liess man sich leicht von der blosen äussern Form und dem äussern Ansehen dieser Geschöpfe täuschen“. Daher wurden jene Personen, die sich als Hermaphroditen für Geld zeigten, „als Frauenzimmer mit einem etwas verlängerten Kitzler (Clitoris)“ betrachtet. (Stark 1801: 539) „Der genaue Forscher muss sich auch durchaus nicht nach der äussern Form richten, und bloss die sichtbarsten Kennzeichen der Aussenseite nehmen“ (Stark 1801: 540). Anders formuliert: Die Technik der Vivisektion, die die *Merkmale* der phänotypischen und vor allem dichotomen *Zeugungs-* und *Geburtsglieder* überhaupt erst produziert hat, wird von Stark der Selbsttäuschung überführt. Die *Merkmale*, an denen die Wahrheit des

Frauenzimmer- und Kinderkrankheiten mit Hinsicht auf die Physiologie, Diätetik und Chirurgie. Zweyten Bandes, drittes Stück. Jena, bey Wolfgang Strahl, S. 538-556.

Geschlechts abgelesen wird, die sichtbaren Glieder der sexuellen Organisation, täuschen den Vivisektierenden.

Wie aber soll, wenn die Technik der Vivisektion keine Evidenzen produziert, die sexuelle Organisation untersucht werden? Stark formuliert zunächst einen Wunsch: „Doch habe ich immer gewünscht! wünsche es noch sehr, dass man die Zwitter nach dem Tode möchte secirt haben, oder die noch existenten nach ihrem Tode öfnen möge, um die Uebereinstimmung der äussern und innern Theile zu sehen" (Stark 1801: 540). Weil die Derrier jedoch nicht verstorben ist, müssen andere Untersuchungstechniken das Wahrheitsbegehren von Stark stillen. Doch bevor die Umrisse einer neuen Technik zutage treten, nimmt Stark eine methodologische Veränderung vor. Er prästabiliert vor seiner Untersuchung jene Merkmale, die er entdecken, deren Existenz er nachweisen will: „Allein das Daseyn eines, oder zweyer gesunder Hoden, sie mögen nun an ihrem gewöhnlichen Orte, nämlich im Hodensack liegen, oder noch im Unterleibe innerhalb des Bauchrings, oder in demselben, oder nahe an demselben in einer Menge Zellgewebe versteckt seyn, sind die eigentlichen Organe zur Fortpflanzung und Erzeugung seines oder des Mannes gleichen. Der Entmannte ist nicht mehr Mann, indem er seiner Hoden beraubt ist und also seines gleichen nicht mehr erzeugen kann, ob er gleich ein gut geformtes männliches Glied und Hodensack hat. Eben so verhält sichs auch mit dem weiblichen Geschlecht. Die Unterscheidungs-Organe sind die Eyerstöcke, die Muttertrompete und die Gebärmutter" (Stark 1801: 542). Stark benennt also vor seiner Untersuchung zwei Kennzeichen, nach deren Existenz es zu suchen gilt, um Aussagen über das *wahre* Geschlecht treffen zu können.

Mit dieser methodologischen Vorkehrung, der Prästabilierung jener *Merkmale*, die im Verlauf der Untersuchung sichtbar gemacht beziehungsweise nachgewiesen werden sollen, geht jedoch ein Technikproblem einher. Denn Starks Setzung rekurriert auf den Nachweis, auf die Sichtbarmachung von *Merkmalen*, die im Inneren des Körpers liegen. Für diesen Vorgang ist jedoch die Technik der Vivisektion, die die Wahrheit des Geschlechts aus den äußerlich sichtbaren Gliedern abliest, nicht geeignet. Wie aber kann die Sichtbarmachung realisiert werden? Stark führt eine zweite Annahme ein: Die weibliche *Scheide* „ist nur das Hülfs-Organ, das männliche Glied aufzunehmen, damit der männliche Saame sicher und gewisser in die Gebärmutter gebracht werden und daselbst mit weiblichen Zeugungsstoff, der von den Eyerstöcken durch Hülfe der Muttertrompete hieher ist geführt worden, zu einer neuen Frucht verbunden, ausgebildet und genährt werden kann. Alle diese genannten Organe sind nur zur Zeugung Ausbildung und Reifung der Frucht" (Stark 1801: 542f.). Schließlich formuliert er eine dritte Annahme: „Soll daher ein Hermaphrodit als ein wahrer Hermaphrodit existent seyn, so müssen diese verschiedenen Geschlechts-Organe sich vereinigt entweder ausserhalb dem Leibe und Becken, oder innerhalb desselben vorhanden seyn. An dieser sichern, wahren und über alle Zweifel erhabenen Beobachtung fehlt es leider" (Stark 1801: 543). Mit anderen Worten, die doppelte Präsenz der inneren Organe ist auszuschließen, da sie niemals in einem Körper entdeckt wurde.

Die Grundlagen für Starks Untersuchung beziehungsweise für seine Geschlechtsbestimmung sind also die folgenden Voranahmen: Es gibt nur zwei Organe (*Hoden* und *Eierstöcke/Gebärmutter*), die die Wahrheit des Geschlechts bezeugen. Diese haben eine

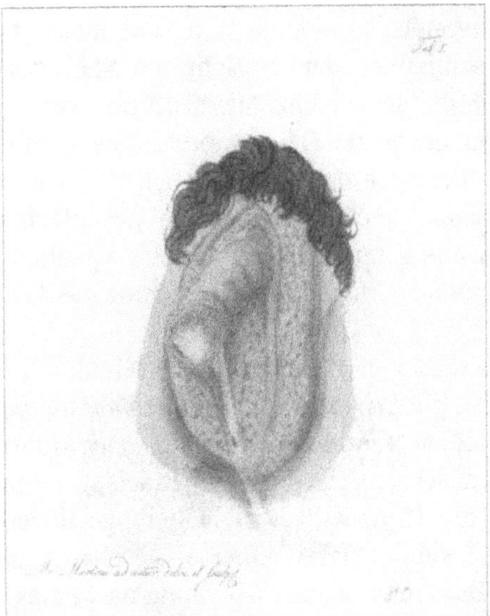

Abb. 54: Maria Dorothea Derrier (Martens 1801)

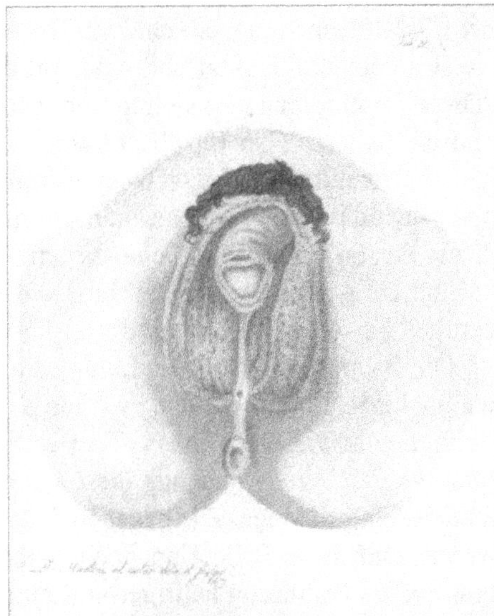

Abb. 55: Maria Dorothea Derrier (Martens 1801)

jeweils spezifische Funktion, die sich in den Ausscheidungen zu erkennen geben (*Samen* der *Hoden* und *Zeugungsstoff* der *Eierstöcke/Gebärmutter*). Die Organe schließen sich wechselseitig aus (entweder *Hoden* oder *Eierstöcke/Gebärmutter*). Wie aber werden diese Organe sichtbar gemacht, welche Techniken werden hierzu angewendet? Erste Umrisse der neuen Techniken treten innerhalb Starks Untersuchungsprotokoll hervor: Zum einen führt er eine Befragung der Derrier durch. Stark betont, dass er die Derrier mehrfach aufgefordert hat, den *Menstruationsfluss*, das Ausscheidungsereignis der *Eierstöcke/Gebärmutter*, zu beschreiben. Er will wissen, wie oft dieser in der Vergangenheit aufgetreten ist. Und wenn er aufgetreten ist, in welcher Konsistenz beziehungsweise an welcher Stelle der sexuellen Organisation hat er sich gezeigt? Zum anderen appelliert er an Derrier, sich selbst zu überwachen, da er beobachtet hat, dass Derrier während der Nacht *Samenflüssigkeit* ausscheidet. Dieses Ereignis liest er als Hinweis für die Existenz von mindestens einem gesunden *Testikel*. Er macht Derrier auf den *Samenfluss* aufmerksam, verlangt von seiner Probandin, dieses Ereignis zu überwachen, und fordert Auskunft über die Selbstbeobachtung. Befragung und (Selbst-)Beobachtung erscheinen hier als die zwei wesentlichen Bestandteile der Untersuchung von Stark, mit deren Hilfe er die inneren Organe aufzuspüren versucht.

Ein Jahr nach Stark spricht sich ein weiterer Mediziner gegen die Geschlechtsbestimmung der Derrier aus, die Hufeland, Mursinna und Monorchis vorgenommen haben. Es ist der Leipziger Arzt Franz Heinrich Martens, der von Maria Dorothea Derrier aufgesucht wird und sie in seinen ‚ärztlichen Blick' nimmt.[25] (Vgl. Abb. 54 & 55) Martens,

25 Martens, Franz Heinrich (1802): Beschreibung und Abbildung einer sonderbaren Misstaltung der männlichen Geschlechtstheile von Maria Dorothea Derrier aus Berlin, nebst den Meinungen von

der die Untersuchungsberichte von Hufeland, Mursinna, Monorchis und Stark auszugsweise in seinem Traktat abdruckt, pflichtet ausschließlich dem Bericht von Stark bei: „Diese Beschreibung ist so treu und wahr, daß ich durchaus nichts hinzuzufügen wüsste, und ich halte es also für überflüssig, noch weiter etwas zur Beschreibung dieses Subjekts hinzuzufügen [...]. Doch sey es mir erlaubt, hier noch die Punkte, welche ich schon oben ausführte, und welche man als die Hauptcharaktere des weiblichen Geschlechts dieser Person abgab, zum Schlusse kurz zu wiederholen, und dabey zu zeigen, wir offenbar unrichtig jene Charaktere sind, und wie sie, meiner Meynung nach, gerade das Gegentheil beweisen." (Martens 1802: 17f.)

Die hauptsächlichen *Merkmale*, die laut Martens von Hufeland und Mursinna als weibliche bestimmt wurden, sind die *Schamlefzen*, die *Scheidenöffnung*, die *monatliche Reinigung* sowie die *Klitoris*. Zum ersten weiblichen *Merkmal*, den *Schamlefzen*, führt Martens aus: „Wenn man nun diese vermeintlichen Schaamlefzen genau betrachtet, wenn man je einen Hodensack gesehen hat, in dem die Hoden noch nicht herabgestiegen waren, und diese Fälle sind doch so häufig, daß sie sogar bey einer eingeschränkten praktischen Erfahrung häufiger vorkommen, so kann man, meiner Meynung nach, diese Theile durchaus nur für den Hodensack halten" (Martens 1802: 18). Zum zweiten weiblichen *Merkmal*, der *Scheidenöffnung*, sagt Martens: „[I]ch versichere aber, daß ich in diese kleine Oeffnung nur die Spitze des Zeigefingers mit äußerster Mühe, keineswegs aber die Hälfte des Zeigefingers habe hineinschieben können. Der Abgang des Urins aus dieser Oeffnung und der wirkliche Abfluß einer wirklichen Saamenfeuchtigkeit beweisen deutlich genug, daß es wirklich die Harnröhre sey" (Martens 1802: 18f.) Das dritte weibliche *Merkmal* wiederum, die angeblich vorhandene *Menstruation*, „hat das Subject bey mir schlechterdings abgeleugnet" (Martens 1802: 18). Und die vergrößerte *Klitoris*, die das vierte Kriterium für die weibliche Geschlechtsbestimmung bei Hufeland bildet, sei eine männliche *Rute*: „Das männliche Glied schien mir wirklich auch zu bestimmt und deutlich zu seyn, als daß man es für einen großen Kitzler hätte halten können." (Martens 1802: 19)

Drei Momente an Martens Aussagen zur Widerlegung von Hufeland und Mursinna sind wichtig: Einerseits behauptet er analog zu Stark, dass die Derrier in Wahrheit ein Mann sei, der keine vergrößerte *Klitoris* besitze, sondern eine *missgebildete* männliche *Rute*. Dies bedeutet, dass gleichwohl das rutenähnliche Gebilde nicht *perforiert* ist, dieses als eine *Rute* gelesen wird und nicht mehr der Merkmalsdefinition von Gautier d'Agoty, Ferrein oder Hufeland entspricht. Andererseits tauchen auch in Martens Traktat Konturen auf, die auf neue Techniken verweisen. Erstens führt er eine intensive Befragung durch, um den *Menstruationsfluss* zu verifizieren oder dessen Eintreten auszuschließen. Zweitens bringt er die Existenz der *Hoden* über den Weg einer Reizung der *Urethra* ins Wahrnehmungsfeld. Während der Untersuchung führt Martens seinen Finger in die Öffnung des Urinkanals ein und löst dabei die Ausscheidung von *Harn* und *Samenschleim* aus. Kurz gesagt, er reizt oder stimuliert einen Teil der sexuellen Orga-

Stark, Hufeland, Mursinna und Monorchis über diese Person [...]. Mit zwey coloriten Kupfern. Leipzig, Baumgärtnerische Buchhandlung.

nisation und schließt anhand der ausgeschiedenen Flüssigkeiten auf die Existenz einer wahren *Harnröhre*, die mit den *Hoden* in Verbindung stehen muss.

Die Krisenmomente des Ereignisses Maria Dorothea Derrier lassen sich demnach an vier Diskontinuitäten festmachen. Einerseits variieren in den Untersuchungsberichten die methodologischen Ansätze. Andererseits ändern sich die Techniken, mit deren Hilfe die Wahrheit der sexuellen Organisation bestimmt wird. Zum Dritten wandeln sich die Kriterien für diese Geschlechtsbestimmung, da die neue Methode und die hiermit korrespondierenden Techniken eine vollkommen neue Gewichtung der *Merkmale* produziert. Zum Vierten wird das Diktum der Medizin, das in der Mitte des achtzehnten Jahrhunderts auftaucht und besagt, dass alle Hermaphroditen nichts als *missgebildete* Frauen sind, hinterfragt beziehungsweise in sein Gegenteil verkehrt – alle Hermaphroditen sind *missgebildete* Männer. Kurz gesagt, die Diskontinuitäten innerhalb des medizinischen Geschlechtsdiskurses zeitigen weitere Momente des fundamentalen Bruchs zwischen dem medizinischen Wissen des siebzehnten und achtzehnten beziehungsweise dem des neunzehnten und zwanzigsten Jahrhunderts.

Dieser zweigeteilte Bruch äußert sich vorerst im methodologischen Wandel. Die Taxonomie des siebzehnten und achtzehnten Jahrhunderts betrachtet nicht mehr den ganzheitlichen Leib, der mit natürlichen Signaturen belegt ist, sondern analysiert eine spezifische Region: die sexuelle Organisation der phänotypischen Glieder. Diese Analyse führt zur Herauslösung der *Zeugungs*- und *Geburtsglieder* aus dem ganzheitlichen Leib und einer Reduktion der medizinischen Aussagen. Unter den Blicken und Fingern der Observatoren entstehen die einzelnen Glieder der sexuellen Organisation, deren Anzahl es zu bestimmen gilt, deren Längen, Breiten und Tiefen gemessen und deren ertastete Proportionen miteinander ins Verhältnis gesetzt werden müssen. Diese numerische Grundlage bildet die Voraussetzung für die repräsentierende Sprache, mit der jene Glieder bezeichnet werden, und liefert gleichzeitig die Möglichkeit, ein Tableau der Geschlechter zu erstellen. Hierfür wird aus den zu ordnenden sexuellen Kliniken ein privilegiertes *Merkmal* gewählt – jenes Kennzeichen, das am häufigsten in der zu taxonomierenden Struktur auffindbar ist. Ausgehend von diesem *Merkmal*, dem ersten arbiträren Zeichen, werden alle weiteren *Merkmale* zugewiesen, die *prävalierenden* Strukturen bestimmt und die *Classen* errichtet. Dieser systematische Vergleich greift also aus der Vielheit von Zeichen eine überschaubare Anzahl von Elementen heraus, die als *Merkmale* die analytische Unterteilung im Raum gestatten.[26]

Die erste Herauslösung aus der taxonomierenden Methode ist im Moment des ‚ärztlichen Blicks‘ zu finden. Der Fall der Krisenfigur Michel Anne Drouart hat es bereits angedeutet. Erstens wird die Analyseebene erweitert, denn im Zusammenhang mit dieser Methode tauchen Schlussfolgerungen auf, die aufgrund von Ursache und Wirkungsmechanismen gezogen werden: Die Ärzte behaupten, dass im Inneren des Körpers ein *Uterus* existiere, da der zu beobachtende *Menstruationsfluss* eine Ursache haben muss. Zweitens geht damit eine neue Profilierung des Aussagbaren einher. Es werden nicht mehr nur einzelne Glieder bestimmt, sondern Abläufe geschildert: Das Ereignis *Mens*-

26 Vgl. hierzu u. a.: (OD 1999: 180ff.); Kapitel III.2. Taxonomie der Geschlechter.

truationsfluss wird nicht als ein losgelöstes *Merkmal* beschrieben, sondern in einen Vorgang integriert: Es taucht einmal pro Monat auf, wird durch den *Uterus* verursacht und zeigt an, dass die betreffende Person *gebärfähig* ist. Über diese Beschreibung wird eine Kausalität produziert und sichtbar gemacht, die dem Blick verborgen ist. Und nicht nur die inneren Vorgänge werden über die Beschreibung sichtbar, sondern auch die Organe treten aus dem Dunkel des Körpers hervor, sie gewinnen an Bedeutung. Drittens wird die Wahrnehmungsebene über das anatomische Wissen erweitert. Im Fall der Drouart steht die Behauptung im Raum, dass im Körperinneren eine *Gebärmutter* vorhanden sein muss, da die Konturen dieses inneren Organs ertastbar sind und die äußeren *Geburtsglieder* auf das im Inneren liegende Organ verweisen. Ferrein kann seine Hypothese nur aufstellen, da er auf Beschreibungsvorlagen aus anatomischen Kompendien zurückgreift, in denen die Umrisse, die Formen und Konturen des Organs kartografiert sind. Gleiches gilt für Cruger, der in der Form der *Vagina* die *Mündung* eines *Uterus* erkennt. Kurz gesagt, die Verwendung von anatomischen Vorlagen bildet die Grundlage für die Sichtbarmachung des inneren Organs. Diese Facetten des ‚ärztlichen Blicks' umreißen die moderne Klinik.[27] Auch Hufeland und Mursinna argumentieren in diesem Sinne. Sie bringen Aussagen über Derriers *Uterus* hervor, die ohne ihre ‚ärztlichen Blicke' nicht denkbar wären.

Diese erste methodologische Erweiterung entfaltet sich in einer zweiten Abgrenzung von der taxonomischen Methode. Die Traktate von Stark und Martens offenbaren die vollständige Wirkung des ‚ärztlichen Blicks'. Hingegen innerhalb der Taxonomie die Glieder aus der zu systematisierenden Struktur herausgegriffen werden und das privilegierte *Merkmal* Teil der vorgefundenen Organisation ist, geht Stark nicht mehr von den einzelnen sichtbaren Variablen aus, die er in der sexuellen Organisation entdeckt, sondern legt sein Kriterium vor der Geschlechtsbestimmung fest. Statt im Verlauf der Untersuchung die Glieder entstehen zu lassen, deren Häufigkeiten zu bestimmen und hierüber das privilegierte *Merkmal* zu produzieren, prästabiliert Stark die Merkmale, die er im Verlauf der Untersuchung bestimmen will. Diese Prästabilierung gehorcht folgenden drei Annahmen. Erstens: Das *Scrotum* bildet das *Gefäß* oder die schützende *Hülle* für die *Hoden*, die *Rute* wiederum transportiert den *Samen* beziehungsweise führt ihn in die weibliche *Scheide*. Die *Vagina* ihrerseits ist ein Hilfs- beziehungsweise Führungsorgan, um der männlichen *Rute* den Weg zu weisen. Dies bedeutet, dass diesen Gliedern eine neue, eine jeweils spezifische Funktion zugewiesen wird – sie bilden den äußeren Mantel, dienen als Schutz- und Hilfsmittel. Zweitens: Stark schreibt die vorrangigen Funktionen der *Zeugung* und des *Gebärens* einzelnen, im Körperinneren liegenden Organen

27 „Betrachtet man sie aber in ihrer Gesamtstruktur, so erscheint die Klinik als eine für die Erfahrung des Arztes neue Profilierung des Wahrnehmbaren und des Aussagbaren: als Neuverteilung der diskreten Elemente des körperlichen Raumes [...]; als Reorganisation der Elemente, die das pathologische Phänomen konstituiert [...]; als Definition der linearen Reihen der Krankheitsereignisse [...]; als Einfügung der Krankheit in den Organismus (Verschwinden der allgemeinen Krankheitswesenheiten, die die Symptome zu einer logischen Figur vereinigten, zugunsten einer Lokalisierung, die die Krankheit mit ihren Ursachen und Wirkungen in einem dreidimensionalen Raum ansiedelt)." (GK 1999: 16)

zu. Die *Hoden* produzieren den *zeugenden Samen*, die *Eierstöcke* produzieren den *Zeugungsstoff*. Die *Gebärmutter* wiederum nimmt den männlichen *Samen* und den weiblichen *Zeugungsstoff* auf und dient dem *Gebären*. Wenn sie keinen männlichen *Samen* aufgenommen hat, dann stößt sie zyklisch den weiblichen *Zeugungsstoff* in Form des *Menstruationsflusses* ab. Drittens: Über diese Funktionszuweisung führt Stark eine interne Hierarchie ein. Es gibt erstrangige Geschlechtsorgane, die *Hoden* und die *Eierstöcke/ Gebärmutter*, denen die *zeugende* oder die *gebärende* Funktion vorbehalten ist. Darüber hinaus existieren in jeder sexuellen Organisation zweitrangige Geschlechtsglieder oder *Hilfsorgane*, die der vorrangigen Funktion dienlich zur Seite stehen. Er nimmt also vor seiner Untersuchung eine Neudefinition vor. Die Funktion des *Zeugens* und *Gebärens* löst Stark von den äußerlich sichtbaren *Zeugungs-* und *Geburtsgliedern* ab. Diese Strukturen der phänotypischen sexuellen Organisation, die aus unterschiedlichen Variablen besteht, zergliedert er und schreibt den einzelnen Teilen zweitrangige Funktionen zu. Die *zeugende* beziehungsweise *gebärende* Funktion hingegen verknüpft er mit den einzelnen im Körper verborgenen Organen. Hierüber entsteht eine Pyramide der Funktionen, die in vorrangige und nachrangige *Tugenden* der Fortpflanzung gegliedert ist. Während die Funktion der Fortpflanzung in die inneren, dichotomisierten Organe eingeschrieben wird, verlieren die *Zeugungs-* und *Geburtsglieder* ihre Evidenz als *Merkmale*. Kurz gesagt: Die *Merkmale* werden nicht mehr über sicht- und tastbare beziehungsweise messbare Einheiten bestimmt, sondern über spezifische Funktionen, die in ein System von Rangfolgen integriert sind. „Infolgedessen taucht die sichtbare Verschiedenheit der Strukturen nicht mehr vor dem Hintergrund eines Tableaus von Variablen auf, sondern auf dem Hintergrund großer funktionaler Einheiten, die auf verschiedene Weisen ihr Ziel erfüllen und sich realisieren.“ (OD 1999: 323)

Diese Definition hat ein vollkommen neues Verständnis von Geschlecht zur Folge, denn Stark produziert kein Tableau der *Merkmale*, sondern einen Organisationsplan der wechselseitigen Abhängigkeiten. Damit die erstrangigen Organe, die *Hoden* oder die *Eierstöcke/Gebärmutter*, ihre jeweilige Funktion ausführen können, müssen die nachrangigen *Hilfsorgane* ihre Funktion erfüllen. Gautier d'Agoty oder Ferrein haben dieses System der wechselseitigen Bezüge bereits angedeutet, wenn sie die *Rute* als ein Glied definieren, dass *perforiert* ist, von einem *Urinkanal* durchzogen wird und diese *Urethra* eine Verbindung mit den *Hoden* aufweist. Denn nur so kann die Funktion der *Hoden* – die *Zeugung* – ausgeführt werden. Hier offenbart sich die Idee, dass die Formen und Gestalten der einzelnen nachrangigen Geschlechtsorgane auf ihre jeweils spezifische Funktion verweisen: Die *Rute* führt den *Samen* in die *Vagina*, die *Urethra* leitet den *Samen* durch die *Rute* und realisiert gleichzeitig die Verbindung mit den *Hoden*. Doch hingegen Gautier d'Agoty oder Ferrein mit der Taxonomie der äußerlich sichtbaren und tastbaren Glieder beginnen und zu den inneren Organen vordringen, kehrt Stark diese Organisationskette um. Sein Ausgangspunkt sind die inneren Organe, die *Hoden*, die *Eierstöcke/Gebärmutter*, die über die vorrangige Funktion verfügen. Er dreht also, für die Errichtung seines Systems, die Organisationsfolge um, indem er die inneren Organe an den Anfang setzt und hiervon ausgehend sein hierarchisches System der Geschlechtsorgane aufbaut. Die erstrangigen Geschlechtsorgane, beispielsweise die *Hoden*, müssen von den nachrangigen Geschlechtsgliedern unterstützt werden, sie schützen oder deren

Funktion gewährleisten. Diese nachrangige Funktion bestimmt nun den sichtbaren Aufbau dieser Glieder – das *Scrotum* schützt die *Testikel*, die *Urethra* leitet den *Samen* und die *Rute* transportiert die *Samenflüssigkeit*. Stark geht also nicht mehr von den einzelnen Variablen aus, die in der phänotypischen sexuellen Organisation zu erblicken sind, sondern von der Primärfunktion, die er im Vorfeld festlegt. Hiervon ausgehend arbeitet er sich von innen (den *Hoden*) nach außen (*Rute*) vor. Kurz gesagt, nicht die Häufigkeit der Merkmale, die im Tableau versammelt sind, determiniert die Ordnung der Geschlechter, sondern die vorrangigen Funktionen, die an einzelne Organe gebunden sind. (Vgl. OD 1999: 325f.)

Diese Setzungen haben fundamentale Auswirkungen auf die Untersuchungstechniken. Im siebzehnten und achtzehnten Jahrhundert ist die Vivisektion die hegemoniale Technik, mit deren Hilfe die sexuellen Kliniken produziert werden. Diese Technik wird auch im Fall der Michel Anne Drouart angewendet – sie wandelt sich demnach bis zum Beginn des neunzehnten Jahrhunderts nicht. Zwar machen Cruger, Sabourin, Guyot, Jallabert oder Ferrein das im Körperinneren liegende Organ sichtbar, sie bestimmen den *Uterus*. Doch diese Bestimmung wird nur mithilfe des ‚ärztlichen Blicks' möglich, der über Kausalzusammenhänge das unsichtbare Organ bezeugt. Eine ähnliche Argumentationsfigur findet sich auch bei Stark und Martens. Sie wiederum sagen, dass sie in ihrer jahrelangen Praxis als Mediziner diverse Personen untersucht haben, bei denen die *Hoden* im Inneren des Bauches saßen. Diese *Testikel* seien erst im Laufe der Jahre in den *Hodensack* hinab gestiegen. Aufgrund dieser Erfahrung schließen sie auf die Existenz der *Hoden* und behaupten, dass die *Testikel* nicht im *Hodensack*, sondern im Bauchinneren der Derrier lagern. Sie schließen demnach von anderen Fällen auf die Existenz der *Testikel*, was nichts anderes bedeutet, als dass die Aussagen von den untersuchenden Ärzten der Drouart und der Derrier auf dieser Ebene identisch sind. Die einen schlussfolgern aufgrund anatomischer Kenntnisse, die anderen auf Grundlage eigener Erfahrung.

Die Ablösung von der Vivisektion besteht nun in jenen Techniken, die in Starks und Martens' Traktaten auftauchen: der Befragung, der (Selbst-)Beobachtung und der Stimulation einzelner äußerlicher Geschlechts- beziehungsweise *Hilfsorgane*. Stark und Martens können diese Techniken nur anwenden, weil sie drei methodologische Annahmen zugrunde legen. Erstens sagen sie, dass ausschließlich die im Körperinneren liegenden Geschlechtsorgane die Wahrheit des Geschlechts bezeugen. Zweitens sind dies genau zwei, sich wechselseitig ausschließende, erstrangige Organe – eine gleichzeitige Präsenz von *Uterus* und *Hoden* ist nicht denkbar. Drittens haben die erstrangigen Organe Funktionen. Die *Hoden* produzieren den *Samen* und scheiden diesen aus. Die *Gebärmutter* wiederum scheidet, wenn sie keine neue *Frucht* produziert, den weiblichen *Zeugungsstoff*, der von den *Eierstöcken* geliefert wird, in Form der *monatlichen Reinigung* aus.

Die erste Technik, die Befragung des zu untersuchenden Objekts, ist bis zur Mitte des achtzehnten Jahrhunderts vollkommen ausgeschlossen. Wenn Fridrich Luther die Aussagen vom Hermaphroditen M. W. in die Geschlechtsbestimmung desselben einfließen lassen will, dann wird er von Johan Krus dahin gehend korrigiert, dass derartige Einlassungen nicht der Wahrheitsfindung dienlich sind – nur die Beichten der *Zeugungs-* und *Geburtsglieder* fördern die individuelle Klinik und das *prävalierende* Geschlecht zutage.[28] Anders im Fall der Krisenfigur Maria Dorothea Derrier. Stark und Martens greifen explizit auf die Technik der Befragung zurück und verwenden die hierüber erzeugten Informationen für ihre Geschlechtsbestimmung. Wenn, so Stark, die zu untersuchende Person nicht verstorben ist, eine Sezierung also ausgeschlossen werden muss, dann kann sie bezüglich ihrer Ausscheidungen befragt werden. Welche Ausscheidungen wurden bisher von der zu untersuchenden Person wahrgenommen? Welche Konsistenz und Farbe hatten sie und in welcher Häufigkeit traten sie bisher auf? Waren sie zyklisch oder azyklisch, waren sie einmalig oder mehrfach zu beobachten? Mithilfe dieser und ähnlicher Fragen werden erste Anhaltspunkte für den Nachweis des *Uterus* oder der *Hoden* gesammelt.

Die zweite Technik, die (Selbst-)Beobachtung, baut einerseits auf der ersten Technik auf, andererseits wird die Befragung integriert. Stark beobachtet zusammen mit seinen Arztkollegen, dass im Bett der Derrier Reste von männlichem *Samenfluss* zu finden sind. Diese Spuren sind Zeugen eines nächtlichen Erektionsereignisses der männlichen *Rute*, eines morgendlichen Lustempfindens von Derrier und vor allem die Zeichen eines im Körperinneren liegenden Geschlechtsorgans – sie verweisen auf die Existenz der *Hoden*. Die Beobachtung wird Derrier mitgeteilt. Doch bei dieser bloßen Mitteilung bleibt Stark nicht stehen. Vielmehr fordert er Derrier auf, sich selbst beziehungsweise ihre eigenen Ausflusserscheinungen zu beobachten. Derrier wird also zu einer Probandin, die sich einerseits selbst überwachen soll und andererseits die Ergebnisse ihrer eigenen Kontrolle bei den täglichen Visiten beichten muss. Stark macht Derrier auf den *Samenfluss* aufmerksam, verlangt von seiner Probandin, dieses Ereignis zu überwachen, und fordert Auskunft über die Selbstbeobachtung.[29] Das Ärztehaus verwandelt sich demnach in ein Labor. Im Zentrum dieses Labors steht Derrier, eine Probandin, die in die Produktion ihrer individuellen sexuellen Wahrheit integriert wird.[30] Dies bedeutet, dass

28 Vgl. hierzu: Kapitel III.3. Spiele der Wahrheit: Die ehelichen Werke und die Impotenz.

29 Ganz ähnlich argumentiert Foucault in Bezug auf den Anti-Masturbationsdiskurs im achtzehnten Jahrhundert. In den Anti-Masturbationsschriften wird eine Symptomatologie der Lust entwickelt. Die Eltern der Zöglinge sollen all die Zeichen lesen lernen, die auf die Masturbation hinweisen, und sich als Diagnostiker, als Gesundheitsagenten betätigen. Die Effekte sind unter anderem folgende: Zum einen wachen nur noch die Eltern am Bett des Kindes, hingegen alle anderen Mitglieder des Haushalts ausgeschlossen sind – ein Vorgang, der als Produktion der Kernfamilie beschrieben wird. Zum anderen müssen die Eltern ihre Diagnosen an die Mediziner weiterleiten, denn nur diese haben die „Heilungskompetenz“ – ein Vorgang, der mit der Verkoppelung der Macht der Familie mit der Macht der Medizin gefasst wird. Vgl. hierzu: Foucault, Michel (2003a): Vorlesung vom 5. März 1975, in: ders.: Die Anormalen. Vorlesungen am Collège de France (1974–1975), Frankfurt/Main: Suhrkamp, S. 300-344.

30 Vgl. hierzu u. a.: Oudshoorn, Nelly (1993): Labortests und die gemeinsame Klassifikation von Sexualität und Geschlecht, in: Rheinberger, Hans-Jörg/Hagner, Michael [Hg.]: Experimentalisierung des Lebens. Experimentalsysteme in den biologischen Wissenschaften 1850/1950, Berlin: Akademie-Verlag, S. 150-161; Hagner, Michael/Rheinberger, Hans-Jörg/Wahrig-Schmidt, Bettina (1994): Objekte, Differenzen und Konjunkturen, in: dies.: [Hg.]: Objekte, Differenzen und Konjunkturen. Experimentalsysteme im historischen Kontext, Berlin: Akademie-Verlag, S. 7-22.

Stark die Derrier zur Agentin der eigenen Geschlechtsbestimmung macht – sie ist observiertes Objekt und prüfendes Subjekt in einem.

Die dritte Technik, die Reizung oder Stimulation der zweitrangigen Geschlechtsorgane, baut gleichfalls auf der Befragung auf. Wenn Martens, in dessen Bericht diese Technik erstmals auftaucht, mit dem Finger in die vermeintliche weibliche *Scheide* eindringt, dann will er prüfen, so seine Aussage, ob die Angaben der Derrier richtig sind. Er will wissen, ob die Selbstzeugnisse der Derrier als wahre Aussagen für die Geschlechtsbestimmung zu betrachten sind. Die hierfür zugrunde liegende Überlegung lautet: Wenn diese Öffnung eine *Vagina* ist, dann darf kein *Samen* austreten. Dies wäre ein Zeichen dafür, dass keine *Hoden* existieren. Wenn der Ausgang hingegen ein männliches zweitrangiges Organ ist, dann muss aus diesem Kanal der männliche *Samen* hervortreten, was ein eindeutiger Nachweis für die Existenz der *Hoden* wäre. Er reizt also ein äußerliches Glied der sexuellen Organisation und provoziert die Ausscheidungen.[31] Doch im Unterschied zu Stark, der sein Objekt mehrfach befragen und über einen längeren Zeitraum beobachten muss, kann Martens mithilfe seiner Technik auf die aufwendigen Wiederholungen verzichten.

Was aber bedeutet die Etablierung dieser Techniken für die Vivisektion? Wird sie nicht mehr angewendet? Oder werden künftig die Techniken miteinander kombiniert? Sowohl Stark als auch Martens besichtigen, betasten und beschreiben die zweitrangigen Geschlechtsorgane. Diese Bestimmung verläuft über die Technik der Vivisektion. Mit ihrer Hilfe können sie die Individualität der Klinik kennzeichnen. Die drei neuen Techniken hingegen beziehen sich auf die Sichtbarmachung der inneren Organe. Sie machen die unsichtbaren Gebilde sichtbar, sie realisieren und materialisieren sie. Mit ihrer Hilfe kann künftig bestimmt werden, ob eine sexuelle Organisation männlich oder weiblich ist, da nur sie die inneren Organe, die nun die Indikatoren des wahren Geschlechts bilden, bezeugen können. Dies bedeutet nichts anderes, als dass über die Vivisektion die individuelle Ausführung der sexuellen Organisation bestimmt wird. Es werden die individuellen Merkmale gesichtet beziehungsweise ertastet und es wird untersucht, wie die phänotypischen Glieder ihre Hilfsfunktion für die erstrangigen Geschlechtsorgane erfüllen. „Je mehr man die Individualität einkreisen will, desto mehr muß man an die Oberfläche zurückkehren und in ihrer Sichtbarkeit die vom Licht berührten Formen aufleuchten lassen.“ (OD 1999: 327) Kurz gesagt, die neuen Techniken beweisen, über die Körperflüssigkeiten als Indikatoren, die Existenz und Funktionsweise der inneren Geschlechtsorgane und ordnen hierüber das zu untersuchende Objekt dem einen oder dem anderen Geschlecht zu. Die Vivisektion hingegen bleibt am Äußeren haften und bestimmt über die Beschreibung der Form und Gestalt der zweitrangigen *Hilfsorgane*, ob und wie sie den erstrangigen Organen dienlich sind – sie liest die Individualität der sexuellen Organisation ab.

Die Folge dieser neuen Techniken besteht in der Neujustierung jener Kriterien, die für die Bestimmung der Wahrheit des Geschlechts verwendet werden. Auch diese Veränderung

31 Vgl. hierzu u. a.: Sarasin, Philipp (2001): Reizbare Maschinen. Eine Geschichte des Körpers 1765–1914, Frankfurt/Main: Suhrkamp.

ist von einer doppelten Herauslösung aus dem medizinischen Wissen des siebzehnten und achtzehnten Jahrhunderts bestimmt. Bis zur Mitte des achtzehnten Jahrhunderts wird nach den *prävalierenden* Gliedern des phänotypischen Geschlechts gesucht. Die erste Ablösung kündigt sich in jenen Traktaten an, die die Krisenfigur Michel Anne Drouart als Frau mit einer *missgebildeten Klitoris* bezeichnen. Sie besteht einerseits in der Stabilisierung von zwei phänotypischen *Merkmalen* – *Klitoris* und männliche *Rute*. Andererseits hat die Verfestigung dieser beiden Merkmale zur Folge, dass alle anderen phänotypischen *Merkmale*, die im siebzehnten und achtzehnten Jahrhundert für die Bestimmung der sexuellen Wahrheit herangezogen werden, als zweitrangig erscheinen. Die Aussagen der Geschlechtsbestimmer gruppieren sich in dieser Phase ausschließlich um diese beiden *Merkmale* – alles andere scheint irrelevant. Und nicht nur Gautier d'Agoty oder Ferrein ignorieren alle weiteren *Merkmale*, sondern auch Hufeland oder Mursinna, die Derrier zum weiblichen Geschlecht zählen, da auch sie das rutenähnliche Glied als eine vergrößerte *Klitoris* lesen. Kurz gesagt, die ersten Bruchstellen zeigen sich in einer Reduktion der Merkmalspalette auf zwei phänotypische *Kennzeichen* – männliche *Rute* oder weibliche *Klitoris*.

Die zweite Herauslösung findet sich in jenen Traktaten, die die Krisenfigur Maria Dorothea Derrier dem männlichen Geschlecht zuordnen. Stark und Martens beschreiben analog zu Hufeland und Mursinna, dass das rutenähnliche Gebilde nicht an der *Eichel perforiert* ist und die *Urethra* nicht durch die *Rute* verläuft. Doch hingegen Hufeland und Mursinna diese Zeichen dahin gehend lesen, dass dieses Gebilde eine vergrößerte *Klitoris* sei, bezeichnen es Stark und Martens als männliches Glied, als männliche *Rute*. Die Ursache für diese Bezeichnung liegt nicht im Unwissen von Stark und Martens begründet. Im Gegenteil, beide benennen die existierenden Definitionen für diese *Merkmale*, schließen sie jedoch als Grundlage für ihre Geschlechtsbestimmung aus. Der Begründungszusammenhang liegt in der Methode beziehungsweise in der Technik verborgen. Sie subordinieren die Geschlechtsbestimmung von den phänotypischen Gliedern und drehen das Verhältnis um. Nicht die äußerlich sicht- und tastbaren Teile bestimmen die Wahrheit des Geschlechts, sondern die im Inneren des Körpers verborgenen erstrangigen Organe.

Dies hat mehrere Konsequenzen für die *Zeugungs-* und *Geburtsglieder*. Einerseits wird ihnen die Evidenz ihrer *Merkmale* abgesprochen. Andererseits verlieren sie ihre repräsentierende Funktion. Das Resultat dieses Verlustes besteht darin, dass sie nicht mehr als *Zeugungs-* oder *Geburtsglieder*, sondern als zweitrangige Geschlechtsorgane angesehen werden, die auf eine spezifische Hilfsfunktion verweisen. Hieran schließt sich die vierte Konsequenz an – sie werden über die erstrangigen Geschlechtsorgane determiniert: Die erste Möglichkeit besagt, dass der *Samenfluss* feststellbar ist, die *Hoden* also im Körper liegen. In diesem Fall wird das rutenähnliche Gebilde als männliche *Rute* betrachtet. Es mag *perforiert* sein oder nicht – als eine *Klitoris* wird es nicht mehr benannt. (Vgl. Martens 1802: 19) Eine andere Möglichkeit besagt, dass der *Samenfluss* feststellbar, die *Rute* jedoch nicht *perforiert* ist. Für diesen Fall verweist die Symptomatik auf eine spezifische Missbildung der männlichen *Rute*: die *Hypospadie*. (Vgl. Feiler 1820: 102) Eine weitere Möglichkeit ist folgende Variante: Der *Samenfluss* ist feststellbar und die *Rute* durchbohrt. Die *Hoden* hingegen sind nicht ertastbar. In diesem

Fall sind die *Testikel* noch nicht in den *Hodensack* hinab gestiegen – als ein *Scrotum* wird die Hülle trotz allem angesehen. (Vgl. Martens 1802: 18) Diese Reihe von möglichen Erscheinungsbildern wird in den Traktaten über angebliche Hermaphroditen in unterschiedlichen Varianten fortgesetzt.[32] Die Frage, die in den Untersuchungsberichten auftaucht, lautet: Unterstützen die zweitrangigen Geschlechtsorgane in ihrem Wirken die Funktion der erstrangigen Geschlechtsorgane oder nicht, weisen sie anormale Bildungen auf oder nicht. Aus der Antwort leitet sich aber nicht die Wahrheit des Geschlechts, sondern die Eigentümlichkeit, die Individualität der einzelnen Klinik ab. Aus dem bisher Benannten folgt für den Begriff der sexuellen Organisation, dass sich dieser nicht mehr nur auf die phänotypischen *Zeugungs-* und *Geburtsglieder* bezieht, sondern nunmehr ein Wechselverhältnis von inneren und äußeren Geschlechtsorganen bezeichnet.

Wie aber sind die neuen Methoden, die beschriebenen Techniken oder die Neuausrichtung der Indikatoren miteinander verbunden? Was hat sie möglich gemacht und vor allem welche Effekte zeitigen sie in Bezug auf den Geschlechtsbegriff? Einerseits bringen die benannten Mediziner mit den Methoden der vergleichenden Anatomie Licht ins Dunkel des Organismus, weil sie mit einer neuen Konzeption des Lebens arbeiten. Dieser neue Entwurf wird nur durch den „Übergang vom taxinomischen zum synthetischen Begriff des Lebens" (OD 1999: 329) möglich, der darin besteht, dass die naturgeschichtliche „Grundannahme einer linearen Ordnung des Seins zerbricht und durch die Erkenntnis der unterschiedlichen Organisationsebenen der Organismen ersetzt wird."[33] Der ‚ärztliche Blick' kann das Unsichtbare nur sichtbar machen, weil er vom „biologischen Sein", der Vitalität der Organismen, ausgeht und Reaktionen auf Reizungen beobachtet.[34] Andererseits können die Ärzte mit den neuen Techniken der Befragung, der Beobachtung und der Stimulation an ihre Untersuchungsobjekte herantreten und deren Funktionen prüfen, weil sie eine vollkommen neue Auffassung von ihrem lebenden Gegenüber haben. Diese Techniken können nur erscheinen, weil der Mensch als ein Ensemble von Funktionen gedacht wird, das über Organe verfügt, die auf Stimulationen reagieren. (Vgl. OD 1999: 428) Und so wie der Mensch auf die Reizungen seiner Umgebung reagiert, so antworten die inneren Organe auf jene Stimuli, die in den Laboratorien auf sie einwirken. Darüber hinaus ziehen die Geschlechtsbestimmer neue Indikatoren zur Setzung der Wahrheit des Geschlechts heran, weil die sexuelle Organisation in ihrer „wirklichen Existenz" nichts anderes ist „als ein ganzer Komplex von zugleich taxonomischen

32 Vgl. hierzu u. a.: Otto, Adolph Wilhelm (1816): XVIII: Ein falscher Hermaphrodit, in: ders.: Seltene Beobachtungen zur Anatomie, Physiologie und Pathologie gehörig. Mit Kupfern. Breslau: Wilibald August Holäufer, S. 58.

33 Brieler, Ulrich (1998): Die Unerbittlichkeit der Historizität. Foucault als Historiker, Weimar [u. a.]: Böhlau, S. 141f.

34 Der Ursprung dieser Bewegung des Wissens liegt in den Analysen von Curvier. Denn seit ihm „entgeht das Lebendige, wenigstens in erster Instanz, den allgemeinen Gesetzen das ausgedehnten Seins. Das biologische Sein wird regional und autonom. Das Leben ist, an den Grenzen des Seins, das, was ihm äußerlich ist und was sich dennoch in ihm manifestiert." (OD 1999: 334)

und anatomisch-physiologischen Strukturen“.[35] Diese Ensembles, die sich beharrlich organisieren, können nur über die Kombination der alten mit den neuen Techniken entdeckt werden, da erstere die äußeren Organe besichtigen und letztere die anatomisch-physiologischen Organverbindungen stimulierend erscheinen lassen. Kurz gesagt, die Methoden, Techniken und Indikatoren der Geschlechtsbestimmung formieren sich auf der Ebene des neuen biologischen Wissens.

Dieses Wissen spiegelt sich in den Traktaten jener Mediziner wieder, die am Ende des achtzehnten Jahrhunderts die Souveränität der Organe prästabilieren. In ihren methodologischen Vorkehrungen zeigen sich die Umrisse dessen, was künftig das biologische Geschlecht genannt wird. Die Vitalität der Geschlechtsorgane ist auf zwei Ebenen angesiedelt. Zum einen im Körperinneren, dort wo die erstrangigen Geschlechtsorgane liegen. Diese produzieren *Zeugungsstoff* (*Eierstöcke*) beziehungsweise *Menstruationsflüssigkeit* (*Gebärmutter*) oder *Samenflüssigkeiten* (*Hoden*). Jene Produkte, die Flüssigkeiten, dienen der Fortpflanzung oder zeigen zumindest die mögliche Fortpflanzungsfunktion an. Zum anderen ist die Vitalität in dem Zusammenspiel der erstrangigen und zweitrangigen Geschlechtsorgane angesiedelt. Die zweitrangigen äußeren Geschlechtsorgane sind über ein hierarchisches System mit den inneren Geschlechtsorganen verbunden und realisieren sich über eine jeweils spezifische Funktion. Dies wäre die erste Dimension des biologischen Geschlechts. Die zweite Dimension leitet sich aus der wechselseitigen Verbindung ab. Die erstrangigen und zweitrangigen Geschlechtsorgane werden nicht nur über ihre Funktionen unterschieden, sondern die Funktionen beeinflussen sich wechselseitig. Die erstrangigen Organe können ihre Funktion nur erfüllen, wenn die zweitrangigen Organe die Fortpflanzungsfunktion ermöglichen. Sie müssen in ihrer Ausprägung, in ihrer Form und Gestalt, ihre unterstützende Funktion erfüllen. Kurz gesagt, die erstrangigen Organe determinieren die Ausprägung der zweitrangigen äußeren Organe und diese wiederum gestatten oder verhindern die Funktion der inneren Organe. Genau dieses Verhältnis lässt sich aus der sexuellen Organisation heraus lesen. Die sexuelle Organisation besteht fortan aus den erstrangigen und zweitrangigen Geschlechtsorganen. Die dritte Dimension des biologischen Geschlechts besteht darin, dass aus den inneren Organen die Binarität der Geschlechtszuordnung abgeleitet wird. Die Fortpflanzungsfunktion ist, so die Mediziner, in zwei Teile getrennt – *Zeugen* und *Gebären.* Für erstere sind die *Hoden,* für letztere die *Eierstöcke/Gebärmutter* verantwortlich. Ausgehend von dieser Ordnung werden die sexuellen Organisationen in das *zeugende* männliche und das *gebärende* weibliche Geschlecht eingeteilt. Diese Dichotomisierung wird auf einer zweiten Ebene individualisiert, da über die Form und Gestalt sowie die Art und Weise, in der die zweitrangigen Organe ihre Funktion erfüllen, die Individualität der sexuellen Organisation festgelegt wird. Jene drei Dimensionen bestimmen das biologische Geschlecht. Es wird als ein vitales System – eine Verflechtung aus erst- und zweitrangigen Geschlechtsorganen – errichtet, das primär der Fortpflanzung dient. Die männlichen und weiblichen sexuellen Organisationen, denen als hauptsächlicher Zweck die Fort-

35 Foucault, Michel (2002): Die Situation Cuviers in der Geschichte der Biologie, in: ders.: Schriften in vier Bänden. Dits et Ecrits, Bd. II, 1970-1975, Frankfurt/Main: Suhrkamp, S. 37-82, S. 43.

pflanzung eingeschrieben ist, werden seit dem neunzehnten Jahrhundert als primäre Geschlechtsorgane bezeichnet.

Nunmehr folgt eine letzte Anmerkung zum radikalen Bruch zwischen dem naturgeschichtlich-medizinischen Wissen des siebzehnten und achtzehnten beziehungsweise dem biologisch-medizinischen Wissen des neunzehnten und zwanzigsten Jahrhunderts. Die Zweiteilung dieses Ereignisses zeigt sich nicht nur an der zweistufigen Ablösung der Methode, der Techniken und dem Wandel jener Kriterien, die für die Setzung des *wahren* Geschlechts verwendet werden, sondern gleichfalls am Wandel der Klassifizierung. Bis zur Mitte des achtzehnten Jahrhunderts gibt das Tableau der Hermaphroditenarten die fünf *Classen* der Zwitter vor. Dieses Tableau hört spätestens mit der Krisenfigur Michel Anne Drouart auf zu existieren und wird durch die axiomatische Aussage ersetzt: Alle Hermaphroditen sind in Wahrheit *missgebildete* Frauen. Diese erste Ablösung vom klassifikatorischen Wissen des siebzehnten Jahrhunderts wird durch eine zweite Herauslösung einerseits untermauert, andererseits untergraben. Wenn Stark und Martens Maria Dorothea Derrier als Mann anrufen, der nachweislich *Hoden* besitzt und eine *missgebildete* männliche *Rute* aufweist, dann eröffnen sie ein neues medizinisches Aussagefeld, demnach alle angeblichen Hermaphroditen nichts als *missgebildete* Männer sind. Oder in den Worten von Feiler: „Alle mir bekannt gewordnen Beispiele von Solchen an zu führen, die man für weibliche Hermaphroditen hielt, unterlasse ich, erstens, weil ich ohne Noth zu weitläufig werden würde, und dann, weil Sie denn doch alle am Ende Männer waren." (Feiler 1820: 87) Es wird also analog zu den ersten Umbruchsereignissen eine Absage an das Tableau der Hermaphroditenarten formuliert. Gleichzeitig kehrt das neue Axiom von den *missgebildeten* Männern das vorherige Axiom von den *missgebildeten* Frauen in sein Gegenteil um.[36]

Ein Fall, der die Wirkung des Umbruchs offenbart, ist die Geschichte des angeblichen „Hermaphroditen B.* M.*".[37] Besagter Hermaphrodit wird 1745 geboren und durch „die Unwissenheit und unreife Prüfung der Hebamme" (Schweickhard 1803: 13) für ein Mädchen gehalten, das auf den Namen B.* getauft wird. Im Alter von vierzehn Jahren muss B.* M.* über seine „Geschlechtstheile gehörig nachdenken" und weil „ihr ganzes äusserliches Wesen mehr männliches Aussehen bekommen" hatte, „sey sie öfters von ihren Cameraden und Gespielinnen verlacht und ein Zwitter genannt worden" (Schweickhard 1803: 13). Nach dem Tod der Eltern fasst B.* M.* den Vorsatz, „sich niemalen zu entdecken", sondern die „etwas abweichende Beschaffenheit auf ewig geheim zu halten und so mit sich in's Grab zu nehmen" (Schweickhard 1803: 13). Bis zum neunundvierzigsten Lebensjahr wird B.* M.* für einen sogenannten Hermaphroditen gehalten – ungeachtet dessen, dass er überzeugt ist, ein „wahrer Mann" (Schweickhard 1803: 13) zu

36 Vgl. hierzu u. a.: Bock, August (1811): Beschreibung und Abbildung der missgebildeten Geschlechtstheile eines siebenjährigen Kindes, welches bis jetzt für ein Mädchen gehalten wurde, nun aber als Knabe erklärt worden ist, Berlin: Hitzig.

37 Vgl. Schweickhard, C. L. (1803): I. Geschichte eines lange Zeit hindurch für einen Hermaphroditen gehaltenen wahren Mannes, in: Hufeland, Christoph Wilhelm [Hg.]: Journal der practischen Arzneykunde und Wundarzneykunst [...]. Siebzehnter Band. Erstes Stück. Berlin: in Ungers Journalhandlung, S. 9-52.

sein. Weiter führt Schweickhard aus, dass „die Tochter des Anwalts K.** von G.** Namens C.*“ vom Hermaphroditen B.* M.* schwanger sei und dass besagter B.* M.* die Anwaltstochter C.* „aus wahrer Zuneigung heirathen wolle“ (Schweickhard 1803: 14). Der Konflikt, der im Weiteren von Schweickhard besprochen wird, kreist um folgendes Problem: Kann der Hermaphrodit B.* M.* als ein *zeugungsfähiger* Mann angesehen werden? Und wenn ja, welche Indikatoren sprechen dafür?

Zwei medizinische Untersuchungsprotokolle werden erstellt und dem Gericht vorgelegt. Sie bilden die Grundlage für die entscheidende Frage: „[Solle] diese vorhabende Heyrath gestattet und also auch erlaubt werden [...], dass sich die B.* M.* nun als Mannsperson in Kleidern trage, und sich I.* M.* künftig nennen dürfte“ (Schweickhard 1803: 25)? Das Amtsgericht, statt ein Urteil zu fällen, erteilt dem „Hebammen-Meister Zandt den Auftrag“, über die beiden Untersuchungen „ein medicinisches Gutachten zu erstatten“ (Schweickhard 1803: 25), um zu klären, ob der Hermaphrodit B.* M.* heiraten darf.[38] Der Hebammen-Meister Zandt befürwortet das Heiratsgesuch nicht, da zwei Gründe gegen die *Zeugungsfähigkeit* des Hermaphroditen B.* M.* sprechen: Einerseits hätten die untersuchenden Ärzte das männliche Geschlecht ausschließlich aus der Besichtigung der *Zeugungs-* und *Geburtsglieder* abgeleitet – „wie trügend aber diese Erscheinungen seyen, lehrt die häufige, nie täuschende Erfahrung“ (Zandt 1803: 24). Andererseits lehnt er die Ergebnisse der Untersuchungen ab, da sich die Ärzte nur damit begnügt hätten, die *Zeugungs-* und *Geburtsglieder* zu befühlen – „wir hingegen halten das Befühlen der Zeugungstheile in diesem Falle für unzureichend“ (Zandt 1803: 27). Zandt sagt es recht deutlich: „[D]urch das Betasten [kann] ein wahrer Hodensack nicht gegeben werden“ (Zandt 1803: 28). Dieses externe Drittgutachten, das die *Zeugungsfähigkeit* des Hermaphroditen infrage stellt – die unternommenen Untersuchungstechniken sind der Feststellung des *wahren* Geschlechts nicht dienlich –, nimmt das Amtsgericht zum Anlass, eine weitere Untersuchung zu befehlen. Die berufenen Mediziner sind der Amts-Physicus Dr. G. und der Amts-Chirurg Dr. H. – jene Ärzte, die bereits an der Erstellung der ersten beiden Untersuchungsprotokolle beteiligt waren.

Ihr neuerlicher Befund weicht, was die Beschreibung der *Zeugungs-* und *Geburtsglieder* betrifft, nicht wesentlich von der ersten Beschreibung ab.[39] Die Größe und Form der *Rute* hat sich nicht geändert, der rechte *Testikel* ist ertastbar, hingegen der linke *Hoden* unauffindbar bleibt. Der *Spalt*, der zwischen dem *Scrotum* und der *Rute* verläuft,

38 Das medizinische Gutachten von Zandt wird hier als eigenständige Quelle betrachtet: Zandt, I. (1803): Medicinisch-chirurgisches Gutachten, in: Schweickhard, C. L.: I. Geschichte eines lange Zeit hindurch für einen Hermaphroditen gehaltenen wahren Mannes, in: Hufeland, Christoph Willhelm [Hg.]: Journal der practischen Arzneykunde und Wundarzneykunst [...]. Siebzehnter Band. Erstes Stück. Berlin: in Ungers Journalhandlung, S. 26-29.

39 Das Protokoll vom Amts-Physicus Dr. G. und dem Amts-Chirurgius Dr. H. wird hier als eigenständige Quelle aufgefasst: Dr. G. [Amts-Physicus]/Dr. H. [Amts-Chirurgius] (1803): Ocular-Inspection der Geschlechts-Theile, in: Schweickhard, C. L.: I. Geschichte eines lange Zeit hindurch für einen Hermaphroditen gehaltenen wahren Mannes, in: Hufeland, Christoph Wilhelm [Hg.]: Journal der practischen Arzneykunde und Wundarzneykunst [...]. Siebzehnter Band. Erstes Stück. Berlin: in Ungers Journalhandlung, S. 30-38.

ist gleichfalls evident. Nach dieser allgemeinen Einschätzung wird die Beschreibung differenzierter: „Bei Besichtigung der Eichel nahmen wir ein ganz neues durch das neuliche blosse Touchiren nicht so leicht zu entdeckendes Phänomen wahr. Die Eichel ist nämlich imperforirt, und wegen des stärkern Eichelbandes auch etwas nach unten reccinirend“ (Dr. G./Dr. H. 1803: 31). Und nicht nur die undurchbohrte *Eichel* wird hervorgehoben, sondern auch das eingeschränkte „Erections-Vermögen“ (Dr. G./Dr. H. 1803: 31) der verwachsenen *Rute*. Des Weiteren beobachten sie den *Harn-* und den *Samenfluss*: Wir ließen „in unserer Gegenwart die zu untersuchende Person den Harn in ein untergehaltenes Gefäss ablassen“ (Dr. G./Dr. H. 1803: 32). Hieraus schließen die Gutachter, dass „sich an diesem ungewöhnlichen Orte eben so der Saame, wie der Urin ergiesse“ (Dr. G./Dr. H. 1803: 34). Und, „dass der Saame in dem gegebenen Falle dennoch, ungeachtet er gleich dem Urine die nämliche [...] Ausfluss-Mündung haben muss, in die Mutterscheide geworfen und abgestossen werden könne“ (Dr. G./Dr. H. 1803: 36). Diese Begutachtung mündet in der Klassifizierung, dass besagter B.* M.* eine wahre Mannsperson sei, die über eine spezifische Pathologie verfüge: die *Hypospadie*. Schließlich klären sie die Frage: Ob „der hier bezeichnende Hypospadiaeus auch hinreichendes Erections-Vermögen“ habe? (Dr. G./Dr. H. 1803: 37) „Wir enthielten uns allerdings aller die guten Sitten beleidigender Experimente, würden aber dennoch, wenn es die Sache erheischt hätte, zur Prüfung des Erections-Vermögens, ohne eben der Moralität zu nahe zu treten, die Electricität angewendet haben, indem wir diese als ein gutes Entdeckungsmittel dafür, kennen.“ (Dr. G./Dr. H. 1803: 37) Zwar setzen die Gutachter die *Rute* nicht unter Strom, an ihrer Aussage ändert dies nichts: Der sogenannte Hermaphrodit B.* M.* sei „nicht absolut unter die Nichtzeugungsfähigen zu stellen“, sondern auch ihm müsse „diese Potenz verhältnismässig zukommen.“ (Dr. G./Dr. H. 1803: 38)

Dieses Gutachten wird vom Ehegericht, so Schweickhard, „mir und dem Hebammenmeister Zandt zum weitern Gutachten zugestellt“ (Schweickhard 1803: 38). Zandt und Schweickhard schließen sich in diesem zweiten externen Gutachten den Aussagen des Amts-Physicus und des Amts-Chirurgen an, obgleich sie die Aussagen zur *Zeugungsfähigkeit* in drei Punkten korrigieren.[40] Erstens: Die nicht *perforierte Eichel* lässt „einen grossen Zweifel in die Zeugungsfähigkeit des B.* M.* setzen [...], besonders da auch das starke Eichelband das Glied nach unterwärts reclinirt“ (Zandt/Schweickhard 1803: 42). Zweitens: Obwohl Zandt und Schweickhard dafürhalten, dass die sexuelle Organisation des B.* M.* „zu einem fruchtbaren Beischlafe hinreichend ist“, so sind sie doch „der Meinung, dass B.* M.* die Fähigkeit, den feinsten, flüchtigsten Befruchtungsstoff des Saamens bis zum Gebärmuttermund zu bringen, nicht habe“ (Zandt/Schweickhard 1803: 43). Drittens: Weil die *Rute* derart stark nach unten gekrümmt ist, fällt es beiden Medizinern schwer zu glauben, dass „das physische Entjungfern“ mög-

40 Das zweite externe Gutachten wird hier als eigenständige Quelle betrachtet: Zandt, I./Schweickhard, C. L. (1803): Cicero opinionum Commenta delet dies – naturae sudicia confirmat, Medicinisch-chirurgisches Gutachten, in: Schweickhard, C. L.: I. Geschichte eines lange Zeit hindurch für einen Hermaphroditen gehaltenen wahren Mannes, in: Hufeland, Christoph Wilhelm [Hg.]: Journal der practischen Arzneykunde und Wundarzneykunst [...]. Siebzehnter Band. Erstes Stück. Berlin: in Ungers Journalhandlung, S. 39-47.

lich ist. Obwohl sie dem B.* M.* das „Erectionsvermögen“ und den „wirklichen Saamen nicht absprechen“ (Zandt/Schweickhard 1803: 46), halten sie doch die Zulassung zur Ehe für bedenklich. Ungeachtet dessen wird der Hermaphrodit B.* M.* vom Amtsgericht zum Mann erklärt und erhält die Erlaubnis, die ledige Anwaltstochter C.* K.* zu heiraten. (Schweickhard 1803: 49)

Der Traktat von Schweickhard vereinigt auf engstem Raum zwei übereinander liegende Schichten des medizinischen Wissens, die jeweils von einer spezifischen Technik zur Bestimmung des wahren Geschlechts erzählen. Die untere Schicht lässt noch einmal die Technik der Vivisektion erscheinen, da die ersten beiden Untersuchungsprotokolle ausschließlich von einer Vivisektion der *Zeugungs-* und *Geburtsglieder* berichten. Dort werden diese Glieder besichtigt und betastet sowie als Garant für die Bestimmung des wahren Geschlechts des Hermaphroditen B.* M.* verwendet. Interessant ist die Ablehnung dieser Technik durch das erste externe Drittgutachten, das vom Hebammen-Meister Zandt angefertigt wird. Er sagt, dass das Besichtigen und Betasten dieser äußeren Glieder der Wahrheitsfindung nicht dienlich ist, da diese Teile der sexuellen Organisation trügerisch seien. Dies bestätigt, dass die alleinige Anwendung der Vivisektion, die vom siebzehnten bis zur Mitte des achtzehnten Jahrhunderts die Wahrheit des Geschlechts zutage befördert hat, keine Bedeutungsmacht mehr besitzt.

Die darüber liegende Schicht offenbart zumindest zwei neue Techniken, die im Zusammenhang mit der Krisenfigur Maria Dorothea Derrier auftauchen und künftig die Wahrheit des Geschlechts hervorbringen werden. Vorerst kreist die Untersuchung des Amts-Physicus Dr. G. und des Amts-Chirurgen Dr. H. um das rutenähnliche Gebilde, das keine *Perforation* aufweist – ein *Merkmal*, das im Fall der Krisenfigur Michel Anne Drouart als untrügliches Kennzeichen für die Bestimmung des weiblichen Geschlechts gedient hat, da hier eine undurchbohrte *Rute* als weibliche *Klitoris* gelesen wird. Im Fall des Hermaphroditen B.* M.* wird dieses rutenähnliche Gebilde jedoch als männliche *Rute* gelesen. Die Grundlage hierfür bildet die Technik der Beobachtung. Die Amtsärzte untersuchen, wie der *Harn* aus dem äußeren Geschlechtsteil ausfließt und ob eine *Samenflüssigkeit* hervortritt. Sie dringen mit ihren ‚ärztlichen Blicken‘ in den Körper ein und machen die *Testikel* sichtbar beziehungsweise erklären deren Funktionsfähigkeit für gegeben. Folglich determiniert das erstrangige Geschlechtsorgan die Setzung des zweitrangigen Geschlechtsorgans – das rutenähnliche Gebilde wird nicht als *Klitoris*, sondern als männliche *Rute* identifiziert und die angebliche weibliche *Scheide* wird als wahres *Scrotum* gelesen. Darüber hinaus taucht die Technik der Stimulation auf. Die Frage, ob der Hermaphrodit B.* M.* ein ehetauglicher Mann sei, könnte mithilfe der Stimulation durch elektrische Impulse – die künstliche Provokation einer *Erektion* – beantwortet werden. Lediglich das moralische Empfinden hält die Amtsärzte von der Galvanisation der *Rute* ab. Doch bereits die bloße Beschreibung des Simulationsvorgangs macht die Existenz und Anwendbarkeit der Technik evident.[41]

41 Vgl. zu den ersten elektrischen Experimenten im Zeitalter des Galvanismus: Herrmann, Hans-Christian von/Sieger, Bernhard (2000): Belebte Statuen, zuckende Leichen. Medien der Verlebendigung vor und nach Guillaume-Benjamin Duchenne, in: Kaleidoskopien. Theatralität, Performance, Medialität,

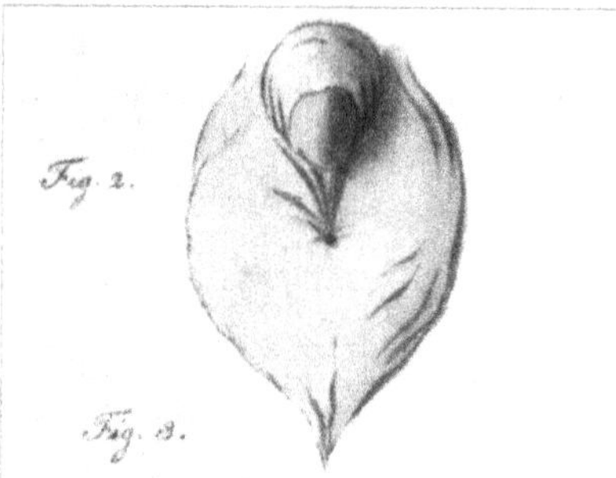

Abb. 56: Zustand der sexuellen Organisation vor der chirurgischen Intervention (Feiler 1820)

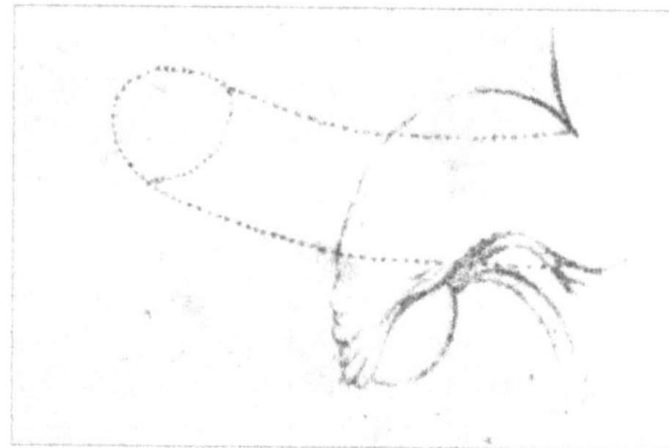

Abb. 57: Gestrichelte Linien verweisen auf den Zustand nach der chirurgischen Intervention (Feiler 1820)

Parallel zum Wandel der Techniken verläuft im Schweickhardschen Archiv der Wechsel jener Indikatoren, die zur Bestimmung der sexuellen Wahrheit produziert werden. In den ersten Untersuchungsprotokollen dominieren die phänotypischen Glieder die Aussagen der Mediziner. Sie werden betastet, gesichtet und dienen zur Bestimmung der *Zeugungsfähigkeit* des Hermaphroditen B.* M.*. Kurz gesagt, ihnen wird die repräsentierende Funktion des phänotypischen *Merkmals* zugeschrieben. Dies ändert sich schlagartig im dem Moment, da die Wahrheit der sexuellen Organisation mithilfe der neuen Technik produziert wird. Die Glieder verlieren ihren Status als *Merkmal* und werden in zweitrangige Geschlechtsorgane transformiert, deren Funktion in der Unterstützung der erstrangigen Geschlechtsorgane liegt. Diese Änderung verläuft über die Sichtbarmachung der inneren Geschlechtsorgane – der *Hoden*. Sie bestimmen fortan bei B.* M.* die Funktion der zweitrangigen Organe und zeigen an, ob seine sexuelle Organisation als *zeugungsfähig* klassifiziert werden kann.

Schließlich eine letzte Anmerkung zum Fall des Hermaphroditen B.* M.*: Johann Feiler, der sich mit dem Schweickhardschen Fall auseinandersetzt, fragt: „Es wäre nunmehr nur noch die Frage zu beantworten, ob ein solcher Mensch nicht durch eine chirurgische Operation wenigstens für den ersten Moment des Zeugungsactes tüchtig gemacht werden könnte?“ (Feiler 1820: 116) Seine Antwort lautet: „Eine solche Operation ist nicht nur denkbar, sondern auch sehr einfach [...]. Meines Erachtens würde eine solche Operation am zweckmässigsten im Jünglingsalter vor zu nehmen sein“ (Feiler 1820: 116). Eine detaillierte Operationsbeschreibung fügt Feiler seinem Traktat nicht hinzu, sondern verweist stattdessen auf zwei Kupfertafeln, die das Ziel der chirurgischen Intervention illustrieren. (Vgl. Abb. 56 & 57) Die undurchbohrte *Rute*, die mit einem Bändchen am Körper festgewachsen ist, müsse durch den chirurgischen Eingriff befreit werden. „Ob aber alsdann ein Mensch, wenn er durch eine solche Operation bloß für den Vereinigungsmoment tüchtig gemacht worden wäre, deswegen auch für heirathsfähig erklärt

hrsg. vom Institut für Theaterwissenschaft der Universität Leipzig, Heft III, Körperinformation, Berlin: Vice-Versa, S. 66-99.

werden könnte, ist eine Frage, deren Beantwortung nicht vor den Richterstuhl der Medicin gehört.“ (Feiler 1820: 117)

Und nicht nur Feiler fragt nach den Möglichkeiten der chirurgischen Intervention. Im Jahr 1801 veröffentlicht der Arzt Schäfflner die Beschreibung eines chirurgischen Eingriffs, der sich genau auf jene Bestimmung der sexuellen Klinik bezieht, die im Fall Maria Dorothea Derrier beschrieben wird.[42] Schäfflners Bericht dreht sich um Maria Katharina Ulmerin, die nicht mehr als Frau, sondern als Mann angerufen werden will. Sie wendet sich mit der Bitte an Schäfflner, sie für eine Mannsperson zu erklären und einen chirurgischen Eingriff an ihr vorzunehmen. Doch zunächst zur sexuellen Klinik, die über die Techniken der Beobachtung und Befragung produziert wird. Zum einen beobachtet Schäfflner, dass unterhalb der undurchbohrten *Eichel* eine Öffnung zu sehen ist, „aus welcher der Harn abfloss“ (Schäfflner 1801: 116). Und nicht nur die Flüssigkeit, sondern auch „Auswürfe anderer Materien (von Saamen oder blossem Schleim?)“ (Schäfflner 1801: 116). Zum anderen wendet Schäfflner die Technik der Befragung an: „Nach den Aussagen der Person zeigt sich wohl zuweilen eine Art Erection, und selten eine Ejaculation; die Neigung und Kraft zur Erection muss aber in jedem Fall sehr schwach seyn, da sie nach vorhergegangenem Reiben sehr wenig zu bemerken war.“ (Schäfflner 1801: 117) Darüber hinaus versucht Schäfflner über Stimulation den *Samenfluss* zu prüfen. Doch es bleibt bei dem Versuch, da Maria eine „Manustupration [...] nicht auf sich kommen lassen [wollte].“ (Schäfflner 1801: 117) Kurz gesagt, sie will sich nicht vor den Augen des Mediziners selbst beflecken beziehungsweise masturbieren.

Schäfflners Untersuchung mündet in drei Aussagen. Erstens: Das männliche Glied, „kann durch jene Haut, welches es nach unten anspannt, an seiner Verlängerung gehindert worden seyn. Diese üble Conformation macht diesen Menschen daher zum Ehestand untüchtig, beweiset aber nicht, dass er von dem männlichen Geschlechte auszuschliessen sey.“ (Schäfflner 1801: 120) Zweitens: „Dass sie nie Beschwerden und Zeichen einer sich zeigen sollenden oder wollenden monatlichen Reinigung gespürt hat, möchte wohl ein ziemlicher Beweis seyn, dass gar keine innerlichen weiblichen Geburtstheile da seyen.“ (Schäfflner 1801: 121) Drittens: „Da nun überhaupt zu viele wesentliche Umstände zur Idee des Weibes fehlen, so erkläre ich sie für einen Mann“ (Schäfflner 1801: 121). „Ausser diesen wesentlichen Zeugen der Mannheit – den Hoden – bürgt also noch“ die, „den Altersstufen angemessene Entwicklung dieser Theile“ (Schäfflner 1801: 122).

Im zweiten Teil seines Berichts kommt Schäfflner auf den chirurgischen Eingriff zu sprechen – eine Operation, die dem nach unten gespannten Glied mehr Spielraum verschaffen soll. „Der Mann fragte mich nämlich: ob nicht dem Uebel abzuhelfen sey, dass sein Harn wegen des abwärts gezogenen Gliedes oft an den Beinen und Kleidern abflösse“ (Schäfflner 1801: 123). Daraufhin schlägt Schäfflner folgende Operation vor: Weil „die zu beyden Seiten stark angespannte Haut das Glied krümme [...], so wolle ich

42 Vgl. Dr. Schäfflner (1801): V. Beschreibung eines Mannes, dessen fehlerhafte Geschlechtstheile sein Geschlecht lange zweifelhaft machten, in: Hufeland, Christoph Wilhelm [Hg.]: Journal der practischen Arzneykunde und Wundarzneykunst [...]. Dreizehnter Band. Erstes Stück. Mit einem Kupfer. Berlin: In Ungers Journalhandlung, S. 114-124.

ihm diese zwei ziemlich breiten Flügel entzweischneiden, damit sein Glied gerader werde." (Schäfflner 1801: 123) Diesem Eingriff unterwirft sich besagte Person, wobei der Arzt „die angespannte Oberhaut zu beiden Seiten bis auf die corpora cavernosa einschnitt" (Schäfflner 1801: 123). Seinen Bericht schließt er mit der Anmerkung: Er glaube, dass es der Person eher darum ging, „dem Gliede bei der Erection mehr Freiheit zu verschaffen, als den Abfluss des Harns zu erleichtern." (Schäfflner 1801: 123)

Drei Argumentationsfelder sind an Schäfflners Bericht interessant: die Techniken, die Merkmalsproduktion und die spezifische chirurgische Intervention. Erstens: Die von Schäfflner verwendeten Techniken, die Befragung, die Beobachtung und die Reizung beziehungsweise Stimulation, entsprechen jenen Techniken, die Stark, Martens oder Schweickhard beschreiben. Analog zu diesen befragt Schäfflner sein Untersuchungsobjekt zu den Indikatoren, die die inneren Organe sichtbar machen sollen. Er will wissen, ob der *Menstruationsfluss* jemals eingetreten sei, welche Konsistenz und welche Periodizität er aufweise. Doch weil dieser *Fluss* niemals eingetreten ist, schließt Schäfflner darauf, dass die dafür erforderlichen inneren Organe – *Eierstöcke/Gebärmutter* – nicht existieren. Er sagt es ganz explizit: Das Ausbleiben der *monatlichen Reinigung* beweist, dass keine innerlichen weiblichen *Geburtsteile* existieren. (Vgl. Schäfflner 1801: 121) Darüber hinaus befragt er seine Probandin zur *Erektionsfähigkeit* der *Rute*. Er will diese Funktion nicht mithilfe der Technik der Stimulation überprüfen, wie es der Amts-Physicus Dr. G. und der Amts-Chirurg Dr. H. vorschlagen, sondern über die Technik der Befragung. Die Technik der Reizung oder Stimulation bringt Schäfflner über die *Masturbation* ins Spiel. Zwar weigert sich seine Probandin, diese Praktik auszuführen, als Technik ist sie jedoch evident. Was hätte die Technik beweisen können? Beispielsweise die Existenz der *Hoden*, durch die Provokation des *Samenflusses*, wie es bei Martens' Untersuchung der Derrier bereits angedeutet wird. Doch Schäfflner beschreibt für den Beweis der Existenz der *Hoden* eine andere Technik. Er beobachtet analog zum Bericht vom Amts-Physicus Dr. G. und Amts-Chirurg Dr. H., dass der *Harn* an einer spezifischen Stelle hervortritt, und sagt, dass genau aus dieser Öffnung auch der männliche *Samen* abfließt. Kurz gesagt, Schäfflner lässt sich zeigen, ob und wie der *Samen* aus den zweitrangigen Geschlechtsorganen hervortritt, und beweist hierüber, dass im Inneren des Körpers die erstrangigen Geschlechtsorgane, die *Hoden*, existieren müssen.

Die Traktate von Stark, Martens, Schweickhard oder Schäfflner zeigen zum einen, dass die Mediziner alle die gleichen Techniken verwenden. Zum anderen aber auch, dass die Techniken in ganz unterschiedlichen Zusammenhängen und zur Beweisführung ganz verschiedener Funktionen verwendet werden: Die einen stimulieren die *Harnröhre* und machen hierüber die Funktion der *Hoden* sichtbar – sie weisen den *Samenfluss* nach. Die anderen wollen das äußerliche Geschlechtsorgan *Rute* reizen, um hierüber die *Erektionsfähigkeit* zu prüfen. Wieder andere wollen mithilfe der Erregung die *Erektionsfähigkeit* und den *Samenfluss* prüfen. Die Technik der Befragung taucht sowohl im Zusammenhang mit der Frage nach dem *Menstruationsfluss* auf als auch im Kontext der *Erektionsfähigkeitsprüfung* oder der Überwachung des *Samenflusses*. Gleiches gilt für die Beobachtung. Auch sie wird nicht spezifisch eingesetzt, um eine einzige Funktion zu beweisen. Kurz gesagt, die Techniken produzieren unterschiedlichste Aussagen oder

Beweise, ohne auf eine bestimmte Funktionsprüfung festgelegt zu sein. Vielmehr werden sie als Techniken zur Beweisführung ganz unterschiedlicher Funktionen der sexuellen Organisation verwendet.

Zweitens: Auch Schäfflners Untersuchung produziert hierarchisch gegliederte Geschlechtsorgane. Erstere bestimmen die Wahrheit des Geschlechts. Weil der *Menstruationsfluss* ausbleibt, können keine weiblichen erstrangigen Geschlechtsorgane existieren und das Untersuchungsobjekt nicht dem weiblichen Geschlecht zugeordnet werden. Weil der *Samenfluss* nachweisbar ist, müssen *Testikel* existieren und der angebliche Hermaphrodit muss als Mann angerufen werden. Dieses binär strukturierte Ausschlussverfahren, das über die Sichtbarmachung der im Körperinneren liegenden Geschlechtsorgane verläuft, bestimmt im zweiten Schritt die Setzung der äußerlich sichtbaren zweitrangigen Geschlechtsorgane. Analog zu Stark, Martens oder den Schweickhardschen Berichten wird die undurchbohrte *Rute* nicht als *Klitoris*, sondern als *missgestaltete* männliche *Rute* gelesen und die weiblichen *Schamlefzen* als *Scrotum*. Diese Setzungen der zweitrangigen Geschlechtsorgane produzieren im dritten Schritt die individuelle Klinik. Maria Dorothea Derrier sei, so Stark und Martens, ein Mann, der über eine am Körper anliegende, undurchbohrte *Rute* verfüge. Dieses äußerlich sichtbare Geschlechtsorgan habe eine individuelle Farbe, Form und Gestalt, wie auf Martens' Abbildungen zu sehen ist. Der Hermaphrodit B.* M.* wiederum, der vom Amts-Physicus Dr. G. und Amts-Chirurg Dr. H. beschrieben wird, erhält seine Eigentümlichkeit über die spezifische Pathologie der *Hypospadie*. Schäfflner wiederum führt seine Spezifizierung genau über dieselbe Vorgehensweise durch. Seine Probandin ist ein wahrer Mann, dessen *Rute* nicht *perforiert* und ohne chirurgischen Eingriff nicht zur *Erektion* beziehungsweise zum *Harnlassen* in der üblichen Weise fähig sei.

Drittens: Mit diesem medizinischen Wissen ist die Praktik der chirurgischen Intervention eng verbunden. Sie stabilisiert einerseits die Geschlechtszuordnung. Andererseits unterstützt sie die Funktion des erstrangigen Geschlechtsorgans *Hoden*, indem sie die Funktionsfähigkeit des zweitrangigen Geschlechtsorgans, der *Rute*, realisiert. Ein ähnlicher Mechanismus findet sich in der knapp fünfzig Jahre zuvor etablierten Operationsmethode von Arnaud. Wenn er in die sexuelle Organisation der *missgebildeten* Frau hinein schneidet, dann stellt er einerseits eine künstliche *Scheide* her, die das Ausscheiden des *Menstruationsflusses* erlaubt. Damit unterstützt er aber nicht nur die Funktionsfähigkeit des im Körperinneren liegenden Organs, sondern stabilisiert über den Einschnitt seine vorgenommene Geschlechtszuordnung. Denn als Effekt der Praktik wird dem rutenartigen Gebilde eine Bedeutung zugewiesen: Es ist keine undurchbohrte männliche *Rute*, sondern eine vergrößerte weibliche *Klitoris*.

Schäfflner wiederum schneidet zwei Bändchen entzwei und befreit die *Rute* vom Körper. Zwar hat das rutenähnliche Gebilde bereits durch das erstrangige Geschlechtsorgan eine Bedeutungszuweisung erfahren, es ist eine missgebildete *Rute*. Doch diese Bedeutungszuweisung manifestiert sich erst im *befreienden* (Ein-)*Schnitt* des chirurgischen Instruments. Denn was ist der Effekt der chirurgischen Intervention? Einerseits, so Schäfflners abschließender Kommentar, geht es darum, dem männlichen ‚Glied Freiheit bei der Erektion zu verschaffen‘. (Vgl. Schäfflner 1801: 123) Oder mit den Worten von Feiler: Die *Rute* soll für den ‚ersten Moment des *Zeugungsaktes* tüchtig gemacht‘ werden. (Vgl. Feiler 1820: 116; vgl. Abb. 57) Andererseits wird über den Einschnitt die Funktionsfähigkeit produziert, denn die *Rute* ist nunmehr in der Lage, während des *Zeugungsaktes* den *Samen* zu den weiblichen Geschlechtsorganen zu transportieren. Sie kann also nicht nur den *Harn* störungsfrei ableiten, sondern auch den von den *Hoden* produzierten *Samen*. Mit anderen Worten: Die chirurgisch produzierte *Rute* wird in den Organisationsablauf integriert und kann den für sie bestimmten Teilvorgang innerhalb des Fortpflanzungsprozesses realisieren.

Sowohl die Operationsmethode von Arnaud als auch jene, die von Schäfflner eingeführt wird, korrespondiert jeweils mit einem spezifischen Wissen von Geschlecht und wird in den Wissensspeicher ihrer Zeit, als die jeweils einzige Möglichkeit für eine chirurgische Intervention am hermaphroditischen respektive *missgebildeten* Körper aufgenommen: Diderots Enzyklopädie speichert Arnauds Methode, Feilers Kompendium beherbergt Schäfflners Vorgehen und zeichnet es als alternativlos aus. Hingegen die erste Praktik an das Axiom von den *missgestalteten* Frauen gebunden ist und dieses medizinische Wissen stabilisiert, manifestiert sich in der Schäfflnerschen Praxis das Axiom von den *missgestalteten* Männern. Dies wird letztlich an der Tatsache evident, dass bereits in den Traktaten der Krisenfigur Michel Anne Drouart beziehungsweise der Anne Grand-Jean von einem undurchbohrten, rutenartigen Gebilde gesprochen wird, das von einem Bändchen nach unten gezogen wird. Doch weil dieses Gebilde als weibliche *Klitoris* gelesen wird, ist jene chirurgische Intervention, die Schäfflner vorschlägt, vollkommen unnütz, da eine *Klitoris* sich nicht aufrichten muss. Anders im Fall des missgebildeten Mannes bei Schäfflner. Das rutenähnliche Gebilde wird hier durch einen Einschnitt befreit, da es vor der Intervention als *missgebildete Rute* identifiziert worden ist. Beide Interventionsformen, die medizinisch-chirurgische Produktion der Frau oder des Mannes, sind als Praktiken nicht nur an einen jeweils spezifischen Wissensbestand von Geschlecht gebunden, sondern darüber hinaus an der Produktion des dichotomen Geschlechts beteiligt.

Die Existenz dieser chirurgischen Praktiken am Ende des achtzehnten und beginnenden neunzehnten Jahrhunderts zeigt, dass nicht erst in der Mitte des zwanzigsten Jahrhunderts das chirurgische Instrument ein Geschlecht produziert, wie Klöppel feststellt. (Vgl. Klöppel 2002) Vielmehr muss der Klöppelschen Behauptung, John Money sei einer der Erfinder der chirurgischen Intervention am intersexuellen Körper, dahingehend widersprochen werden, dass bereits seit der Mitte des achtzehnten Jahrhunderts chirurgische Praktiken benannt und angewendet werden, die sich auf den hermaphroditischen beziehungsweise *missgebildeten* Körper richten. Vorerst beziehen sie sich auf die äußerlich sichtbaren Geschlechtsorgane und unterwerfen deren individuelle Ausprägungen der Funktion der erstrangigen, der inneren Geschlechtsorgane. Zugleich normieren sie die *missgebildeten* Körper, indem über den Eingriff die Dichotomie des biologischen Geschlechts reproduziert wird.

V. Epilog: Entwicklungslehren des Geschlechtssystems & Kategorien der Hermaphroditen

> „So viel ich urtheilen kann, ist die einzige Erklärungsart die, dass man annimmt, das Ei habe vor der Befruchtung keine Geschlechtsbestimmung, sondern sei so gebildet, dass es gleich fähig sei, eine männliche oder weibliche Leibesfrucht zu werden [...]. Jene Voraussetzung, dass das Geschlecht dem Ei zur Zeit der Befruchtung mitgetheilt werde, kann einigermassen erklären, warum Zwitterkälber vorkommen [...], da diess ein weniger einfacher, dem theilweisen Fehlschlagen mehr ausgesetzter, Vorgang sein muss".[1]

Die Traktate von Stark, Feiler oder Schäfflner lassen das klassische Wissen um das Tableau der phänotypischen Geschlechtsglieder zerfallen und errichten das, was fortan als das biologische Geschlecht gedacht wird. Die Eckpfeiler der modernen Geschlechtskonstruktion werden von Stark benannt, wenn er die *Eierstöcke/Gebärmutter* zu den alleinigen Stützpunkten des weiblichen und die *Hoden* zu den unumstrittenen Kriterien des männlichen Geschlechts erhebt. Feiler wiederum formuliert die Grundlagen des modernen Geschlechtsverständnisses, wenn er das Geschlecht als „ein ganzes organisches System" (Feiler 1820: 99) bestimmt, das einem vitalen Prinzip unterworfen ist. Schäfflner schließlich entfernt mithilfe des chirurgischen Instruments die phänotypischen Glieder, entwirrt die Überlagerungen der Geschlechtsbilder und lässt das organische System des modernen Geschlechts erscheinen. Die Kriterien des biologischen Geschlechts, seine Grundlagen und die hiermit korrespondierenden Interventionstypen, treten offen zutage. Und dennoch scheint jenes moderne Wissen von Geschlecht, das im neunzehnten und zwanzigsten Jahrhundert das Sprechen bestimmt, zunächst von zwei Widersprüchen gekennzeichnet zu sein.

1 Home, Everard (1799): X. An Account of the Dissection of an Hermaphrodite Dog. To which are prefixed, some Observations on Hermaphrodites in general, in: PHILOSOPHICAL TRANSACTIONS, OF THE ROYAL SOCIETY OF LONDON. FOR THE YEAR MDCCXCIX. LONDON, SOLD BY PETER ELMSLY, PRINTER TO THE ROYAL SOCIETY, Volume 89, S. 157-178. Im Weiteren wird die deutsche Übersetzung verwendet: Home, Everard (1802): XII. Über Zwitter, in: Roose, D. Theodor Georg August [Hg.]: Beiträge zur öffentlichen und gerichtlichen Arzneikunde [...]. Zweites Stück, Frankfurt am Main: bei Friedrich Wilmans, S. 203-236, S. 235.

Einerseits finden sich, beispielsweise in der „Eingeweidlehre" von Martin Münz scharf trennende Definitionen des organischen Zwei-Geschlechtssystems.[2] „Schon bey den höheren Gattungen von Weichthieren und am vollkommensten bey den Krustenthieren und allen übrigen höheren Thieren, wie bey dem Menschen sind beyderley Geschlechtstheile vollkommen getrennt, an zwey Individuen vertheilt, so, dass das eine nur männliche, das andere nur weibliche Geschlechtstheile besitzt." (Münz 1827: 318) Und weiter heißt es bei Münz: „*Männliche Geschlechtstheile.* 1. Die Hoden und Nebenhoden. 2. Die Saamen – Abführungsgänge. 3. Die Saamenbläschen. 4. Die Vorsteherdrüse. 5. Das männliche Glied mit der Harnröhre. 6. Der Hodensack. 7. Die Cowperischen Drüsen. *Weibliche Geschlechtstheile.* 1. Eyerstöcke. 2. Die Falloptischen Trompeten. 3. Die Gebärmutter. 4. Die Scheide. 5. Die Clitoris. 6. Die großen und kleinen Schamlippen." (Münz 1827: 319)

Im Gegensatz hierzu stehen andererseits die Überlegungen von Monorchis: „Eigentlich kann man nur die Gebärmutter das wahrhafte Kennzeichen nennen, welches das weibliche Geschlecht characterisirt; und doch muthmasset man, dass diese Eingeweide in dem Manne durch das Scrotum vorgestellt werde, da alle übrige Samengefäße in einem und dem andern Geschlecht einander vollkommen gleichen." (Monorchis 1801: 8) Und nicht nur die Differenzen zwischen den inneren Organen verwischen, sondern auch die der äußeren Glieder. Benjamin Osiander definiert in seinem „Handbuch der Entbindungskunst" den „Kitzler" und aktualisiert damit das Wissen des achtzehnten Jahrhunderts.[3] „Mit einer Vorhaut, Praeputium clitoridis, bedeckt, liegt das empfindliche Glied, unschicklich Kitzler genannt, welches der Form nach dem männlichen Zeugungsgliede ähnlich, aber so klein ist, das die Eichel des Gliedes nur ungefähr drei Linien lang und anderthalb Linien dick [...] und durch Reitze einiger Erection fähig ist." (Osiander 1829: 119)

Der erste Widerspruch, der am Anfang des neunzehnten Jahrhunderts auftaucht, kreist demnach um den Gegensatz von Binarität und Homogenität des Geschlechtssystems. Während Münz behauptet, dass die Teilung in männliche und weibliche Lebewesen an den äußeren und inneren Geschlechtsorganen abzulesen sei und diese Trennung sich stetig stärker auspräge, je *höher* die Tiere entwickelt seien, sprechen sich Monorchis oder Osiander genau gegen diese Evidenz aus. Sie behaupten, dass nicht nur die äußeren Geschlechtsglieder identisch, sondern auch die inneren Organe nur schwer zu differenzieren seien.

Der zweite Widerspruch, der innerhalb des modernen Wissens um die Geschlechtskonstruktion auftaucht, dreht sich um das, was unter dem Begriff des Hermaphroditen zu verstehen sei. Für Ferrein, Cruger oder Gautier d'Agoty sind alle Hermaphroditen *wahre* Frauen, die durch eine Missbildung gekennzeichnet sind. Für Stark, Martens oder Feiler sind alle Hermaphroditen in Wahrheit *missgestaltete* Männer, deren Geschlechts-

2 Münz, Martin (1827): Handbuch der ANATOMIE des menschlichen Körpers mit Abbildungen [...]. Dritter Theil enthaltend die Eingeweidlehre. Landshut: Gedruckt bey Jos Thomann, im Verlage beym Verfasser, in Commission in der Krüll'schen, Thomann'schen und anderen Buchhandlung.

3 Vgl. Osiander, Friedrich Benjamin (1829): Handbuch der Entbindungskunst, zweite vermehrte Auflage, bearbeitet von Dr. Johann Friedrich Osiander, Tübingen: bey Christian Friedrich Osiander, S. 119.

organe eine Verwachsung aufweisen. Weil diese Missbildungen auf ein *wahres* Geschlecht verweisen, werden die Konturen des verborgenen *wahren* Geschlechts durch chirurgische Eingriffe modelliert und in den Körper hinein geschnitten. Knapp siebzig Jahre gilt, dass weder *wahre* noch *weibliche* oder *männliche* Hermaphroditen existieren würden.

Im Gegensatz dazu wimmelt es in den medizinischen Archiven des neunzehnten und zwanzigsten Jahrhunderts an Traktaten, in denen Abwandlungen des Begriffs des Hermaphroditen produziert werden, beispielsweise „Hermaphroditismus lateralis", „Pseudo-Hermaphroditismus masculinus externus" oder „Pseudo-Hermaphroditismus femininus". Diese Begriffe gehen zum einen aus Einzelfallbeschreibungen von Hermaphroditismus beim Menschen hervor, in denen die Einzigartigkeit sowie die spezifische Form der jeweiligen geschlechtlichen Organisation betont wird.[4] Sie tauchen im Zusammenhang mit Dissertationen auf, in denen mehrere Fälle von menschlichem Hermaphroditismus einander gegenübergestellt und deren Unterschiede sowie deren Gemeinsamkeiten herausgearbeitet werden.[5] Zum Dritten entstehen sie innerhalb einer Reihe von veterinärmedizinischen Arbeiten, in denen hermaphroditische Bildungen bei Säugetieren genauso wie bei Insekten beschrieben werden.[6] Viertens finden sie sich in Beiträgen, in denen Fälle von Hermaphroditismus beim Menschen mit Fällen von Zwitterbildung bei Tieren einander gegenübergestellt werden.[7] Schließlich werden sie als Begriffe der Hermaphro-

4 Vgl. hierzu u. a.: Berthold, Arnold Adolph (1845): Seitliche Zwitterbildung (Hermaphroditismus lateralis) beim Menschen beobachtet, in: Abhandlungen der Königlichen Gesellschaft der Wissenschaften zu Göttingen, Bd. 2, Göttingen: in der Dieterichschen Buchhandlung, S. 97-114; Halbertsma, H. J. (1856): Over Hermaphroditismus spurius femininus, in: Verhandelingen der Koninklijke Akademie van Wetenschappen. Derde Deel, met Platen. Amsterdam, C. G. Van der Post, S. 1-18; Versen, Hermann Gustav Adolf Hugo (1886): Ueber einen Fall von Hermaphroditismus transversalis muliebris [...]. Berlin: Gedruckt bei A. W. Schade; Simon, Max (1886): Ein Fall von sogenanntem Pseudo-Hermaphroditismus masculinus externus [...]. Erlangen: Druck der Universitäts-Buchdruckerei von E. Th. Jacob; Gunckel, Heinrich (1887): Über einen Fall von Pseudo-Hermaphroditismus femininus [...]. Marburg: Universitäts-Buchdruckerei.

5 Vgl. hierzu u. a.: Meckel, Johann Friedrich (1812): Ueber die Zwitterbildungen, in: Autenrieth, Johann Heinrich Ferdinand von/Reil, D. Johann Christian [Hg.]: Archiv für die Physiologie, elften Bandes drittes Heft, Halle: in der Curtschen Buchhandlung, S. 263-340; Jacoby, Robert (1885): Zwei Fälle von Hermaphroditenbildung [...]. Berlin: Buchdruckerei von Gustav Schade.

6 Vgl. hierzu u. a.: Garth, Wilhelm (1894): Zwei Fälle von Hermaphroditismus verus bei Schweinen. Beitrag zur Lehre von der Zwitterbildung bei Säugethieren [...]. Giessen: C. v. Münchow; Wenke, Karl (1906): Anatomie eines Argynnis paphia-Zwitters nebst vergleichend anatomischen Betrachtungen über den Hermaphroditismus bei Lepidopteren, Berlin: Ebering.

7 Vgl. hierzu u. a.: Home 1802; Rudolphi, Karl Asmund (1825): Beschreibung einer seltenen menschlichen Zwitterbildung nebst vorangeschickten allgemeinen Bemerkungen über Zwitter-Thiere, in: Abhandlungen der Königlichen Akademie der Wissenschaften zu Berlin [...]. Berlin: Gedruckt in der Druckerei der Königlichen Akademie der Wissenschaften, S. 45-69.

ditensystematiken gebildet. Edwin Klebs beispielsweise benennt in seinem System neun Reihen hermaphroditischer Formierungen.[8]

Demnach gruppiert sich der zweite Widerspruch um die Tatsache, dass einerseits vom Ende des achtzehnten bis zum Anfang des neunzehnten Jahrhunderts die Existenz von Hermaphroditen in Abrede gestellt wird. Andererseits tauchen im neunzehnten und zwanzigsten Jahrhundert Traktate auf, die den Begriff der Hermaphroditen im Zusammenhang mit pathologischen Bildungen fortschreiben und in Begriffsvariationen des Hermaphroditismus ausdifferenzieren.

Auf dem Feld dieser Widersprüche erscheint am Anfang des neunzehnten Jahrhunderts Everard Homes Traktat „Über Zwitter" (Home 1802), in dem er eine neue Bestimmung des Hermaphroditen-Begriffs aufstellt: „Man hat gewöhnlich Thiere, deren Zeugungswerkzeuge regelwidrig gebildet sind, Hermaphroditen oder Zwitter genannt; eine Benennung, die man doch eigentlich nur auf solche Fälle beschränken sollte, wo sich in einem und demselben Thiere eine Mischung der männlichen und der weiblichen Geschlechtswerkzeuge findet." (Home 1802: 203f.) Mit dieser Definition betont er jene Indikatoren, die künftig für die Wahrheit des Geschlechts bürgen, denn er zieht eine scharfe Grenze zwischen den *Zeugungswerkzeugen* – phänotypische *Zeugungs-* und *Geburtsglieder* – sowie den *Geschlechtswerkzeugen* – *Eierstöcken/Gebärmutter* beziehungsweise *Hoden*. Letztere sind im Sinne Homes die entscheidenden Merkmale zur Bestimmung des Geschlechtssystems. Tauchen jedoch männliche und weibliche *Geschlechtswerkzeuge* zugleich in einem Körper auf, so spricht Home von einer hermaphroditischen Bildung.

Darüber hinaus fragt Home, warum Zwitter vorkommen. Seine Antwort lautet: Das weibliche Ei habe vor der Befruchtung kein bestimmtes Geschlecht – es sei also nicht präformiert. Vielmehr müsse davon ausgegangen werden, dass das Ei gleichermaßen fähig sei, eine männliche oder weibliche Leibesfrucht zu werden. Die Bestimmung geschehe erst im Moment der Befruchtung, so dass „nun aus demselben Material entweder Hoden oder Eierstöcke werden." (Home 1802: 232f.) Diese Annahme könne, so Home weiter, einigermaßen die Bildung von Hermaphroditen oder Zwittern erklären. Denn der Vorgang der Befruchtung sei sehr kompliziert und könne leicht fehlschlagen. (Vgl. Home 1802: 235) Wenn die ursprüngliche „Ertheilung des Geschlechts fehlschlägt, so ist der gebildete Theil weder ein Eierstock noch ein Hode, und ist manchmal dem einen, manchmal dem andern ähnlicher." (Home 1802: 236) In diesem Fall entwickeln sich jene Mischungen der männlichen und der weiblichen *Geschlechtswerkzeuge*, die einen Hermaphroditen kennzeichnen.

Home ist damit einer der ersten Physiologen des neunzehnten Jahrhunderts, der wieder von der Existenz hermaphroditischer Bildungen spricht, diese über eine Fehlent-

8 Vgl. hierzu u. a.: Klebs, Edwin (1876): Handbuch der pathologischen Anatomie. I. BAND, ZWEITE ABTHEILUNG. Pancreas, Nebenniere, Harn- u. Geschlechtsapparat. Mit Holzschnitten. Berlin, Verlag von August Hirschwald. Unter den Linden 68; Taruffi, Cesare (1903): Hermaphrodismus und Zeugungsunfähigkeit. Eine systematische Darstellung der Missbildungen der menschlichen Geschlechtsorgane [...]. Autorisierte deutsche Ausgabe von Dr. med. R. Teuscher, Berlin: Verlag von H. Barsdorf; Neugebauer 1908.

wicklung, eine Vermischung der inneren Organe definiert und eine Begründung für die Entstehung von Zwittern bereitstellt. Er leitet die Formierung von Hermaphroditen direkt aus seiner Entwicklungstheorie der Geschlechtsorgane ab. Es steht jedoch die Frage im Raum, in welchem Verhältnis Theorien über die Entwicklung von Geschlechtssystemen zu den vielfältigen Hermaphroditen-Begriffen, wie beispielsweise *Hermaphroditismus lateralis*, *Pseudo-Hermaphroditismus masculinus externus* oder *Pseudo-Hermaphroditismus femininus*, stehen, die im neunzehnten und zwanzigsten Jahrhundert zu finden sind. Gehen die Theorien aus den Beschreibungen und Systematisierungen hermaphroditischer Bildungen hervor und werden sie auf dieser Grundlage gebildet? Oder sind die Formen des Hermaphroditismus und deren Systematisierungen ein Produkt von Entwicklungslehren? Und wenn es stimmt, dass die modernen Hermaphroditenformen und Systematiken aus den Entwicklungslehren resultieren, dann stellen sich die Fragen, wie die Theorien zur Genese von Geschlechtssystemen konstruiert werden und wie sie jeweils gestalterisch wirken.

Drei beziehungsweise fünf Jahre nach Erscheinen von Homes Traktat in deutscher Sprache veröffentlichen der Anatom Jakob Ackermann[9] sowie der Physiologe Johann Heinrich Ferdinand von Autenrieth[10] unabhängig von einander Aufsätze, in denen unter anderem die geschlechtliche Entwicklung getrenntgeschlechtlicher Arten in der fötalen Phase beschrieben wird. Beide kommen nach ihren vergleichenden anatomischen Studien zu dem Schluss, dass in der ersten Phase der fötalen Entwicklung eine geschlechtliche Indifferenz bei Embryonen vorherrsche: „Die erste Anlage [scheint] zu beyden [...] die nämliche zu seyn.“ (Autenrieth 1807: 88) Erst im dritten fötalen Monat setze eine Ausdifferenzierung der indifferenten Geschlechtsanlagen ein. Sie entwickeln sich entweder in weibliche oder männliche Geschlechtssysteme. (Vgl. Ackermann 1805: 53f.; Autenrieth 1807: 88f.) Die Geschlechtsorgane und -glieder seien also einem Formierungsprozess unterworfen. Den Grund für die lang anhaltende geschlechtliche Indifferenz und den plötzlichen Einsatz von Entwicklungsschüben können weder Ackermann noch Autenrieth angeben.

In seinem 1820 erscheinenden „Handbuch der Anatomie“ greift Johann Friedrich Meckel die Überlegungen von Home, Autenrieth und Ackermann auf.[11] Grundsätzlich teilt er deren Beobachtungsergebnisse. Doch diese hätten den Ausdifferenzierungsverlauf „vielleicht weniger genau und richtig [...] angegeben“ (Meckel 1820: 584). Meckel seinerseits sagt, er habe „wenigstens fünfzehn [Embryonen] verglichen“ und könne

9 Ackermann, Jacob F. (1805): INFANTIS ANDROGYNI HISTORIA ET ICHNOGRAPHIA. ACCEDUNT DE SEXU ET GENERATIONE DISQUISITIONES PHYSIOLOGICAE ET TABULAE V. AERI INCISAE [...]. JENAE: TYPIS ET SUMPTIBUS MAUKIANIS.

10 Autenrieth, Johann Heinrich Ferdinand von (1807): Bemerkungen über die Verschiedenheit beider Geschlechter und ihrer Zeugungsorgane, als Beytrag zu einer Theorie der Anatomie, in: ders./Reil, D. Johann Christian [Hg.]: ARCHIV FÜR DIE PHYSIOLOGIE. SIEBENTER BAND. MIT KUPFERTAFELN, HALLE: IN DER CURTSCHEN BUCHHANDLUNG, S. 1-139.

11 Meckel, Johann Friedrich (1820): Handbuch der Anatomie. Vierter Band. Besonderer Anatomie. Eingeweidlehre und Geschichte des Fötus. Halle und Berlin, in der Buchhandlung des Hallischen Waisenhauses.

hieraus ableiten, dass die Genese der Geschlechtsorgane in drei Phasen unterteilt werden müsse. In der ersten Phase, so Meckel, die vom Moment der Befruchtung bis zur sechsten Woche andauert, „fehlt jede Spur von Geschlechtstheilen" (Meckel 1820: 584). Erst ab der sechsten Woche lassen sich erste Teile des Geschlechtssystems nachweisen. In dieser zweiten Phase, die bis zum dritten Monat anhält, sind die Geschlechtsteile „in allen Embryonen ganz nach demselben Typus gebildet, es findet mithin durchaus noch kein Geschlechtsunterschied statt, indem Gestalt, Größe und Lage jener Theile bei allen völlig dieselben sind." (Meckel 1820: 584) Nach dieser Phase der geschlechtlichen Indifferenz setze ab dem dritten Monat, so Meckel weiter, die Geschlechtsdifferenzierung ein: Die Eierstöcke werden „beständig kleiner als die Hoden, sie liegen mehr wagerecht, und die Ruthe unterscheidet sich von dem Kitzler" (Meckel 1820: 586).

Zehn Jahre nach Meckel veröffentlicht Johannes Müller seine „Bildungsgeschichte der Genitalien" und greift auf dessen Beschreibungen zurück.[12] Müller seinerseits analysiert nicht die zweite oder dritte embryonale Entwicklungsphase, sondern die „ursprünglichen Entstehungsmomente" (Müller 1830: 98). Aus welchem Teil des Embryos, so fragt Müller, entstehen all jene Organe, „welche zum Systema urinarium et genitale gehören, nämlich Wolff'sche Körper, Hoden und Eierstöcke, Nieren, Nebennieren, Harnleiter, Ausführungsorgane der Wolff'schen Körper und der Geschlechtstheile?" (Müller 1830: 99) Seine Antwort: Die Geschlechts- sowie die Ausscheidungsorgane werden ursprünglich von Drüsen gebildet, die „aus der ersten Anlage des Darmschlauches" (Müller 1830: 99) entstehen. Aus ihnen bilden sich, so Müller, einerseits die Ausscheidungsorgane – Nieren und Nebennieren – und andererseits die Geschlechtsorgane.

Die Genese der ersten Geschlechtsorgane verläuft, so Müller, bei allen Säugetieren gleich. Bei ihnen können „im Anfang dieselben Wolff'schen Körper mit ihren kurzen Ausführungsgängen" (Müller 1830: 98) beobachtet werden. Etwas zeitversetzt – beim Menschen ab der sechsten Woche – erscheint „bei allen Embryonen jederseits ein neuer Gang an der äussern Seite des Wolff'schen Körpers, ohne Gemeinschaft mit diesem" (Müller 1830: 98) zu haben. Beide Gänge, der Ausführungsgang des Wolff'schen Körpers sowie der von Müller entdeckte und nach ihm benannte Gang, „sind anfangs bei allen Embryonen oben blind" (Müller 1830: 98). Und weiter heißt es: Bei „den weiblichen werden sie in die Bauchhöhle geöffnet, und bleiben gerade und erweitern sich, nur bei den männlichen kräuseln sie sich mit der Verkleinerung des Wolff'schen Körpers zum Schwanz des Nebenhodens und treten in Wechselwirkung mit den vasa efferentia des keimbereitenden Organs oder Hodens. Ist das Geschlecht entschieden, so sind die früher beiden Geschlechtern gemeinschaftlichen Organe verschwunden." (Müller 1830: 98f.) Wie aber gestalten sich die Prozesse der Verwandlung oder Metamorphose?

Sich auf die Ergebnisse der Erstgenannten beziehend, beschreibt Mitte der 1850er Jahre Conrad Cramer den Vorgang der Geschlechtsdifferenzierung.[13] „Dadurch, dass die

12 Müller, Johannes (1830): Bildungsgeschichte der Genitalien aus anatomischen Untersuchungen an Embryonen des Menschen und der Thiere, nebst einem Anhang über die chirurgische Behandlung der Hypospadia. Düsseldorf, bei Arnz.

13 Cramer, Conrad (1857): Ein Fall von HERMAPHRODITISMUS LATERALIS. Zürich: Druck von Friedrich Schulthess, S. 17f.

Generationsdrüse zur Zeit der geschlechtlichen Indifferenz zwei Ausführungsgänge, denjenigen des Wolff'schen Körpers und den Müller'schen Gang, gewissermassen zur Auswahl hat, kann sich jeder Fötus in geschlechtlicher Beziehung entweder männlich oder weiblich entwickeln. [...] Entwickelt sich der Fötus männlich, so verwandelt sich die bis jetzt indifferente Geschlechtsdrüse nach und nach in einen Hoden, der Wolff'sche Körper wird zum Nebenhoden und der Ausführungsgang des Wolff'schen Körpers zum vas deferens; der Müller'sche Gang geht zu Grunde und bildet zuletzt nur noch einen dünnen Strang. Entwickelt sich der Fötus aber weiblich, so geht die bis jetzt indifferent gebliebene Generationsdrüse nach und nach in einen Eierstock über, der Wolff'sche Körper wird zum Nebeneierstock und der Müller'sche Gang entwickelt sich in diesem Falle zu den Tuben, während der Ausführungsgang des Wolff'schen Körpers zu Grunde geht." (Cramer 1857: 18) Cramers Beschreibung bezieht sich jedoch nur auf die Genese der inneren Organe. Wie aber formieren sich die äußeren Geschlechtsteile?

Hierzu schreibt Hyrtl in seinem „Handbuch der topographischen Anatomie",[14] dass die äußeren Glieder analog zu den inneren Organen, aus einer „vollkommen gleichen Anlage" (Hyrtl 1857: 176) entstehen. Jene Anlage, der sogenannte „Geschlechtscylinder", zeigt sich sehr bald nach dem Auftreten der inneren Organe und verbleibt knapp sechs Wochen in einem indifferenten Zustand. „Im Beginne des dritten Monats hat der indifferente Geschlechtscylinder bereits eine Eichel erhalten, und zu beiden Seiten des *Sinus uro-genitalis* erheben sich zwei längliche Hautfalten, welche gegen jenen Cylinder hinstreben. Soll nun das Geschlecht ein männliches werden, so wird jener Cylinder zum Penis, und die beiden seitlichen Hautfalten am Sinus durch Verwachsung zum leeren Hodensack" (Hyrtl 1857: 176). Wenn aber ein weibliches Geschlecht entstehen soll, dann verwachsen die seitlichen Hautfalten nicht, „sondern bleiben als *Labia majora* getrennt [...]. Der Geschlechtscylinder verkürzt sich relativ, d. h. er bleibt hinter der fortschreitenden Entwicklung der übrigen Genitalien zurück, und wird zur Clitoris" (Hyrtl 1857: 176f.).

Aus diesen entwicklungstheoretischen Beschreibungen – jenen der inneren Organe sowie der äußeren Teile – leitet Hyrtl seinerseits die Entstehung von pathologischen beziehungsweise hermaphroditischen Bildungen ab. Es kann, so Hyrtl, im Laufe des Formierungsprozesses „vorkommen, dass bei männlicher Hodenbildung durch weniger vollständiges Eingehen der Müller'schen Gänge ein unpaarer Geschlechtstheil als Uterus entsteht, welcher jenem des Weibes an Grösse und Bau vollkommen" (Hyrtl 1857: 177f.) gleicht. Es wäre aber auch folgendes Szenario denkbar: „Es kann durch Persistenz des Müller'schen oder des Wolff'schen Ganges auf beiden Seiten im weiblichen oder männlichen Geschlechte eine Zuthat von männlichen oder weiblichen Sexualorganen vorkommen" (Hyrtl 1857: 178). Diese Fehlentwicklungen, die an den inneren Geschlechtsgängen – *Wolff'scher* und *Müller'scher* Gang – auftauchen, werden als *männlicher*

14 Hyrtl, Joseph (1857): HANDBUCH DER TOPOGRAPHISCHEN ANATOMIE, UND IHRER PRAKTISCH MEDICINISCH-CHIRURGISCHEN ANWENDUNGEN [...], DRITTE BEDEUTEND VERMEHRTE UND VERBESSERTE AUFLAGE, ZWEITER BAND. ENTHÄLT DIE TOPOGRAPHISCHE ANATOMIE DES MÄNNLICHEN UND WEIBLICHEN BECKENS, DES RÜCKENS, DER OBEREN UND UNTEREN EXTREMITÄTES. WIEN, WILHELM BRAUMÜLLER, k. k. Hofdruckhändler.

beziehungsweise *weiblicher* Hermaphroditismus bezeichnet. Darüber hinaus „[sind] Hemmnisbildungen in den äusseren Genitalien viel häufiger, als an den inneren." (Hyrtl 1857: 178) Es kann sich die *Penisrinne* nicht oder nur teilweise schließen. Es ist die Mündung der *Harnröhre* im *Mittelfleisch* denkbar. Ein *vulvaähnlicher* Spalt kann zwischen den nicht vereinigten Hälften des *Hodensacks* auftauchen. Oder aber die weibliche *Scheide* fehlt vollkommen. (Vgl. Hyrtl 1857: 178) All jene Pathologien, die an den äußeren Geschlechtsteilen erscheinen, erhalten die Bezeichnung *Hypospadie.*

Im Gegensatz zu Home, der in seinen Ausführungen nur eine Kategorie von Hermaphroditen zulässt, zeigt Hyrtl ganz unterschiedliche hermaphroditische Bildungen und deren Entstehungen auf. Der *männliche* beziehungsweise *weibliche* Hermaphroditismus bezieht sich auf Missbildungen der inneren Organgänge, des *Wolff'schen* und des *Müller'schen* Gangs. Jene Missbildung wiederum, die als *Hypospadie* bezeichnet wird, verweist auf eine Hemmnisbildung der äußeren Geschlechtsglieder. Darüber hinaus werden die Fehlbildungen in Korrespondenz zu den jeweiligen Entwicklungsphasen des Geschlechtssystems gesetzt. Erstere werden ausschließlich mit Formierungsdefekten der *Geschlechtsgänge* verbunden und tauchen innerhalb der Embryogenese zeitlich früher auf als die Pathologien, die als *Hypospadie* benannt werden.

Im Jahr 1870 veröffentlicht Wilhelm Waldeyer die Studie „Eierstock und Ei".[15] In seinem Schlusskapitel ist zu lesen: „Aber ein anderer, auch für die Teratologie nicht unwichtiger Punkt folgt aus dem Beobachteten mit Gewissheit, nämlich der, dass die Uranlage der einzelnen Individuen auch bei den höchsten Vertebraten eine hermaphroditische ist. Man hat bis jetzt vielfach das eigentümliche Verhalten der Geschlechtsorgane bei der ersten Entwicklung so zu deuten gesucht, dass ein neutraler gemeinsamer, gewissenmaassen [sic!] indifferenter Urzustand vorhanden sei, aus welchem heraus entweder nach der einen oder der anderen Seite hin die Entwicklung vorschreite". Und weiter heißt es: „Geht man aber auf die Entwicklung derjenigen Gebilde ein, welche das Wesen beider Geschlechter ausmachen, der beiden Keimdrüsen, so ist eine indifferente, gleichsam neutrale Uranlage schwer denkbar." (Waldeyer 1870: 152) Vielmehr müsse davon ausgegangen werden, dass „sich aus jedem befruchteten Ei zunächst die Uranlagen für beide Geschlechter in toto [entwickeln], also auch die Anlagen für männliche und weibliche Keime; mit anderen Worten, jedes Individuum ist auf einer gewissen Stufe seiner Entwicklung wahrer Hermaphrodit. [...] Man weiß ja seit langem, dass beiderlei ausführende Gänge sich bei jedem Individuum auf einer frühen Entwicklungsstufe finden; damit war aber noch nicht die hermaphroditische Grundlage erwiesen, die erst durch das gleichzeitige Auftreten beider Keimdrüsenanlagen bei jedem Individuum sicher gestellt ist." (Waldeyer 1870: 153)

Die Studie von Waldeyer, die die Entwicklung der Geschlechtsorgane ausgehend von einer hermaphroditischen *Uranlage* beschreibt, wird zur Grundlage einer erneuten Bestimmung und Systematisierung von hermaphroditischen Bildungen. Ausgangspunkt dieser

15 WALDEYER, WILHELM (1870): EIERSTOCK UND EI. EIN BEITRAG ZUR ANATOMIE UND ENTWICKLUNGSGESCHICHTE DER SEXUALORGANE. MIT 6 TAFEL-ABBILDUNGEN. LEIPZIG, VERLAG VON WILHELM ENGELMANN.

Uebersicht
der fötalen Entwicklung der Geschlechtsorgane.

am Ende der		weibliche.	männliche.
6. Woche.	I. II. III.	Eierstock — W. K. M. G. — W. G. Kloake. Geschlechtshöcker und -Falten.	Hoden — W. K. W. G. — M. G. ebenso.
8. Woche.	I. II. III.	Involution des W. K. (Bleibende Niere.) Involution der W. G. M. G. im Genitalstrang noch nicht verschmolzen. Geschlechtsfurche.	Inv. d. Urnierentheils d. W. K. Sexualtheil nimmt zu. Involution der M. G. (Grad unbestimmt). W. G.: Vas deferens. ebenso.
10. Woche.	III.	Perinäum.	ebenso.
12. Woche.	I II. III.	Descensus Ovariorum. Par- und Epoophoron. M. G. im Genitalstrang verschmolzen (Uterus bicornis unicollis, Vagina simplex). Sinus uro-genitalis. Breites Perinäum.	Desc. test. intraabdominalis. Epi- und Paradidymis. Prostata, Vesic. prost. Saamenblasen. Raphe scroti et urethrae. Glans penis.
20. Woche.	II. III.	Uterus planifundalis. Faltung der Uterusschleimhaut. Vagina glatt — Hymen. Clitoris, Vestibulum. Labia maj., minora.	Drüsen der Prostata. Praeputium.
40. Woche.	I. II.	Faltung der Scheidenschleimhaut.	Desc. testic. scrotalis.

Abb. 58: Übersicht der fötalen Entwicklung der Geschlechtsorgane (Klebs 1876)

Systematisierungen wird die These von Waldeyer, dass sich die Binarität des Geschlechtssystems nicht nur auf die Geschlechtsgänge erstreckt, wie es Johann Müller beschreibt, sondern auch auf die ursprünglichen Geschlechtsanlagen, die *Keimdrüsen*. Diese weitere Differenzierung bildet den Ausgangspunkt für Edwin Klebs' Hermaphroditen-Systematik, die er in seinem 1876 erscheinenden „Handbuch der pathologischen Anatomie" veröffentlicht.

Grundsätzlich geht Klebs davon aus, dass sich der „Geschlechtsapparat des normal entwickelten Mannes und Weibes [...] aus einer doppelten fötalen Anlage der inneren Geschlechtstheile" (Klebs 1876: 718) entwickle, so wie es Waldeyer beschrieben hat. Aus dieser zweifachen *Uranlage* würde im *Normalfall* lediglich eine vollständig formierte Anlage hervorgehen, hingegen sich „die andere bis auf geringe Reste [...] zurückbildet." (Klebs 1876: 718) Die binäre *Uranlage* entwickelt sich demnach entweder zu einem weiblichen Geschlechtsapparat, dessen männliche Anlagen bis auf einzelne Rudimente vergehen. Oder aber sie formiert sich zu einem männlichen Geschlechtssystem, dessen weibliche Bestandteile sich bis auf wenige Relikte zurückbilden. (Vgl. Abb. 58) Die *Uranlage* ist also einem zweifachen Prozess unterworfen: der Formierung des einen und der *Involution* des anderen. Die Anomalien hingegen, so Klebs weiter, die hermaphroditischen Missbildungen, die über einen doppelten Satz an Geschlechtsorganen und/ oder -teilen verfügen, entstehen durch „primäre Bildungsfehler der Genitalien [...], durch die gehemmte Involution der einen, im regelmässigen Verlauf der Entwicklung bis auf unbedeutende Reste untergehenden Geschlechtsanlage." (Klebs 1876: 718) Die Ausprägung der einen Anlage und die Verkümmerung der anderen bleibe bei hermaphroditischen Bildungen aus, da der Prozess der *Involution* nicht einsetzt und sich beide Anlagen, beide *Keimdrüsen* weiterentwickeln würden.

Die Klebssche Systematik sieht nun zwei Gruppen hermaphroditischer Bildungen vor. Erstere wird als „Hermaphroditismus verus" oder als *wahre* Zwitterbildung bezeichnet. Sie schließt solche Fälle ein, „in denen die Ausbildung der Hoden und Ovarien in demselben Individuum stattfindet" (Klebs 1876: 723), da eine Hemmung der *Involution* der

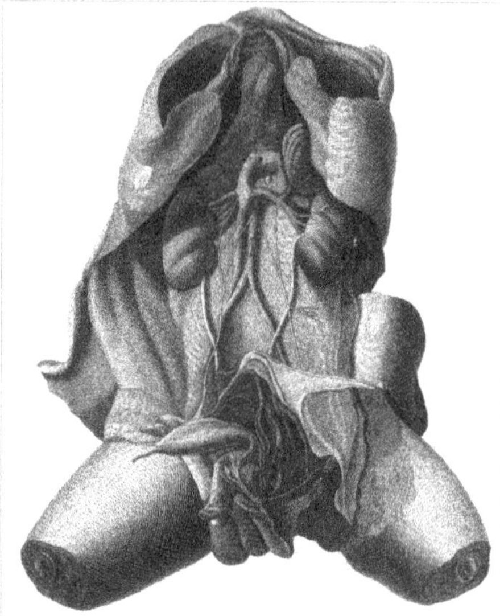

Abb. 59: Hermaphroditismus lateralis (Rudolphi 1825)

Keimdrüsen eingetreten sei. Die zweite Gruppe wiederum, die der „Schein-Zwitter" oder *Pseudo-Hermaphroditen*, bestimmt er wie folgt: Hingegen die *Keimdrüsen* eine *normale* Entwicklung aufweisen, würden „die Geschlechtsgänge und äusseren Genitalien Annäherungen an den anderen Geschlechtstypus darbieten." (Klebs 1876: 723)

Vorerst zur Gruppe des *wahren* Hermaphroditismus und deren unterschiedlichen Formen: Klebs führt hierzu aus: „Die doppeltgeschlechtliche Anlage der beiderseitigen Keimdrüsen nöthigt zu der theoretischen Annahme von 3 Reihen von wahrem Hermaphroditismus" (Klebs 1876: 723f.). Die *vollkommenste* Reihe dieser Gruppe bezeichnet er als „Hermaphroditismus verus bilateralis" oder „doppelseitige Zwitterbildung" (Klebs 1876: 724). Sie müsste wie folgt gebildet sein: Neben einem „wohlgebildeten Penis, der mit vollkommnen männlichen Genitalien" ausgestattet sei, findet sich eine „Vulva mit Labien und Nymphen", die mit einem „rudimentären Uterus, nebst Tuben und Ovarien verbunden" (Klebs 1876: 724) wäre. Die zweite Reihe, der „Hermaphroditismus verus unilateralis" oder die „einseitige Zwitterbildung" wäre derjenige „Zustand, bei welchem auf der einen Seite eine einfache Keimdrüse (Hoden oder Ovarium), auf der anderen sowohl Hoden wie Ovarium vorhanden ist." (Klebs 1876: 725) Beide Bestimmungen schränkt Klebs jedoch dahingehend ein, dass sich Beobachtungen dieser Form „nur in [...] der älteren Literatur [finden], deren Oberflächlichkeit keine bestimmte kritische Entscheidung gestattet" (Klebs 1876: 724). Diese Einschränkung ist insofern evident, da bis zum Ende des achtzehnten Jahrhunderts lediglich die äußeren *Zeugungs-* und *Geburtsglieder*, nicht aber die von Klebs thematisierten inneren Organe observiert werden. Lediglich die dritte Reihe des *wahren* Hermaphroditismus, der „Hermaphroditismus lateralis" beziehungsweise die „seitliche Zwitterbildung" sei, so Klebs, in den letzten Jahren des öfteren beobachtet worden. (Vgl. Rudolphi 1825; Berthold 1845; Cramer 1857; Abb. 59 & 60) Sie „findet statt, wenn auf der einen Seite ein Eierstock, auf der andern ein Hoden gebildet ist" (Klebs 1876: 725f.).

Die zweite Gruppe, die der *Pseudo-Hermaphroditen*, wird von Klebs über „eine doppelgeschlechtliche Entwicklung des äussern Sexualapparats und der Geschlechtsgänge bei eingeschlechtlicher Bildung der Keimdrüse" definiert. Sie wird von ihm in „3 Unterabtheilungen" unterschieden, „die man als Ps. h. internus, externus oder als vollständigen Ps. h. (Ps. h. competus s. externus et internus) bezeichnen kann." (Klebs 1876: 734f.) Da jedoch in dieser Gruppe ausschließlich die Pathologien des äußeren Geschlechts-

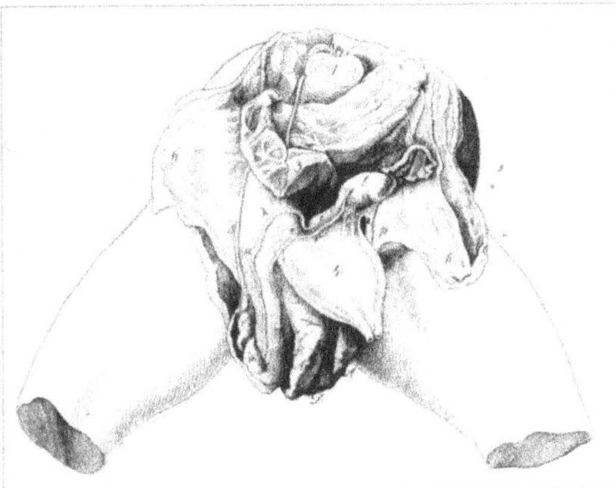

Abb. 60: Seitliche Zwitterbildung (Berthold 1845)

apparats und der Geschlechtsgänge für die Kategorienbildung herangezogen werden – die geschlechtsbestimmende *Keimdrüse* weist eine *normale*, eine *eingeschlechtliche* Entwicklung auf –, werden die drei benannten Gruppen noch einmal in weibliche und männliche Formen unterteilt. Demnach existieren in dieser Gruppe sechs Reihen des *Pseudo-Hermaphroditismus* – drei weibliche und drei männliche –, die Klebs mit den Abkürzungen *femin.* beziehungsweise *masc.* kennzeichnet.

Die Systematisierung beginnt mit den männlichen *Pseudo-Hermaphroditen*. Der *Pseudo-Hermaphroditismus masc. internus* wird darüber bestimmt, dass neben den äußeren und inneren männlichen Geschlechtsorganen und -gliedern ein *ein-* oder *zweihörniger Uterus* ausgebildet ist, der mit einer *Tube* versehen sein kann. (Vgl. Klebs 1976: 736) Der *Pseudo-Hermaphroditismus masc. completus* (*externus et internus*) bezeichnet diejenigen Fälle, bei denen die männlichen *Keimdrüsen* und Geschlechtsgänge ausgebildet sind, aber der *Müller'sche* Gang eine fast vollständige *Persistenz* aufweist. Auch die äußeren Geschlechtsglieder nähern sich dem weiblichen Typus an. (Vgl. Klebs 1976: 739) Schließlich die dritte Kategorie der männlichen *Schein-Zwitter*: Der *Pseudo-Hermaphroditismus masc. externus* weist ausschließlich innere männliche Genitalien auf, doch die äußeren Glieder stellen eine Annäherung an den weiblichen Typus dar. (Vgl. Klebs 1876: 743)

Die drei Reihen der weiblichen *Pseudo-Hermaphroditen* ordnet Klebs wie folgt: Er beginnt mit der Kategorie des *Pseudo-Hermaphroditismus femininus internus*. Diese Form hat vollständig entwickelte weibliche Geschlechtsorgane und -glieder. Darüber hinaus sei jedoch eine *Persistenz* des *Wolff'schen* Ganges zu beobachten. (Klebs 1876: 744; vgl. Abb. 61 & 62) Die zweite Reihe, der *Pseudo-Hermaphroditismus femininus externus*, wird durch die ausschließlichen Veränderungen der äußeren Glieder bestimmt, die eine Annäherung an den männlichen Typus darstellen. (Vgl. Klebs 1876: 745) Die dritte Reihe der weiblichen Formen ist der *Pseudo-Hermaphroditismus femini. externus et internus*. Diese Form weise sowohl eine männliche Bildung der äußeren Glieder als auch männliche Geschlechtsgänge auf. (Vgl. Klebs 1876: 745)

Auch die Klebssche Systematik erscheint, analog zu den Ausführungen von Hyrtl, als eine Ableitung aus der Entwicklungslehre der Geschlechtssysteme. Hier tauchen jedoch grundlegende Erweiterungen auf: Einerseits die (Re-)Aktualisierung der Kategorie des *wahren* Hermaphroditen, die hier in Form der drei Gruppen des *wahren* Hermaphroditismus auftaucht. Andererseits die Trennung von *wahrem* und *scheinbarem* Hermaphroditismus. Grundlage hierfür ist die Entwicklungslehre von Waldeyer. Dieser spricht

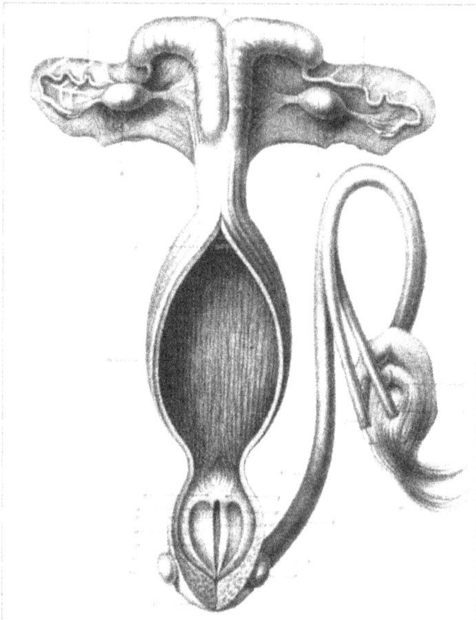

Abb. 61: Hermaphroditisches Organsystem (Halbertsma 1856)

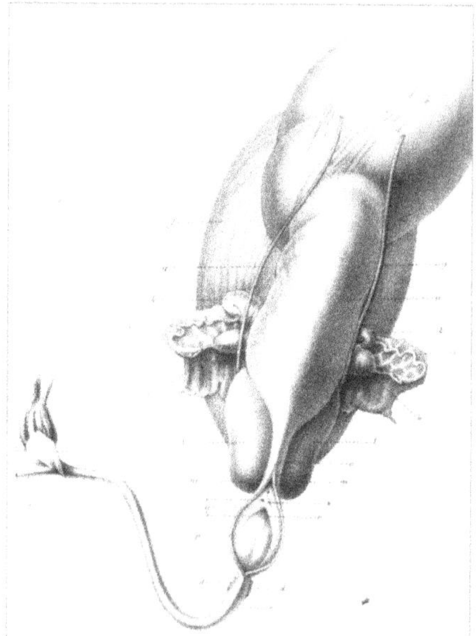

Abb. 62: Hermaphroditisches Organsystem (Halbertsma 1856)

nicht mehr von einer indifferenten, sondern von einer doppelt codierten, von einer hermaphroditischen *Uranlage*. Die Binarität, die sich bei Johann Müller noch ausschließlich auf Geschlechtsgänge bezieht, wird nunmehr auch auf die *Keimdrüsen* übertragen. Diese Erweiterung ermöglicht es Klebs, die Gruppe des *wahren* Hermaphroditismus zu konstruieren, die auf abweichende Entwicklungen der *Uranlage* rekurriert. Die Reihen des *wahren* Hermaphroditismus beziehen sich nicht auf eine Hemmnisbildung der Geschlechtsgänge oder -glieder, sondern ausschließlich auf eine gehemmte *Involution* der *Keimdrüsen – Hoden* und *Eierstöcke* – innerhalb der ersten Phase der Geschlechtsformierung. Die Errichtung dieser Gruppe ist jedoch an den Konjunktiv gebunden: Klebs sagt, dass die doppelte *Uranlage* zu den ‚theoretischen Annahmen' nötigen würde, dass *wahre* Hermaphroditen existierten, doch seien diese niemals beobachtet worden – die Beschreibungen des siebzehnten und achtzehnten Jahrhunderts könnten nicht als Belege verwendet werden. Er hält dennoch an dieser Gruppe fest.[16]

16 In den zwanziger Jahren des neunzehnten Jahrhunderts wird eine zweite Entwicklungstheorie der Geschlechtsorgane formuliert, die sich auf die Entwicklung der Gattungen bezieht. Sie besagt, dass *wahrer* Hermaphroditismus einen *normalen* Zustand beschreiben kann. Dieser sei jedoch nur bei Lebewesen *niederer* Gattungen zu beobachten. Je *höher* jedoch ein Lebewesen in den Tiersystematiken stehen würde, desto ausdifferenzierter wäre dessen Geschlechtssystem, desto unwahrscheinlicher wäre die Formierung von *wahrem* Hermaphroditismus als ein *normaler* Zustand. Demnach werden Fälle von *wahrem* Hermaphroditismus – vollkommene Doppelung beziehungsweise Duplizität der Geschlechtssysteme – bei Gattungen höherentwickelter Lebewesen oder beim Menschen als normale

Vor der Folie des *wahren* Hermaphroditismus errichtet Klebs, quasi als Negativ, die Gruppe der *scheinbaren* Hermaphroditen. Damit erweitert er die Hyrtlschen Kategorien nicht nur in Bezug auf die Gruppe des *wahren* Hermaphroditismus, sondern subsumiert dessen *männliche* und *weibliche* Formen sowie die der *Hypospadie* unter die Gruppe der *Pseudo-Hermaphroditen.* Auch die Reihen des *Pseudo-Hermaphroditismus* leitet Klebs aus der Entwicklungslehre der Geschlechtsorgane ab. Sie sind einerseits durch das gemeinsame Kriterium der *eingeschlechtlich* formierten *Keimdrüse* zusammengehalten. Diese kann entweder männlich oder weiblich gebildet sein – eine doppelte Präsenz der *Keimdrüsen* in einem Körper wird bei diesen Reihen ausgeschlossen. Die einzelnen Reihen weisen jeweils eine Hemmnisbildung eines spezifischen Geschlechtsganges und/oder der Geschlechtsglieder auf – so wie es auch Hyrtl beschrieben hat. Der *Pseudo-Hermaphroditismus masc. completus* deutet beispielsweise auf eine vollständige *Persistenz* des *Müller'schen* Ganges. (Vgl. Klebs 1876: 744) Der *Pseudo-Hermaphroditismus femininus externus et internus* wiederum besagt über seine Bezeichnung, dass eine Fehlbildung der äußeren Genitalien und des männlichen Geschlechtsganges vorliege. (Vgl. Klebs 1876: 745) Doch im Unterschied zu Hyrtl, der zwischen Fehlbildungen an den Geschlechtsgängen und den -gliedern differenziert, werden bei Klebs diese Fehlbildungen unter der Bezeichnung des *Pseudo-Hermaphroditismus* zusammengeführt.

Gleichzeitig geben die Reihen des *wahren* aber auch des *scheinbaren* Hermaphroditismus Auskunft über den Zeitpunkt der Fehlbildung. Da erstere sich auf die Entwicklung der *Keimdrüsen* beziehen, die sämtlichen Formierungen vorgelagert ist, beschreibt der *wahre* Hermaphroditismus eine *Persistenz* innerhalb der frühen Phase der Geschlechtsgenese. Die *pseudo-hermaphroditischen* Bildungen wiederum treten im Verlauf der Genese später ein, da einerseits die *Keimdrüse* bereits *eingeschlechtlich* formiert sei, andererseits sich jene Pathologien auf den Formierungsprozess der Geschlechtsgänge oder aber der Geschlechtsglieder beziehen. Demnach verweist die Namensgebung der einzelnen Reihen zum einen auf die Pathologie und gibt zum anderen Auskunft darüber, in welcher Phase, zu welchem Zeitpunkt der geschlechtlichen Formierung die Fehlbildung aufgetreten sei. Die neun Reihen der Klebsschen Systematik stellen jene Kategorien dar, über die bis ins zwanzigste Jahrhundert hinein die Zuschreibungs- beziehungsweise Identifizierungspraktiken von Anormalität verlaufen werden. (Mehlmann 2007: 97)

Aus dem bisher Gesagten sollen fünf Aspekte herausgegriffen und analysiert werden. Wie wird in den vergleichenden Studien das moderne Geschlecht hergestellt? Welche Wirkungen entfaltet die Methode der vergleichenden Anatomie? Begründet sie die Bestimmung des *wahren* Geschlechts und der Dichotomie vollkommen neu? Und wenn ja, wie werden diese beiden Felder errichtet? Welche Verbindungen offenbaren sich zwischen dem modernen Geschlechtsbegriff und den vielfältigen Hermaphroditenformen beziehungsweise welche Konnotationen sind den hermaphroditischen Bildungen

Geschlechtsorganisation ausgeschlossen beziehungsweise als pathologisch bestimmt. Vgl. hierzu u. a.: (Münz 1827: 319); (Rudolphi 1825: 60).

eingeschrieben? Schließlich steht die Frage nach den eingangs erwähnten Widersprüchen im Raum.

Erstens: Bereits in den Ausführungen von Home wird angedeutet, dass das Geschlecht, das in der Moderne errichtet wird, nicht als ein fixer Gegenstand – Tableau der *Zeugungs-* und *Geburtsglieder* – bestimmt wird, sondern als ein vitales System, das einem Verzeitlichungsprozess unterworfen ist. Diese Vorstellung taucht in all den benannten Theorien auf und wird stetig erweitert beziehungsweise ausdifferenziert. Wie aber wird dieser Entwicklungsprozess hergestellt? Meckel behauptet, er habe mindestens fünfzehn Föten seziert und deren Geschlechtszustand untersucht. Diese Embryonen hätten zum Zeitpunkt der neunten fötalen Woche stets die gleiche organische Erscheinung, den gleichen indifferenten Typus aufgewiesen. (Vgl. Meckel 1820: 584) Müller seinerseits entdeckt ebenfalls spezifische Regelmäßigkeiten. Innerhalb seiner Untersuchungszeiträume würden sämtliche Föten jeweils ein signifikantes Erscheinungsbild vorweisen: In der ersten und zweiten Woche bildeten sich die typischen Drüsen. In der sechsten Woche wiederum würden sich bei allen untersuchten Föten die *Müller'schen* Gänge zeigen. (Vgl. Müller 1830: 99) Hyrtl, der die Formierung der äußeren Glieder analysiert, baut seine Aussagen gleichfalls auf anatomischen Vergleichsstudien auf und sagt, dass ab der neunten Woche bei der überwiegenden Zahl der Föten die Bildung jener Teile einsetze. (Vgl. Hyrtl 1857: 176)

Die benannten Regelmäßigkeiten erscheinen infolge der Anwendung einer modernen Methode: der vergleichenden Anatomie. Die Anatomen des neunzehnten Jahrhunderts vergleichen die geschlechtliche Entwicklung von unterschiedlichen Föten zu einem jeweils festen Zeitpunkt – Meckel beispielsweise in der neunten oder Müller in der zweiten und sechsten fötalen Woche. Dabei entdecken sie, so ihre Behauptung, dass sämtliche Embryonen zum Zeitpunkt der Sezierung das gleiche Formierungsbild aufweisen. Zwar unterscheiden sich die beobachteten Regelmäßigkeiten voneinander – Meckel bestimmt ein anderes Bild als Müller. Doch genau diese Differenzen, die in Abhängigkeit zur Zeit stehen, verweisen auf den Entwicklungsprozess. Im Zeitraum von der Befruchtung bis zur sechsten fötalen Woche herrsche geschlechtliche Indifferenz. Ab der sechsten Woche würden sich die Geschlechtsgänge entwickeln. Mit der neunten Woche setze die geschlechtliche Differenzierung ein. (Vgl. Meckel 1820; Müller 1830; Hyrtl 1857)

Es werden also über den Vergleich von unterschiedlichen Föten und deren Erscheinungsbild zu einem jeweils festen Zeitpunkt spezifische anatomische Regelmäßigkeiten sichtbar. Diese einzelnen Geschlechtszustände bilden einen statistischen Durchschnittswert, der angibt, zu welchem Zeitpunkt normalerweise welches Entwicklungsstadium eingetreten sei. Jene Regelmäßigkeiten beschreiben demnach einen jeweils spezifischen Grad an Normalität, an *normalem* Entwicklungsstand. Aus der Zusammenführung der einzelnen Ereignisse werden die jeweiligen Entwicklungslehren der Geschlechtsorgane formuliert, die das definieren, was zu einem bestimmten Zeitpunkt der Entwicklung normal sei.[17]

17 Vgl. hierzu: Hagner, Michael (1999): Enlightened Monsters, in: Clark, William/Golinski, Jan/Schaffer, Simon [Hg.]: The Sciences in Enlightened Europe, Chicago [u. a.]: University of Chicago Press, S. 175-217, S. 210f.

Anders gewendet: Die Methode des anatomischen Vergleichs produziert Regelmäßigkeiten, die den Normalzustand von Geschlecht zu einem bestimmten Zeitpunkt definieren – die einzelnen Formierungsstadien innerhalb der Geschlechtsgenese.

Normsetzung findet hier also ihren Ausgangspunkt im statistischen Durchschnittswert als empirische Realität. Die Normalzustände der modernen Geschlechtskonstruktion weisen somit keine äußeren Bezugspunkte auf, sondern werden innerhalb der anatomischen Wissensproduktion über die Methoden des Vergleichs ermittelt.[18] Statt also die Realität an eine präskriptive Norm zu binden, wird im Zusammenhang der vergleichenden Anatomie das empirisch Vorgefundene selbst zur Norm.[19] Diese deskriptive Normsetzung verleiht dem Geschlechtsbegriff das Gewand einer zeitabhängigen Durchschnittsgröße, die, je nach Entwicklungsgrad, unterschiedliche Erscheinungsbilder aufweist. Kurz gesagt: Die modernen Entwicklungslehren des Geschlechtssystems und die hiermit korrespondierende Begrifflichkeit von Geschlecht als vitales System, die zeitabhängige Normzustände beschreibt, sind Produkte der vergleichenden Anatomie.

Zweitens: Mit der Methode der vergleichenden Anatomie ändert sich gleichzeitig die Begründung für die geschlechtsbestimmenden Determinanten. Home verwendet analog zu Johann Stark, der das Krisen-Ereignis Maria Dorothea Derrier erscheinen lässt, dieselben Kriterien für die Bestimmung des *wahren* Geschlechts – *Hoden* oder aber *Eierstöcke*. Hingegen Stark vor seiner Observation jene *Merkmale* prästabiliert, die er für die Festlegung des Geschlechts nachweisen will, und lediglich angibt, dass diese Organe von der *Wahrheit* der sexuellen Organisation zeugen würden, bindet Home seine Kriterienbestimmung an den Entstehungsprozess des individuellen Geschlechtssystems. Er prästabiliert nicht, sondern leitet die Determinanten direkt aus jenem Genese-Modell ab, welches die Entstehung des Geschlechts erklären soll.

Dieser Homesche Begründungszusammenhang findet sich bei Meckel, Müller oder Cramer gleichermaßen wieder und wird jeweils über zwei Momente innerhalb der Aussagefelder reaktualisiert: die Zeit und die Hierarchisierung des Entwicklungsprozesses. Die ersten nachweisbaren Organe seien die *primären*, die sich im Verlauf einer gewissen Zeit entweder als *Hoden* oder *Eierstöcke* zeigen und sodann die Formierung der *sekundären* Organe determinieren. Weil die *Hoden* oder die *Eierstöcke* die Entwicklung der sekundären *Hilfsorgane* beziehungsweise der Glieder steuern, sind letztere eine Folge, ein Produkt der zeitlich vorgelagerten Geschlechtsfestlegung, und erstere die Grundlage der dichotomen Teilung. Dieses Genese-Modell, das in einem fort Differenzierungen und Verästelungen innerhalb des Fortschreibungsprozesses erfährt, wird zumindest in einer Aussage nicht korrigiert: Die *primären* Geschlechtsorgane, die im neunzehnten und zwanzigsten Jahrhundert den wesentlichen Stützpunkt für die Geschlechtsfestlegung

18 Vgl. hierzu u. a.: Link, Jürgen (1996): Versuch über den Normalismus. Wie Normalität produziert wird, Opladen: Westdeutscher Verlag. Link bezieht sich unter anderem auf Foucault, der für die Moderne eine deskriptive Normsetzung im Gegensatz zur Normproduktion im Zeitalter der Disziplinen beschreibt.

19 Vgl. zur Produktion von Norm und Normalität u. a.: Macherey, Pierre (1991): Für eine Naturgeschichte der Normen, in: Ewald, François/Waldenfels, Bernhard [Hg.]: Spiele der Wahrheit. Michel Foucaults Denken, Frankfurt/Main: Suhrkamp, S. 171-192.

darstellen, sind die ersten Indikatoren, die nach der Phase der geschlechtlichen Indifferenz auf die *eingeschlechtliche* Entwicklung verweisen würden. (Vgl. Autenrieth 1808; Meckel 1820; Müller 1830; Cramer 1857; Hyrtl 1857)

Dieses Aussagefeld wird durch den Waldeyerschen Entwicklungsansatz noch einmal nachhaltig stabilisiert. Sein Postulat von der ursprünglichen Doppelgeschlechtlichkeit bezieht sich genau auf diese Indikatoren. Jene *Keimdrüsen* bilden, so Waldeyer, den ersten Hinweis auf das ‚Wesen der Geschlechter', da sie als erste Organe innerhalb des *eingeschlechtlichen* Organsystems erscheinen. Sie würden aufgrund der *Involution* der einen oder der anderen Form entweder als *Hoden* oder als *Eierstöcke* auftauchen und das wesentliche Charakteristikum des Geschlechts bestimmen. Die *Keimdrüsen* bilden den Sitz des *wahren* Geschlechts. (Vgl. Dreger 1998: 142; Schäffner/Vogl 1998: 233)[20]

Drittens: Analog zum Begründungswandel des *wahren* Geschlechts ändert sich die Argumentation hinsichtlich der Geschlechter-Dichotomie. Diese wurde im siebzehnten und achtzehnten Jahrhundert über die scheidende Analyse des vivisektierenden Observators beziehungsweise des taxonomischen Vergleichs produziert. Die Methode der vergleichenden Anatomie hebt in ihrer Wirkung diese Zweiteilung nicht auf. Aber sie begründet die Dichotomisierung vollkommen neu, indem sie diese in den Genese-Modellen selbst verankert. Bei Cramer heißt es beispielsweise, dass die indifferente *Generationsdrüse* genau zwei Ausführungsgänge zur Wahl habe – den *Wolff'schen* oder den *Müller'schen* Gang. Diese, und nur diese, stünden in der folgenden Entwicklung zur Auswahl. Der Fötus könne sich hinsichtlich der geschlechtlichen Formierung entweder weiblich oder männlich entfalten. Eine andere Variante sehe eine *normale* Entwicklung bei *höheren* Lebewesen nicht vor.

Diese Differenzbehauptung wird über die Thesen von Waldeyer ein weiteres Mal radikalisiert. Denn nunmehr wird die Binarität nicht mehr ausschließlich an die beiden Geschlechtsgänge gebunden, sondern an die zweifach codierte *Uranlage* gekoppelt. In Waldeyers Theorie erscheint im Ursprung keine Indifferenz, sondern genau jene Binarität, die von der weiblichen/männlichen Dichotomie kündet. Innerhalb der ersten pränatalen Phase entscheide die *Involution*, welche Geschlechtsform sich durchsetze. Es geht um die Ausprägung des einen zugunsten des anderen, den Kampf der Geschlechter als biologisches Gesetz/Programm. Demnach erhält die Differenzbehauptung eine vollkommen neue Grundlage, da sie als ein *natürlicher* Prozess, als eine nach den Gesetzen der *Natur* verlaufende Notwendigkeit erscheint. Sie ist hier nicht mehr ein Effekt der taxonomischen Methode, sondern der vergleichenden Anatomie und ihren empirischen Beobachtungen von embryonalen Entwicklungsgesetzen. (Vgl. Dreger 1998; Schäffner/Vogl 1998)

Viertens: Die Hermaphroditen-Begriffe des neunzehnten Jahrhunderts beschreiben Abweichungen, die vor dem Hintergrund eines Normalzustandes von Geschlecht gedacht werden. Sie können jedoch erst in dem Moment, da das *normale* Geschlechtssystem

20 Vgl. zur Geschichte und den Wirkungen der Entwicklungsgeschichte der Embryologie u. a.: Bäumer-Schleinkofer, Änne (1993): Die Geschichte der beobachtenden Embryologie. Die Hühnchenentwicklung als Studienobjekt über zwei Jahrtausende, Frankfurt/Main [u. a.]: Lang; Hanke, Christine (2007): Zwischen Auflösung und Fixierung. Zur Konstitution von ‚Rasse' und ‚Geschlecht' in der physischen Anthropologie um 1900, Bielefeld: Transcript.

und dessen durchschnittlicher Entwicklungsverlauf bestimmt sind, auf dem Aussagefeld der pathologischen Anatomie erscheinen. Auf diesen Zusammenhang verweist erstmals Homes Traktakt. Dort wird die Kategorie des Hermaphroditen nicht mehr negiert, sondern ein expliziter Zusammenhang zwischen *normalem* Verlauf der Befruchtung und dessen möglichem Fehlschlagen hergestellt. Dieses Fehlschlagen, dieses Abweichen, so Home, begründe die Entstehung von Hermaphroditen.

Hyrtl seinerseits bezieht die Entstehung von Hermaphroditen nicht mehr auf den Moment der Befruchtung, so wie Home, sondern leitet seine Kategorien aus der Geschlechtsgenese der fötalen Phase ab. Hermaphroditische Bildungen seien *Hemmnisbildungen* innerhalb der Geschlechtsentwicklung, die in mehrere Phasen unterteilt sei. Dabei verweist die Unterscheidung in *männlichen* und *weiblichen* Hermaphroditismus sowie in *Hypospadie* auf grundsätzliche Unterschiede: Erstere werden ausschließlich über die *Persistenz* der *Geschlechtsgänge* errichtet, die innerhalb der zweiten Phase der Geschlechtsgenese auftrete. Letztere bezeichnen eine *Hemmnisbildung* der äußeren Glieder und verweisen auf ihre Entstehung innerhalb der dritten Genese-Phase. Eine ähnliche Argumentation taucht auch bei Klebs auf: Sowohl die Formen des *wahren* Hermaphroditismus als auch die des *Pseudo-Hermaphroditismus* seien auf *Persistenzen* der einzelnen Geschlechtsbestandteile zurückzuführen: Die Kategorien der *wahren* Hermaphroditen vereine eine gehemmte *Involution* der *Keimdrüsen*. Die der *Pseudo-Hermaphroditen* wiederum zeichne sich sowohl über die *Persistenz* einer der beiden Geschlechtsgänge und/oder der äußeren Glieder aus. Diese Formen von Hermaphroditismus werden während des neunzehnten Jahrhunderts im Abgleich zu naturgesetzlichen Entwicklungslehren entworfen. Dabei dienen die Naturgesetze einerseits der Erklärung von hermaphroditischen Bildungen und sagen diese andererseits quasi voraus. (Vgl. Dreger 1998: 33)

Darüber hinaus besitzen die Hermaphroditen-Begriffe eine zweifache Konnotation: Die Kategorien bilden zum einen spezifische Abweichungen vom geschlechtlichen Normalzustand ab und rekurrieren in ihrer Benennung auf Fehlfunktionen während der embryonalen Geschlechtsbildung. Zum anderen repräsentieren sie gleichzeitig einen Normalzustand innerhalb der Geschlechtsgenese. Diese Konnotation bezieht sich auf den Verlauf der geschlechtlichen Metamorphose, da Hermaphroditismus generell ein Stehenbleiben innerhalb einer bestimmten Formierungsphase signalisiere. Die Pathologien werden als Hemmnisbildungen verstanden, die keine Weiterentwicklung aufzeigen, sondern ein Verharren auf einer bestimmten Entwicklungsstufe. Damit beschreiben sie einerseits eine Abweichung und andererseits eine frühere Stufe oder Phase der Geschlechtsentwicklung. In dieser Perspektive werden die Formen des *wahren* Hermaphroditismus, aber auch jene des *Pseudo-Hermaphroditismus* zu Überlebenden einer transitorischen Embryologie. Sie werden als ein spezifischer Moment des *normalen* Geschlechtszustandes dechiffriert und stellen aus der Perspektive der vergleichenden Anatomie *normale* Formen eines frühen Zustandes des Geschlechts dar. Als fötale Vorstufe gedacht, repräsentieren sie den Normalzustand des Vergangenen.[21]

21 Vgl. hierzu: Canguilhem, Georges (1974): Das Normale und das Pathologische, München: Hanser, S. 192ff.

Fünftens: Die eingangs beschriebenen Widersprüche lösen sich spätestens Mitte des neunzehnten Jahrhunderts auf. Die Dichotomie des Geschlechtssystems und die Vervielfachung der Hermaphroditen-Begriffe erscheinen im Zuge der Entwicklungslehren als Tatsachenbestände des biologischen Wissens. So schreibt beispielsweise Müller zur Frage der möglichen Homogenität der Geschlechtsorgane: „Daubenton, Haller, Home, Ph. V. Walter, Ackermann, Schubert, Autenrieth, Rosenmüller, Jörg, Tiedemann haben diese Analogie mit Gründen zu erweisen gesucht, welche der heutige Zustand der Wissenschaft darbietet. [...] Man kann indess nicht läugnen, dass, so auffallend die Aehnlichkeit gewisser Theile bei ihrer Entstehung ist, so gross ihre spätern Unterschiede werden [...]. Eine nähere Untersuchung [...] und die beständige Rücksicht auf die Entwicklungsgeschichte sollen uns nun die Mittel an die Hand geben, das Wesentliche in dem Verschiedenen und das Zufällige in dem Aehnlichen genauer zu würdigen." (Müller 1830: 113) Müller, der innerhalb seiner Entwicklungslehre die Dichotomie über die Errichtung der zwei Geschlechtsgänge in die Körper einschreibt, stabilisiert die Binarität der Geschlechter nachhaltig. Zwar sagt er, dass am Beginn der geschlechtlichen Entwicklung eine Indifferenz zu beobachten sei, doch diese würde sich im Verlauf der Geschlechtsformierung zugunsten einer klaren Zweiteilung der Geschlechtssysteme aufheben. Diese Zweiteilung wird mit Waldeyer zur unbestrittenen Tatsache innerhalb des biologischen Diskurses, wenn er von der ursprünglichen doppelgeschlechtlichen Anlage spricht und die Binarität an den Anfang jeglicher Entwicklung setzt. Radikalisiert wird diese Beschreibung durch den Mechanismus der Rückbildung, der *Involution*. Dieser sieht keine Vervielfachung der Geschlechtsanlagen vor, sondern die Reduktion auf jeweils ein *wahres* Geschlecht, das dem anderen fundamental gegenüberstehe und das jeweilige Lebewesen charakterisiere. Es stehen sich in der Waldeyerschen Logik genau zwei Geschlechtstypen gegenüber, die über spezifische Eigenheiten verfügen, die nicht ineinander aufgehen.

Der zweite Widerspruch wird über die Stabilisierung des modernen Geschlechtsbegriffs aufgelöst. Dieser lässt Geschlecht als ein Drei-Ebenen-System erscheinen: *Keimdrüsen*, Geschlechtsgänge und äußere Glieder. Jede dieser Ebenen entwickelt sich im Verlauf des Formierungsprozesses und ist gleichzeitig Fehlentwicklungen ausgesetzt – hermaphroditischen Bildungen. Jede mögliche Fehlentwicklung erhält eine spezifische Bezeichnung, die genau auf das Ereignis der Normabweichung beziehungsweise das Verharren in einem früheren Durchgangsstadium verweist. Darüber hinaus führt Klebs mit seinen *wahren* Hermaphroditen eine vertikale Differenzierung, ein Rechts-Links-Schema ein: Seine erste Reihe sieht auf beiden Seiten eine Duplizität der Geschlechtsorgane vor (*Testikel* und *Ovarium* auf jeder Körperseite). Die zweite Reihe wiederum weist entweder auf der rechten Seite eine Duplizität und auf der linken eine *eingeschlechtlich* ausgebildete *Keimdrüse* auf oder umgekehrt (*Ovarium* oder *Testikel* auf der einen Seite und ein *Ovarium* und ein *Testikel* auf der anderen). Die dritte Reihe wiederum hat auf beiden Seiten eine *eingeschlechtlich* formierte *Keimdrüse* (ein *Ovarium* auf der einen Seite und ein *Testikel* auf der anderen Seite). Entlang dieser Achsen – innen und außen – sowie – rechts und links – wird eine Vielfalt der Hermaphroditenformen produziert, deren Kombinationsmöglichkeiten direkt an die *natürlichen* Entwicklungsgesetze angebunden sind. (Vgl. Dreger 1998: 141; Schäffner/Vogl 1998: 230)

Die Vervielfältigung und weitere Zunahme von Hermaphroditenformen verweist ebenso auf künftige Wissensverfahren, wie auch die chirurgischen Interventionen, die im neunzehnten Jahrhundert praktiziert werden. Bereits der Titel von Müllers 1830 erscheinender „Bildungsgeschichte der Genitalien aus anatomischen Untersuchungen an Embryonen [...], nebst einem Anhang über die chirurgische Behandlung der Hypospadia" veranschaulicht die Gleichzeitigkeit von Geschlechts- und Hermaphroditenkonstruktionen sowie die Produktion von Normalität über chirurgische Eingriffe. Dabei erscheinen entsprechend den Kategorien von hermaphroditischen Bildungen jeweils spezifische Operationsmethoden. Im Falle der *Hypospadie*, die unterschiedlich definiert wird, sich jedoch stets auf die äußeren Geschlechtsglieder bezieht, werden seit dem Ende des achtzehnten Jahrhunderts diverse Interventionsmethoden diskutiert und praktiziert.[22]

Diese chirurgischen Techniken erfahren seit der Mitte des neunzehnten Jahrhunderts weitere Ergänzungen. Mit der Stabilisierung der *primären* Organe als Wahrheitskriterium rückt das gonadale Geschlecht ins Zentrum der Aufmerksamkeit.[23] Vorerst in Form von Kastrationsverfahren, die an den männlichen *Hoden* vorgenommen werden.[24] Dabei ist augenfällig, dass die chirurgischen Eingriffe in der frühkindlichen Phase durchgeführt werden (vgl. Gross 1852) – eine Tatsache, die in der Sekundärliteratur erst für das zwanzigste Jahrhundert beschrieben wird. (Vgl. Klöppel 2002) Kastrationsexperimente an gonadal weiblichen Körpern tauchen im ausgehenden neunzehnten Jahrhundert, im Zuge des sogenannten „psychophysischen Hermaphroditismus" (Mehlmann 2007: 133) auf. „Mit der Erweiterung des Theorems einer embryonalen doppelgeschlechtlichen Anlage des Körpergeschlechts um die Dimension psychischer bzw. sexueller Geschlechtsmerkmale" (Mehlmann 2007: 149) erscheinen weitere Kategorien von Hermaphroditismus, die unter der Überschrift ‚leib-seelisches Zwitterwesen' zusam-

22 Unter der Überschrift „Kleinere chirurgische Eingriffe" versammelt Neugebauer mehr als 20 Operationsberichte, die eine hypospadische Bildung beseitigen sollten. (Vgl. Neugebauer 1908: 723) Zu den verschiedensten Operationsmethoden, die im Falle der Hypospadie eingesetzt wurden vgl. u. a.: Otto, Adolph Wilhelm (1824): Seltene Beobachtungen zur Anatomie, Physiologie und Pathologie gehörig. Zweite Sammlung. Mit 4 lithographirten Tafeln, Berlin: bei August Rücker, S. 126ff.; Dieffenbach, Johann Friedrich (1829): Chirurgische Erfahrungen, besonders über die Wiederherstellung zerstörter Theile des menschlichen Körpers nach neuen Methoden. Mit 2 lithographierten Abbildungen, Berlin bei Enslin; Busch, Dietrich Wilhelm Heinrich (1842): Handbuch der Geburtskunde in alphabetischer Ordnung, Berlin: Verlag von Friedrich August Herbig, S. 190ff.; (Hyrtl 1850: 533f.).

23 Neugebauer führt in seinem Kapitel „An Zwittern bzw. Scheinzwittern vollzogene chirurgische Eingriffe (mit Ausnahme von plastischen Operationen an den äußeren Genitalien)" 114 Fälle an. (Vgl. Neugebauer 1908: 718)

24 Vgl. zu den Interventionsverfahren u. a.: Dr. Gross (1852): Fall von Hermaphroditismus mit Castration. Zur Beleuchtung einer neuen medizinisch-forensischen Frage, in: Vierteljahresschrift für gerichtliche und öffentliche Medicin. S. 268-275; Seemann, Fritz (1888): Ueber Castration bei retinirten Hoden, [...] Berlin. Buchdruckerei von Gustav Schade (Otto Franke), S. 7ff.; Lipschütz, Alexander (1926): Experimenteller Hermaphroditismus und der Antagonismus der Geschlechtsdrüsen, in: Pflügers Archiv, Bd. 211, S. 745-760.

mengefasst werden. Über die Formen des psychophysischen Hermaphroditismus wird „im Horizont somatogenetischer Ableitungslogik“ (Mehlmann 2007: 150) das Konzept der Geschlechtscharaktere (re-)aktualisiert. Die hier durchgeführten Kastrationsexperimente fragen einerseits nach den Auswirkungen des gonadalen Geschlechts auf die psychosexuelle Entwicklung.[25] Andererseits solle mithilfe der Operationen das innere ‚Wesen‘ der Frau bestimmt werden, um jegliches abweichende Verhalten als pathologisch erklären zu können beziehungsweise die ‚Hysterie‘ mit der inneren Organisation zu verkoppeln.[26] Über die hiermit einsetzende Etablierung und Erweiterung des Hysterie-Begriffs konnte eine Vielzahl von Individuen medizinisiert und kontrolliert werden. (Vgl. Schmersahl 1998: 200) Kurz gesagt: Es geht um jene Diskurse des Sexualitätsdispositives, die um die Hysterisierung der Frau wuchern.[27]

Schließlich eine letzte Anmerkung: Im Jahr 1924 erscheint eine Inaugural-Dissertation über „menschlichen Hermaphroditismus“ von Rischel Mecklenburg.[28] Auf den ersten Seiten seiner Abhandlung führt Mecklenburg in den Forschungsstand der letzten fünfzig Jahre ein. Er benennt die Ergebnisse von Waldeyer, reproduziert die Hermaphroditen-Systematiken von Klebs oder Heppner und diskutiert Hirschfelds Zwischenstufen-Theorien beziehungsweise das Problem des ‚leib-seelischen-Zwittertums‘. (Vgl. Mecklenburg 1924: 11ff.) All diese Ansätze scheinen Mecklenburg interessant, doch den Fall, den er im Weiteren analysieren möchte, stellt er auf eine vollkommen neue Basis: Seine These besagt, dass die Chromosomen die Ursache der Geschlechtsdifferenzierung seien.

„Diese Chromosomen werden als X-Chromosomen bezeichnet, sie werden zwar nicht als die eigentlichen Geschlechtschromosomen, wohl aber als die Träger eines geschlechtsbestimmenden Faktors angesehen, dem von dem Zeitpunkte der Befruchtung ab die Funktion der geschlechtlichen Determinierung zufällt. [...] Kommt es zur Befruchtung einer menschlichen Eizelle mit einem Spermatozoten, das ein X-Chromosom besitzt, so erfolgt die Entwicklung eines weiblichen Organismus. Vereinigt sich aber eine Eizelle mit einem Spermatozoen [sic!], das kein X-Chromosom besitzt, so bildet sich ein männlicher Organismus.“ (Mecklenburg 1924: 33f.) Und weiter heißt es bei Meck-

25 Tissier, Léon (1885): De la castration de la femme en chirurgie. Opération d'Hégar ou de Battey Paris: Steinheil; Liesau, Hermann (1886): Der Einfluss der Castration auf den weiblichen Organismus mit besonderer Berücksichtigung des sexuellen und psychischen Lebens. Freiburg: Lehmann; Samuel, Eugen (1891): Die Castration der Frauen insbesondere bei Neurosen. Berlin, Preuss; Möbius, Paul J. (1906): Über die Wirkungen der Castration, in: ders.: Beiträge zur Lehre von den Geschlechts-Unterschieden, Halle an der Saale: Marhold.

26 Vgl. Schmersahl, Katrin (1998): Medizin und Geschlecht. Zur Konstruktion der Kategorie Geschlecht im medizinischen Diskurs des 19. Jahrhunderts, Opladen: Leske + Budrich, S. 190ff.

27 Vgl. hierzu u. a.: WzW 1999; Birkett, Jennifer/Harvey, Elizabeth [Hg.] (1991): Determined Women. Studies in the Construction of the Female Subject, 1900-90, Basingstoke [u. a.]: MacMillan.

28 Mecklenburg, Rischel (1924): Der menschliche Hermaphroditismus, sein Wesen und seine Aetiologie nebst einem Fall von Pseudohermaphroditismus femininus externus eigener Beobachtung. Inaugural – Dissertation zur Erlangung der Doktorwürde in der gesamten Medizin an der Albertus-Universität zu Königsberg in Preußen.

lenburg: „Durch das absolute Minus an Geschlechtsenzymen wird auch das Verhältnis zwischen männlichem und weiblichem Princip gestört. Es resultiert eine unvollkommene eindeutige Differenzierung zwischen männlich und weiblich überhaupt. Bei derartigen sexuellen Hypoplasten sind die Merkmale beider Geschlechter angedeutet, es sind die sog. Intersexuellen." (Mecklenburg 1924: 33)

Mit Mecklenburg taucht also ein weiteres, das chromosomale Geschlecht auf. Vorerst im Bild des X-Chromosoms, das das weibliche Geschlecht signalisiert. Und weil sofort das Gegenteil mitgedacht wird, bedeutet, bis zur Erfindung des Y-Chromosoms, die Abwesenheit des X-Chromosoms das männliche Geschlecht. (Vgl. Mecklenburg 1924: 34) Damit wird auch die Bestimmung von Intersexualität auf eine vollkommen neue Basis gestellt – nicht mehr die *Keimdrüsen*, sondern die *Chromosomen* steuern die *wahre* Geschlechtlichkeit. Doch breitet sich in diesem Bericht ein neues Wissensgebiet aus? Tauchen hier die ersten Züge einer Molekularbiologie auf, die von *Chromosomen*, Zellen, Genen oder Molekülen spricht?[29] Beginnt hier „die größte Umwälzung des Wissens", die sich bis heute „um uns herum vollzieht" (Foucault 2002a: 127)?

Foucault stellt die These von einem radikalen Bruch innerhalb des Wissensbestandes der Biologie in seiner Rezension „Wachsen und vermehren"[30] auf. Die Molekularbiologie, die in den Diskursen des Zeitalters der Modernität noch nicht zur Kenntnis genommen wurde, dringe spätestens ab Mitte des zwanzigsten Jahrhunderts an die Spitze der biologischen Wissenschaften vor. Bezug nehmend auf „Die Ordnung der Dinge" führt Foucault aus: „Wir stehen zum dritten Mal vor der Notwendigkeit, ganz anders zu denken als zuvor. [...] Man kann das Leben nicht länger als große kontinuierliche und absichtsvolle Erschaffung von Individuen denken; man muss das Lebende als das kalkulierte Spiel des Zufalls und der Reproduktion denken." (Foucault 2002a: 128) Es komme zu einer „Neueinteilung in der gegenwärtigen Epoche" (Foucault 2002a: 127), zur Etablierung einer Theorie, die tief greifend und revolutionär sei. Die Molekularbiologie interessiere sich für die Algorithmen des Lebens, die im Zellkern niedergelegt seien und den Spielraum des Organismus konstituieren. (Vgl. Foucault 2002a: 127)[31]

Möglich, dass sich der von Foucault beschriebene Umbruch genau zwischen den Zeilen von Mecklenburg offenbart. Denkbar, dass der Fall, den Mecklenburg in seiner Dissertation vorstellt und analysiert, eine weitere Krisen-Figur darstellt. Eines ist auf jeden Fall gewiss: Das sogenannte biologische Geschlecht des abendländischen Denkens

29 Vgl. Foucault, Michel (2002a): Wachsen und vermehren, in: ders.: Schriften in vier Bänden. Dits et Ecrits, Bd. II, 1970–1975, Frankfurt/Main: Suhrkamp, S. 123-128.

30 Anlässlich von François Jacobs Publikation „Die Logik des Lebenden" beschreibt Foucault in seiner Rezension, wie sich das ‚Lebende' von der Biologie absetzt und in der Molekularbiologie verstreut. (Vgl. Foucault 2002a: 125f.) Jacob, François (1972): Die Logik des Lebens. Von der Urzeugung zum genetischen Code, Frankfurt/Main: Fischer.

31 Vgl. zu Foucaults Rezension „Wachsen und vermehren" auch: Stingelin, Martin (1999): Biologie und Genealogie. Friedrich Nietzsche und Michel Foucaults Denken zwischen Wissen und Körper, in: Kaleidoskopien. Medien, Wissen, Performance, hrsg. vom Institut für Theaterwissenschaft der Universität Leipzig, Heft III, Körperinformationen, Berlin: Vice-Versa, S. 294-297.

ist eine Erfindung jüngeren Datums. Seine Geburtsstunde liegt in den verstreuten Ereignissen des beginnenden neunzehnten Jahrhunderts. Es erscheint als Wirkung fundamentaler Veränderungen innerhalb des Wissens, vor deren Hintergrund das Erkennen und Benennen aufs Neue als Moment der Produktion, der Erfindung des Geschlechts, verstanden werden muss.

Abbildungsverzeichnis

Abkürzungsverzeichnis

AW 1994	Archäologie des Wissens
GK 1999	Geburt der Klinik
Gou 2000	Gouvernementalität
OD 1999	Ordnung der Dinge
ODis 2003	Ordnung des Diskurses
ÜHerm 1998	Über Hermaphrodismus
ÜS 1994	Überwachen und Strafen
WG 1995	Wahnsinn und Gesellschaft
WiK 1992	Was ist Kritik
WjurF 2003	Wahrheit und die juristischen Formen
WzW 1998	Wille zum Wissen

Quellenverzeichnis

Ackermann, Jacob F. (1805): INFANTIS ANDROGYNI HISTORIA ET ICHNOGRAPHIA. ACCEDUNT DE SEXU ET GENERATIONE DISQUISITIONES PHYSIOLOGICAE ET TABULAE V. AERI INCISAE [...]. JENAE: TYPIS ET SUMPTIBUS MAUKIANIS.

Aghonby (1687): An Extract of a Letter written by Mr. Veay Physician at Thoulouse to Mr. de St. Ussans, concerning a very extraordinary Hermaphrodite in that City. Communicated by Dr. Aghonby, Reg. Soc. S., in: PHILOSOPHICAL TRANSACTIONS. Giving some ACCOMPT OF THE Present Undertakings, Studies, and Labours OF THE INGENIOUS, in many Considerable Parts of the WORLD. VOL. XVI. LONDON: Printed for S. Smith and B. Walfort, Printers to the Royal Society, at the Prince's Arms, in St. Paul's Church-yard, S. 282-283.

ALDROVANDI, VLYSSIS (1642): MONSTRORVM HISTORIA. CVM PARALIPOMENIS HISTORIÆ OMNIVM ANIMALIVM [...]. MARCVS ANTONIVS BERNIA in lucem edidit Proprijs sumptibus. AD SERENISS. ET INVICTVM FERDINANDVM II MAGNVM HETRVRIÆ DVCEM. Cum Indice copiosissimo BONONIÆ Typis Nicolai Tebaldini MDCXLII Superiorum permissu.

ALR (1794): ALLGEMEINES LANDRECHT FÜR DIE PREUSSISCHEN STAATEN. ERSTER THEIL. ZWEYTE AUFLAGE. BERLIN, BEY GEORGE JACOB DECKER UND SOHN, KÖNIGL. GEH. OBERHOFDRUCKERN.

Angelum zu Straußberg, M. Andrean (1597): WiderNatur vnd Wunderbuch. Darin so wol in gemein von Wunderwercken deß Himmels / Lufffts / Wassers vnd Erden / als insonderheit von allen widernatürlichen wunderlichen Geschichten grössern theils Europae, fürnemlich der Churfürstlichen Brandenburgischen Marck / vom Jahr 490. biß auff 1597 [...]. Gedruckt zu Franckfurt am Mayn / durch Johann Collitz / in verlegung Paul Brachselbs.

Anonym (1471): Das Buch der Heiligen Dreifaltigkeit, Hss. Cod. Guelf. 188 Blank.

Anonym (1519): Billich verwundert sich Jung und alt. Getruckt zu Zürich.

Anonym (1564): Newe Zeytung von einem seltzamen Meerwunder / so sich diß nechst verschinen Lxiiij. Jar / im Land Bresilia / bey der Stadt Santes / auß dem Meer herfürgetan / vnd daselbst von den Innwohner vmgebracht / vnd von mennigklich ist gesehen worden. Getruckt zu Augspurg / bey Mattheo Francken.

Anonym (1572): Das Groß / Planeten Buch / Sampt der Geomancj, Phisiognomj vnd Chiromancj. Alles auß Platone, Ptolomeo, Hali, Albumasar vnd Joanne Kölnigsperger, auffs kürtzest vnd fleißigst, gezogen, jederman zu gut, das böß zu fliehen, vnd das gut anzunemen. Jetz und von Newem gebessert, gemehret, vnd mit schönen Figuren / gezieret. Mit Kay: (etc.) – Gedruckt zu Straßburg / durch Iosiam Rihel.

Anonym (1578): Abreissung wunderbarlicher Kinder / so kurtz vor diesem Jar Achtvndsiebentzig geborn / wie denn allhie vnten beschrieben. [Emmerich?]: [Bernhard Peters?].

Anonym (1612): Warhafftiger und eigendlicher Bericht Welcher gestalt unser Allergnedigster Herr, Keyserliche Majestet Rudolphus, den 20. Januarii, Stilo novo, Anno 1612. zu Prage, uff dem Schlosse [...] von dieser Welt abgeschieden [...]. Und wie Ihr Majestet Cörper Anatomiret und Balsamiret worden [...], Prage.

Anonym (1683): Die schöne Hermaphroditin, in: Entführung der preißwürdigen Helena von Amsterdam. Sampt einer Beschreibung einer schönen Hermaphroditin / Liebes-Geschichten auß dem Frantzösischen in das Teutsche übersetzt Basel / Verlegt / von Joh. Philip Richter, S. 1-105.

Anonym (1693): Eigentliche Abbildung zweyer Kälber und eines Lamms / so alle drey mit einem / Gewächs auf dem Haupt / denen nun einige Jahre hero / unter verschiedenen Figuren / und Gestalten / sowohl von dem gemeinen / als auch hohen vornehmen Fravenzimmern getragen / so genannten Fontangen / oder Frantzösischen alla mode Thürnen nicht unähnlich / auf die Welt gebohren worden seynd.

Anonym (1762): Observations Anatomiques II., in: Histoire de l'Académie Royale des Sciences. Année M. DCCLVI. Avec les Mémoires de Mathématique & de Physique, pour la même Année. Tirés des Registres de cette Académie. A Paris, de l'imprimerie Royale. M. DCCLXII, S. 45-46.

Aquapendente, Hieronymi Fabricii ab (1666): OPERA CHIRURGICA IN PENTATEUCHUM ET OPERATIONES CHIRURGICAS DISTINCTA. Patavii: Typis Matthaei de Cadorinis.

Aquapendente, Hieronymi Fabricii ab (1716): Meyland berühmten Professors in Padua / Chirurgische Schriften, Darinnen nicht allein alle Chirurgische Hand~Griffe / sondern auch die Ursachen der Kranckheiten des Menschlichen Leibes auf das deutlichste angewiesen werden [...]. Nürnberg / Bey Johann Daniel Taubers Seel. Erben.

Arnaud, Georg (1777): Anatomisch~Chirurgische Abhandlung über die Hermaphroditen. Aus dem Französischen übersetzt. Nebst sechs Kupfertafeln. Straßburg, Verlegts, Amand König, Buchhändler.

Arnaud, Georg (1777a): Vertheidigung der ANNE GRANDJEAN, die unter dem Namen JOH. BAPTIST GRANDJEAN bekannt, als Beklagte, wider den Hr. General Procurator, als Kläger, in: ders.: Anatomisch~Chirurgische Abhandlung über die Hermaphroditen. Aus dem Französischen übersetzt. Nebst sechs Kupfertafeln, Straßburg: Verlegts, Amand König, Buchhändler, S. 66-110.

Artus, Thomas (1724): Description De L'Isle Des Hermaphrodites. Nouvellement Decouverte: Arthur Thomas Contenant les Moeurs, les Coutumes et les Ordonnances des Habitans de cette Isle, comme aussi le Discours de Jacophile à Limne; avec quelques autres pieces curieuses ; Pour servir de Supplement au Journal de Henri III., a Cologne, Chez les Heritiers de Herman Demen.

Autenrieth, Johann Heinrich Ferdinand von (1807): Bemerkungen über die Verschiedenheit beider Geschlechter und ihrer Zeugungsorgane, als Beytrag zu einer Theorie der Anatomie, in: ders./Reil, D. Johann Christian [Hg.]: ARCHIV FÜR DIE PHYSIOLOGIE. SIEBENTER BAND. MIT KUPFERTAFELN, HALLE: IN DER CURTSCHEN BUCHHANDLUNG, S. 1-139.

Bauhin, Caspar Basileensis (1614): De HERMAPHRODITORUM monstrorumq; partuum NATURA. Ex Theologorum, Jureconfultorum, Medicorum, Philosophorum, & Rabbinorum sententia LIBRI DUO. Oppenheim, Hieronymus Galler und Johann Theodor de Bry.

Berthold, Arnold Adolph (1845): Seitliche Zwitterbildung (Hermaphroditismus lateralis) beim Menschen beobachtet, in: Abhandlungen der Königlichen Gesellschaft der Wissenschaften zu Göttingen, Bd. 2, Göttingen: in der Dieterichschen Buchhandlung, S. 97-114.

Boccone, Paul (1695): Osservationi Naturali, ove si contengono materie Medico-Fisiche, &c. Natural Observations, containing several Medico-Physical and Botanical Matters, with divers Natural Productions, Several sorts of Phosphori, Subterraneous Fires in Italy, and other Curious Subjects, in Familiar Letters, by Signor Paul Boccone, M. D. Printed at Bononia in 12° 1684, in: Philosophical transactions. Giving some Account of the Present Undertaking, Studies, and Labours of the Ingenious, in many Considerable Parts of the World. Vol. XVIII. For the Year 1694. London: Printed for S. Smith and B. Walford, Printers to the Royal Society, at the Prince's Arms in St. Paul's Church-yard, S. 33-37.

Bock, August (1811): Beschreibung und Abbildung der missgebildeten Geschlechtstheile eines siebenjährigen Kindes, welches bis jetzt für ein Mädchen gehalten wurde, nun aber als Knabe erklärt worden ist, Berlin: Hitzig.

Bodenstein, D. Adamen von (1557): Wie sithmeniglich vor dem Cyperlin Podagra genennet wassnen solle. Vnnd bericht dieser kreüter / so den himmelischen zeichen Zodiaci zugeachtet. Geordnet durch D. Adamen von Bodenstein. Gedruckt zu Basel bey Bartholome.

Bouchet, Guillaume (1636): SECOND LIVRE DES SEREES DE GVILLAVME BOVCHET, SIEVR DE BROCOVRT. Reueu & augementé par l'Autheur en cette derniere Edition, presque de moitié ET NVGE SERIA DVCVNT. A ROVEN.

Brant, Sebastian (1495): An den allerdurchleichtigisten groszmechtigisten herrn Maximilianum Roemischen künig, von der wunderbaren geburt des kinds bey wurmsz Desz Jares M.CCCCXCV, auff den X. tag septembris geschehen / Ein auszlegung Sebastiani brand.

Burgharts, D. Gottfried Heinrich (1763): Gründliche Nachricht an seinen Freund * * * Von einem neuerlich gesehenen Hermaphroditen, Wobey zugleich etwas von der Medicinischen Mode erwähnet wird, Breslau und Leipzig: bey Daniel Pietsch und Compagnie.

Busch, Dietrich Wilhelm Heinrich (1842): Handbuch der Geburtskunde in alphabetischer Ordnung, Berlin: Verlag von Friedrich August Herbig.

Champeaux, Claude (1765): RÉFLEXIONS SUR LES HERMAPHRODITES, RELATIVEMENT A ANNE GRAND-JEAN, Qualifiée telle dans un Mémoire de M. VERMEIL, Avocat au Parlement. A AVIGNON, & se vend A LYON, Chez CLAUDE JACQUENOD fils, Libraire, grande rue Merciere.

Clauders, D. Gabr. (1685): De Hermaphrodito, in: MISCELLANEA CURIOSA MEDICO-PHYSICA ACADEMIÆ NATURÆ CURIOSORUM, EPHEMERIDUM MEDICO-PHYSICARUM GERMANICARUM ANNUS TERTIUS, Anni scilicer M. DC. LXXII [...]. Accessit APPENDIX, in qua nonnulla lectu haud indigna aut ingrata occurrent. LIPSIÆ & FRANCOFURTI, sumptibus JOHANNIS FRITZSCHII. Typis JOHANN-GEORGII DRULMANNI, S. 169-171.

Clauders, D. Gabr. (1764): Von einem Zwitter, in: Der Römisch Kaiserlichen Akademie der Naturforscher auserlesene Medicinisch ~ Chirurgisch ~ Anatomisch ~ Chymisch ~ und Botanische Abhandlungen, dreyzehnter Theil, mit Kupfern, Nürnberg: Verlegts Wolfgang Schwarzkopf, S. 141-142.

Cocles, Bartolommeo della Rocca (1530): Phisonomei. Complexion vnd art eines ieden menschen / aus gestalt vnd form des Angesichts / Glieder vnd alle geberden zu erlernen. Wie auff solche ynn der Leidenschafft von den Leutkeuffern vnnd verkeuffern / gehalten wird. Von den innerlichen Qualiteten vnd Natur des Menschen. Gedruckt zu Zwickaw / durch Wolffgang Weierpeck.

Cocles, Bartolommeo della Rocca (1536): Phisionomi vnd Chiromanci. Eyn news Complexion buchlein / der menschen geburt / sitten / geberden vnd neygligkeyten / auß der Phisionomi / Chiromanci / den siben Planeten / zwölff zeichen / vnnd den Bildern deß himels / Auch nach den zwölff monaten / leichtlich vnd grundlich zulernen / auß Platone / Aristotele / Ptolomeo / Gali, Albumasar / vnnd Johanne Künigsperger [...]. Straßburg bei Cammerlander in teutsche sprach erschinen.

Columbus, Realdus (1559): De re anatomica. Libri XV, Venetiis: Beuilacqua.

Columbus, Realdus (1609): Anatomia, Das ist: Sinnreiche / künstliche / Gegründte Aufschneidung / Theilung / vnnd Zerlegung eines vollkomenen Menschlichen Leibs vnd Cörpers / durch alle desselbigen innerliche vnd eusserliche Gliedtmassen vnd Gefäß / so wol mit eygendtlicher Beschreibung erkläret / als mit lebendigen Contrafacturen fürgebildet [...]. Gedruckt zu Franckfort am Mayn / durch MATTHIAM BECKER, In Verlegung Theodori de Bry seligen Wittib / sampt zweyer Söhnen.

Cramer, Conrad (1857): Ein Fall von HERMAPHRODITISMUS LATERALIS. Zürich: Druck von Friedrich Schulthess.

Cregut, Friedrich (1743): Gründliche Wiederlegung Eines Ungegründeten angebrachten FACTI, MUTILATI RESPONSI, Irrigen und nichtigen DECISI Welches unter dem Titulo De SODOMIA & c. Vor einiger Zeit in den Druck gegeben worden, Der Ehr und Wahrheit~liebenden Welt vor Augen gestellet, Franckfurth am Mayn: Bey Stoks seel. Erben und Schilling.

Cregut, Friedrich (1743a): Beyl. Num. III. Medicinischer Bericht, in: ders.: Gründliche Wiederlegung Eines Ungegründeten angebrachten FACTI, MUTILATI RESPONSI [...]. Franckfurth am Mayn: Bey Stoks seel. Erben und Schilling, S. 50-52.

Cregut, Friedrich/de Villerme (1743): Beyl. Num. II. Visum Repertum, in: ders.: Gründliche Wiederlegung Eines Ungegründeten angebrachten FACTI, MUTILATI RESPONSI [...]. Franckfurth am Mayn: Bey Stoks seel. Erben und Schilling, S. 49-50.

Croll, Oswald (1996): De signaturis internis rerum. Die lateinische editio princeps (1609) und die deutsche Erstübersetzung (1623), Stuttgart: Steiner.

Delius, Heinrich Friederich (1765): III. Nachricht von dem besondern Hermaphroditen Drouart, in: Fränkische Sammlungen von Anmerkungen aus der Naturlehre Arzneygelahrtheit Oekonomie und den damit verwandten Wissenschaften, einundvierzigstes Stück, Nürnberg: bei George Peter Monat, S. 393-405.

Della Porta, Ioanne Baptista (1601): Menschliche Physiognomy / daß ist / Ein gewisse Weiß vnd Regel / wie man auß der eusserlichen Gestalt / Statur / vnnd Form deß Menschlichen Leibs / vnd dessen Gliedmassen abnemen / urtheilen vnd schliessen könne / wie derselbige auch innerlich von Gemüt geschaffen / gesinnet vnd geartet sey / In vier vnterschiedene Bücher abgetheilet / ein jedes mit seinen schönen vnd gleichsam lebendigen Figurn: In welchen fast allwegen ein Menschen Angesicht Gegen eines Thiers gesetzt / vnd mit demselbigen vergliechen wird [...]. Gedruckt zu Franckfurt am Mayn / durch Romani Beati Erlen.

Della Portæ, Ioannis Baptistæ (1601): DE HVMANA PHYSIOGNOMONIA. LIBRI IV. Qvi ab extimis, quæ in hominum corporibus conspiciuntur signis, ita eorum naturas, mores & consilia (egregiis ad vivum expressis ICONIBVS) demonstrant, vt intimos animi recessus penetrare videantur [...]. VRSELLIS. Typis Cornelii Sutorii, sumptibus Ionę Rosæ Fr.

Die Bibel. Einheitsübersetzung der Heiligen Schrift. Gesamtausgabe. Psalmen und Neues Testament. Ökumenischer Text, Stuttgart: Katholisches Bibelwerk.

Diderot, Denis (1765): § Hermaphrodite, in: ders.: ENCYCLOPÉDIE, OU DICTIONNAIRE RAISONNÉ DES SCIENCES, DES ARTS ET DES MÉTIERS, PAR UNE SOCIÉTÉ DE GENS DE LETTRES. MIS EN ORDRE ET PUBLIÈ PAR Mr. ***. TOME HUITIÈME. H = IT, A NEUFCHASTEL, CHEZ SAMUEL FAULCHE & Compagie, Libraires & Imprimeurs, S. 165-177.

Diderot, Denis (1777): § Hermaphrodite, in: ders.: SUPPLEMENT À L' ENCYCLOPEDIE, OU DICTIONNAIRE RAISONNE DES SCIENCES, DES ARTS ET DES METIERS, PAR UNE SOCIETE DE GENS DE LETTRES. MIS EN ORDRE ET PUBLIE PAR M*** [...]. TOME TROISIEME [F = MY]. A AMSTERDAM, Chez M. M. REY, Libraire. M. DCC. LXXVII, S. 359-365.

Diderot, Denis (1777a): SUITE DU RECUEIL DE PLANCHES, SUR LES SCIENCES, LES ARTES LIBÉRAUX, ET LES ARTS MÉCHANIQUES, AVEC LEUR EXPLICATION. DEUX CENS QUARANTE-QUATRE PLANCHES. A PARIS, M. DCC. LXXVII. AVEC APPROBATION, ET PRIVILEGE DU ROI.

Dieffenbach, Johann Friedrich (1829): Chirurgische Erfahrungen, besonders über die Wiederherstellung zerstörter Theile des menschlichen Körpers nach neuen Methoden. Mit 2 lithographierten Abbildungen, Berlin bei Enslin.

Dionis, Pierre (1708): COURS D'OPERATIONS DE CHIRURGIE, Démontrées au Jardin Royal, A Bruxelles, Chez Les Freres T'Serstevens, Libraires proche les RR. PP. Dominicains. Et Antoine Claudinot, Libraire sur la Cantersteen à l'Image S. Paul.

Dionis, Pierre (1712): Chirurgische OPERATIONES Oder: Außführlicher Unterricht Zur Wund-Artzney, Mit vielen und zum Theil gantz neu inventirt chirurgischen Instrumenten / auch sonsten denen Chirurgis zu wissen nöthigen Sachen / in Kupffer sehr deutlich fürgebildet. Auß dem Frantzösischen übersetztet von SELINTES. Mit Königl. Polnisch- und Chur-Fürstl. Sächs. allergnädigst. Privilegio. Augspurg, zu finden bey Paul Kühtzen.

Dresser, Lorenz (1587): LeichPredig. Uber der Christlichen Leich vnd Cörper [...]. Leichenpredigt auf Herrn Caspar von Nostitz. Budissin: Wolrab.

Dr. G. [Amts-Physicus]/Dr. H. [Amts-Chirurgius] (1803): Ocular-Inspection der Geschlechts-Theile, in: Schweickhard, C. L.: I. Geschichte eines lange Zeit hindurch für einen Hermaphroditen gehaltenen wahren Mannes, in: Hufeland, Christoph Wilhelm [Hg.]: Journal der practischen Arzneykunde und Wundarzneykunst [...]. Siebzehnter Band. Erstes Stück. Berlin: in Ungers Journalhandlung, S. 30-38.

Dr. Gross (1852): Fall von Hermaphroditismus mit Castration. Zur Beleuchtung einer neuen medizinisch-forensischen Frage, in: Vierteljahresschrift für gerichtliche und öffentliche Medicin. S. 268-275.

Dr. Schäfflner (1801): V. Beschreibung eines Mannes, dessen fehlerhafte Geschlechtstheile sein Geschlecht lange zweifelhaft machten, in: Hufeland, Christoph Wilhelm [Hg.]: Journal der practischen Arzneykunde und Wundarzneykunst [...]. Dreizehnter Band. Erstes Stück. Mit einem Kupfer. Berlin: In Ungers Journalhandlung, S. 114-124.

Duval, Jacques (1612): DES HERMAPHRODITS ACCOVCHEMENS DES FEMMES, ET TRAITEMENT qui est requis pour les relever en santé, & bien élever leurs enfans. Où sont expliquez la figure des laboureur, & verger du genre humain, fignes de pucelage, defloration, conception, & la belle industrie dont vsenature en la promotion du concept & plante prolisique [...]. A ROVEN, De l'imprimerie de DAVID GEVFFROY, demeurant à la rue des Cordeliers, joignant sainct Pierre. [...] Auec Priuilege du Roy.

Duval, Jacques (1615): Réponse au discours fait par le sieur Riolan, docteur en médecine, contre l'histoire de l'hermaphrodite de Rouen, Rouen.

Feiler, Johann (1820): Über angeborene menschliche Missbildungen im Allgemeinen und Hermaphroditen insbesondere. Ein Beitrag zur Physiologie, pathologischen Anatomie, und gerichtlichen Arzneiwissenschaft, Landshut, bei Philipp Krüll, Universitätsbuchhändler.

Ferrein, Antoine (1770): Sur les Hermaphrodite, in: Histoire de l'Académie Royale des Sciences. Année M. DCCLXVII. Avec les Mémoires de Mathématique & de Physique, pour la même Année. Tirés des Registres de cette Académie. A Paris, de l'imprimerie Royale. M. DCCLXX, S. 42-43.

Fleisser, Joachim (1608): THESES DE SEXU, SIVE DE NATURA ET ORTU MARIS, FOEMINÆET Hermaphroditi [...] WITEBERGAE, Typis Cratonianis, per Johan. Gorman.

Frisius, Johannes Jakob (1599): Vom Geschlecht der Brunen zu Zürich, sonderlich von dem Ersten Burgermeister der Statt Zürich / ein history sehr lustig unnd nutzlich zulesen, an den edlen ehrenvesten Paulum Brunen zu Nürenberg. Zürych: Wyssenbach.

Garth, Wilhelm (1894): Zwei Fälle von Hermaphroditismus verus bei Schweinen. Beitrag zur Lehre von der Zwitterbildung bei Säugethieren [...]. Giessen: C. v. Münchow.

Gautier d'Agoty, Jacques (1752): Observation VI. Sur une question de Médicine concernant les Hermaphrodites, in: Observations sur l'histoire Naturelle, sur la physique et sur la peinture. Avec des planches imprimées en couleur. Cet Ouvrage renferme les Secrets des Arts, les nouvelles découvertes, & les disputes des Philosophes & des Artistes modernes. Année 1752. Tome premier. II. Partie. A Paris, Chez Delaguette, rue S. Jacques, à l'Olivier. Avec approbation et privilège du Roy. Les Planches en couleur se distribuent séparément chez M. Gautier, Pensionnaire du Roy, rue de la Harpe, S. 68-73.

Giles, Jacob (1718): Tractatus de Hermaphroditis: or, a Treatise of Hermaphrodites containing I. A Description of the several Sorts of Hermaphrodites; and how the Law regards them in respect to Matrimony. II. Intrigues of Hermaphrodites and Masculine Females, and of the outward Marks of distinguish them III. The material Cause and Generation of Hermaphrodites; of unnatural Births, Generation of Monsters, extraordinary Conceptions, &c., in: Meibomius, John Henry: A treatise Of the USE of FLOGGING In Veneral Affairs. ALSO Of the Office of the LOINS and REINS. Written to the Famous Christianus Cassius, Bishop of Lubeck, and Privy-Councellor to the Duke of Holstein [...]. London, Printed for E. Curll, in Fleet-Street. Price 3 s. Where may be had, The Cases of Impotency; and Eunuchism and Onanism Display'd, in 7 Vols. price 18, S. 1-88.

Goltwurm Athesinus, Caspar (1557): Wunderwerck vnd Wunderzeichen Buch. Darinne alle fürnemste Göttliche / Geistliche / Himlische / Elementische / irdische vnd Teuflische wunderwerck / so sich in solchem allem von anfang der Welt Schöpfung biß auff vnser jetzige zeit / zugetragen vnd begeben haben [...]. Getruckt zu Franckfurt am Mayn, bey Martin Lechler, in verlegung Sigmund Feierabends vnd Simon Hüters.

Gunckel, Heinrich (1887): Über einen Fall von Pseudo-Hermaphroditismus femininus [...]. Marburg: Universitäts-Buchdruckerei.

Halbertsma, H. J. (1856): Over Hermaphroditismus spurius femininus, in: Verhandelingen der Koninklijke Akademie van Wetenschappen. Derde Deel, met Platen. Amsterdam, C. G. Van der Post, S. 1-18.

Haller, Albrecht von (1782): Vorlesungen über die gerichtliche Arzneiwissenschaft. Aus einer nachgelassenen lateinischen Handschrift übersetzt, erster Band, Bern: bey der neuen typographischen Gesellschaft.

HANNÆUS, GEORGE (1677): De hermaphrodito, in: BARTHOLINI, THOMÆ: ACTA MEDICIA ET PHILOSOPHICA HAFNIESIA. Ann: 1674. 1675. 1676. Figuris æneis illustrata. VOLUM. III. & IV. HAFNIÆ, Sumptibus PETRI HAUBOLD Acad. Bibl., S. 183-185.

HANNÆUS, GEORGE (1766): OBSERVATION LXXIX. Sur un jeune homme dont le sexe étoit équivogue, in: COLLECTION ACADEMIQUE, COMPOSÉE des Mémoires, Actes ou Journaux des plus célèbres Académies & Sociétés Littéraires, des Extraits des meilleurs Ouvrages Périodiques, des Traités particuliers & des Pièces Fugitives les plus rares [...]. TOME SEPTIÉME de la Partie Etrangere, ET LE PREMIER de la Médecine Séparée. A DIJON [...]. AVEC APPROBATION ET PRIVILEGE DU ROI, S. 324-325.

Harsdörffer, Georg Philipp (1991): Nathan und Jotham. Das ist Geistliche und Weltliche Lehrgedichte, Bd. I, Neudruck der Ausgabe Nürnberg 1659, Frankfurt/Main: Keip.

Hartlieb, Johannes (1923): Die Kunst der Chiromantia des Dr. Hartlieb. Ein Blockbuch aus den Siebziger Jahren des fünfzehnten Jahrhunderts, München: Münchener Drucke.

HARTMANNI, Dn. D. PHILIPPI JACOBI (1706): OBSERVATIO CIII. Ex Anatome Hœdi Hermaphroditi, in: MISCELLANEA CURIOSA SIVE EPHEMERIDUM MEDICO-PHYSICARUM GERMANICARVM ACADEMIE CÆSAREO-LEOPOLDINÆ NATVRÆ CVRIOSORVM DECURIÆ III. ANNUS NONUS & DECIMUS [...], OBSERVATIONES Medico-Physico-Anatomico-Botanico-Chirurgicas: Cum APPENDICE [...]. Sumtibus Academiæ, Norimbergæ, Francofurti, & Lipsiæ apud ENGELBERT STRECK. Literis Christiani Sigismundi Frobergii, S. 191-193.

Heuermann, D. Georg (1754): Das zehende Capitel. Von den Operationen, die am männlichen Gliede vorkommen, in: ders.: Abhandlungen der vornemsten Chirurgischen Operationen am menschlichen Cörper mit Abzeichnungen der hiezu erforderlichen nöthigen und neuen Instrumenten, Erster Band, Copenhagen und Leipzig: bey Friedrich Christian Pelt, S. 678-704.

Heuermann, D. George (1767): Bemerkung von einigen in Seeland befindlichen Misgeburten, welche man gemeiniglich Zwitter (Hermaphroditi und Androgynos) benennet, in: ders.: Vermischte Bemerkungen und Untersuchungen der ausübenden Arzeneiwissenschaft, zweiter Band, mit Kupfern, Koppenhagen und Leipzig: verlegtes Gabriel Christian Rothens Wittwe und Probst, S. 231-238.

Hildebrandt, Andreas (1631): Genealogia oder Stamm- und Geschlecht-Register der Königen in Schweden, vom Jahr 1250 biß auff jetzige Zeit, Stetin.

Hirschfeld, Magnus (1918): Sexualpathologie. Ein Lehrbuch für Ärzte und Studierende, Bd. II, Sexuelle Zwischenstufen. Das männliche Weib und der weibliche Mann, Bonn: Marcus & Weber.

Hoefer, Albert (1870): Altvile im Sachsenspiegel. Ein Klärungsversuch, Halle: Buchh. des Waisenhauses.

Hoin, Jean Jacques Louis (1761): NOUVELLE DESCRIPTION DE L'HERMAPHRODITE DROUART, Tel qu'on le voit à Dijon en Août 1761, A DIJON. De l'Imprimerie D'ANTOINE DE FAY, Et se vend chez la Veuve COIGNARD, Libraire, Place St. Etienne, S. 1-8.

Hoin, Jean Jacques Louis (1772): HERMAPHRODITE, in: MÉMOIRES DE L'ACADÉMIE DE DIJON. TOME SECOND. A DIJON, Chez CAUSSE, Imprimeur-Libraire du Parlement, de la Ville & de l'Académie, place St. Etienne. Et A Paris, chez LEJAY, Libraire, rue Saint Jacques. M. DCC. LXXII. AVEC APPROBATION ET PRIVILEGE DU ROI, S. Lvj-Lix.

Home, Everard (1799): X. An Account of the Dissection of an Hermaphrodite Dog. To which are prefixed, some Observations on Hermaphrodites in general, in: PHILOSOPHICAL TRANSACTIONS, OF THE ROYAL SOCIETY OF LONDON. FOR THE YEAR MDCCXCIX. LONDON, SOLD BY PETER ELMSLY, PRINTER TO THE ROYAL SOCIETY, Volume 89, S. 157-178.

Home, Everard (1802): XII. Über Zwitter, in: Roose, D. Theodor Georg August [Hg.]: Beiträge zur öffentlichen und gerichtlichen Arzneikunde [...]. Zweites Stück, Frankfurt am Main: bei Friedrich Wilmans, S. 203-236.

Hufeland, Christoph Wilhelm (1801): Beschreibung und Abbildung eines zu Berlin beobachteten weiblichen Hermaphroditen, in: ders. [Hg.]: Journal der practischen Arzneykunde und Wundarzneykunst [...]. Zwölfter Band. Drittes Stück. Mit einem Kupfer. Berlin: In Ungers Journalhandlung, S. 170-172.

Hyrtl, Joseph (1857): HANDBUCH DER TOPOGRAPHISCHEN ANATOMIE, UND IHRER PRAKTISCH MEDICINISCH-CHIRURGISCHEN ANWENDUNGEN [...], DRITTE BEDEUTEND VERMEHRTE UND VERBESSERTE AUFLAGE, ZWEITER BAND. ENTHÄLT DIE TOPOGRAPHISCHE ANATOMIE DES MÄNNLICHEN UND WEIBLICHEN BECKENS, DES RÜCKENS, DER OBEREN UND UNTEREN EXTREMITÄTES. WIEN, WILHELM BRAUMÜLLER, k. k. Hofdruckhändler.

Indagine, Joannem (1523): Die kunst der Chiromantzey / vsz besehunf der hand. Physiognomey / vsz anblick des menschens. Natürliche Astrologey noch dem laufft der Sonen. Complexion eines yeglichen menschens. Natürlichen ynflüssz der Planeten. Der zwölff zeichen Angesychten. Etliche Canones / zu erkantnüsz der Menschen kranckheten / soglicher weiß vormals nye beschrieben oder gedruckt. Zusamen verordnet / vnd verteütscht durch den hochgelertn vnd Weytberümpten gemelter künsten / herren Joannem Indagine / Pfarherrn zu Steynheym / vnd Dechant zu Sanct Leonhart in Franckfort / mit freyheit Keyserlicher Maiestat dar zu genädiglich verluhen uff sechs jar.

Irenæus, M. Christophorus (1584): DE MONSTRIS. Von seltzamen Wundergeburten. I. Was ein Monstrum oder Wundergeburt sey, II. Erzelung etlich hundert Wundergeburt / nach Ordnung der Jarzahl, III. Welches das aller grewlichste Monstrum sey, IIII. Wer der Schöpffer der Wundergeburten sey, V. Woher sie sich vervrsachen vnd iren Vrsprung haben, VI. Das sie Straffen der Sünden sein, VII. Was sie bedeuten vnd drauff erfolget, Ursel: Henricus.

Jacoby, Robert (1885): Zwei Fälle von Hermaphroditenbildung [...]. Berlin: Buchdruckerei von Gustav Schade.

Klebs, Edwin (1876): Handbuch der pathologischen Anatomie. I. BAND, ZWEITE ABTHEILUNG. Pancreas, Nebenniere, Harn- u. Geschlechtsapparat. Mit Holzschnitten. Berlin, Verlag von August Hirschwald. Unter den Linden 68.

Koch, Christian Gottlieb (1706): Eines DOCTORIS THEOLOGIÆ Bedencken von der Ehe eines Zwitters oder so genannten Hermaphroditen. M. W. SCHLESWIG: Gedruckt Johann Holwein / Hoch-Fürstl. Hoff-Buchdrucker.

Krus, Johan D. (1705): Abgenöthigter Bericht wegen eines so genannten HERMAPHRODITEN, von welchem ein ungegründete mit Unfug angemaßte CENSUR, in einer DISSERTATIONE MEDICA de Pericardii, Pulmonis Et Partium Gentalium Anomaliis, Herr Karol Friderich Luther / Med.

Doct. & P. P. Den IX. Jan. Anno MDCCIV. heraus gegeben hat. In einem Send-Schreiben an einen guten Freund entworffen, Schleßwig: gedruckt bey Johann Holwein.

Lavater, Johann Caspar (1775–1778): Physiognomische Fragmente, zur Beförderung der Menschenkenntniß und Menschenliebe, Bd. 1-4, Leipzig und Winterthur, Bey Weidmanns Erben und Reich, und Heinrich Steiner und Compagnie.

Liceti, Fortunio (1708): TRAITÉ DES MONSTRES, De leur Causes, de leur Nature, & de leur differences: Et une DESCRIPTION ANATOMIQUE, De la disposition surprenante de quelques Parties Externes, & Internes de Deux Enfans Nés dans la Ville de Grand, Capitale de Flandres le 28. Avril 1703. & c. & c. Avec Figures, in: PALFYN, JEAN: DESCRIPTION ANATOMIQUE des Parties de la FEMME, qui servent à la GENERATION , A LEIDE Chez la Veve de BASTIAAN SCHOUTEN, S. 1-287.

LICETUS, FORTUNIUS (1665): DE MONSTRIS. Ex recensione GERARDI BLASII, M. D. & P. P. Qui Monstra quædam nova & rariora ex recentiorum Scriptis addidit. EDITIO NOVISSIMA. Iconibus illustrata. AMSTELODAMI, Sumptibus ANDRETE FRISII.

Liesau, Hermann (1886): Der Einfluss der Castration auf den weiblichen Organismus mit besonderer Berücksichtigung des sexuellen und psychischen Lebens. Freiburg: Lehmann.

Lipschütz, Alexander (1926): Experimenteller Hermaphroditismus und der Antagonismus der Geschlechtsdrüsen, in: Pflügers Archiv, Bd. 211, S. 745-760.

Lonicerum, Adamum (1593): Kreuterbuch, künstliche Conterfeytunge der Bäume / Stauden / Hecken / Kreuter / Getreyde / Gewürtze. Mit eygentlicher Beschreibung derselben Namen / in sechserley Spraachen / Nemlich / Griechisch / Lateinisch / Italianisch / Frantzösich / Teutsch vnd Hispanisch / vnd derselben Gestalt / natürlicher Krafft vnd Wirkung. Sampt künstlichem vnd artlichem Bericht deß Distillierens. Item von fürnembsten Gethieren der Erden / Vögeln / vnd Fischen. Deßgleichen von Metallen / Ertze / Edelsteinen / Gummi / vnd gestandenen Säfften [...]. Zu Franckfurt bey Christian Egenolffs selbigen Erben.

Luther, Carolus Fridericus (1704): DISSERTATIO MEDICA FRIDERICIANA DE PERICARDII, PULMONIS, ET PARTIUM GENITALIUM ANOMALIIS, Nuperrimè Observatis, Quam Publico Examini exponet [...]. RESPONDENTE JOH. CHRISTIAN von Mithoffen / Quedlimburgensi [...]. Kiloni, Typis Bartholdi Reutheri, Academ. Typogr.

Luther, Carl Fridrich (1705): PRODROMUS APOLOGIÆ, oder wahrhaft und gründl. Anzeige des Anfangs und Fortgangs des zwischen Ihm und Herrn Johann Krusen / D. Hochfürstl. Gottorpischen Hoff-Medico und Stadt Physico entstandenen Streits / durch Veranlassung des so genandten Abgenöthigten Berichts / wegen eines Hermaphroditen, zur nöthigen Nachricht und Vorbereitung / mit eilfertiger Feder entworffen: KIEL: Gedruckt bey Barthold Reuther / Academ. Buchdrucker.

Lycosthenes, Conrad (1557): Wunderwerck Oder Gottes vnergründtliches vorbilden / das er inn seinen gschöpffen allen / so Geystlichen / so leyblichen / in Fewr / Lufft / Wasser / Erden / auch auß den selben vier urhaben / in eingfügtem stuck dem Menschen / in Gflügel / Vieh Thier / Visch / Gwürm / von anbegin der weldt / biß zu vnserer diser zeit / erscheynen / hören / brieuen lassen. Zu gwiser anmhanung seiner Herzlicheit / zu Schröckung sündtlichs lebens. Oder aber sonst verhängt hatt / den Ausserwölte zur übung vnd Christlichem Nachsinnen. Den bösen zur straaff ihres vnglaubens / mit sonder Wunderbarer geheymnus vnd bedeutung [...]. Mit Rd. Bey. May. Freybeyt vnd Priuilegien.

Magnus, Albertus (1804): Kunst, die Menschen kennen zu lernen. Ursprünglich aus alten Handschriften gezogen, und jetzt zum ersten Mahle Deutsch heraus gegeben von Ephraim Benson. Mit physiognomischen Bemerkungen von Adamantius, Aristoteles, Averroes, Avicenna, Consiliatur, Ephesius, Galenus, Hippokrates, Meletius, Plinius, Plutarch, J. B. della Porta, Polemon, Rhases u. a. einer summarischen Darstellung des Gallschen Systems und zwölf Kupfern, Leipzig: Magazin für Litteratur.

Magnus, Albertus (1815): Chiromantie oder die wahre Kunst aus der Hand wahrzusagen, mit 8 Abbildungen von Händen, Frankfurt und Leipzig.

Magnus, Albertus (1962): Von Falken, Hunden und Pferden. Deutsche Albertus-Magnus-Übersetzungen aus der ersten Hälfte des 15. Jahrhunderts, Teil I, Berlin: Walter de Gruyter.

Magnus, Albertus (1962a): Von Falken Hunden und Pferden. Deutsche Albertus-Magnus-Übersetzungen aus der ersten Hälfte des 15. Jahrhunderts, Teil II, Berlin: Walter de Gruyter.

Magnus, Albertus (1992): De vegetabilibus VI, Traktat 2, lateinisch-deutsch, Stuttgart: Wissenschaftliche Verlagsgesellschaft.

Mair, Paul Hector (1580): Geschlechter-Buch: Darinn der loblichen Kaiserliche Reichs Statt Augspurg so vor Fünffhundert und mehr Jaren hero, daselbst gewonet, und biß auff acht abgestorben [...] / sampt aines jeden Geschlechts Wapen, Zeichen und Schilt und Helm auch Ankunfft herkommen alles mit künstlichen Figuren angezeigt / jetz widerumb an Tag gegeben, Franckfort am Mayn: Feyerabend.

Malaure, Marguerite (1735): AU ROI, in: Pitaval, Gayot de: FILLE RÉPUTÉ'E FAUSSEMENT HERMAPHRODITE, in: ders.: CAUSES CELEBRES ET INTERESSANTES, AVEC LES JUGEMENS QUI LES ONT DECIDE'ES. Par Mr. GAYOT DE PITAVAL, Avocat au Parlement de Paris. TOME QUATRIEME. A LA HAYE, Chez JEAN NEAULME, S. 345-354.

Malaure, Margarethe (1748): Bittschrifft der Margarethe Malaure an den König, in: Pitaval, Gayot von: Eine Frauensperson, die fälschlich für einen Zwitter gehalten wird, in: ders.: Parlementsadvoc. zu Paris, Erzählung sonderbarer Rechtshändel, sammt deren gerichtlichen Entscheidung. Aus dem Französischen übersetzt. Vierter Theil. Mit Königl. Poln. und Churf. Sächs. allergnädigstem Privilegio. Leipzig. Verlegts Gottfried Kiesewetter, Buchhändler in Stockholm, S. 404-415.

Martens, Franz Heinrich (1802): Beschreibung und Abbildung einer sonderbaren Misstaltung der männlichen Geschlechtstheile von Maria Dorothea Derrier aus Berlin, nebst den Meinungen von Stark, Hufeland, Mursinna und Monorchis über diese Person [...]. Mit zwey coloriten Kupfern. Leipzig, Baumgärtnerische Buchhandlung.

Mauléon, Loyseau de/Jérôme, Alexandre (1777): Dritter Rechtsfall. Die Rechtssache des Grand Jean, oder der Prozeß eines Hermaphroditen, in: dies.: Berühmte Rechts-Händel bey verschiedenen Parlamentern in Frankreich, Erster Theil, Berlin: bey Gottlieb August Lange, S. 141-172.

Meckel, Johann Friedrich (1812): Ueber die Zwitterbildungen, in: Autenrieth, Johann Heinrich Ferdinand von/Reil, D. Johann Christian [Hg.]: Archiv für die Physiologie, elften Bandes drittes Heft, Halle: in der Curtschen Buchhandlung, S. 263-340.

Meckel, Johann Friedrich (1820): Handbuch der Anatomie. Vierter Band. Besonderer Anatomie. Eingeweidlehre und Geschichte des Fötus. Halle und Berlin, in der Buchhandlung des Hallischen Waisenhauses.

Mecklenburg, Rischel (1924): Der menschliche Hermaphroditismus, sein Wesen und seine Aetiologie nebst einem Fall von Pseudohermaphroditismus femininus externus eigener Beobachtung. Inaugural – Dissertation zur Erlangung der Doktorwürde in der gesamten Medizin an der Albertus-Universität zu Königsberg in Preußen.

Megenberg, Conradus de (1475): Hye nach volget das puch der natur: das Jnnhaltet. Zu dem ersten von eygenschafft vnd natur des mensthen [!], Darnach von der natur vn eygensthafft [!] des himels, der tier des gefügels, der kreüter, der steyn vnd von vil ander natürliche dingen. Vnd an disem puch hat ein hochgelerter ma bey funffzehe iare Colligiert vn gearbeyt [...] / Welches puch meyster Cunrat von Megenberg von latein in teütsch tranßferiert vn geschribe hat. Das hat getruckt vn volpracht hanns Bämler zu Augspurg.

MENTZELII, D. CHRISTIANI (1678): OBSERVATIO VIII. De DUOBUS HERMAPHRODITIS, in: MISCELLANEA CURIOSA SIVE EPHEMERIDUM MEDICO-PHYSICARUM GERMANICARUM ACADEMIÆ NATURÆ CURIOSORUM ANNUS OCTAVUS Anni M. DC. LXXVII [...].

OBSERVATIONES MEDICAS, PHYSICAS CHYMICAS, Nec nom. MATHEMATICAS Cum APPENDICE. Cum SAC. CÆS. MAJEST. Privilegio. VRATISLAVIÆ & BERGÆ, S. 8-10.

Menzels, D. Christian (1760): VIII. Wahrnehmung. Von zween Zwittern, in: Der Römisch Kaiserlichen Akademie der Naturforscher auserlesene Medicinisch ~ Chirurgisch ~ Anatomisch ~ Chymisch ~ und Botanische Abhandlungen. Achter Theil mit Kupfern. Nürnberg, verlegts Wolfgang Schwarzkopf, S. 7-9.

Mertrud, Jean Claude (1770): Dissertation de M. Mertrud, Chirurgien Ordinaire du Roi, Juré à Saint Côme, de l' Académie Royale de Chirurgie, & Démonstrateur en Anatomie & Chirurgie au Jardin du Roi, au Sujet de l'Hermaphrodite dont il vient d'être fait mention, in: Mercure de France, tome LVIII, Janvier-juin 1750, QU Æ COLLIGIT SPARGIT. SLATKINE REPRINTS, GENÉVE. M. DCCLXX, S. 189-193.

Meyne, Matthiam (1578): Von aller geschlecht der Cometen, jeder zeit, wan die erscheinen zugebrauchen, und von dessen wirkungen, der uns zu Dantzigk den 12. Novembris dieses 1577. Jar erschienen ist. Dantzigk: Rhode.

Möbius, Paul J. (1906): Über die Wirkungen der Castration, in: ders.: Beiträge zur Lehre von den Geschlechts-Unterschieden, Halle an der Saale: Marhold.

MÖLLERO, JACOBO (1692): Caput II. De Distinctione & Specibus Hermaphroditorum, in: ders.: DISCURSUS DUO PHILOLOGICO – JURIDICI, PRIOR DE CORNUTIS, POSTERIOR DE HERMAPHRODITIS, EORUMQVE JURE, Uterg; Ex Jure Divino, Canonico, Civili, Consvetudinibus Feudorum, variisq; Historiarum mounmentis, rerumq; antiqvarum Scriptoribus, privatâ industriâ, horis otiosis congestus â M. JACOBO MÖLLERO, Cameræ Electoralis Brandeb. & Regiminis Neo-Marchici Advocato, Patriæq; Franco-Viadrinæ Juris Practico. Francofurti: Typis Christoph. Andreæ Zeitleri, S. 151-159.

Monorchis, F. F. (1801): Von dem neuangekommnen Hermaphroditen in der Charité zu Berlin im Jahre 1801 und von Zwittern überhaupt [...]. Mit einer Kupfertafel. Berlin, Bei Johann Wilhelm Schmidt.

Montaigne, Michel de (1953): Über die Einbildungskraft, in: ders.: Essais. Auswahl und Übersetzung von Herbert Lüthy, Zürich: Manesse, S. 142-155.

Morand, Sauveur François (1754): Description d'un Hermaphrodite, que l'on voyoit à Paris en 1749, in: Histoire de l'Académie Royale des Sciences. Année M. DCCL. Avec les Mémoires des Mathématique & de Physique, pour la même Année. Tirés des Registres de cette Académie. A Paris, de l'imprimerie Royale. M. DCCLIV, S. 109-112.

Müller, Johannes (1830): Bildungsgeschichte der Genitalien aus anatomischen Untersuchungen an Embryonen des Menschen und der Thiere, nebst einem Anhang über die chirurgische Behandlung der Hypospadia. Düsseldorf, bei Arnz.

Münz, Martin (1827): Handbuch der ANATOMIE des menschlichen Körpers mit Abbildungen [...]. Dritter Theil enthaltend die Eingeweidlehre. Landshut: Gedruckt bey Jos Thomann, im Verlage beym Verfasser, in Commission in der Krüll'schen, Thomann'schen und anderen Buchhandlung.

Mursinna, Christian Ludwig (1801): XVI. Von einer besonderen Naturbegebenheit, in: Journal für die Chirurgie, Arzneykunde und Geburtshülfe von Christian Ludwig Mursinna, Erster Band drittes Stück, Berlin: in der Felischischen Buchhandlung an der langen Brücke, S. 555-559.

Neugebauer, Franz Ludwig von (1908): Hermaphroditismus beim Menschen, Leipzig: Verlag von Dr. Werner Klinkhardt.

Oberteufer, Joh. Georg (1802): 2. Beobachtung. Von Verwachsungen der Mutterscheidenöffnung, und dem gänzlichen Mangel der Scheide und Gebärmutter, in: Stark, D. Johann Christian [Hg.]: Neues Archiv für die Geburtshülfe, Frauenzimmer- und Kinderkrankheiten mit Hinsicht auf die Physiologie, Diätetik und Chirurgie. Zweyten Bandes. Viertes Stück. Jena bey Wolfgang Strahl, S. 627-629.

Oberteufer, Joh. Georg (1802a): 3. Beobachtung. Verwachsung der Harnröhre, der Mutterscheide und des Mastdarms, in: Stark, D. Johann Christian [Hg.]: Neues Archiv für die Geburtshülfe, Frauenzimmer- und Kinderkrankheiten mit Hinsicht auf die Physiologie, Diätetik und Chirurgie. Zweyten Bandes. Viertes Stück. Jena bey Wolfgang Strahl, S. 629-630.

Osiander, Friedrich Benjamin (1829): Handbuch der Entbindungskunst, zweite vermehrte Auflage, bearbeitet von Dr. Johann Friedrich Osiander, Tübingen: bey Christian Friedrich Osiander.

Otto, Adolph Wilhelm (1816): XVIII: Ein falscher Hermaphrodit, in: ders.: Seltene Beobachtungen zur Anatomie, Physiologie und Pathologie gehörig. Mit Kupfern. Breslau: Wilibald August Holäufer.

Otto, Adolph Wilhelm (1824): Seltene Beobachtungen zur Anatomie, Physiologie und Pathologie gehörig. Zweite Sammlung. Mit 4 lithographirten Tafeln, Berlin: bei August Rücker.

Paracelsus (1589): Erster Theil. Der Bücher und Schrifften / des Edlen / Hochgelehrten vnd Bewehrten PHILOSOPHI vnd MEDICI, PHILIPPI THEOPHRASTI Bombast von Hohenheim / PARACELSI genannt: Jetzt auffs new auß den Originalien / vnd Theophrasti eigner Handschrifft / soviel derselben zu bekommen gewesen / auffs trewlichst vnd fleissigst an tag gegeben: Durch IOHANNEM HVSERUM BRISGOIVM [...]. Getruckt zu Basel, durch Conrad Waldkirch.

Paracelsus (1589a): Vierdter Theil. Der Bücher und Schrifften / des Edlen / Hochgelehrten vnd Bewehrten PHILOSOPHI vnd MEDICI, PHILIPPI THEOPHRASTI Bombast von Hohenheim / PARACELSI genannt: Jetzt auffs new auß den Originalien / vnd Theophrasti eigner Handschrifft / soviel derselben zu bekommen gewesen / auffs trewlichst vnd fleissigst an tag gegeben: Durch IOHANNEM HVSERUM BRISGOIVM [...]. Getruckt zu Basel, durch Conrad Waldkirch.

Paracelsus (1590): Sechster Theil. Der Bücher und Schrifften / des Edlen / Hochgelehrten vnd Bewehrten PHILOSOPHI vnd MEDICI, PHILIPPI THEOPHRASTI Bombast von Hohenheim / PARACELSI genannt: Jetzt auffs new auß den Originalien / vnd Theophrasti eigner Handschrifft / soviel derselben zu bekommen gewesen / auffs trewlichst vnd fleissigst an tag gegeben: Durch IOHANNEM HVSERUM BRISGOIVM [...]. Getruckt zu Basel, durch Conrad Waldkirch.

Paracelsus (1591): Zehender Theil. Der Bücher und Schrifften / des Edlen / Hochgelehrten vnd Bewehrten PHILOSOPHI vnd MEDICI, PHILIPPI THEOPHRASTI Bombast von Hohenheim / PARACELSI genannt: Jetzt auffs new auß den Originalien / vnd Theophrasti eigner Handschrifft / soviel derselben zu bekommen gewesen / auffs trewlichst vnd fleissigst an Tag gegeben: Durch IOHANNEM HVSERUM BRISGOIVM [...]. Getruckt zu Basel, durch Conrad Waldkirch.

Paré, Ambroise (1601): WundtArtzney / oder Artzney Spiegell des hocherfahrenen vnd weitberühmbten Herrn / kön. Mayt. in Frankreich / vnd der Statt Paryß aller fürtrefflichsten Wundt Artztes [...]. Gedruckt zu Franckfurt am Mayn / Bey Zacharia Paltenio / in Verlegung Peter Fischers S. Erben.

Parsons, James (1741): A Mechanical and Critical ENQUIRY INTO THE NATURE OF HERMAPHRODITES [...], London: Printed for J. WALTHOE, over-against the Royal Exchange in Cornhill.

PFIZER, JOHANNEM NICOLAUM (1691): Zwey sonderbare Bücher / Von der Weiber Natur / Wie auch Deren Gebrechen und Kranckheiten. Aus den bewährtesten / so wol alten / als neuern Natur- und Artzney- Kunst- Erfahrnen / mit Fleisse zusammen verfasset / Samt einem Anhang / Von den Zufällen und Kranckheiten der Kinder. Anjetzo mit curieusen und aus denen neuesten Authorn gezogen Erfind- und Anmerckungen bereichert und vermehrt. Altdorff / Gedruckt bey Heinrich Meyern. In Verlegung Wolfgang Moritz Endters Buchhändlers in Nürnberg.

Pitaval, Gayot de (1735): FILLE RÉPUTÉ'E FAUSSEMENT HERMAPHRODITE, in: ders.: CAUSES CELEBRES ET INTERESSANTES, AVEC LES JUGEMENS QUI LES ONT DECIDE'ES [...]. TOME QUATRIEME. A LA HAYE, Chez JEAN NEAULME, S. 345-366.

Pitaval, Gayot von (1748): Eine Frauensperson, die fälschlich für einen Zwitter gehalten wird, in: ders.: Erzählung sonderbarer Rechtshändel, sammt deren gerichtlichen Entscheidung. Aus dem Französischen übersetzt. Vierter Theil. Mit Königl. Poln. und Churf. Sächs. allergnädigstem Privilegio. Leipzig: Verlegts Gottfried Kiesewetter, Buchhändler in Stockholm, S. 404-428.

Pitaval, Gayot von (1748a): Vertheidigungsschrift für eine Person, die als ein Mann gekleidet und in dem Verdachte war, daß sie eine Frau wäre, in: ders.: Eine Frauensperson, die fälschlich für einen

Zwitter gehalten wird, in: ders.: Parlementsadvoc. zu Paris, Erzählung sonderbarer Rechtshändel, sammt deren gerichtlichen Entscheidung. Aus dem Französischen übersetzt. Vierter Theil. Mit Königl. Poln. und Churf. Sächs. allergnädigstem Privilegio. Leipzig. Verlegts Gottfried Kiesewetter, Buchhändler in Stockholm, S. 422-428.

PRÆTORII, M. JOHANNIS (1667): Ander Theil DER Newen Weltbeschreibung Als von 1. Astrologischen / 2. Betröglichen / 3. Constablischen / 14. Optischen / 4. Deufflichen / 5. Erdenen / 6. Felsischen / 7. Graupelen / 8. Höltzern / 9. Immer-Lebenden / 10. Klugen / 11. Letchen / 12. Monstrosichen / 13. Nacht – mahrischen / 15. Phantastischen / 16. Quadraten / 17. Rauchen / 18. See / 19. Tückeboldischen / 20. Viehischen / 21. Wörter / 22. Zwitter / Menschen [...]. Magdeburg / In Verlegung Johann Lüderwaldts / Buchhändlers daselbst.

Richter, Ernst Evsebius (1731): Casus X. Ein recht rarer Casus, da ein Mensch weder vor Mann noch Weib passiren konte, in: ders.: Ein DIGESTA MEDICA, seu DECISIONES MEDICO-FORENSES, das ist, juristische und medicinische Aussprüche und RESPONSA über allerhand schwere, zweifelhaffte und seltene, in Praxi vorgefallene, in die Medicin und Chirurgie lauffende und causam vulnerationum betreffende Fragen und Fälle, nebst einer Serie casuum propositorum und dienlichen Register, Leipzig und Budißin: verlegts David Richter, Buchbinder, S. 164-165.

Riolan, Jean (1614): Discours sur les hermaphrodits. Où il est demontré contre l'opinion commune, qu'il n'y a point de vrays hermaphrodits, Paris: Pierre Ramier.

Roux (1773): VII. Journal de Medecine. Tome XXXVII, in: Richter, D. August Gottlieb [Hg.]: Chirurgische Bibliothek. Des zweyten Bandes drittes Stück. Göttingen und Gotha gedruckt und verlegt bey J. C. Dieterich, S. 82-83.

Rudolphi, Karl Asmund (1825): Beschreibung einer seltenen menschlichen Zwitterbildung nebst vorangeschickten allgemeinen Bemerkungen über Zwitter-Thiere, in: Abhandlungen der Königlichen Akademie der Wissenschaften zu Berlin [...]. Berlin: Gedruckt in der Druckerei der Königlichen Akademie der Wissenschaften, S. 45-69.

Rueff, Jacob (1580): Hebammen Buch / Daraus man alle Heimlichkeit deß Weiblichen Geschlechts erlehrnen / welcherley Gestalt der Mensch in Mutter Leib empfangen / zunimpt vnd geboren wirdt / Auch wie man allerley Kranckheit / die sich leichtlich mit den Kindtbetterin zutragen / mit köstlicher Artzeney vorkommen vnd helffen könne. Alles auß eygentlicher Erfahrung deß weitberühmpten Jacob Rueffen / Stattartztes zu Zürich / vor dieser Zeit an Tag geben. Gedruckt zu Franckfort am Mayn.

Ryff, Walter Hermann (1541): Des aller fürtrefflichsten / höchsten vnd adelichsten gschöpffs aller Creaturen / von Got dem Herren / Schöpffer aller ding auff erden / erschaffen / Das ist / des menschen / (oder dein selbst) warhafftige beschreibung oder Anatomi / seines wunderbarlichen ursprungs / entfängkniß / Schöpffung inn mütter leib / vnd sorglicher geburt / sampt künstlicher vnd artlicher Contrafactur / aller eusserlicher vnd innerlicher glider vnnd gliderstuck / auß weilchen der mensch wunderbarlich zusamen gesetzt ist [...]. Getruckt zu Straßburg bey Balthasar Beck.

Ryff, Walther Hermann (1551): Ursach oder Ursprung, Ware Erkantnuss und eigentliche vnderschidung aller zufaelliger eusserlicher und innerlicher Kranckheyten allerhand Art, Manier vnd Geschlecht der Feber, vnnd Leybliche gebrechen [...] / Beschrieben durch D. Guualtherum H. Rivium, Medicum & Chirurgum. Gedruckt zu Wyrtzburg: durch Johan Myller.

Sachs, Hans (1553): Das feindtselig laster der Neidt mit sein Zwölff Eigenschafften. Gedruckt zu Nürnberg / durch Friderich Gutknecht / Den 27. Januarij. 1553.

Sampson, D. Heinrich (1777): Observation 168. Von einem Hermaphroditen, in: Arnaud, Georg: Anatomisch~Chirurgische Abhandlung über die Hermaphroditen. Aus dem Französischen übersetzt. Nebst sechs Kupfertafeln. Straßburg, Verlegts, Amand König, Buchhändler, S. 27-29.

SAMPSONII, D. HENRICI (1681): Observatio CLXVIII. De HERMAPHRODITA SINGVLARI, in: MISCELLANEA CURIOSA MEDICO-PHYSICA ACADEMIÆ NATURÆ CURIOSORUM, EPHE-

MERIDUM MEDICO-PHYSICARUM GERMANICARUM ANNUS TERTIUS, Anni scilicer M DC LXXII [...]. Accessit APPENDIX, in qua nonnulla lectu haud indigna aut ingrata occurrent. LIPSIÆ & FRANCOFURTI, sumptibus JOHANNIS FRITZSCHII. Typis JOHANN-GEORGII DRULMANNI, S. 277-278.

Samuel, Eugen (1891): Die Castration der Frauen insbesondere bei Neurosen. Berlin, Preuss.

Saviard, Barthélemy (1702): Nouveau recueil d'observations chirurgicales faites par Mr Saviard, avec quelques remèdes particuliers dont il s'est servy au traitement des maladies qui le composent [...]. A Paris: chez Jacques Collombat.

Schedel, Hartmanno (1493): Chronique de Nuremberg. Registrum huius operis libri cronicarum cum figuris et ymaginibus ab initio mundi. Anthonius Koberger Norimberge impressit.

Schedel, Hartmann (1493): Register Des buchs der Croniken vnd geschichten mit figuren vnd pildnussen von anbeginn der welt bis auf dise vnnsere Zeit. Von hohgelerte manne in Latein versamelt, und durch Georgium Alten auß deselben Latein [...] außzugs weise in diss teutsch gebracht vnnd durch [...] Anthonien koberger zu Nürmberg gedruckt.

Schencken von Grafenberg, Johann-Georg (1610): Wunder-Buch. Von Menschlichen / vnerhörten Wunder- vnd Mißgebuhrten / so wider den gemeinen Lauff der Natur erschröcklich / frembd / vnnd seltzam gebildet: doch glaubwürdig in diese Welt gebohren worden. Wie nicht minder von Mißgebuhrten der vnvernünfftigen Gethier [...]. Gedruckt zu Frankfort bey Matthis Beckern: In Verlegung Dietrichs von Bry seligen Wittib / Sampt zweyer ihrer Söhnen.

Schnurrn von Lendsidel, Baltasar (1651): Kunst- vnnd Wunder-Buch: Darinnen Allerhand nutzliche Sachen / Wunder- vnd Kunststücke beriffen / Insonderheit Von Zubereitung der Confecten / von Kochen / Vögeln / Fischen: von Küchen-Baum-vnnd Würtzgaten; Von Wein / Essig / vnd Bier: Von Artzneyen für Menschen vnd Rosse: Von Destillation vnd gebranten Wassern: Von Kindbetterinnen vnd Hebammen [...]. Franckfurt / Bey Johann Pressen.

Schurig, Martin (1729): Schurigio Muliebria historico-medica, hoc est partium genitalium muliebrium consideratio physico-medico-forensis. qua pudendi muliebris partes tam externae, quam internae, scilicet uterus cum ipsi annexis ovariis et tubis fallopianis, nec non varia de clitoride et tribadismo, de hymene et mymphotomia seu feminarum circumcisione et castratione selectis et curiosis observationibus traduntur, Dresden, Leipzig: apud Christoph Hekel b. filium.

Schweickhard, C. L. (1803): I. Geschichte eines lange Zeit hindurch für einen Hermaphroditen gehaltenen wahren Mannes, in: Hufeland, Christoph Wilhelm [Hg.]: Journal der practischen Arzneykunde und Wundarzneykunst [...]. Siebzehnter Band. Erstes Stück. Berlin: in Ungers Journalhandlung, S. 9-52.

Scultet, Johann (1756): CCLIII Wahrnehmung. Von einem Zwitter oder Hermaphroditen, in: Der Römisch Kaiserlichen Akademie der Naturforscher auserlesene Medicinisch ~ Chirurgisch ~ Anatomisch ~ Chymisch ~ und Botanische Abhandlungen, zweyter Theil, aus dem Lateinischen in das Deutsche übersetzt, mit Kupfern, Nürnberg: Verlegt von W. W. Endterischen Consorten und W. Engelbrechts, S. 339-341.

Sculteti, Johannis (1684): Cap. IV. Andria. Sive mulier Hermaphroditcia, in: Boneti, Theophili: MEDICINA SEPTENTRIONALIS COLLATITIA SIVE REI MEDICÆ, NVPERIS annis à Medicis Anglis, Germanis & Danis emiffæ, SYLLOGE & SYNTAXIS. EXHIBENS OBSERVATIONES Medicas, IN QVIBVS NOVA, ABDITA, ADMIRABILIA ET Monstrosa exempla adducuntur [...]. GENEVÆ, Sumptibus Leonardi Chovët & Socij, S. 859-860.

Seemann, Fritz (1888): Ueber Castration bei retinirten Hoden, [...] Berlin. Buchdruckerei von Gustav Schade (Otto Franke).

Simon, Edouard Thomas (1765): L'Hermaphrodite, Ou Lettre De Granjean, A Françoise Lambert, Sa Femme, Suivie D'Anne De Boulen, A Henry VIII, Roi D'Angleterre, Son Epoux: Heroïde Nouvelle Et De Deux Idilles / [S***]. A Grenoble Et se vend A Paris. Chez Cailleau, Libraire, rue S. Jacques, à S. André. La Veuve Valleyre, Quai de Gêvres, près le Pont-au-Change, à la Nouveauté.

Simon, Max (1886): Ein Fall von sogenanntem Pseudo-Hermaphroditismus masculinus externus [...]. Erlangen: Druck der Universitäts-Buchdruckerei von E. Th. Jacob.

Stark, D. Johann Christian (1801): Nro. VI. Kurze Beschreibung eines sogenannten Hermaphroditen oder Zwitters, welcher aber mehr zum männlichen, als weiblichen Geschlechte zu rechnen ist, nebst einer Vorerinnerung von dem Herausgeber, in: ders. [Hg.]: Neues Archiv für die Geburtshülfe, Frauenzimmer- und Kinderkrankheiten mit Hinsicht auf die Physiologie, Diätetik und Chirurgie. Zweyten Bandes, drittes Stück. Jena, bey Wolfgang Strahl, S. 538-556.

Stobbe, Otto (1882): Handbuch des deutschen Privatrechts, Bd. I, Berlin: Hertz.

Stoltzenberg, Stoltzius von (1964): Chymisches Lustgärtlein. Auss dem Lateinischen transferirt durch Daniel Meissner, Fotomechanischer Nachdruck der Originalausgabe Frankfurt 1624, Darmstadt: Wissenschaftliche Buchgesellschaft.

Storchens, D. Johann (1746): Unterricht vor Heb~Ammen, nach den neuesten Accoúchers und selbst eigener Erfahrung entworfen, mit vielen Observationibus erläutert, und durch nöthige Kupfer deutlich gemacht [...]. Gotha: verlegts Christian Mevius.

Taruffi, Cesare (1903): Hermaphrodismus und Zeugungsunfähigkeit. Eine systematische Darstellung der Missbildungen der menschlichen Geschlechtsorgane [...]. Autorisierte deutsche Ausgabe von Dr. med. R. Teuscher, Berlin: Verlag von H. Barsdorf.

Tissier, Léon (1885): De la castration de la femme en chirurgie. Opération d'Hégar ou de Battey Paris: Steinheil.

Vallier (1766): EXTRAIT D'UNE LETTRE DE MR. DE SAINT VALLIER, Sur une espece d'Hermaphrodite, in: COLLECTION ACADEMIQUE, COMPOSÉE des Mémoires, Actes ou Journaux des plus célèbres Académies & Sociétés Littéraires, des Extraits des meilleurs Ouvrages Périodiques, des Traités particuliers & des Pièces Fugitives les plus rares, CONCERNANT L'HISTOIRE NATURELLE ET LA BOTANIQUE, LA PHYSIQUE EXPÉRIMENTALE ET LA CHYMIE, LA MÉDICINE ET L'ANATOMIE [...]. A PARIS, Chez MICHEL LAMBERT, rue des Cordelliers, au Collége de Bourgogne. AVEC APPROBATION ET PRIVILEGE DU ROI, S. 15.

VALTHERI, DN. D. DAVIDIS CHRISTIANI (1715): OBSERVATIO CXXXV. De Hermaphrodito notatu digno, in: ACADEMIAE CAESAREO-LEOPOLDINAE CAROLINAE NATVRAE CVRIOSORVM EPHEMERIDES SIVE OBSERVATIONVM MEDICO-PHYSICARVM A CELEBERRIMIS VIRIS [...] CENTVRIA III & IV. Cum APPENDICE [...]. NORIBERGAE, Sumptibus WOLFGANGI MICHAHELLES, Litteris JOAN. ERNESTI ADELBVLNERI, S. 305-310.

Venette, Nicolai (1738): Abhandlung von Erzeugung der Menschen. Mit Königl. Pohln. und Churfürstl. Sächs. Allergnadigsten Privilegio. Königsberg und Leipzig: Verlegts Christoph Gottfried Eckart.

Vermeil, François Michel (1765): MÉMOIRE POUR ANNE GRANDJEAN, CONNU SOUS LE NOM DE JEAN-BAPTISTE GRANDJEAN, accusé et appellant, contre Monsieur le procureur général, accusateur et intimé. Question: „Un hermaphrodite qui a épousé une fille, peutil être réputé profanateur du sacrement de mariage, quand la nature qui le trompoit, l'appellait à l'état de mari?", A Paris: Imprimerie de Louis Cellot.

Versen, Hermann Gustav Adolf Hugo (1886): Ueber einen Fall von Hermaphroditismus transversalis muliebris [...]. Berlin: Gedruckt bei A. W. Schade.

Veslingio, Johann (1616): Neu herausgegebene Anatomia von Johann Veslingio, Nürnberg. In Verlegung Johann Hoffmanns Kunst- und Buchhändlers.

Vischer, Christoff (1566): Ware Abcontrafactur einer missgeburt / so zu BrottRoda den 8. Augusti dieses 1566. Jhars / Tod auff diese Welt geboren ist. Zu Schmalfalden / bey Michel Schmuck.

WALDEYER, WILHELM (1870): EIERSTOCK UND EI. EIN BEITRAG ZUR ANATOMIE UND ENTWICKLUNGSGESCHICHTE DER SEXUALORGANE. MIT 6 TAFEL-ABBILDUNGEN. LEIPZIG, VERLAG VON WILHELM ENGELMANN.

Weber, Friedrich August [Hg.] (1784): ONOMATOLOGIA MEDICO-PRACTICA Encyklopädisches Handbuch für ausübende Aerzte in alphabetischer Ordnung ausgearbeitet von einer Gesellschaft von Aerzten, zweiter Band, Nürnberg: im Verlage der Paspischen Buchhandlung.

Wenke, Karl (1906): Anatomie eines Argynnis paphia-Zwitters nebst vergleichend anatomischen Betrachtungen über den Hermaphroditismus bei Lepidopteren, Berlin: Ebering.

Weygand, D. (1726): Ein Hermaphrodit, dessen Männliche Ruthe mangelhaft, und an dem Perniæo mit einer Weiblich- ähnlichen, doch untieffen Schaam versehen gewesen, in: Kanold, D. Johann: Sammlung Von Natur- und Medicin- Wie auch hierzu gehörigen Kunst- und Literatur- Geschichten / So sich An. 1726. in denen 3. Herbst-Monaten In Schlesien und andern Ländern begeben [...], Und nunmehro an der einmal beliebten Ordnung Als der Acht und dreyßigste Versuch Ans Licht gestellet [...] Herbst – Quartal 1726. ERFURTH, drucks und verlegts Carl Friedrich Jungnicol, S. 557-559.

Wolfart, Johanne Henrico (1742): TRACTATIO JURIDICA DE SODOMIA VERA & SPURIA HERMAPHRODITI, Von ächter und unächter Sodomiterey eines Zwittern, Auctore JOHANNE HENRICO WOLFART J. U. L. & in Illustri Athenæo Hanoviensi Professore Publico. Francofurti ad Mœnum, Apud, JOH. FRID. FLEISCHER.

Wolfart, Johanne Henrico (1743): Bescheidene Beantwortung des gegen seine TRACTATIONEM JURIDICAM de Sodomia vers & spuria Hermaphroditi, besonders aber das solcher beygefügte denen Rechten und Umständen der Sache durchaus gemäße RESPONSUM jüngsthin divulgirte ohnbeschreidene und nichts weniger dann den Rahmen einer gründlichen Widerlegung verdienende IMPRESSUM. Frankfurt am Mayn.

ZACCHIÆ, PAOLO (1666): QUÆSTIONUM MEDICO-LEGALIUM TOMI TRES. EDITIO NOVA, AVARIIS MENDIS PVRGATA, PASSIMQVE INTERPOLATA, ET NOVIS REGENTIORVM Authorum Inventis ac Observationibus aucta, Cura JOHN. DANIELIS HORSTII [...]. OPVS OMNIBVS MEDICINÆ ET IVRUS VTRIVS QVE PERITIS, nec non Tribunalium (Ecclesiastici, Civilis) Assessoribus maximè necessarium. Præter Indices Librorum, Titulorum et Quæstionum annexus est Index Rerum Notabilium locupletissimus. Cum Privilegio Sacræ Cæs. Majest. & Christianiss. Gall. Regis. FRANCOFURTI, Sumptibus JOANNIS BAPTISTÆ SCHÖNWETTERI.

Zandt, I. (1803): Medicinisch-chirurgisches Gutachten, in: Schweickhard, C. L.: I. Geschichte eines lange Zeit hindurch für einen Hermaphroditen gehaltenen wahren Mannes, in: Hufeland, Christoph Wilhelm [Hg.]: Journal der practischen Arzneykunde und Wundarzneykunst [...]. Siebzehnter Band. Erstes Stück. Berlin: in Ungers Journalhandlung, S. 26-29.

Zandt, I./Schweickhard, C. L. (1803): Cicero opinionum Commenta delet dies – naturae sudicia confirmat, Medicinisch-chirurgisches Gutachten, in: Schweickhard, C. L.: I. Geschichte eines lange Zeit hindurch für einen Hermaphroditen gehaltenen wahren Mannes, in: Hufeland, Christoph Willhelm [Hg.]: Journal der practischen Arzneykunde und Wundarzneykunst [...]. Siebzehnter Band. Erstes Stück. Berlin: in Ungers Journalhandlung, S. 39-47.

Zedler, Johann Heinrich (1735): Glied (männliches) Männliche Ruthe, in: ders.: Grosses vollständiges Universal-Lexicon Aller Wissenschaften und Künste, welch bißhero durch menschlichen Verstand und Witz erfunden und verbessert worden. Zehnter Band, G. – Gl., Halle und Leipzig: In Verlag Johann Heinrich Zedlers, S. 1651-1655.

Zedler, Johann Heinrich (1735a): Hermaphroditus, Androgynus, Zwitter, Zwey-Dorn, franz. Hermaphrodite, in: ders.: Grosses vollständiges Universal-Lexicon Aller Wissenschaften und Künste, welch bißhero durch menschlichen Verstand und Witz erfunden und verbessert worden. Zwölffter Band, H. – He., Halle und Leipzig: In Verlag Johann Heinrich Zedlers, S. 1723-1725.

Zedler, Johann Heinrich (1742): Schaam, in: ders.: Grosses vollständiges Universal-Lexicon Aller Wissenschaften und Künste, welch bißhero durch menschlichen Verstand und Witz erfunden und verbessert worden. Vier und Dreyßigster Band, Sao – Schla., Halle und Leipzig: In Verlag Johann Heinrich Zedlers, S. 649-650.

Zedler, Johann Heinrich (1745): TRIBADES, in: ders.: Grosses vollständiges Universal-Lexicon Aller Wissenschaften und Künste, welch bißhero durch menschlichen Verstand und Witz erfunden und verbessert worden. Fünf und Viertzigster Band, Trap – Tz., Halle und Leipzig: In Verlag Johann Heinrich Zedlers, S. 577.

Literaturverzeichnis

Aurnhammer, Achim (1986): Zum Hermaphroditen in der Sinnbildkunst der Alchemisten, in: Meinel, Christoph [Hg.]: Die Alchemie in der europäischen Kultur- und Wissenschaftsgeschichte. Wolfenbüttel (= Wolfenbütteler Forschungen, Heft 32), S. 179-200.

Bachorski, Hans-Jürgen [Hg.] (1991): Ordnung und Lust. Bilder von Liebe, Ehe und Sexualität in Spätmittelalter und Früher Neuzeit, Trier: Wissenschaftlicher Verlag Trier.

Bäumer-Schleinkofer, Änne (1993): Die Geschichte der beobachtenden Embryologie. Die Hühnchenentwicklung als Studienobjekt über zwei Jahrtausende, Frankfurt/Main [u. a.]: Lang.

Bennewitz, Ingrid/Kasten Ingrid [Hg.] (2002): Genderdiskurse und Körperbilder im Mittelalter. Eine Bilanzierung nach Butler und Laqueur, Münster [u. a.]: Lit.

Bergengruen, Maximilian/Lehmann, Johannes F./Thüring, Hubert [Hg.] (2005): Sexualität – Recht – Leben. Die Entstehung eines Dispositivs um 1800, Paderborn: Fink.

Birkett, Jennifer/Harvey, Elizabeth [Hg.] (1991): Determined Women. Studies in the Construction of the Female Subject, 1900-90, Basingstoke [u. a.]: MacMillan.

Bock, Gisela (2000): Frauen in der europäischen Geschichte. Vom Mittelalter bis zur Gegenwart, München: Beck.

Böhme, Hartmut (1998): Plädoyer für das Niedrige. Der Tastsinn im Gefüge der Sinne, in: Gebauer, Gunter [Hg.]: Anthropologie, Leipzig: Reclam, S. 214-224.

Breithaupt, Wilhelm (1938): Die Strafe des Staupenschlags und ihre Abschaffung im Gemeinen Recht, zugleich ein Beitrag zur Geschichte der Zuchthauses, Jena: Rechts- und wirtschaftswissenschaftliche Dissertation.

Brieler, Ulrich (1998): Die Unerbittlichkeit der Historizität. Foucault als Historiker, Weimar [u. a.]: Böhlau.

Brittnacher, Hans Richard (1995): Der böse Blick des Physiognomen. Lavaters Ästhetik der Deformation, in: Hagner, Michael [Hg.]: Der falsche Körper. Beiträge zu einer Geschichte der Monstrositäten, Göttingen: Wallstein, S. 127-146.

Brown, Judith (1989): Lesbian sexuality in medieval and early modern Europe, in: Duberman, Martin Bauml [Hg.]: Hidden from history. Reclaiming the gay and lesbian past, New York: New American Library Books, S. 67-75.

Bullough, Vern L./Bullough, Bonnie (1993): Cross Dressing, Sex, and Gender, Philadelphia: University of Pennsylvania Press.

Butler, Judith (1991): Das Unbehagen der Geschlechter, Frankfurt/Main: Suhrkamp.

Butler, Judith (1997): Körper von Gewicht. Die diskursiven Grenzen des Geschlechts, Frankfurt/Main: Suhrkamp.

Butler, Judith (1998): Haß spricht. Zur Politik des Performativen, Berlin: Berlin-Verlag.

Butler, Judith (2004): Undoing gender, New York [u. a.]: Routledge.

Canguilhem, Georges (1974): Das Normale und das Pathologische, München: Hanser.

Creed, Barbara (1999): Lesbian Bodies: Tribades, Tomboys and Tarts, in: Price, Janet/Shildrick, Margrit [Hg.]: Feminist Theory and the Body. A Reader, New York: Routledge, S. 111-124.

Crompton, Louis (1981): The Myth of Lesbian Impunity. Capital Laws from 1270 to 1791, in: Journal of homosexuality, Volume 6, Number 1/2, S. 11-25.

Daiber, Dirk (1999): Subjekt – Freiheit – Widerstand. Die Stellung des Subjekts im Denken Foucaults, Konstanz: Hartung-Gorre.

Darmon, Pierre (1985): Trial by Impotence. Virility and Marriage in Pre-Revolutionary France, London: Chatto & Windus.

Daston, Lorraine/Park, Katharine (1985): Hermaphrodites in Renaissance France, in: Critical Matrix, Volume 1, Number 5, S. 1-19.

Daston, Lorraine/Park, Katharine (1995): The Hermaphrodites and the Orders of Nature. Sexual Ambiguity in Early Modern France, in: GLQ: A Journal of Lesbian and Gay Studies, Volume 1, Number 4, S. 419-438.

Daston, Lorraine/Park, Katharine (2002): Wunder und die Ordnung der Natur 1150–1750, Frankfurt/Main: Eichborn.

Dekker, Rudolf/van de Pol, Lotte (1990): In Männerkleidern. Weibliche Transvestiten und ihre Geschichte, Berlin: Wagenbach.

Dosse, François (1999): Geschichte des Strukturalismus. Das Feld des Zeichens 1945–1966, Bd. I, Frankfurt/Main: Fischer.

Dreger, Alice Domurat (1998): Hermaphrodites and the medical invention of sex. Cambridge, Mass. [u. a.]: Harvard University Press.

Duden, Barbara (1991): Geschlecht, Biologie, Körpergeschichte. Bemerkungen zu neuer Literatur in der Körpergeschichte, in: Feministische Studien, Jg. 9, Heft 2, S. 105-122.

Duden, Barbara (1991a): Geschichte unter der Haut. Ein Eisenacher Arzt und seine Patientinnen um 1730, Stuttgart: Klett-Cotta.

Dülmen, Richard van [Hg.] (2000): Erfindung des Menschen. Schöpfungsträume und Körperbilder 1500–2000, Köln [u. a.]: Böhlau.

Ewald, François/Waldenfels, Bernhard (1991): Spiele der Wahrheit. Michel Foucaults Denken, Frankfurt/Main: Suhrkamp.

Ewinkel, Irene (1995): De monstris. Deutung und Funktion von Wundergeburten auf Flugblättern im Deutschland des 16. Jahrhunderts, Tübingen: Niemeyer.

Farge, Arlette/Foucault, Michel (1989): Familiäre Konflikte. Die „Lettres de cachet" aus den Archiven der Bastille im 18. Jahrhundert, Frankfurt/Main: Suhrkamp.

Flügge, Sybilla (2002): Geheimnisse der Frauenzimmer. Das Wissen der Hebammen in der Frühen Neuzeit, in: Engel, Gisela/Rang, Brita/Reichert, Klaus/Wunder, Heide [Hg.]: Das Geheimnis am Beginn der europäischen Moderne, Frankfurt/Main: Klostermann, S. 454-465.

Foucault, Michel (1978): Herculine Barbin dite Alexine B, Paris: Editions Gallimard.

Foucault, Michel (1978a): Dispositive der Macht. Über Sexualität, Wissen und Wahrheit, Berlin: Merve.

Foucault, Michel (1988): Was ist ein Autor?, in: ders.: Schriften zur Literatur, Frankfurt/Main: Fischer, S. 7-31.

Foucault, Michel (1990): Andere Räume, in: Barck, Karlheinz [Hg.]: Aisthesis. Wahrnehmung heute oder Perspektiven einer anderen Ästhetik, Leipzig: Reclam, S. 34-46.

Foucault, Michel (WiK 1992): Was ist Kritik?, Berlin: Merve.

Foucault, Michel (AW 1994): Die Archäologie des Wissens, Frankfurt/Main: Suhrkamp.

Foucault, Michel (ÜS 1994): Überwachen und Strafen. Die Geburt des Gefängnisses, Frankfurt/Main: Suhrkamp.

Foucault, Michel (ÜHerm 1998): Über Hermaphrodismus. Der Fall Barbin, Frankfurt/Main: Suhrkamp.

Foucault, Michel (WzW 1998): Der Wille zum Wissen. Sexualität und Wahrheit, Bd. I, Frankfurt/Main: Suhrkamp.

Foucault, Michel (GK 1999): Die Geburt der Klinik. Eine Archäologie des ärztlichen Blicks, Frankfurt/Main: Fischer.

Foucault, Michel (OD 1999): Die Ordnung der Dinge. Eine Archäologie der Humanwissenschaften, Frankfurt/Main: Suhrkamp.

Foucault, Michel (2000): Nietzsche, die Genealogie, die Historie, in: ders.: Von der Subversion des Wissens, Frankfurt/Main: Fischer, S. 69-90.

Foucault, Michel (2000a): Paolo Caruso: Gespräch mit Michel Foucault, in: ders.: Von der Subversion des Wissens, Frankfurt/Main: Fischer, S. 7-27.

Foucault, Michel (Gou 2000): Die „Gouvernementalität", in: Bröckling, Ulrich/Krasmann Susanne/ Lemke, Thomas [Hg.]: Gouvernementalität der Gegenwart. Studien zur Ökonomisierung des Sozialen. Frankfurt/Main: Suhrkamp, S. 41-67.

Foucault, Michel (2001): Antwort auf eine Frage, in: ders.: Schriften in vier Bänden. Dits et Ecrits, Bd. I, 1954 – 1969, Frankfurt/Main: Suhrkamp, S. 859-886.

Foucault, Michel (2002): Die Situation Cuviers in der Geschichte der Biologie, in: ders.: Schriften in vier Bänden. Dits et Ecrits, Bd. II, 1970 – 1975, Frankfurt/Main: Suhrkamp, S. 37-82.

Foucault, Michel (2002a): Wachsen und vermehren, in: ders.: Schriften in vier Bänden. Dits et Ecrits, Bd. II, 1970 – 1975, Frankfurt/Main: Suhrkamp, S. 123-128.

Foucault, Michel (2003): Vorlesung vom 22. Januar 1975, in: ders.: Die Anormalen. Vorlesungen am Collège de France (1974 – 1975), Frankfurt/Main: Suhrkamp, S. 76-107.

Foucault, Michel (2003a): Vorlesung vom 5. März 1975, in: ders.: Die Anormalen. Vorlesungen am Collège de France (1974 – 1975), Frankfurt/Main: Suhrkamp, S. 300-344.

Foucault, Michel (ODis 2003): Die Ordnung des Diskurses, Frankfurt/Main: Fischer.

Foucault, Michel (WjurF 2003): Die Wahrheit und die juristischen Formen, Frankfurt/Main: Suhrkamp.

Foucault, Michel (2004): Sicherheit, Territorium, Bevölkerung. Vorlesung am Collège de France (1977 – 1978), Frankfurt/Main: Suhrkamp.

Foucault, Michel (2005): Das wahre Geschlecht, in: ders.: Schriften in vier Bänden. Dits et Ecrits, Bd. IV, 1980-1988, Frankfurt/Main: Suhrkamp, S. 142-152.

Foucault, Michel (2005a): Die Heterotopien, in: ders.: Die Heterotopien. Der utopische Körper, Frankfurt/Main: Suhrkamp, S. 7-22.

Foucault, Michel (2005b): Omnes et singulatim. Zu einer Kritik der politischen Vernunft, in: ders.: Analytik der Macht, Frankfurt/Main: Suhrkamp, S. 188-219.

Foucault, Michel (2005c): Das goldene Zeitalter der lettres de cachet, in: ders.: Schriften in vier Bänden. Dits et Ecrits, Bd. IV, 1980 – 1988, Frankfurt/Main: Suhrkamp, S. 421-423.

Frewer, Andreas/Säfken, Christian (2005): Identität, Intersexualität, Transsexualität – Medizinische und ethisch-rechtliche Aspekte der Geschlechtsumwandlung, in: Stahnisch, Frank/Steger, Florian [Hg.]: Medizin, Geschichte und Geschlecht. Körperhistorische Rekonstruktionen von Identität und Differenzen, Wiesbaden: Steiner, S. 137-156.

Frietsch, Ute (2005): Quecksilber. Der Hermaphrodit im Erlösungsprojekt der Alchemie, in: 1-0-1 [one 'o one] intersex. Das Zwei-Geschlechter-System als Menschenrechtsverletzung, hrsg. von der Neuen Gesellschaft für Bildende Kunst, Berlin: Vice-Versa, S. 146-149.

Gehring, Petra (2004): Foucault – Die Philosophie im Archiv, Frankfurt/Main [u. a.]: Campus.

Gonzalez-Crussi, Francisco (1987): Three Forms of Sudden Death. AND OTHER REFLECTIONS ON THE GRANDEUR AND MISERY OF THE BODY, London: Picador.

Graille, Patrick (2001) : Les hermaphrodites. Aux XVIIe et XVIIIe siècles, Paris : Les Belles Lettres.

Greyerz, Kaspar von (2007): Selbstzeugnisse in der Frühen Neuzeit. Individualisierungsweisen in interdisziplinärer Perspektive, München: Oldenbourg.

Grimm, Jacob/Grimm, Wilhelm (1991): Deutsches Wörterbuch, Bd. 5, München: Deutscher Taschenbuch Verlag, Sp. 3903-3912.

Groneberg, Michael/Zehnder, Kathrin [Hg.] (2008): „Intersex“. Geschlechtsanpassung zum Wohle des Kindes? Erfahrungen und Analysen, Fribourg: Academic Press Fribourg.

Guerrini, Anita (2003): Experimenting with humans and animals. From Galen to animal rights, Baltimore [u. a.]: Johns Hopkins University Press.

Haas, Hans (1989): Parabeln der Kräutermedizin. Geschichte der Heilpflanzenkunde, Seeheim-Jugenheim: Innovations-Verlags-Gesellschaft.

Haberling, Wilhelm (1937): Paul Zacchias. Der Begründer der gerichtlichen Medizin (1584-1669), in: Diergart, Paul [Hg.]: Proteus. Verhandlungsberichte und Abhandlungen der Rheinischen Gesellschaft für Geschichte der Naturwissenschaft, Medizin und Technik, Bd. 2, Bonn: Neuendorff, S. 281-282.

Hacking, Ian (2002): Was heißt „soziale Konstruktion“? Zur Konjunktur einer Kampfvokabel in den Wissenschaften, Frankfurt/Main: Fischer.

Hagner, Michael [Hg.] (1995): Der falsche Körper. Beiträge zu einer Geschichte der Monstrositäten, Göttingen: Wallstein.

Hagner, Michael (1999): Enlightened Monsters, in: Clark, William/Golinski, Jan/Schaffer, Simon [Hg.]: The Sciences in Enlightened Europe, Chicago [u. a.]: University of Chicago Press, S. 175-217.

Hagner, Michael/Rheinberger, Hans-Jörg/Wahrig-Schmidt, Bettina (1994): Objekte, Differenzen und Konjunkturen, in: dies.: [Hg.]: Objekte, Differenzen und Konjunkturen. Experimentalsysteme im historischen Kontext, Berlin: Akademie-Verlag, S. 7-22.

Hanke, Christine (2007): Zwischen Auflösung und Fixierung. Zur Konstitution von ‚Rasse‘ und ‚Geschlecht‘ in der physischen Anthropologie um 1900, Bielefeld: Transcript.

Harms, Wolfgang/Schilling, Michael [Hg.] (1997): Deutsche illustrierte Flugblätter des 16. und 17. Jahrhunderts. Kommentierte Ausgabe, Bd. 7, Die Sammlung der Zentralbibliothek Zürich, Teil 2, Die Wickiana (1570–1588), Tübingen: Niemeyer.

Harms, Wolfgang/Schilling, Michael [Hg.] (2005): Deutsche illustrierte Flugblätter des 16. und 17. Jahrhunderts. Kommentierte Ausgabe, Bd. 6, Die Sammlung der Zentralbibliothek Zürich, Teil 1, Die Wickiana (1500–1569), Tübingen: Niemeyer.

Harris, Joseph (2005): Hidden Agendas. Cross-Dressing in 17th-century France, Tübingen: Narr.

Hartmann, Andreas (1995): Im falschen Geschlecht. Männliche Scheinzwitter um 1900, in: Hagner, Michael [Hg.]: Der falsche Körper. Beiträge zu einer Geschichte der Monstrositäten, Göttingen: Wallstein, S. 187-220.

Hausen, Karin (1976): Die Polarisierung der „Geschlechtscharaktere“. Eine Spiegelung der Dissoziation von Erwerbs- und Familienleben, in: Conze, Werner [Hg.]: Sozialgeschichte der Familie in der Neuzeit Europas. Neue Forschungen, Stuttgart: Klett, S. 363-393.

Hauskeller, Christine (2000): Das paradoxe Subjekt. Widerstand und Unterwerfung bei Judith Butler und Michel Foucault, Tübingen: Edition diskord.

Heininger, Michael/Ach, Manfred (1975): An der Nase des Mannes erkennt man den Johannes, München: Lentz.

Herrmann, Hans-Christian von/Sieger, Bernhard (2000): Belebte Statuen, zuckende Leichen. Medien der Verlebendigung vor und nach Guillaume-Benjamin Duchenne, in: Kaleidoskopien. Theatralität, Performance, Medialität, hrsg. vom Institut für Theaterwissenschaft der Universität Leipzig, Heft III, Körperinformation, Berlin: Vice-Versa, S. 66-99.

Herrn, Rainer (2005): Schnittmuster des Geschlechts. Transvestitismus und Transsexualität in der frühen Sexualwissenschaft, Gießen: Psychosozial-Verlag.

Hippéli, Roman/Keil, Gundolf (1982): Zehn Monde Menschwerdung, Biberach an der Riss: Basotherm-GmbH.

Hirschauer, Stefan (1993): Die soziale Konstruktion der Transsexualität. Über die Medizin und den Geschlechtswechsel, Frankfurt/Main: Suhrkamp.

Hoffmann, Jochen (1980): Die Erkenntnis des Dritten. Zur Konstruktion eines neuen Subjektes. Inaugural-Dissertation zur Erlangung der Doktorwürde der Philosophischen Fakultät der Philipps-Universität Margburg/Lahn.

Hofmann-Randall, Christina (1999): Monster, Wunder und Kometen. Sensationsberichte auf Flugblättern des 16. bis 18. Jahrhunderts, Erlangen: Univ.-Bibliothek Erlangen-Nürnberg.

Holländer, Eugen (1921): Wunder, Wundergeburt und Wundergestalt in Einblattdrucken des fünfzehnten bis achtzehnten Jahrhunderts. Kulturhistorische Studie mit 202 Textabbildungen, Stuttgart: F. Enke.

Homeyer, Susanne (2002): „... das ende mus verhanden sein! ...". Studien zur eschatologischen Bildlichkeit auf illustrierten Flugblättern der frühen Neuzeit, Magdeburg: Univ., Dissertation.

Honegger, Claudia (1991): Die Ordnung der Geschlechter. Die Wissenschaften vom Menschen und das Weib, 1750–1850, Frankfurt/Main [u. a.]: Campus.

Huber, J. Ch. (1894): Die Gynäkologie (peri gynaikei on) des Soranus von Ephesus, Geburtshilfe, Frauen- und Kinder-Krankheiten, Diätetik der Neugeborenen. Erstes Buch, in: ders.: [Hg.]: Bibliothek medizinischer Klassiker, Bd. I, Soranus von Ephesus, München: J. F. Lehmann's, S. 1-92.

Hulverscheidt, Marion (2002): Weibliche Genitalverstümmelung. Diskussion und Praxis in der Medizin während des 19. Jahrhunderts im deutschsprachigen Raum, Frankfurt/Main: Mabuse.

Jacob, François (1972): Die Logik des Lebens. Von der Urzeugung zum genetischen Code, Frankfurt/Main: Fischer.

Jacobi, Jolande (1991): PARACELSUS. Arzt und Gottsucher an der Zeitenwende. Eine Auswahl aus seinem Werk, Olten: Walter.

Jüttner, Guido (1983): Therapeutische Konzepte und soziales Anliegen in der frühen Heilkräuterliteratur, in: Imhof, Arthur E. [Hg.]: Der Mensch und sein Körper. Von der Antike bis heute, München: Beck, S. 118-130.

Junker, Uwe [Hg.] (1986): Das „Buch der Heiligen Dreifaltigkeit" in seiner zweiten, alchimistischen Fassung (Kadolzburg 1433), Feuchtwangen: Kohlhauer.

Kleemann, Werner J. (2004): Die gerichtliche Medizin an der medizinischen Fakultät vor der Gründung des Institutes, in: ders./Graefe, Adelgunde/Müller, Rudhard Klaus [Hg.]: 100 Jahre forensische Toxikologie im Institut für Rechtsmedizin in Leipzig, Leipzig: MOLINApress, S. 6-23.

Klöppel, Ulrike (2002): XX0XY ungelöst. Störungsszenarien in der Dramaturgie der zweigeschlechtlichen Ordnung, in: polymorph [Hg.]: (K)ein Geschlecht oder viele? Transgender in politischer Perspektive, Berlin: Blau, S. 153-181.

Klöppel, Ulrike (2002a): „Störfall" Hermaphroditismus und Trans-Formationen der Kategorie „Geschlecht". Überlegungen zur Analyse der medizinischen Diskussionen über Hermaphroditismus um 1900, in: Transformationen: Wissen, Mensch, Geschlecht, Potsdamer Studien zur Frauen- und Geschlechterforschung, Jg. 6, Heft 2, S. 137-150.

Klöppel, Ulrike (2005): „Strenge Objektivität und extremste Subjektivität konkurrieren". Hermaphroditismusbehandlung in der Nachkriegszeit und die Durchsetzung von gender by design, in: 1-0-1 [one 'o one] intersex. Das Zwei-Geschlechter-System als Menschenrechtsverletzung, hrsg. von der Neuen Gesellschaft für Bildende Kunst, Berlin: Vice-Versa, S. 168-185.

Klöppel, Ulrike (2006): Die Formierung von gender am „Naturexperiment" Intersexualität in der zweiten Hälfte des 20. Jahrhunderts, in: NTM, Zeitschrift für Geschichte der Wissenschaften, Technik und Medizin, Volume 14, Number 4, S. 231-240.

Klöppel, Ulrike (2007): Problematische Körper? Überlegungen zur Historiographie von Problematisierungsweisen im Anschluss an Foucault, in: Junge, Torsten/Schmicke, Imke [Hg.]: Marginalisierte Körper. Zur Soziologie und Geschichte des anderen Körpers. Münster, Unrast-Verlag, S. 45-62.

Kluge, Friedrich (1989): Etymologisches Wörterbuch der deutschen Sprache, Berlin [u. a.]: Walter de Gruyter.

Krämer, Fabian (2005): „Under so viel wunderbarlichen und seltsamen Sachen ist mir nichts wunderbarlichers unnd seltsamers fürkommen“. Vom ‚Auftauchen‘ des Hermaphroditen in der Frühen Neuzeit, in: 1-0-1 [one 'o one] intersex. Das Zwei-Geschlechter-System als Menschenrechtsverletzung, hrsg. von der Neuen Gesellschaft für Bildende Kunst, Berlin: Vice-Versa, S. 150-157.

Krimmer, Elisabeth (2003): In the Company of Men. CROSS-DRESSED WOMEN AROUND 1800, Detroit: Wayne State University Press.

Lachs, Johann (1902): Die Gynäkologie des Soranus von Ephesus. Ein Beitrag zur Geschichte der Geburtshilfe und Gynäkologie, in: Bergmann, Ernst von/Müller, Friedrich/Winkel, Franz von [Hg.]: Sammlung Klinischer Vorträge begründet von Richard von Volkmann, Nr. 335, Heft 5 der 12. Serie, Leipzig: Breitkopf und Härtel, S. 703-744.

Lang, Claudia (2006): Intersexualität. Menschen zwischen den Geschlechtern, Frankfurt/Main [u. a.]: Campus.

Laqueur, Thomas W. (1996): Auf den Leib geschrieben. Die Inszenierung der Geschlechter von der Antike bis Freud, München: Deutscher Taschenbuch Verlag.

Laqueur, Thomas W. (2003): Sex in the Flesh, in: ISIS, AN INTERNATIONAL REVIEW DEVOTED TO THE HISTORY OF SCIENCE AND ITS CULTURAL INFLUENCES, Volume 94, Number 2, Published by The University of Chicago Press for The History of Science Society, S. 300-306.

Lindemann, Gesa (1993): Das paradoxe Geschlecht. Transsexualität im Spannungsfeld von Körper, Leib und Gefühl, Frankfurt/Main: Fischer.

Link, Jürgen (1996): Versuch über den Normalismus. Wie Normalität produziert wird, Opladen: Westdeutscher Verlag.

Long, Kathleen Perry (2006): Hermaphrodites in Renaissance Europe, Aldershot [u. a.]: Ashgate.

Lorenz, Maren (1999): Kriminelle Körper – gestörte Gemüter. Die Normierung des Individuums in Gerichtsmedizin und Psychiatrie der Aufklärung, Hamburg: Hamburger Ed.

Macherey, Pierre (1991): Für eine Naturgeschichte der Normen, in: Ewald, François/Waldenfels, Bernhard [Hg.]: Spiele der Wahrheit. Michel Foucaults Denken, Frankfurt/Main: Suhrkamp, S. 171-192.

Mackensen, Rainer/Reulecke, Jürgen [Hg.] (2005): Das Konstrukt „Bevölkerung“ vor, im und nach dem „Dritten Reich“, Wiesbaden: VS.

Martin, Ernest (1880) : HISTOIRE DES MONSTRES. DEPUIS L'ANTIQUITÉ JUSQU'A NOS JOURS, Paris : C. Reinwald et Cie.

Mehlmann, Sabine (2007): Unzuverlässige Körper. Zur Diskursgeschichte des Konzepts geschlechtlicher Identität, Königstein/Taunus: Helmer.

Meier, Pirmin (1993): Paracelsus. Arzt und Prophet. Annäherung an Theophrastus von Hohenheim, Zürich: Ammann.

Opitz, Claudia (2002): Aufklärung der Geschlechter. Revolution der Geschlechterordnung. Studien zur Politik- und Kulturgeschichte des 18. Jahrhunderts, Münster [u. a.]: Waxmann.

Oudshoorn, Nelly (1993): Labortests und die gemeinsame Klassifikation von Sexualität und Geschlecht, in: Rheinberger, Hans-Jörg/Hagner, Michael [Hg.]: Experimentalisierung des Lebens. Experimentalsysteme in den biologischen Wissenschaften 1850/1950, Berlin: Akademie-Verlag, S. 150-161.

Park, Katharine (1997): The Rediscovery of the Clitoris. French Medicine and the Tribade, 1570-1620, in: Hillmann, David/Mazzio, Clara [Hg.]: The Body in Parts. Fantasies of Corporeality in Early Modern Europe, New York [u. a.]: Routledge, S. 170-193.

Piller, Gudrun (2007): Private Körper. Spuren des Leibes in Selbstzeugnissen des 18. Jahrhunderts, Köln [u. a.]: Böhlau.

Raehs, Andrea (1990): Zur Ikonographie des Hermaphroditen. Begriff und Problem von Hermaphroditismus und Androgynie in der Kunst, Frankfurt/Main [u. a.]: Lang.

Roth, Karl Heinz [Hg.] (1988): Menschenversuche. Wahnsinn und Wirklichkeit, Köln: Kölner Volksblatt.

Rothschuh, Karl (1978): Konzepte der Medizin in Vergangenheit und Gegenwart, Stuttgart: Hippokrates.

Sarasin, Philipp (2001): Reizbare Maschinen. Eine Geschichte des Körpers 1765–1914, Frankfurt/Main: Suhrkamp.

Schäffner, Wolfgang/Vogl, Joseph (1998): Nachwort, in: Foucault, Michel: Über Hermaphroditismus. Der Fall Barbin, Frankfurt/Main: Suhrkamp, S. 215-246.

Schaufler, Birgit (2002): „Schöne Frauen - starke Männer". Zur Konstruktion von Leib, Körper und Geschlecht, Opladen: Leske + Budrich.

Schiebinger, Londa (1993): Schöne Geister. Frauen in den Anfängen der modernen Wissenschaft, Stuttgart: Klett-Cotta.

Schiebinger, Londa (2003): Skelettestreit, in: ISIS, AN INTERNATIONAL REVIEW DEVOTED TO THE HISTORY OF SCIENCE AND ITS CULTURAL INFLUENCES, Volume 94, Number 2, Published by The University of Chicago Press for The History of Science Society, S. 307-313.

Schirrmeister, Albert [Hg.] (2005): Zergliederungen. Anatomie und Wahrnehmung in der frühen Neuzeit, Frankfurt/Main: Klostermann.

Schleiner, Winfried (1996): CROSS-DRESSING, GENDER ERRORS, AND SEXUAL TABOOS IN RENAISSANCE LITERATURE, in: Ramet, Sabrina Petra [Hg.]: Gender Reversals and Gender Cultures. Anthropological and historical perspectives, London [u. a.]: Routledge, S. 92-104.

Schmale, Wolfgang (2003): Geschichte der Männlichkeit in Europa (1450 – 2000), Wien [u. a.]: Böhlau.

Schmersahl, Katrin (1998): Medizin und Geschlecht. Zur Konstruktion der Kategorie Geschlecht im medizinischen Diskurs des 19. Jahrhunderts, Opladen: Leske + Budrich.

Schütt, Hans-Werner (2002): Der alchemische Hermaphrodit zu Beginn der europäischen Neuzeit, in: Schmiederer, Katja [Hg.]: Hamburg – Mainz – Marburg. Stationen eines Wissenschaftshistorikers. Festakt anlässlich der Pensionierung von Prof. Dr. Fritz Krafft, Stuttgart: Wissenschaftliche Verlagsgesellschaft, S. 41-61.

Sonderegger, Albert (1927): Missgeburten und Wundergestalten in Einblattdrucken und Handzeichnungen des 16. Jahrhunderts. Aus der Wickiana der Zürcher Zentralbibliothek, Zürich: Orell Füssli.

Spörri, Myriam (2003): N. O. Body, Magnus Hirschfeld und die Diagnose des Geschlechts. Hermaphroditismus um 1900, in: L'Homme. Europäische Zeitschrift für Feministische Geschichtswissenschaft, Jg. 14, Heft 2, Wien [u. a.]: Böhlau, S. 244-261.

Steidele, Angela (1999): Von keuschen Weibern und lüsternen Tribaden. Der Diskurs über sexuelle Handlungen zwischen Frauen im 18. und 19. Jahrhundert, in: Popp, Wolfgang [u. a.] [Hg.]: Forum Homosexualität und Literatur, Heft 35, Siegen: Forschungsschwerpunkt, S. 5-34.

Steidele, Angela (2004): In Männerkleidern. Das verwegene Leben der Catharina Margaretha Linck alias Anastasius Lagrantinus Rosenstengel, hingerichtet 1721, Köln [u. a.]: Böhlau.

Stingelin, Martin (1999): Biologie und Genealogie. Friedrich Nietzsche und Michel Foucaults Denken zwischen Wissen und Körper, in: Kaleidoskopien. Medien, Wissen, Performance, hrsg. vom Institut für Theaterwissenschaft der Universität Leipzig, Heft III, Körperinformation, Berlin: Vice-Versa, S. 294-297.

Stolberg, Michael (2003): A Woman Down to Her Bones. The Anatomy of Sexual Difference in the Sixteenth and Early Seventeenth Centuries, in: ISIS, AN INTERNATIONAL REVIEW DEVOTED TO THE HISTORY OF SCIENCE AND ITS CULTURAL INFLUENCES, Volume 94, Number 2, Published by The University of Chicago Press for The History of Science Society, S. 274-299.

Stukenbrock, Karin (2001): „Der zerstückte Cörper". Zur Sozialgeschichte der anatomischen Sektionen in der frühen Neuzeit (1650–1800), Stuttgart: Steiner.

Vickermann-Ribémont, Gabriele (2004): Die Ökonomie der Imagination in Nicolas Venettes „Tableau de l'amour conjugal", in: Zaun, Stefanie/Watzke, Daniela/Steigerwald, Jörn [Hg.]: Imagination und Sexualität. Pathologien der Einbildungskraft im medizinischen Diskurs der frühen Neuzeit, Frankfurt/Main: Klostermann, S. 83-100.

Vollmuth, Ralf (2004): Das anatomische Zeitalter. Die Anatomie der Renaissance von Leonardo da Vinci bis Andreas Vesal, München: Merkur.

Voss, Veronica (1991): Wie die Nase des Mannes ...? 400 ultimative Antworten auf Fragen zu Liebe & Sex, Münster: Stedtfeld.

Wacke, Andreas (1989): Vom Hermaphroditen zum Transsexuellen. Zur Stellung von Zwittern in der Rechtsgeschichte, in: Eyrich, Heinz/Odersky, Walter/Säcker, Franz Jürgen [Hg.]: Festschrift für Kurt Rebmann zum 65. Geburtstag, München: Beck, S. 861-903.

Wahl, Elizabeth Susan (1999): Invisible relations. Representations of Female Intimacy in the Age of Enlightenment, Stanford: Stanford University Press.

Waldenfels, Bernhard (2000): Das leibliche Selbst. Vorlesungen zur Phänomenologie des Leibes, Frankfurt/Main: Suhrkamp.

Winau, Rolf (1983): Die Entdeckung des menschlichen Körpers in der neuzeitlichen Medizin, in: Imhof, Arthur E. [Hg.]: Der Mensch und sein Körper. Von der Antike bis heute, München: Beck, S. 209-224.

Personenverzeichnis

www.ingramcontent.com/pod-product-compliance
Lightning Source LLC
LaVergne TN
LVHW081331011026
849161LV00013BB/2897